阴山南麓高铝煤研究

孙玉壮 著

科学出版社
北　京

内 容 简 介

在阴山南麓的晋陕蒙交界地区蕴藏着丰富的煤炭资源。其中晚古生代地层中富集有铝含量很高的煤炭,称为高铝煤,其发电厂粉煤灰称为高铝粉煤灰。高铝煤中不但氧化铝含量高,而且镓、锂、稀土元素等也具有开发利用价值。因此,此项研究对于揭示煤伴生矿产的形成机理具有重要理论意义,对于发现新型矿床类型具有示范和指导意义,对于煤炭资源清洁利用和循环经济具有显著社会意义。

本书系统介绍了高铝煤的成煤环境、高铝煤中矿物特征、煤岩组成、常量和微量元素分布,从煤地质学、有机地球化学和无机地球化学的角度研究了煤中有益矿产分布、富集机理、形成模式,煤中有害微量元素的分布。介绍了煤中伴生矿产的开发与利用现状,并提出解决对策及前景展望。

本书可供从事地球化学、煤化学、煤地质学、矿床学、地质医学等领域科研人员及高校师生参考。

图书在版编目(CIP)数据

阴山南麓高铝煤研究/孙玉壮著. —北京:科学出版社,2016.4
ISBN 978-7-03-046664-8

Ⅰ.①阴… Ⅱ.①孙… Ⅲ.①煤田地质-地质地球化学-研究-内蒙古 Ⅳ.①P618.110.2

中国版本图书馆 CIP 数据核字(2015)第 306734 号

责任编辑:李 雪 冯晓利 / 责任校对:郭瑞芝
责任印制:张 倩 / 封面设计:耕者设计

科学出版社 出版
北京东黄城根北街 16 号
邮政编码:100717
http://www.sciencep.com

中国科学院印刷厂 印刷
科学出版社发行 各地新华书店经销

*

2016 年 4 月第 一 版　开本:787×1092 1/16
2016 年 4 月第一次印刷　印张:17
字数:359 000

定价:128.00 元
(如有印装质量问题,我社负责调换)

前　　言

阴山南麓诸煤田是高铝煤的主要产地。我国地质学家对这一地区的区域地质研究工作开始于 20 世纪初。他们先后在此盆地进行过地质调查，对地层、构造、古生物、石油地质及煤田地质进行了论述。尽管上述工作比较零星，但这些开拓性的地质工作对本区含煤盆地的研究具有深远的影响。大量、系统性的地质调查工作始于新中国成立以后。特别是 20 世纪 80 年代以来，对本区含煤盆地地质构造特征、含煤岩系层序地层、聚煤规律及煤炭资源评价几方面进行了系统地研究，并取得了重要成果。正确划分对比盆地范围内的主要可采煤层，分析研究各主要可采煤层的厚度及煤质变化规律，总结煤层聚积特点，从资源条件、开采技术条件、开发条件及开发效果等方面对煤炭资源进行综合评价。这些重要成果都为高铝煤分布区的区域地质研究提供了重要的理论基础。

随着对本区煤炭资源研究的深入，陆续在煤中发现了铝、镓、锂、稀土等的富集，引起了各研究机构、勘探部门和煤炭生产企业的关注。国家自然科学基金委员会、科技部、国家地质调查局设立多个专项对高铝煤中的伴生矿产进行了研究。研究成果发表在 *Earth-Science Reviews*、*Ore Geology Reviews*、*Fuel*、*Energy and Fuel*、*International Journal of Coal Geology*、*Energy Exploration and Exploitation* 等多本国际著名期刊上，引起国际有机岩石学会(TSOP)、美国地质科学院(AGI)、美国科学促进会(AAAS)等的广泛关注。在大力开展理论研究的同时，神华集团有限责任公司、中国大唐集团公司和中煤平朔集团有限公司也开展了煤伴生矿产的提取技术研究，申报了多项专利，建立了中试生产车间。

以作者为首的课题组对高铝煤进行了十多年的研究工作。本书试图总结课题组研究成果，对高铝煤中伴生矿产研究的进展做一个全面的介绍。

本书选取准格尔煤田和宁武煤田为高铝煤代表性煤田。通过对这些煤田进行资料收集、数据整理、野外地质调查、煤矿样品采集，利用矿物学、岩石学、煤地质学、煤岩学、煤地球化学等学科的理论知识和分析测试方法，对高铝煤的含量、物质来源、赋存状态、富集特征、地球化学特征等进行研究，阐述高铝煤的成因模式。

本书得到以下项目及机构资助：国家自然科学基金重点项目，鄂尔多斯盆地与煤共生多种金属元素的富集机理与分布规律(项目批准号：41330317)；国家国际科技合作专项项目，粉煤灰中铝、镓、锂、稀土元素综合提取技术联合研究(2014DFR20690)；河北省煤炭综合开发与利用协同创新中心等。

先后有李彦恒、王金喜、赵存良、肖林、林明月、秦身钧、秦鹏、孟志强、刘世明、刘昊、邓小利、田蕾、霍婷、金喆、徐静、赵晶、杨晶晶、张健雅、关腾、白红杰、段飘飘、白观累、袁月、张艳忠、褚光琛、侯永茹、侯晓琪、代红等参与本书内容的项目研究工作,特别是肖林博士参加了全书的编写与所有图件制作工作。

孙玉壮
2016 年 1 月

目　录

前言
第一章　绪论 1
　第一节　高铝煤的概念 1
　第二节　高铝煤的研究历史 2
　　一、高铝煤区域地质研究 2
　　二、高铝煤成煤环境研究历史 2
　　三、高铝煤中矿物研究历史 3
　　四、高铝煤有机岩石学研究 4
　　五、高铝煤有机地球化学研究 5
　　六、高铝煤无机地球化学研究 5
　　七、高铝煤开发利用研究历史 6
　第三节　高铝煤的分布 6
第二章　高铝煤的区域地质概况 9
　第一节　构造与古地理环境 9
　　一、加里东运动(古生代) 9
　　二、海西运动(古生代) 10
　　三、印支运动(中生代) 11
　　四、燕山运动(中生代) 11
　　五、喜马拉雅运动(新生代) 12
　第二节　地层与成煤环境 12
　　一、前寒武纪地层 12
　　二、古生界 14
第三章　高铝煤的工艺性质 20
　第一节　准格尔煤田 20
　　一、水分 20
　　二、灰分 20
　　三、挥发分 20
　　四、硫分 21
　　五、镜质组反射率与煤级 23
　第二节　宁武煤田 23
　　一、4号煤 23
　　二、9号煤 24
　　三、11号煤 24

四、其他煤层 ·· 25
第四章　高铝煤中的矿物 ·· 26
　第一节　煤中的矿物 ··· 26
　第二节　高铝煤中黏土矿物 ··· 27
　　一、准格尔煤田 ·· 27
　　二、宁武煤田 ··· 34
　第三节　碳酸盐矿物 ··· 36
　　一、准格尔煤田 ·· 36
　　二、宁武煤田 ··· 37
　第四节　硫化物和硫酸盐矿物 ··· 38
　　一、准格尔煤田 ·· 38
　　二、宁武煤田 ··· 40
　第五节　氧化物和氢氧化物矿物 ··· 41
　　一、准格尔煤田 ·· 41
　　二、宁武煤田 ··· 45
第五章　高铝煤中的常量元素 ·· 47
　第一节　煤中的常量元素 ·· 47
　第二节　高铝煤中的常量元素 ··· 51
　　一、准格尔煤田 ·· 51
　　二、宁武煤田 ··· 54
第六章　高铝煤中的微量元素 ·· 55
　第一节　世界煤中的微量元素 ··· 55
　第二节　高铝煤中微量元素含量及其共生组合关系 ···························· 58
　　一、准格尔煤田 ·· 58
　　二、宁武煤田 ··· 77
　第三节　高铝煤中微量元素赋存状态 ·· 89
　第四节　微量元素与煤中灰分的关系 ·· 92
第七章　高铝煤的显微组分 ·· 94
　第一节　煤岩学研究历史 ·· 94
　　一、煤岩学发展过程 ·· 94
　　二、煤岩学的研究方法 ··· 95
　　三、有机岩石学研究 ·· 98
　第二节　准格尔煤田煤的显微组分 ·· 98
　　一、哈尔乌素煤矿 ··· 98
　　二、官板乌素矿 ··· 103
　　三、串草圪旦煤矿 ·· 111
　第三节　宁武煤田煤的显微组分 ··· 116
　　一、宁武煤田安太堡煤矿 9 号煤宏观煤岩特征 ····························· 116

二、9号煤显微煤岩特征 …………………………………………… 116
　　三、11号煤显微煤岩特征 ………………………………………… 122
　　四、微量元素与无机组分的关系 …………………………………… 127
第四节　显微组分与微量元素的相关性 ………………………………… 128
　　一、准格尔煤田 ……………………………………………………… 129
　　二、宁武煤田 ………………………………………………………… 131
第五节　显微组分与煤相 ………………………………………………… 133

第八章　高铝煤的有机地球化学特征 …………………………………… 138
第一节　抽提物与饱和烃 ………………………………………………… 138
　　一、准格尔煤田 ……………………………………………………… 138
　　二、宁武煤田 ………………………………………………………… 149
第二节　芳香烃 …………………………………………………………… 152
　　一、准格尔煤田 ……………………………………………………… 152
　　二、宁武煤田 ………………………………………………………… 163
第三节　可溶有机质与微量元素的关系 ………………………………… 165

第九章　高铝煤中的伴生矿产 …………………………………………… 167
第一节　世界煤中的伴生矿产 …………………………………………… 167
　　一、煤中铝 …………………………………………………………… 167
　　二、煤中锗 …………………………………………………………… 168
　　三、煤中镓 …………………………………………………………… 169
　　四、煤中锂 …………………………………………………………… 170
　　五、煤中伴生铀 ……………………………………………………… 171
　　六、煤中铌、钽、锆、铪 …………………………………………… 173
　　七、煤中稀土 ………………………………………………………… 174
　　八、煤中硒 …………………………………………………………… 176
　　九、煤中贵金属 ……………………………………………………… 177
　　十、煤中铷、铯 ……………………………………………………… 178
第二节　高铝煤中伴生矿产 ……………………………………………… 180
　　一、高铝煤中的铝 …………………………………………………… 180
　　二、高铝煤中的锂 …………………………………………………… 186
　　三、高铝煤中的镓 …………………………………………………… 195
　　四、高铝煤中的稀土 ………………………………………………… 202
　　五、高铝煤中伴生矿产成因类型 …………………………………… 204

第十章　高铝煤中的有害元素 …………………………………………… 206
第一节　煤中有害元素研究历史 ………………………………………… 206
　　一、国外对煤中有害微量元素研究概况 …………………………… 206
　　二、中国煤中有害微量元素研究状况 ……………………………… 208
　　三、煤中有害元素的环境危害 ……………………………………… 210

四、煤中有害微量元素的赋存状态 ……………………………………………… 211
　　五、煤中有害微量元素的研究趋势 ……………………………………………… 216
第二节　高铝煤中的有害元素 …………………………………………………………… 218
　　一、高铝煤中有害微量元素的含量 ……………………………………………… 218
　　二、高铝煤中有害元素的分布特征 ……………………………………………… 220
　　三、高铝煤中有害元素赋存状态 ………………………………………………… 223
第三节　高铝煤中有害元素的聚类分析 ………………………………………………… 224
第四节　成煤环境与有害微量元素的关系 ……………………………………………… 227

第十一章　高铝煤的成因 …………………………………………………………………… 230
第一节　高铝煤成因 ……………………………………………………………………… 230
　　一、古构造的控制作用 …………………………………………………………… 230
　　二、古环境的控制作用 …………………………………………………………… 230
　　三、古气候的控制作用 …………………………………………………………… 231
第二节　高铝煤中无机物来源 …………………………………………………………… 232

第十二章　开发利用现状与前景展望 ……………………………………………………… 236
第一节　开发利用现状 …………………………………………………………………… 236
　　一、国外煤中伴生矿产研究进展 ………………………………………………… 236
　　二、国内煤中伴生矿产研究进展 ………………………………………………… 236
第二节　开发利用中存在的主要问题 …………………………………………………… 237
第三节　伴生矿产工业品位探讨 ………………………………………………………… 238
　　一、确定煤中伴生矿产综合回收利用的工业品位，实行综合勘探 …………… 238
　　二、煤中伴生微量元素品位探讨 ………………………………………………… 239
　　三、建议工业品位 ………………………………………………………………… 241
第四节　煤中伴生矿产开发利用前景展望 ……………………………………………… 242
　　一、煤中伴生矿产研究意义 ……………………………………………………… 242
　　二、煤中伴生矿产前景展望 ……………………………………………………… 243

参考文献 ………………………………………………………………………………………… 245

第一章 绪 论

煤炭是中国最主要的基础性能源,在国家能源安全保障中占有重要的地位。根据《BP 世界能源统计年鉴 2014》统计,2013 年我国能源消费结构中,煤炭消费占一次能源消费总量的 67.5%;中国煤炭产量和消费量分别占世界的 47.4% 和 50.3%(BP Report,2014)。2014 年 6 月,习近平在推进我国能源革命讲话中指出:"中国的基础能源还是煤炭,要用好煤炭,重点要做好煤炭的规划、煤炭的发展、煤炭的清洁利用"。2014 年,中国煤炭工业协会会长王显政在"煤炭峰值预测与应对 2014 高层论坛"会议上表示,到 2020 年全国煤炭消费量将达到 48 亿 t 左右,煤炭在我国一次能源消费结构中的比重仍在 60% 以上,煤炭工业仍具有较大的发展空间。所以,通过对煤的地球化学性质的研究,为探索煤层成因等基础地质信息提供重要的理论基础,对煤炭资源的清洁高效综合开发利用具有指导意义,同时为进一步降低燃煤对环境的影响提供理论依据。

第一节 高铝煤的概念

由于特殊的地质成矿背景,内蒙古中西部和山西北部等地,在晚古生代煤层及夹矸中赋存大量的勃姆石和高岭石等富铝矿物,形成了准格尔、石嘴山和平朔等高铝煤资源富集区域。高铝煤及矸石燃烧后所产生的粉煤灰中富含的氧化铝,是典型的高铝粉煤灰,具有很高的资源潜力和利用价值,是我国重要的铝土矿后备资源。这种产生高铝粉煤灰的煤称为高铝煤(Qi et al.,2006)。

不同学者在定义高铝煤时,对粉煤灰中氧化铝含量的要求略有不同,本书将煤灰中 $Al_2O_3 \geqslant 40\%$ 的煤炭称为高铝煤。

高氧化铝含量的粉煤灰、煤矸石被称作高铝粉煤灰、高铝煤矸石。氧化铝含量高,标志着原煤灰分及煤矸石的矿物成分主要是高岭石、勃姆石类铝硅酸盐矿物含量高,综合附加值高、开发潜在价值大。高铝煤所排放粉煤灰中氧化铝含量都在 40% 以上,原煤灰分中铝硅酸盐含量份额高达 85%~90%,可视同高硅铝矿进行加工处理。将氧化铝、氧化硅及其他有价成分分别提取,制取氢氧化铝、氧化铝、硅肥、羟基硅、硅酸铝等多种高附加值产品,可创造出比煤本身更高的价值(王程之,2013)。国家鼓励煤矸石等工业固体废弃物的资源化利用。近年来国务院及有关部门陆续出台了多项鼓励煤矸石资源化利用的政策。2010 年 7 月 1 日,国家发展和改革委员会、科学技术部、工业和信息化部、国土资源部、住房和城乡建设部、商务部六部委发布《中国资源综合利用技术政策大纲》,强调在"十二五"期间,重点支持煤矸石资源综合利用技术;2011 年,国家发展和改革委员会公布的《当前优先发展的高技术产业化重点领域指南(2011)》中把煤矸石资源综合利用技术列入其中;工业和信息化部于 2011 年 11 月 27 日发布《大宗工业固体废物综合利用"十二五"规划》,提出针对高铝煤矸石、粉煤灰等固体废物的高附加值利用,将通过国家科技计划、中央预算内基建投资、循环经济专项、中小企业发展基金等现有资金渠道,支持技术研发、技术改造以及重点项目建设;研究完善税收优惠目录,对大宗、高附加值综合利用产品予以重点支持。

第二节 高铝煤的研究历史

一、高铝煤区域地质研究

鄂尔多斯盆地是高铝煤储量最大的盆地。我国地质学家对鄂尔多斯盆地及其周缘的区域地质研究工作开始于20世纪初。孙健初(1942)、王恭睦(1946)、李庆远和卢衍豪(1947)、潘钟祥(1954)、袁复礼(1956)、尹赞勋等(1958)、王竹泉等(1964)先后在此盆地进行过地质调查,对地层、构造、古生物、石油地质及煤田地质进行了论述。尽管上述工作比较零星,但这些开拓性的地质工作对鄂尔多斯盆地的研究都有深远的影响。

鄂尔多斯盆地大量的、系统性的地质调查工作始于新中国成立以后。第一阶段自新中国成立后至20世纪60年代中期,为对石炭纪—二叠纪煤田的勘探阶段,共完成陕西铜川、蒲白、澄合、韩城、宁夏石炭井、石嘴山、内蒙古乌达、海勃湾8个矿区的精查勘探工作;第二阶段自20世纪60年代后期至今,主要为对侏罗纪煤田的勘探阶段,共完成陕西焦坪、陕西店头、陕西神北、甘肃华亭、甘肃安口、宁夏汝箕沟、内蒙古东胜7个矿区的勘探工作。具有代表性的成果主要有:张抗(1989)的《鄂尔多斯断块构造及资源》;杨俊杰(1990)的《鄂尔多斯西缘掩冲带构造与油气》;李思田(1992)的《鄂尔多斯盆地东北部层序地层及沉积体系分析》;汤锡元等(1992)的《陕甘宁盆地西缘逆冲推覆构造及油气勘探》;刘焕杰等(1991)的《准格尔煤田含煤建造岩相古地理学研究》;何锡麟等(1990)的《内蒙古准格尔旗晚古生代含煤地层与生物群》。上述成果从不同的专业领域对鄂尔多斯盆地的沉积类型、构造演化背景进行了论述。

王双明(1996)对鄂尔多斯盆地地质构造特征、含煤岩系层序地层、聚煤规律及煤炭资源评价几方面进行了系统地研究,并取得了重要成果。正确划分对比盆地范围内的主要可采煤层,分析研究各主要可采煤层的厚度及煤质变化规律,总结煤层聚积特点,从资源条件、开采技术条件、开发条件及开发效果等方面对煤炭资源进行综合评价。这些重要成果都为研究高铝煤分布区的区域地质研究提供了重要的理论基础。

二、高铝煤成煤环境研究历史

准格尔煤田是鄂尔多斯盆地高铝煤储量最大的煤田。准格尔煤田的地质工作开始较晚,最早的地质工作始于1953年。1976年以来,内蒙古自治区煤田地质局在煤田内进行了大规模的地质勘探及岩石学、古生物地层学的研究工作,积累了大量珍贵的地质资料,为准格尔煤田开展含煤建造岩相古地理研究奠定了基础。

刘焕杰等(1991)的成果《准格尔煤田含煤建造岩相古地理学研究》系统、详细介绍了准格尔煤田岩相古地理研究的成果、含煤建造岩相古地理的研究方法,并对成煤环境进行分析。郭殿勇(2002)通过对准格尔地区成煤植物的类型发展与演替方面进行研究,认为成煤植物从早到晚分为欧美、华夏植物群过渡类型,伴随着植物的发展与演替,沉积环境也发生相应的变化。曾勇(2007)通过对准格尔晚石炭世—早二叠世早期腕足类物种多样性对成煤沉积环境进行分析。

此外,郭英海等(1998)、李增学等(2006)、褚开智(2008)、杨建业(2008)、张复新和王立社(2009)、陈全红等(2010)、鲁静等(2012)、张有河等(2014)等学者都从不同方面对准格尔煤田含煤岩系的沉积特征和主要含煤地层进行研究,对准格尔煤田含煤岩系沉积成煤环境进行分析。

《中国平朔矿区含煤地层沉积环境》是对平朔矿区成煤环境进行首次系统地研究,是由煤炭科学院地质勘探分院和山西省煤田地质勘探公司共同完成。确定矿区主要可采煤层和煤层煤质特征;并根据矿区丰富的植物化石和孢粉属种,对山西组和太原组地层进行划分;根据矿区成煤古地理条件,提出大同、宁武煤田是发育在海湾地带,北为阴山古陆、西为吕梁半岛、东南有五台海岛,形成一个开阔的较闭塞的海湾。矿区内巨厚煤层的形成和这种良好的古地理条件有关。此外周伟等(2008)、程东等(2001)、黄操明和周绮峰(1987)、何仕(2006)等学者对平朔矿区主采煤层的沉积环境分析,提出扇三角洲对富煤带的控制作用。

三、高铝煤中矿物研究历史

国内外学者对煤中矿物的赋存特征和地质成因进行了较为广泛的研究(Martinez-Tarazona et al.,1992;Patterson et al.,1994;黄文辉等,1999;Hower et al.,2001;Ward,2002;Dai et al.,2003),并运用低温灰化、X射线衍射、带能谱仪的扫描电镜等方法发现了煤中许多痕量矿物,如独居石、锆石、纤磷钙铝石、水绿矾、胶磷矿、铬铅矿等(Querol et al.,1997,2001;Vassilev and Vassileva,1998;Rao and Walsh,1999;Li et al.,2001;Ward,2002;丁振华等,2002;Dai et al.,2008)。根据Finkelman(1981)的资料,煤中已鉴定出的矿物达125种以上;Bouška等(2000)认为煤中可能存在145种矿物;唐修义等(2004)汇总了国内外文献报道,列出了煤中可以鉴定出的201种晶体矿物(表1-1)。

表1-1 煤中矿物

类别	矿物
自然元素	自然铂、自然金、自然汞、自然硫、自然硒、石墨
金属互化物	铂铁矿
砷化物	斜方砷铁矿
硫化物	黄铁矿**、白铁矿**、方铅矿、闪锌矿、硫铂矿、硫镉矿、硫钴矿、硫镍矿、硫镍钴矿、胶黄铁矿、磁黄铁矿、黄铜矿、斑铜矿、黝铜矿、锑黝铜矿、砷黝铜矿、辉银矿、辉铜矿、雄黄、白硒铁矿、锑硫铁矿、硫砷铂矿、毒砂、铁硫砷钴矿、辉锑矿、辉铋矿、针镍矿、辰砂、雌黄、硫锡矿、铜蓝、硫锰矿、硫砷锑矿
硒化物	硒铜镍矿、硒铅矿、硒黝铜矿
氧化物	石英**、赤铁矿*、刚玉、晶质铀矿、钛铁矿、尖晶石、铁尖晶石、铬铁矿、磁铁矿、磁赤铁矿、锌锰矿、方英石、锐钛矿、板钛矿、金红石、锡石、铌铁矿、钛铀矿

续表

类别	矿物
氢氧化物	褐铁矿**、铝土矿**、硬水铝石、针铁矿、纤铁矿、三水铝石、水镁石、羟钙石、黑锌锰矿
硅酸盐	透长石、正长石、斜长石、微斜长石、白榴石、沸石、方沸石、片沸石、电气石、锆石*、水硅铀矿、石榴子石、铁铝榴石、钙铁榴石、橄榄石、红柱石、蓝晶石、黄玉、十字石、榍石、绿帘石、褐帘石、辉石、顽火辉石、紫苏辉石、透辉石、普通辉石
钒酸盐	钒钾铀矿、钒钙铀矿
砷酸盐	臭葱石、砷铅矿-磷氯铅矿
磷酸盐	块磷铝矿、磷钇矿、独居石、富钍独居石、白磷钙矿、胶磷矿、磷灰石*、氟磷灰石、羟磷灰石、氯磷灰石、核磷铝矿、磷铝铈矿、水磷铝铅矿、纤磷钙铝石、磷铝锶矿、磷钡铝矿、磷铅铝矿、菱磷铝锶矾、银星石、铜铀云母、钙铀云母、蓝铁矿、白磷镁矿、磷钙土
钨酸盐	白钨矿
硫酸盐	四水白铁矾、硬石膏、天青石、重晶石*、无水芒硝、青铅矿、明矾石、钠铁矾、黄钾铁矾、烧石膏、水镁矾、铁矾、水铁矾、六水泻盐、泻利盐、水绿矾、针绿矾、毛矾石、芒硝、杂卤石、白钠镁矾、粒铁矾、钾明矾、铵明矾、铁明矾、纤钠铁矾、钙矾石、叶绿矾、石膏
碳酸盐	方解石***、菱镁矿、菱铁矿***、菱锰矿、文石、碳酸锶矿、碳酸钡矿、白云石**、铁白云石**、碳酸钙钡矿、钡解石、蓝铜矿、碳钠铝石、板菱铀矿
硝酸盐	钠硝石
卤化物	石盐、钾石盐、水氯镁石、光卤石、氯镁石、氯钙石、铁盐、萤石(氟石)
非晶质	蛋白石*、玉髓*、火山玻璃、火山灰、磷钙土

资料来源：唐修义等，2004；

注：矿物在煤中产出情况，*** 丰富；** 常见；* 少见；没有标注 * 表示偶见。

根据已研究资料，煤中发现的氢氧化物矿物有：褐铁矿、铝土矿、针铁矿、纤铁矿、硬水铝石、三水铝石、勃姆石、黑锌锰矿、水镁石，羟钙石。其中褐铁矿、铝土矿、针铁矿在煤中常见，对其成因也有较多的研究(Dill and Wehner，1999)；纤铁矿在煤中较少见，主要存在于泥炭中(Bouška and Dvořák，1997)；硬水铝石在煤中含量较低，主要存在于有火山灰层夹矸的煤层中，且主要存在于火山灰层夹矸中(Burger and Stadler，1971)；三水铝石在煤中少见(Bouška et al.，2000)；勃姆石、黑锌锰矿、水镁石和羟钙石等矿物在煤中偶见或罕见(Ward，1978；Bouška et al.，2000；唐修义等，2004)。

高铝煤中发现的矿物主要有石英、黏土矿物(主要是高岭石、伊利石、伊利石/蒙脱石混层矿物)、含锂硅酸盐矿物、勃姆石、碳酸盐矿物(菱铁矿、方解石、白云石)、硫化物矿物(如黄铁矿)(Dai et al.，2006；Sun et al.，2012a，2012b，2012c；石松林，2014)。

四、高铝煤有机岩石学研究

许多学者对高铝煤进行了有机岩石学研究。并从有机岩石学的角度研究了高铝煤的成因环境(秦勇等，2005；代世峰等，2007；段飘飘等，2014；石松林，2014)。石松林(2014)根据6号煤中显微组分，提出成煤环境受华北晚古生代聚煤期海平面震荡变化影响。秦勇等(2015)通过对宁武煤田平朔矿区安太堡 11 号煤计算和分析煤岩显微组分的数据,建立煤相图,并结合煤岩三大组分图,分析安太堡 11 号煤层的煤相特征。

五、高铝煤有机地球化学研究

有机地球化学在研究高铝煤有机矿产的形成、演化、勘探、开发和利用方面发挥了重要的作用。煤中的可抽提物主要有饱和烃、芳香烃、非烃类和沥青质。可抽提物的含量取决于成煤植物的类型和成煤环境。分析有机质中特定的生标化合物可以判断成煤植物类型和成煤环境的变化。总烃(饱和烃和芳香烃之和)含量可以判断有机质的丰度。饱和烃通过一些参数如碳优势指数(CPI、OEP),最大碳数(C_{max})等来判别不同的饱和烃来源。以 Pr/Ph 值作为判别煤化程度和成煤环境的标志。一般来说,随着煤变质程度的增高,Pr/Ph 值呈现由小到大,再由大变小的变化规律。同时芳烃及其衍生物虽然对环境具有污染,但对研究煤的物质类型、来源、沉积环境及有机质成熟度等方面有着重要的意义。芳烃结构分布指数、芳烃缩合程度、芳烃环数等参数可以作为煤和石油的有机地球化学指标。一些含氧化合物(呋喃系列、二苯并呋喃系列等)、含硫化合物(噻吩系列、二苯并噻吩系列等)是很好的生物标志物,具有明显的指向意义,常被用来判断沉积环境。

Li(2011)通过研究平朔矿区 9 号煤层的有机地球化学特征推断出 9 号煤层成煤植物来源的多样性,成煤环境具有过渡型的特点。

同时,许多学者对锂的有机富集机理进行研究(Ward,2002;Zhuang et al.,2001;Karayigit et al.,2006)。Lewinka-Preis 等(2009)指出煤中与有机质相关的锂属于生物成因和吸附成因,与矿物相关密切的锂属于陆源富集。但是在煤中锂的富集与无机质及有机质的关系,没有进一步报道。Sun 等(2013a,2013b,2013c)研究了有机质在准格尔煤田煤中锂超常富集过程中的作用。

六、高铝煤无机地球化学研究

(一) 高铝煤中常量元素研究

Ward(2002)定义煤中的 C、H、O、N、Na、Mg、Al、Si、S、K、Ca、Ti、P 和 Fe 14 种含量超过 0.01% 元素的为常量元素。C、H、O 和 N 是组成煤中有机质的重要部分,而 Na、Mg、Al、Si、Ca、K、P、Ti 和 Fe 是组成煤中无机组分的重要部分,S 既是煤中无机物(硫化物和硫酸盐矿物),也是有机质的重要组成部分。煤中常量元素的含量和赋存特征,从成因角度可以反映聚煤环境的地质背景,也可以反映煤层形成后所经历的地质作用过程,有助于阐明煤层成因、煤化作用、区域地质演化等基本理论问题。

许多学者对不同煤田的高铝煤采用不同的方法进行了分析。石松林(2014)利用 X 射线荧光光谱分析了准格尔煤田 6 号煤层煤中常量元素组成。研究发现准格尔煤田 6 号煤层煤中常量元素氧化物主要为 SiO_2 和 Al_2O_3,其他元素氧化物,如 Fe_2O_3、TiO_2、K_2O、Na_2O、CaO、MgO 和 P_2O_5 含量较少,大多小于 1%。

(二) 高铝煤中微量元素研究

进入21世纪以来,高铝煤煤中微量元素的研究引起人们广泛关注(石松林,2014)。赵存良(2014)等研究了高铝煤中的有害元素;Sun等(2012b,2013a)研究了煤中有益元素,并提出高铝煤伴生矿产概念。中国地质调查局在山西平朔矿区设立了地质调查项目,通过钻探和矿井采取800多块样品,分析数据证明,山西平朔矿区锂的含量超过综合回收利用品位,并由国家地质调查局于2013年组织专家认定为煤伴生锂矿,经过国内外资料联网查新,证明煤伴生锂矿属于新型成矿类型(Sun,2015)。特别是随着大量煤伴生金属元素的发现,其中一些元素提取技术已经进入中试阶段(Sun et al.,2013c)。特别是代世峰研究团队对高铝煤中微量元素进行了大量研究,发表了一系列论文(代世峰等,2006a,2012a)。

七、高铝煤开发利用研究历史

近年来对高铝煤的研究,主要是对高铝煤矸石和高铝粉煤灰的研究和利用。李晓和崔凤军(2007)、秦至刚等(1980)学者通过煅烧高铝煤矸石所得产物与水泥进行按所需比例混合,以提高水泥的抗盐腐蚀性;孙俊民等(2012)、曹永丹等(2013)等对高铝粉煤灰提铝后的废渣制备成硅钙板等墙体材料,以减少固体废弃物二次污染的发生;Ahmaruzzaman(2010)、Blissett和Rowson(2012)、郭婷等(2013)通过利用高铝粉煤灰中丰富的硅酸钙,采用吸附法处理焦化废水,这对焦化废水处理和固体废弃物的回收利用均有实际意义;齐立强等(2006)、王丽娜和李治钢(2010)等利用高铝煤以配煤、混煤等形式与煤粉进行混合,在火力发电过程中以提高降尘效率。此外,Ahmaruzzaman(2010)还认为高铝粉煤灰可以作为一个低成本吸附剂去除烟气和废水里的有机化合物,可以用于矿山回采后充填、道路底基层铺垫、沸石分子筛的制作、吸附氮氧化物和硫化物气体以及空气中的汞等方面。伍泽广等(2013)、石松林等(2014a,2014b)对准格尔煤田高铝煤炭资源特征、富集特征进行研究。赵林茂等(2014)提出以宁夏石嘴山高铝煤发电为起点,形成电力、电石、石灰氮、单氰胺、双氰胺、金属铝、金属镓、水泥等循环经济产业链,该产业上游产品或者废渣作为下游产品的原料,这样不仅综合利用粉煤灰等废渣,同时提高了资源的循环利用效率。目前虽然取得一些高铝煤的研究成果,但比较零散,仍缺乏对高铝煤系统地进行研究。

第三节 高铝煤的分布

高铝煤的分布范围为北纬34°~41°20″,东经105°30′~114°33′17″,具体的地理境界北起阴山南麓,东到太行山脉,西抵卓子山、贺兰山、六盘山一线,南到鄂尔多斯盆地中北部,跨陕西、甘肃、宁夏、内蒙古、山西5省(区),面积约51万km^2(图1-1)。横亘内蒙古中部的阴山山脉,由大青山、乌拉山、色尔腾山和狼山组成,东西长约1000km,南北宽约50km,海拔在1100~2300m,最高峰在狼山呼和巴什格,海拔2364m。阴山山脉耸立于高原和河套平原、土默川平原之间,北坡缓、南坡陡峭与平原截然分开,形成天然屏障。山脉内部,奇峰怪石、山峰林立,蕴藏着丰富的矿产资源。其东延为丰镇丘陵,山间盆地和平缓丘陵交错分布,相对高差约300m,不少地方有火山熔岩形成的台地。西部贺兰山,挺立于阿拉善盟东南缘,海拔3556m,是内蒙古境内最高点,一般海拔2000~2500m,成为阿拉善大沙漠与宁夏的分水岭。

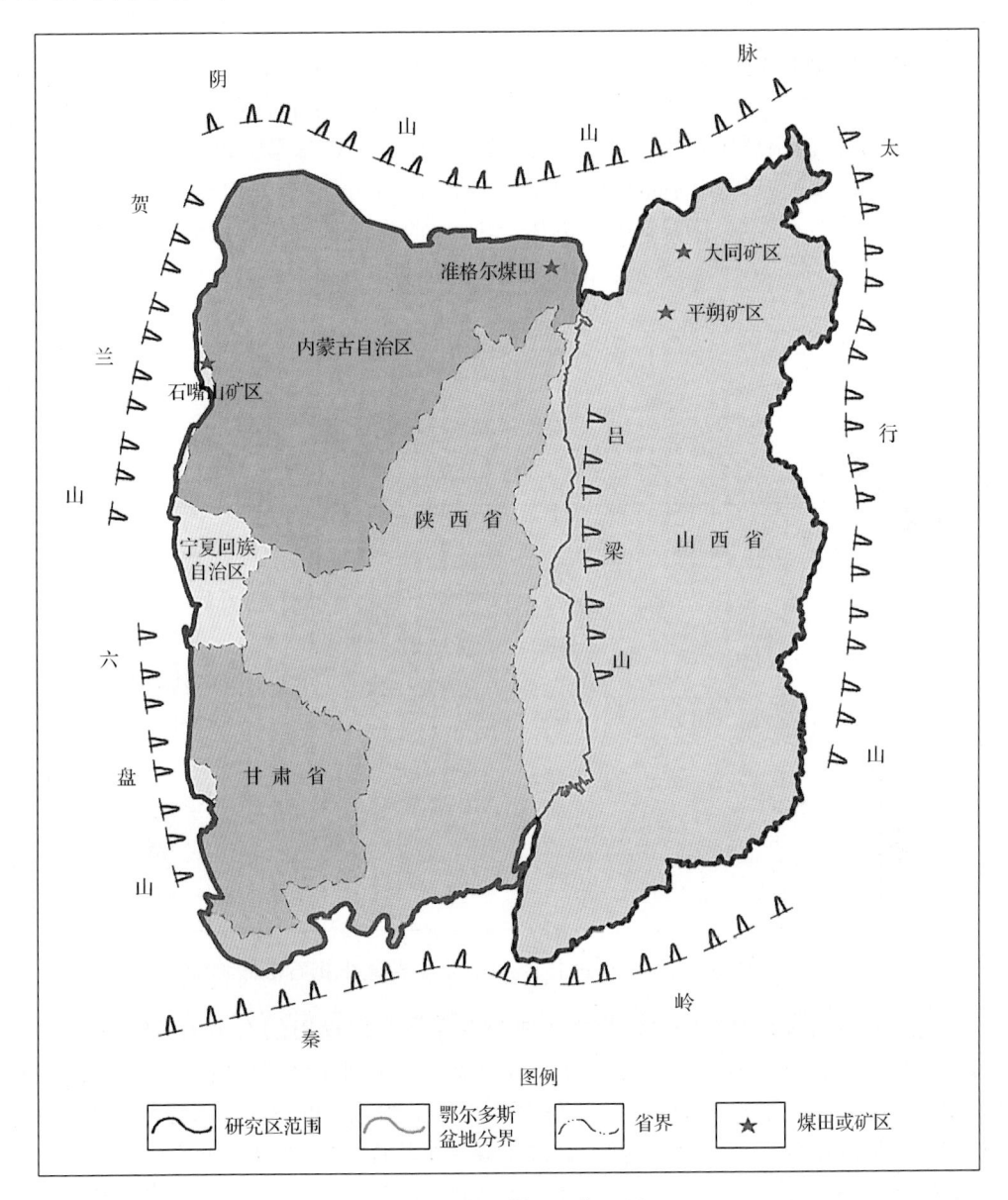

图1-1 高铝煤地理位置图

在行政区划上,高铝煤主要分布在我国三个省(区):内蒙古自治区、山西省、宁夏回族自治区。其他省份,如河南焦作、新密和河北开滦的部分矿区仅有少量赋存。在内蒙古自治区,高铝煤主要分布在鄂尔多斯盆地内;其次是山西北部宁武煤田的平朔矿区;宁夏回族自治区的石嘴山矿区。

内蒙古自治区境内的高铝煤炭主要在准格尔煤田、卓子山煤田、大青山煤田、乌达煤田、贺兰山煤田赋存。根据各井田统计,准格尔煤田高铝煤在全区发育,其中高铝煤主要赋存在黑岱沟、榆树湾、长滩西、哈尔乌素、东孔兑、蒙海、龙王沟等矿区,煤层平均总厚度超过32.08m。卓子山煤田含高铝煤层平均总厚度超过10m。大青山赋存的高铝煤层相对较少。

山西省高铝煤炭主要分布在晋北的大同煤田北部,中部的宁武煤田、西山煤田,南部的沁水煤田,西部的河东煤田。宁武煤田平朔矿区各井田赋存的高铝煤层最多,平均总厚度达到34.31m。西山煤田西山、古交矿区的含高铝煤层平均总厚度达10m。大同煤田左云、山阴矿区,以及河东煤田河曲偏关、保德、柳林、乡宁矿区煤层总厚度不等。沁水煤田高铝煤层主要分布在晋城、阳泉矿区。总体上讲,山西省南部高铝煤层煤灰中Al_2O_3含量一般为35%~40%,低于内蒙古境内的高铝煤层(图1-2)。

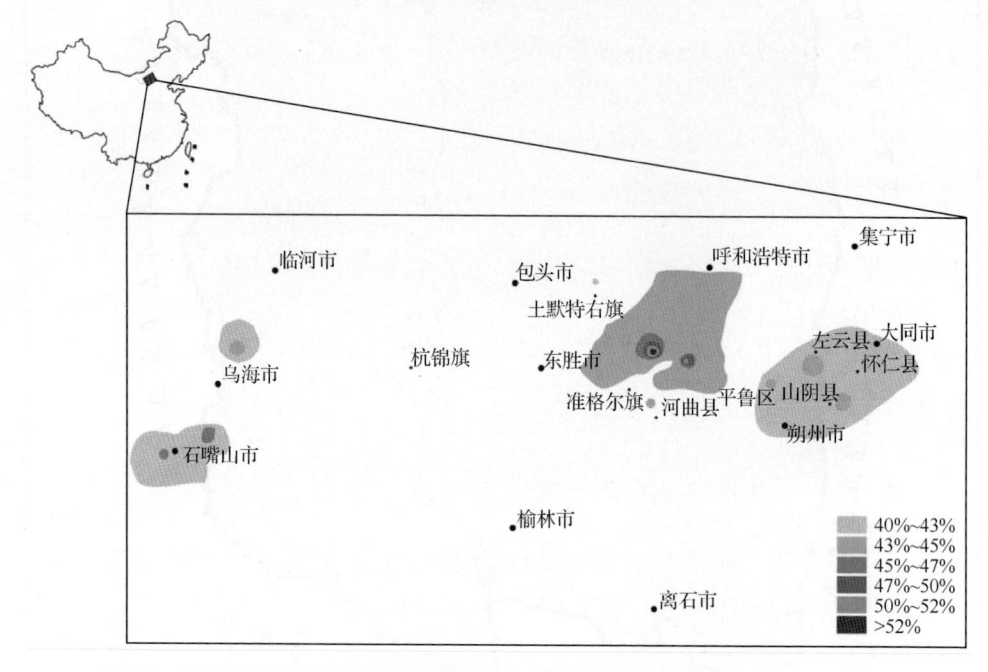

图1-2　高铝煤炭资源分布及煤灰中Al_2O_3含量等值线图(据石松林,2014,修订)

宁夏回族自治区内赋存的高铝煤炭主要分布在贺兰山煤田的石嘴山矿区、石炭井矿区、沙巴台矿区以及呼鲁斯太矿区。石嘴山矿区高铝煤层平均总厚度达26m。沙巴台矿区高铝煤层平均总厚度达12m。乌达矿区高铝煤层平均总厚度达4.5m;呼鲁斯太矿区高铝煤层平均厚度达到9.22m;石炭井矿区高铝煤层平均厚度达到10.05m。

总体来讲,我国高铝煤炭主要分布在三个区域(图1-2):一个位于鄂尔多斯盆地东北缘的准格尔煤田;一个位于鄂尔多斯盆地西部边缘的石嘴山和乌海地区;一个位于山西省北部的大同煤田和平朔地区。我国高铝煤炭分布与当时成煤时期的古地理格局是一致的,这三个区域均靠近当时的物源区。鄂尔多斯盆地石炭纪聚煤时期气候炎热、潮湿,有利于源区母岩的风化作用进行。在源区风化形成的含铝胶体溶液被河流携带搬运至盆地泥炭沼泽环境中沉积富集下来,在成岩作用过程中,铝胶体脱水形成勃姆石。因此,煤层中大量存在的勃姆石是这些地区煤层中铝含量偏高的主要原因(石松林,2014)。

第二章　高铝煤的区域地质概况

第一节　构造与古地理环境

中国重要聚煤期包括中石炭世、晚石炭世—早二叠世、晚二叠世、晚三叠世、早、中侏罗世、晚侏罗世—早白垩世和古近纪，不同聚煤期所形成的煤炭资源特性存在差异，并不是所有的聚煤期所形成的煤炭中均富含铝。由于特殊的地质背景，高铝煤炭资源主要形成于晚石炭世—中二叠世，其含煤地层主要为上石炭统本溪组、早二叠统太原组和中二叠统山西组。

研究区经历了太古宙的阜平运动、五台运动，元古代的吕梁运动，使华北古陆壳拼贴、增生，形成结晶基底；经过中元古代和新元古代的芹峪运动、晋宁运动、兴凯运动，形成结晶基底之上的似盖层及构造形变（王双明，1996；Mei et al.，2005）。

自古生代以来，该区主要经历了古生代的加里东运动和海西运动、中生代的印支运动和燕山运动以及新生代的喜马拉雅运动（Liu et al.，2009）。这些构造运动对沉积盖层的形成和形变，特别是对晚古生代和中生代含煤地层的形成及聚煤作用具有重要影响。

一、加里东运动（古生代）

加里东运动作为秦祁地槽区最重要的构造运动，是多幕次的，主要记录奥陶系与寒武系、志留系与奥陶系、中上志留统之间的角度不整合（Mei et al.，2005）。泥盆系雪山群或石峡沟组与下古生界之间的角度不整合面，是加里东晚期褶皱回返的标志。加里东运动在鄂尔多斯盆地内的表现是石炭系上统与下古生界之间的平行不整合，它所代表的具升降性质的构造运动，是导致鄂尔多斯盆地及其邻区早古生代海陆变迁的主要因素。

自中寒武世以来，鄂尔多斯盆地内部最显著的构造运动是伊盟北部隆起，其南界大致为铁克苏木-布尔江海子-东胜一线的断裂带，此线以北下古生界基本缺失或明显变薄。与伊盟北部隆起伴生且大致相垂直的是西部隆起，地层缺失颇多。盆地两侧以碎屑岩为主的巨厚沉积向东一进入隆起带便迅速尖灭；在延安、富县一带还有一个幅度不大的隆起区，可与 SN 向隆起相接，这样一来，上述三个古隆起在区内排列呈"匚"形，向东开口，并与其外侧相对沉降带形成明显对照（王双明，1996）。

加里东运动时期鄂尔多斯地区构造形变特点主要表现在以下几个方面。

（1）周缘断裂带明显发育。西缘北段为贺兰山西缘 NE 向断裂带，其西侧为阿拉善古陆区，东侧为银川 NE 向沉降带；西缘中、南段为青铜峡-固原-宝鸡 SN 向断裂带，其西侧为祁连地槽型建造分布区。南界为 EW 向断裂带，大致沿宝鸡-渭南-潼关一线，其南侧为秦岭陆向裂谷系。北界自小壳化石带发现后，改变了北缘一些太古宙、元古宙地层时代归属，使"内蒙地轴"解体，使槽台边界南移至狼山-固阳-武眉一线，此线以北属于由古亚洲洋板块向中朝大陆板块早期俯冲以及后期地体拼贴所造成的第一个陆壳增生褶皱造山带。由于不断发生推挤作用,在大陆边缘造山,并形成鄂尔多斯地块和华北陆台抬升,使鄂尔多斯地块由北向南翘隆抬升,北高南低,伊盟古隆起最早出现。

区内两条NE向沉降带,即银川沉降带和榆林东侧沉降带的出现,可能与元古宙裂谷有关。银川沉降带沉积巨厚,其物源大部分可能来自断裂带西侧的阿拉善隆起区。

(2)从盆地周边到内部,构造形迹由密到疏,规模由大到小,地层之间的接触关系由角度不整合到微角度不整合或整合,火成岩体由多到少或无。这些均说明构造运动从盆地周边到内部由强变弱,并具有明显的分带性。

(3)由翘隆抬升造成的"匚"形隆起、斜坡和沉降带,构成了鄂尔多斯地块加里东时期的主要构造格局。

二、海西运动(古生代)

在早古生代奥陶纪末,加里东运动使华北地台大面积抬升隆起,华北广阔海水退出,而西缘、南缘外侧的秦祁海槽相对拗陷下沉,地槽型与地台型沉积建造及构造发生分化。进入海西期,这种沉积建造与构造的分野格局越来越明显,海西运动使华北地台缺失志留系、泥盆系和下石炭统地层,而地槽区连续接受巨厚沉积。在西缘、南缘过渡带,伸进区内的裂谷又重新拉开,使隆起与沉降增大。从海西期晚石炭世开始,华北地台整体相对下降,华北海水广覆,至晚石炭世太原期,华北海水与祁连海水越过隆起而沟通,水下隆起与拗陷的格局没有多大变化,这就造成了隆起外的广覆型地层向隆起区超覆、尖灭以至缺失。过渡带裂谷区中拗陷型沉积呈厚度变化很大的带状展布(内矿局,1991)。

进入二叠纪,区内古地貌为极平缓的南倾(西缘西倾)泛平原,形成以湖泊相为主的沉积。二叠纪继承了海退背景下沉积区范围逐渐扩大的趋势,南北边缘表现较明显。西南缘麟游一带,可见上石盒子组超覆下石盒子组,钻井及地震剖面解释伊盟北部隆起顶部被石千峰组超覆。二叠纪末,伊盟与大青山沉积可能连成一片。从贺兰山南段到牛首山及同心北部、香山北部,大面积范围内没有二叠系,即使个别地区有,沉积厚度也不大,与隆起区缺失有关(李增学等,2006)。

总之,海西运动初期只是继承和发展了加里东运动在该区所形成的"匚"形隆起和断裂构造格局,而在晚期,构造运动减弱,不同构造分区之间趋向于均一,这种均一化形势一直延续到中生代早、中期。但处在SN向与EW向隆起结合部位的麟游一带,可见上石盒子组超覆于奥陶系之上,石千峰组和孙家沟组沉积厚,为灰色泥岩夹海相层,呈较深的拗陷。长期隆起的伊盟北部,石千峰组超覆其上,柳沟一带厚达1260m。两缘隆起向拗陷转化也发生石千峰组沉积期。这些说明区内在海西运动后期,尽管从晚石炭世到中二叠世地层厚度分布都有大体一致的趋势,但在石千峰组、孙家沟组沉积时及其以后,原隆起与拗陷互相转化,隆起与拗陷分布格局发生了很大变化(图2-1)。

综上所述,晚古生代海西运动在该区反映出:区域性隆起的海退层序,沉积范围越来越大的大型沉降区,稳定性增强的内部均一化,局部隆拗反向,沉积具有充填性,而主动沉降的深拗型与非补偿型沉积不发育。

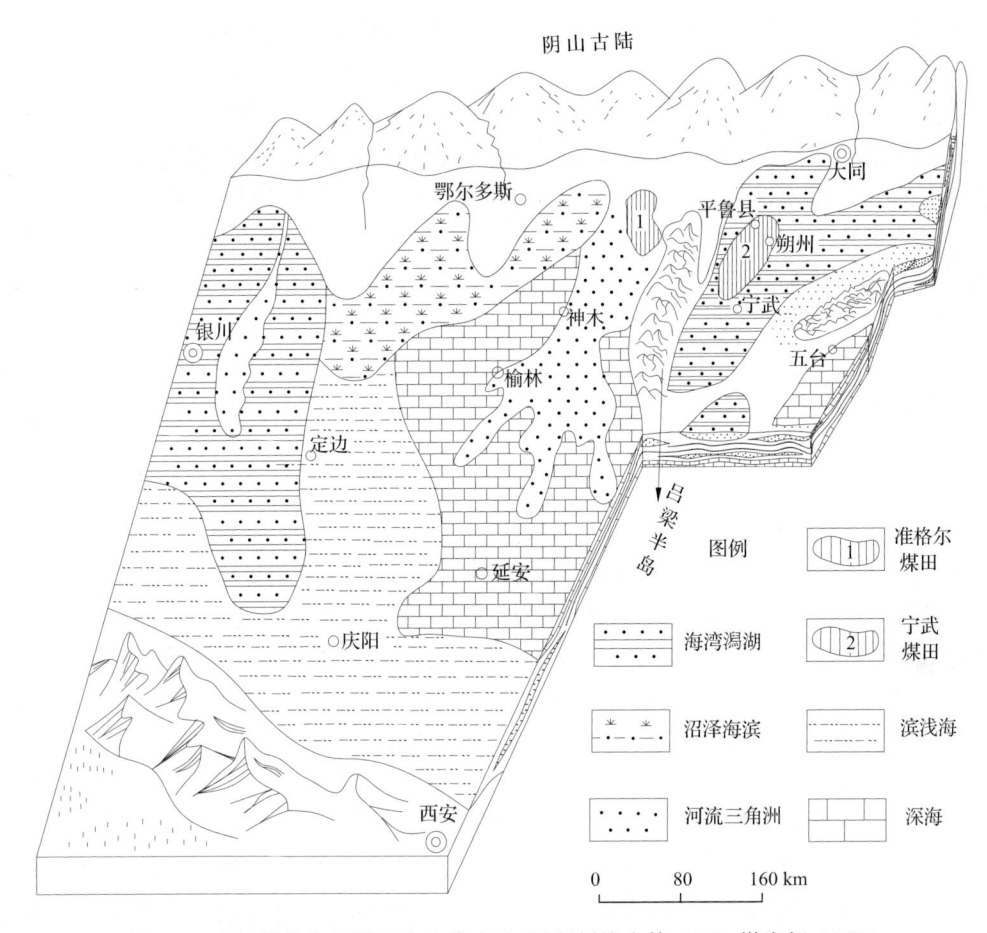

图 2-1　高铝煤分布区域晚古生代古地理图(刘焕杰等,1991;煤炭部,1992)

三、印支运动(中生代)

印支运动对中国大地构造来说,是一次划时代的构造运动,朱夏(1965)称为"变格运动"。印支运动打破了古生代"南北对立"的构造格局,并逐渐形成"东西分异"的新构造格局。中生代时期,代之而起的是"东隆西拗"的构造总趋势(内矿局,1991)。

早三叠世末发生的印支运动,使鄂尔多斯地块东抬西降,内部拗陷不均衡,鄂尔多斯盆地雏形出现,至三叠世末,鄂尔多斯盆地基本定型,三叠系由东向西增厚,西缘厚度可达 3000m 左右,形成了向东开口的西陷东翘的箕状盆地。构造形迹则以近 SN 向为主。

四、燕山运动(中生代)

燕山运动第 I 幕在鄂尔多斯南半部表现得特别明显。中侏罗世末的燕山运动第 II 幕,使华北地台和豫西发生隆起,造成该区大部分地区缺失上侏罗统,西缘南段六盘山一带沿山前断裂形成了厚达千米的山麓砂砾岩堆积。伴随这次运动,周缘山区先后有中酸性岩浆侵入。晚侏罗世末燕山运动第 III 幕,周缘隆起,大青山、狼山、乌拉山、卓子山、贺兰山、六盘山、北秦岭、中条山、吕梁山均上升形成雏形。在呼(和浩特)包(头)盆地、武川盆地、固阳盆地均有白垩系,大青山顶部晚侏罗世大青山组沉积现已高出海拔 2000m。由此可见,大青山自晚侏罗世后一直处于上升状态(内矿局,1991)。

鄂尔多斯拗陷盆地自三叠纪形成以后,继晚侏罗世短暂沉积间断后,于早白垩世早期最先接受了志丹群沉积,早期为河流-湖泊相红色碎屑,晚期为湖相砂泥。总厚达千米。沉积中心在临河以南至环县一线,为 SN 向箕状盆地。盆地东界退移到东胜一带,盆地面积显然比三叠纪、侏罗纪大为缩小,这是山西台隆不断抬升使盆地沉积中心不断向西退移所致。早白垩世中期,盆地开始萎缩。早白垩世晚期,盆地整体抬升,湖水退出,湖盆逐渐干枯。晚白垩世缺失沉积(Liu et al.,2009)。

上述过程历时 100Ma,沉积物颜色为红—黑—红,粒度为粗—细—粗,均呈规律性变化,说明盆地在中生代经历了一个完整的构造旋回。晚白垩世燕山运动第Ⅴ幕,使全区抬升。

五、喜马拉雅运动(新生代)

在晚白垩世整体隆起上升的背景下,本区在古近纪古新世仍处于隆起剥蚀状态。始新世末发生的喜马拉雅运动,使本区在连续上升的情况下,由于中国东部裂陷解体和西部青藏高原的形成,在本区周缘发生了引张分裂应力,围绕本区形成一系列断陷掀斜盆地,如渭河盆地、运城盆地、河套盆地、银川盆地等。这些断陷盆地在新生代接受了巨厚沉积,一般厚达 3000m 左右,临河凹陷最厚可达 14800m,沉积速率为 74~157m/Ma,可见下陷烈度之强。

区内经历了晚白垩世至古近纪古新世的隆起剥蚀之后,局部地区接受了以红色为主的沉积。进入喜马拉雅运动第Ⅳ幕,总体抬升与局部差异升降仍在继续加强,区内接受了更新世黄土及全新世风沙堆积,形成了现今的黄土高原和毛乌素沙漠。周缘盆地逐渐被冲积物、洪积物充填,形成了物产丰富的平原。自更新世晚期以来,黄河流经盆地,由于盆缘山脉在全新世继续抬升,使黄河呈"Ω"形蜿蜒。

喜马拉雅运动一方面造就了鄂尔多斯盆地的现代构造和地貌,另一方面,又继续改造着它们(Liu et al.,2009)。

第二节 地层与成煤环境

研究区内地层主要属华北地层区,除志留系、泥盆系及石炭系下统缺失外,其余地层均有出露。由老至新有:太古界、元古界(滹沱系、长城系、蓟县系、青白口系、震旦系)、古生界(寒武系、奥陶系、石炭系、二叠系)、中生界(三叠系、侏罗系、白垩系)、新生界(古近系、新近系、第四系)(王双明,1996)。

地层发育程度,主要岩性、厚度由老至新简述如下(图 2-2)。

一、前寒武纪地层

研究区内均有前寒武纪地层发育,太古宙和古元古代是中深变质地层,中、新远古代是浅变质地层。

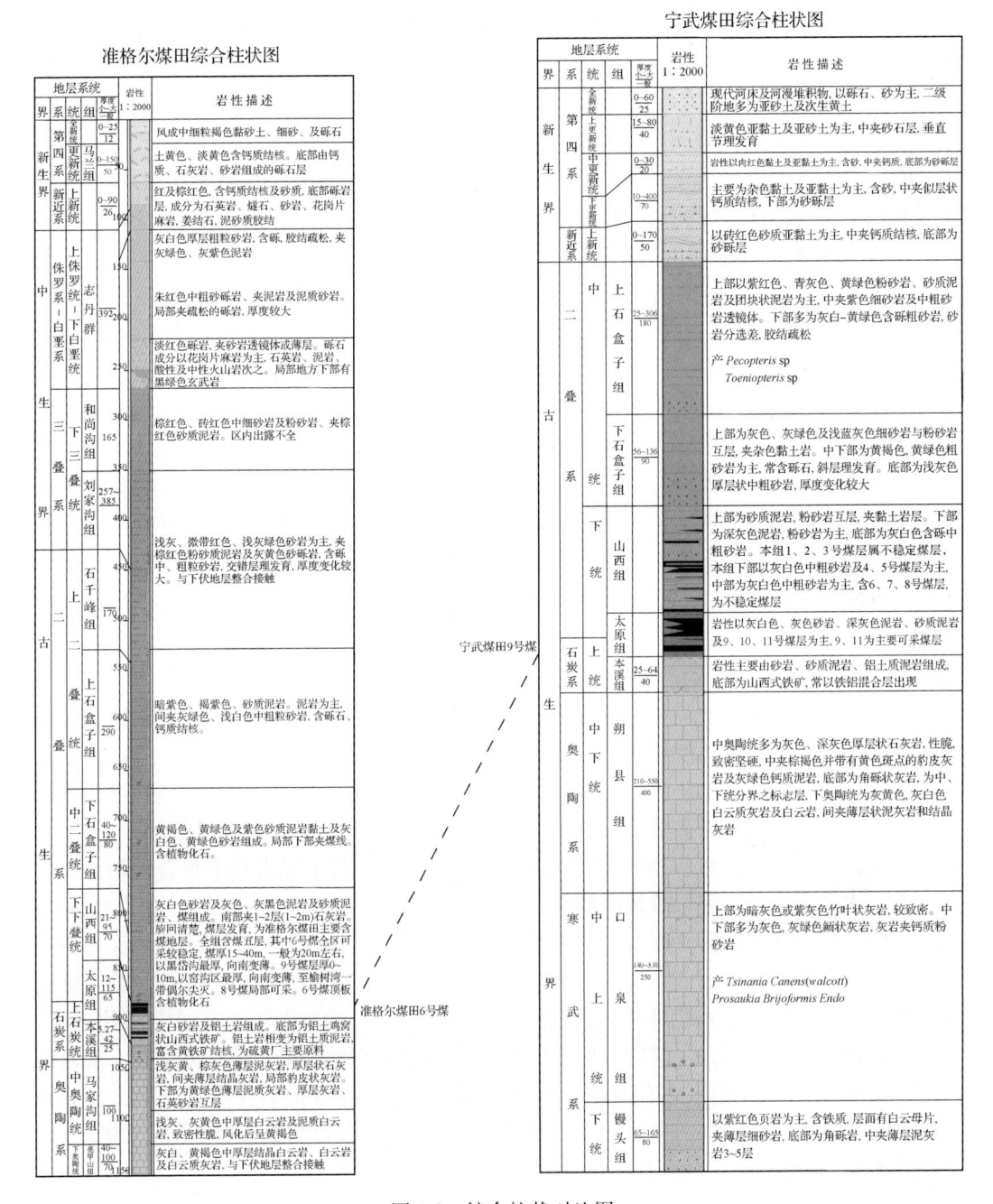

图 2-2 综合柱状对比图

（一）太古宙

太古宙分布于阴山地区、阿拉善地区、卓子山、贺兰山、鄂尔多斯南缘、豫西及山西一线。主要包括：阴山地区阿拉善地区及雁北地区一带的集宁群、贺兰山—卓子山地区的贺兰山群，吕梁山区的界河口群、华阴、三门峡地区的太华群、铜川地区和恒山杂岩及中条山区的涑水群。主要由麻粒岩、片麻岩间夹少量浅粒岩、大理岩、斜长角闪岩等组成（内矿局，1991）。

（二）元古宙

内蒙古元古宇地层发育，分属华北地层区和北疆—兴安地层区。一般均为古老结晶基底上的"准盖层"沉积（内矿局，1991）。

1. 下元古界

鄂尔多斯盆地内下元古界在区内的发育可分为上、下两部分。下部是变质较深的片麻岩、片岩和变粒岩岩系，如色尔腾山群。上部是以千枚岩、片岩和变粒岩为主的中、浅变质岩系，如上阿拉善群和与其大致相当的二道凹群。其中，上阿拉善群由中、深程度区域变质的碎屑岩和碳酸盐岩夹少量的火山岩组成，原岩属于一套以浅海相为主、滨海相局次过渡型沉积。该群与下伏新太古界的上阿拉善群地层接触关系不明。山西地区下元古界地层主要分布于五台山区（包括孟县北部）、吕梁山区、中条山及太行山区中北部，晋北以滹沱群、晋南以中条群（含担山石群）为代表。包括岚河群、野鸡山群、黑茶山群（吕梁山）及甘陶河群和东焦群。主要由变质砾岩、石英岩、片岩、板岩、大理岩及少量变基性火山岩组成。变质程度较低，属绿片岩-次绿片岩相。大理岩中含有大量叠层岩，黑色片岩含有微体古生物化石。

2. 中、上元古界

中元古界主要分布于阴山中部商都、乌拉特前旗至额济纳旗峦山一带，在阿拉善盟北部、贺兰山北部、巴丹吉林南缘也有分布。分别称为渣尔泰山群、什那干群、王泉口群、黄旗口群、巴音西别群、诺尔公群。为一套浅海相类复理石建造，主要岩性由硅质碎屑岩、板岩、千枚岩、大理岩或灰岩夹磁铁石英岩等组成。含叠层石化石，其厚度各地不一，其下限在乌拉山、贺兰山一带与太古界不整合接触，在二道洼一带与下元古界不整合接触。

上元古界主要分布阿拉善地区的乌兰哈夏组、卓子山及贺兰山地区的镇木关组、铜川地区渭南及三门峡地区的罗圈组。主要为一套海相、浅海相碎屑岩、碳酸盐及海底火山喷发岩建造。岩性为片岩、大理岩、结晶灰岩、石英岩及碎屑岩，局部地区可见浅粒岩、片麻岩及碳质片岩，在贺兰山中段由冰碛砾岩、板岩、含砾板岩组成，夹灰岩及砂岩，含微植物化石。

山西地区中、上元古界包括长城系、蓟县系、青白口系和震旦系。主要分布于山西的东部和南部，西部吕梁山区也有零星分布，其分布不广泛，发育也不齐全。吕梁山区分布有长城系下部的汉高山群。主要岩性为燧石角砾岩，局部地段为铁质砂岩、赤铁矿层（广灵式铁矿）及石英砂岩。

二、古生界

（一）寒武系

寒武系分布广泛，岩性以碳酸盐岩为主，其中生物群较发育，以三叶虫为主（内矿局，1991）。

下统：包括辛集组、朱砂洞组和馒头组。辛集组岩性底部为透镜状含磷砂岩、砾岩、鲕粒磷岩、磷矿层;中部为浅红和紫红色页岩、石英砂岩、灰绿色页岩、泥灰岩、泥质或杂质白云岩、石膏;上部为浅灰色、灰黄色薄至中厚层白云质灰岩,含燧石白云岩及少量竹叶状灰岩,有时夹页岩及泥灰岩。主要分布在鄂尔多斯盆地南缘地区、豫西地区及山西地区。朱砂洞组为一套碳酸盐岩沉积,由灰色至深灰色块状砂质白云岩、鲕状白云岩和藻白云岩等组成,厚度约100m。馒头组主要分布在鄂尔多斯南部、豫西分区及山西地区,由东向西变薄。下中部为棕红色、紫红色、浅红色薄板状泥灰岩和页岩夹泥质条带灰岩、薄层至薄板状灰岩、黄绿色钙质页岩、砂质页岩及少量粉砂岩;上部为浅灰黄色及灰紫色不纯灰岩、鲕粒灰岩、泥质条带状灰岩等。

中统:从下至上由毛庄组、徐庄组、张夏组组成。毛庄组除吕梁山南段至北段及以西地区沉积缺失外,其他地区均有沉积。下部由紫红色页岩夹薄层细粒砂岩、泥灰岩组成,霍山、云中山地区相变为白色、淡红色石英砂岩(霍山砂岩)。上部为泥质白云岩、白云质灰岩、角砾状灰岩、鲕粒灰岩和灰岩。徐庄组分布更广泛,下部暗紫色或紫红色页岩夹薄层石灰岩、细粒砂岩;中上部为含泥质条带灰岩及鲕粒灰岩。张夏组在大部分地区均有分布,其岩性底部为黄绿色页岩及少量竹叶状灰岩、泥质条带灰岩或薄板状泥质灰岩;中上部一般为浅灰色、深灰色中厚至巨厚层鲕粒灰岩,夹薄层灰岩、泥质条带灰岩、竹叶状灰岩。

上统:包括长山组、崮山组、凤山组。全区均有分布。长山组主要为紫色竹叶状含海绿石灰岩夹薄板状灰岩、竹叶状灰岩等;太行山中南段、吕梁山南段、中条山一带,主要为竹叶状白云岩及厚层白云岩。崮山组、凤山组岩性为土黄色至深灰色夹紫灰色灰岩、白云质灰岩、泥质白云岩及白云岩。

(二) 奥陶系

下统:贺兰山-卓子山区域,早奥陶世地层缺失。阴山地区早奥陶世地层称为山黑拉组,由浅灰色厚层状灰岩夹深灰色块状灰岩组成。研究区内其他地区主要分布有冶里组、亮甲山组,以白云岩为主,有泥质夹岩灰层。

中统:贺兰山-卓子山地区中奥陶世地层由下往上分别称为三道坎组、卓子山组和克里摩里组。其中,三道坎组和卓子山组为介壳灰岩沉积,底部时有碎屑岩存在。克里摩里组与晚奥陶世的乌拉力克组、拉什中组、公乌素组及蛇山组相似,为一套富含笔石的海相碳酸盐岩和碎屑岩沉积。在阴山地区,分布二哈公组,主要为灰白色中厚层白云质灰岩,夹粉红色灰岩。马家滩-平凉地区及鄂尔多斯南缘地区,自下往上分布水泉岭组和三道沟组,水泉岭组为白云质灰岩夹少量的泥质灰岩;三道沟组主要为灰岩,含丰富的生物化石。研究区内其他地区自下而上主要分布为下马家沟组、上马家沟组、峰峰组。下马家沟组与下伏下奥陶统呈明显不整合接触,岩性分界明显,底部多为石英砂岩、砾砂岩;中部多为灰岩、白云质灰岩;上部多为灰岩夹豹皮状灰岩、薄层泥质灰岩、泥质白云岩。

上统:在鄂尔多斯南缘地区,晚奥陶世地层下部为平凉组,以钙质泥岩、砂质页岩为主,夹有薄层灰岩,富含笔石。上部为背锅山组,主要由灰岩构成,局部地区为黑色砂页岩夹灰岩透镜体,含笔石、头足类、珊瑚等化石。铜川-韩城地区西部为龙门组,以笔石页岩为主,夹碳酸盐岩及少量的火山碎屑物质;东部为泾河组,主要为浅灰色—深灰色灰岩,局部夹白云岩、生物灰岩和凝灰岩。阴山地区晚奥陶世地层下部由乌兰胡洞组及大佘太组构成,乌兰胡洞组岩性为深灰色中厚层状岩、泥灰岩、砂质灰岩,豹皮状灰岩、钙质粉砂岩及砾岩,含头足类、牙形刺、珊瑚等化石。大佘太组下部为深灰色厚层状灰岩,底部灰岩具豹皮状构造;上部为深灰色瘤状灰岩,顶部含燧石团块和条带,产珊瑚、牙形刺等化石。

(三) 石炭系

本区自奥陶系后期至石炭世上升为剥蚀区,地面已经准平原化。晚石炭世初期才开始缓慢下降、海水入侵,形成海陆交互相含煤沉积,直接覆盖于中奥陶统的侵蚀面上(杨明慧等,2008)。

上统:在阴山地区,晚石炭世地层由下往上在该区分别称为佘太组和拴马桩组。佘太组为灰绿色至灰黑色碳质页岩、粉砂岩与灰白色石英粗砂岩互层;拴马桩组为浅灰色含砾石英砂岩、细砾岩与灰绿色、黑绿色粉砂质页岩、砂质页岩互层,夹煤层、煤线。在鄂尔多斯西部地区,晚石炭世地层分为靖远组、羊虎沟组。靖远组地层为一套淡化潟湖相含煤的砂泥岩沉积,由灰黑色粉砂质泥岩、灰白色石英砂岩夹薄层生物碎屑灰岩、钙质泥岩和薄煤组成。羊虎沟组岩性以灰黑色泥岩和粉砂质泥岩为主,尚有灰色至灰白色薄层状、厚层状石英砂岩与靖远组分解,产较多的动、植物化石。在本区其他区域分为本溪组和太原组的底部。本溪组平行不整合于奥陶系或寒武系之上。其岩性特征可分为上下两部分,底部"山西式铁矿",其上为灰色和灰绿色铁铝岩、铝质岩、耐火黏土等;上部由灰色、棕灰色、灰黑色的泥岩、砂岩、粉砂岩、灰岩、薄煤层、煤线组成。太原组晋祠段连续沉积于本溪组之上,为一套海陆交互相含煤岩系。以灰白色细粒砂岩、深灰色粉砂岩、泥岩为主,夹煤及1~4层薄层灰岩,含主要可采煤层(下煤组),薄层灰岩下的煤层被称为"晋祠段"。

(四) 二叠系

研究区内二叠纪地层发育完好,层序完整,自下而上有太原组(中上部分)、山西组、下石盒子组、上石盒子组、石千峰组。其中,山西组为主要的含煤地层(杨明慧等,2008)。

下统:太原组西山段由灰白色砂岩、深灰色砂质泥岩、泥岩、灰岩及煤层组成。太原组山垢段以砂岩、深灰色粉砂岩、泥岩为主,夹煤层及1~2层灰岩或泥灰岩。根据最新的研究成果(孙蓓蕾等,2014),太原组主要可采煤层属于山西组。

中统:包括山西组和下石盒子组。山西组整合于太原组之上,由灰色和灰白色砂岩、深灰色和灰黑色粉砂岩、泥岩及煤层等组成。下石盒子组为一套近海的河流-琥珀相沉积。由黄绿色及灰绿色泥岩、粉砂岩和薄层细粒至中粒砂岩等组成(白勇,2012)。底部常有一层中粒至粗粒长石石英砂岩与下伏的山西组分界,大部分地区底部有薄煤及煤线,尤其鄂尔多斯西缘地区,煤层厚度达到可采。顶部一般有两层杂色,具鲕状菱铁矿结核的铝土质泥岩,与山西地区的"桃花泥岩"层位相当。

上统:研究区内晚二叠世地层为上石盒子组和石千峰组。上石盒子组为一套陆相河湖相沉积。岩性以黄绿色及紫杂色泥岩、砂质泥岩为主,夹黄绿色中粒至细粒长石杂砂岩、长石石英杂砂岩。底部常有一层中、粗粒砂岩,局部地区含砾。石千峰组底部以一层黄绿色厚层—巨厚层状含砾中-粗粒砂岩连续沉积于上石盒子组之上。岩性主要颜色以暗紫红色、紫红色,向上渐变为砖红色为主的砂质泥岩、泥岩,夹黄绿色、灰紫色、灰黄色、浅黄色等不同粒度的长石石英砂岩、长石砂岩、长石杂砂岩等。

(五) 中生界

连续沉积在古生界之上,为一套陆相沉积岩系,广泛出露于河东煤田的兴县-吉县,宁武煤田的宁武-静乐,沁水煤田的榆社-沁水,西山煤田的交城及大同煤田的大同、左云、右玉等广大地区。浑源、灵丘、垣曲等地也有零星出露(Liu et al.,2009)。

1. 三叠系

三叠系发育齐全,包括下统刘家沟组、和尚沟组;中统纸坊组、铜川组;上统延长组(胡家村组、永坪组和瓦窑堡组)。

下统:刘家沟组岩性较单一,以一套灰紫色、浅紫色、紫红色薄板状细、中粒长石砂岩为主,夹薄层紫红色砂质泥岩、粉砂岩。沉积厚度变化不大,仅在陕西岐山、麟游等地相变为海相砂岩。和尚沟组连续沉积于刘家沟组之上,为一套湖泊相为主的棕红色、橘红色及紫红色泥岩,富含钙质结核。

中统:纸坊组为一套河、湖、三角洲相沉积。其岩性有紫灰色、黄绿色砂岩或砂砾岩,夹暗紫色粉砂岩或泥岩,含钙质结核(李斌,2006)。铜川组沉积于和尚沟组之上,为一套以河为主的河湖相沉积,全组分为上、下两段,下段以黄绿色与灰绿色砂岩为主体,夹薄层粉砂岩;上段为灰黑色及灰绿色页岩、油页岩、泥质粉砂岩和粉砂质泥岩。

上统:胡家村组连续沉积于铜川组之上,为一套河湖相含油沉积,以灰色至灰绿色中粒砂岩为主、夹泥质岩。永坪组连续沉积于胡家村组之上,为一套河湖相含油沉积,岩性由灰绿色至黄绿色厚层状中粒至细粒砂岩夹粉砂岩、泥岩和薄煤等组成。瓦窑堡组连续沉积于永坪组之上,为一套河湖相含煤沉积,主要岩性为灰色至灰白色砂岩、深灰色粉砂岩、泥质岩、油页岩及煤层等。延长组仅分布于鄂尔多斯西部的武陵、盐池和山西的太谷、祁县、榆社、武乡县境内及大宁、吉县、永和、石楼一带。连续沉积于铜川组之上。依其岩性划分两部分,下部灰绿色、浅红色斑状中厚层中细粒长石砂岩,夹紫灰色、黄绿色粉砂质泥岩,局部夹灰黑色页岩及煤线、浅黄色晶屑凝灰岩。上部沉积仅见于大宁到石楼一带,为浅灰绿色、灰黄色厚层中细粒长石砂岩、长石石英砂岩夹砂质泥岩及泥岩层。本组砂岩及泥岩中含黄铁矿结核及钙质砂岩结核。

2. 侏罗系

侏罗纪地层为本区稳定型内陆盆地沉积。多数地区缺少早侏罗世早期沉积和晚侏罗世晚期沉积。鄂尔多斯分区的侏罗系发育最好,化石丰富,层序清楚,是我国陆相侏罗纪地层标准分层地区之一。本区早侏罗世地层称富县组,中侏罗世地层由下往上分别称为延安组、直罗组及安定组;晚侏罗世地层称为芬芳河组。

下统:富县组在三叠纪末抬升剥蚀的古地貌背景下接受沉积,地层主要分布在盆地南部和东部,西部缺失。富县组以填平补齐式沉积为主,主要堆积在相对低凹的地区。在盆地南部,河流切割深,地形起伏较大,河谷处堆积地层厚,而高地以剥蚀为主。沉积类型复杂多样,形成以剥蚀-残积相占主体,冲积、湖沼相为辅的古地理景观(高选政,1995)。河流相主要分布在盆地中部的华池-延安南之间及榆林-神木之间(李斌,2006)。又可分为河道亚相和泛滥平原亚相。湖沼相分布于府谷、神木、准格尔旗五字湾一带,地层厚为40~156m,以灰绿紫杂色泥岩、粉砂岩为主,下部含油页岩及煤线,富含软体动物化石及植物化石。洪积、冲积相见于华亭、崇信一带,地层厚为15~22m,为一套粗碎屑岩沉积,碎屑分选差,次棱角状,粗碎屑含量为55%~82%。残积相分布于陇县、彬县一带,厚约20m,岩性以杂色页岩为主。

中统:延安组沉积于富县组之上或超富于三叠纪地层的不同层位之上,为一套河流-湖泊相为主的含煤地层,由灰色至灰白色中粒至细粒砂岩,以及深灰色粉砂岩、泥质岩、泥灰岩、油页岩及煤层等组成。直罗组假整合于延安组之上,为一套河流-湖泊相碎屑岩沉积。由黄绿色至灰绿色砂岩、蓝灰色及紫灰色等杂色泥岩、泥质粉砂岩、粉砂岩等组成。安定组鄂尔多斯分区与鄂尔多斯西缘分取沉积类型和沉积特征不同。鄂尔多斯分区为一套湖泊相碎屑岩与碳酸盐岩沉积,由下部的黑灰色及黑色页岩、油页岩及钙质粉砂岩和上部的灰黄色泥质岩、白云质泥灰岩等组成,鄂尔多斯西缘分区,底部为紫色泥岩、灰白色中细粒砂岩。

上统:芬芳河组仅鄂尔多斯西缘局部地区有发育,如陕西陇县、甘肃环县和宁夏平罗县等,为一套盆地边缘山麓堆积,由棕红色及紫灰色块状砾岩、巨砾岩,夹少量棕红色砂岩和粉砂岩等组成。平罗县汝箕沟地区为钙质粉砂岩、钙质泥岩夹砂岩。

3. 白垩系

研究区白垩纪地层主要为内陆及山间盆地沉积,区内均有早白垩世地层发育,少数分区有晚白垩世早期地层发育。

下统:区内大部分白垩纪地层自下而上划分为宜君组、洛河组、环河组—华池组、罗汉洞组和泾川组,为一套紫红色至杂色的陆相沉积,由砂岩、砾岩、粉砂岩、泥岩和少量凝灰质砂岩组成。在盆地东北部早白垩世地层下部称为伊金霍洛组,上部为东胜组;在阿拉善地区早白垩世地层为大水沟组和庙山湖组;在阴山分区主要为李三沟组和固阳组;在山西分区,自下而上为麻地坪组、羊投崖组、钟楼坡组、王家沟组、左云组(赵红格,2003)。

上统:在阿拉善分区有乌兰呼少组,在山西分区有助马铺组。

(六)新生界

1. 古近系

古近纪地层受地质构造及古地貌严格控制,主要发育于一些新生代的断陷盆地中,如河套盆地、渭河盆地、银川盆地等。除古新世地层之外,其余均有发育。古近纪地层为一套紫红色至棕红色砂岩、泥质岩互层,夹砂砾岩和砾岩,一般底部常有砾岩发育,河套盆地中夹薄层白云质灰岩(Liu et al.,2009)。

2. 新近系

新近纪地层为一套深红色、棕红色及棕黄色黏土、砂质黏土,其中含钙质结核,厚度巨大,一般在千米之上。除新生代凹陷盆地之外,新近纪地层厚度较小,沉积类型多样。

3. 第四系

第四纪主要发育于一些新生代断陷盆地中。为河流-湖泊相碎屑岩沉积。厚度很大,数百米至上千米。除断陷盆地之外,更新世和全新世地层均有发育。更新世地层自下而上有三门组、午城组、离石组、萨拉乌素组、马兰组。三门组为一套河流-湖泊相沉积的中、粗粒砂层夹钙质结核；午城组为一套风成的石质黄土堆积，其中夹多层古土壤和钙质结核；离石组为风成黄土堆积，上部夹颜色鲜艳的古土壤，下部夹灰白色钙质结核；萨拉乌素组为河流-湖泊相及风积相的砂质黏土、砂砾石层，产萨拉乌素动物群化石；马兰组为灰黄色、土黄色风成黄土，夹1～2层褐红色古土壤。

全新世地层为现代沉积，具多种多样沉积类型，盆地北部以风积沙、固定和半固定沙丘堆积为主；河道及其附近为冲积和洪积泥、砂堆积；盆地四周山区为坡积、残积的砂、砾黏土堆积；湖沼中为淤积泥潭、石膏、芒硝、食盐；等等。厚度变化较大，为0～30m。产人类、哺乳类、禽类等化石。

第三章　高铝煤的工艺性质

工业分析包括煤中水分、灰分、挥发分及固定碳的计算,发热量、硫分、关键元素的测定等。煤的工业分析是了解煤质特征的主要指标也是评价煤质的基本依据,根据工业分析的各项测定结果可初步判断煤的性质、种类和各种煤的加工利用效果及其工业用途。

第一节　准格尔煤田

一、水分

水分是一项重要的煤质指标,它在煤的基础理论研究和加工利用中都具有重要的作用。煤中水分随煤的变质程度加深而逐渐减少,因此可以由煤的水分含量来大致推断煤的变质程度。

煤的水分对其加工利用、贸易和储存运输都有很大影响。一般来说水分高不是一件好事。例如,在锅炉燃烧中,水分高会影响燃烧稳定性和热传导;在炼焦工业中,水分高会降低焦炭产率;在煤炭贸易上,煤的水分是一个重要的计质和计量指标。而在现代煤炭加工利用中,有时水分高反而是一件好事,如煤中水可作为加氢液化和加氢气化的供氢体。从表3-1可以看出,准格尔煤田各采样矿区6号煤水分含量较低,其厚度权衡均值分别为大饭铺煤矿7.27%、黑岱沟煤矿8.62%、哈尔乌素煤矿9.48%、魏家峁煤矿9.60%。依据我国煤炭行业标准《煤的全水分分级》(MT/T 850—2000),准格尔煤田6号煤主要为中等全水分煤或低水分煤。Dai等(2008,2012a)对该地区煤质分析认为该地区6号煤水分小于6.0%,为特低全水分煤,其中官板乌素为4.95%、哈尔乌素为3.92%、黑岱沟为5.19%。

二、灰分

煤的灰分不是煤中的固有成分,而是煤在规定条件下完全燃烧后的残留物。它是煤中物质在一定条件下,经一系列分解、化合等复杂反应而形成的,是煤中矿物质的衍生物。它在组成和质量上都不同于矿物质,但煤的灰分产率与矿物质含量间有一定的相关关系,可以用灰分来估算煤中矿物质的含量。一般来说灰分是煤炭中的主要有害成分,石炭纪—二叠纪煤质特点是灰分产率普遍很高。

准格尔煤田6号煤的灰分产率变化范围为2.38%～43.69%,大饭铺、黑岱沟、哈尔乌素和魏家峁地区6号煤灰分产率权衡均值分别为21.33%、14.87%、13.52%和7.83%,依据《煤炭质量分级第1部分:灰分》(GB/T 15224.1—2010),准格尔煤田中部地区6号煤总体上为中低灰煤,而煤田南部魏家峁地区6号煤灰分小于10%,为特低灰煤。

三、挥发分

煤样在规定条件下,隔绝空气加热,并进行水分校正后的挥发物质产率即为挥发分。

煤的挥发分主要是由水分、碳的氧化物和碳氢的化合物（CH_4）组成，但煤中物理吸附水（包括内在水和外在水）和矿物质二氧化碳不属挥发分之列。工业分析中测定的挥发分不是煤中原来固有的挥发性物质，而是煤在严格规定条件下加热时的热分解产物。煤的挥发分产率与煤的变质程度有比较密切的关系，随着变质程度的加深，挥发分逐渐降低，因此根据煤的挥发分产率可以估计煤的种类，干燥无灰基挥发分是确定煤分类的主要指标。

准格尔煤田6号煤的挥发分产率变化为25.59%～49.70%，大饭铺、黑岱沟、哈尔乌素和魏家峁地区6号煤挥发分产率权衡均值分别为31.23%、32.12%、34.84%和36.05%，依据《煤的工业分析方法》GB/T 212—2008，研究区6号煤主要为中高挥发分煤。

四、硫分

煤中硫是一种有害元素。煤中硫的存在形态通常分为有机硫和无机硫两大类，无机硫主要为硫酸盐硫和硫化物硫。因此煤中的硫主要以硫酸盐硫、硫化物硫和有机硫三种形态存在。含硫高的煤，供燃烧、气化、炼焦使用时都会带来很大的危害，因此为了有效而经济地利用煤炭资源，必须了解煤中全硫的含量。石炭纪—二叠纪聚煤期全硫含量一般变化规律：山西组各煤层全硫含量一般不超过1%，属低-特低硫；太原组煤层一般都大于1.5%，以中硫为主。

准格尔煤田6号煤的全硫含量变化为0.24%～0.80%，大饭铺、黑岱沟、哈尔乌素和魏家峁地区6号煤全硫含量权衡均值分别为0.28%、0.33%、0.33%和0.41%。Dai等（2006，2008，2012a）统计准格尔煤田中部官板乌素、哈尔乌素和黑岱沟地区6号煤全硫含量权衡均值分别为0.58%、0.46%和0.73%，略高于本次的测试值。依据《煤炭质量分级 第2部分：硫分》（GB/T 15224.2—2010）可知，准格尔煤田6号煤以特低硫、低硫煤为主。形态硫分析表明（表3-1），研究区6号煤中硫分主要以有机硫形式存在，硫酸盐硫和硫化物硫含量极少。

表3-1 研究区煤化学特征及镜质组反射率

样品	厚度/cm	$R_{o,ran}$/%	M_{ad}/%	A_{ad}/%	V_{daf}/%	$S_{t,ad}$/%	$S_{s,ad}$/%	$S_{p,ad}$/%	$S_{o,ad}$/%	Q_b/(MJ/kg)
D6-02	98.00	0.60	6.20	28.05	33.34					16.26
D6-04	22.00	0.57	10.62	6.10	26.14					24.31
D6-06	100.00	0.81	7.59	18.09	30.29	0.28	bdl	bdl	0.28	21.37
H-08	76.40	0.62	9.02	22.45	35.96	0.36	bdl	0.02	0.34	28.09
H-10	200.00		5.18	38.33	33.03					26.19
H-12	113.70	0.54	9.36	9.05	30.51					26.27
H-14	100.00	0.56	9.21	2.38	34.28	0.42	0.02	0.16	0.24	16.26
H-15	315.50	0.58	7.04	22.16	29.10					24.88
H-18	30.60	0.46	8.41	4.99	34.63					26.02
H-20	200.00		6.83	6.95	25.59	0.28	bdl	0.03	0.25	24.60
H-21	228.00	0.47	9.83	10.02	34.16					18.24
H-23	27.40	0.54	18.24	6.96	39.30	0.36	bdl	0.03	0.33	21.72
H-24	26.90	0.67	15.12	15.19	35.36					26.08

续表

样品	厚度/cm	$R_{o,ran}$/%	M_{ad}/%	A_{ad}/%	V_{daf}/%	$S_{t,ad}$/%	$S_{s,ad}$/%	$S_{p,ad}$/%	$S_{o,ad}$/%	Q_b/(MJ/kg)
H-25	32.70	0.44	22.29	7.13	39.40	0.33	0.01	0.03	0.29	27.66
H-27	90.20	0.52	19.74	5.99	38.32	0.32	0.01	0.02	0.29	27.00
H-28	200.00	0.58	7.27	16.04	32.70					23.26
H-30	300.00	0.55	6.91	9.43	32.17					18.80
HW-01	110.00	0.55	7.98	9.56	41.80					18.44
HW-03	47.00		7.25	25.11	31.34					18.59
HW-05	30.00		5.94	43.69	34.62					26.12
HW-08	14.00	0.55	5.36	38.59	38.22					23.66
HW-10	15.00	0.56	6.39	26.82	33.97	0.26	bdl	0.03	0.23	23.27
HW-12	12.00	0.60	7.55	11.73	34.45	0.44	0.01	0.02	0.41	16.75
HW-14	5.00		6.40	20.73	31.91	0.24	0.01	0.16	0.07	25.99
HW-16	300.00		6.49	26.98	29.43					24.92
HW-17	300.00	0.73	7.82	11.99	28.96	0.32	0.01	0.01	0.30	24.50
HW-19	34.00	0.51	7.90	24.62	39.21	0.32	0.01	0.02	0.29	24.26
HW-21	228.00		8.14	6.45	29.79	0.31	0.01	0.01	0.29	20.50
HW-23	243.00	0.51	8.69	11.46	39.67					19.73
HW-25	872.80	0.55	7.71	9.80	36.32					27.72
HW-27	118.20	0.53	52.79	7.15	38.57					28.29
HW-29	200.00	0.56	7.66	18.45	49.70	0.43	bdl	0.01	0.42	27.90
HW-31	36.00	0.63	6.55	23.74	35.72					20.90
HW-33	300.00		7.39	10.94	27.70	0.28	0.01	0.01	0.26	19.41
W-02	80.00		16.48	11.39	36.86	0.32	0.01	0.03	0.28	13.22
W-04	200.00		10.11	4.24	37.69	0.44	0.02	bdl	0.42	18.38
W-06	96.00		6.89	5.34	36.61					20.53
W-07	10.00		5.16	5.00	35.95	0.80	0.09	0.24	0.47	27.33
W-08	32.00		6.12	32.66	34.51					26.68
W-10	50.00		7.95	6.78	32.58	0.36	0.02	0.01	0.33	24.81
W-12	63.00		7.12	7.20	32.55	0.38	0.04	0.01	0.33	26.89
D-WA		0.69	7.27	21.33	31.23	0.28	bdl	bdl	0.28	19.39
H-WA		0.55	8.62	14.87	32.12	0.33	0.01	0.05	0.27	23.00
HW-WA		0.57	9.48	13.52	34.84	0.33	0.01	0.01	0.31	24.26
W-DA			9.60	7.83	36.05	0.41	0.02	0.01	0.37	20.28
官板乌素		0.56	4.95	20.25	40.26	0.58				
哈尔乌素		0.57	3.92	18.34	33.29	0.46				
黑岱沟		0.58	5.19	17.72	33.50	0.73				

资料来源：石松林，2014

注：$R_{o,ran}$. 镜质组随机反射率；M. 水分；A. 灰分；V. 挥发分；S_t. 全硫；S_s. 硫酸盐硫；S_p. 硫化铁硫；S_o. 有机硫；Q_b. 弹筒发热量；ad. 空气干燥基；daf. 干燥无灰基；WA. 厚度权衡均值；bdl. 低于检测下限；D-WA. 大饭铺均值；H-WA. 黑岱沟均值；HW-WA. 哈尔乌素均值；W-DA. 魏家峁均值。

五、镜质组反射率与煤级

对于低变质烟煤来说,其镜质组反射率变化较小,挥发分分布较分散,长焰煤镜质组平均最大反射率常在0.4%~0.6%波动。准格尔煤田6号煤的镜质组反射率变化范围为0.44%~0.81%,与6号煤挥发分产率相关关系较弱(表3-1、图3-1),大饭铺、黑岱沟、哈尔乌素地区6号煤的镜质组反射率权衡均值分别为0.69%、0.55%和0.57%,与Dai等(2006,2008,2012a)统计的官板乌素(0.56%)、哈尔乌素(0.57%)和黑岱沟(0.58%)等地区6号煤的镜质组反射率一致,属于低变质长焰煤类。

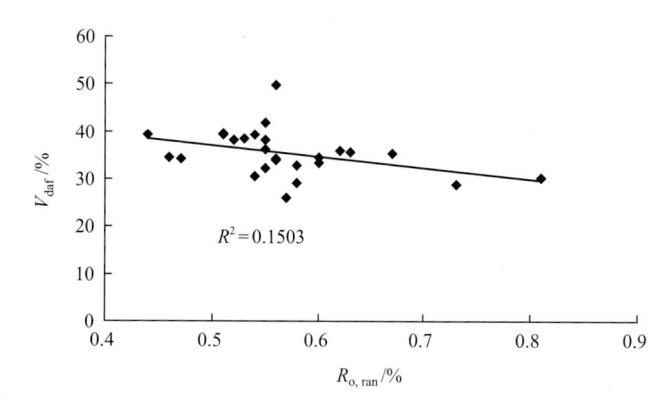

图 3-1 研究区煤中镜质组反射率和挥发分的关系(石松林,2014)

结果表明研究区太原组6号煤的水分较低,均值为7.27%~9.60%;灰分产率较低,均值为7.83%~21.33%,以中-低灰煤为主;挥发分产率均值为31.23%~36.05%,以中-高挥发分煤为主;全硫含量均值为0.46%~0.73%,以特低硫、低硫煤为主,其硫分主要以有机硫形态存在;镜质组反射率均值为0.55%~0.69%,煤级为低变质长焰煤。

第二节 宁武煤田

一、4号煤

4号煤位于太原组顶部,为区的稳定主要可采煤层之一,距山西组底部K_3砂岩厚为0~15.00m。煤厚为1.03~18.92m。煤层结构复杂,含夹矸一般为0~9层,在平朔区中西部分叉成两个煤分层,上分层为4-1号,下分层为4-2号煤层,夹矸层位不稳定。煤层顶板常为砂岩,底板以泥岩和高岭质泥岩为主。煤层露头线和埋藏浅的部位,4号煤的风氧化较为严重,形成褐色黏土。

原煤空气干燥基各煤层水分两极值为1.14%~7.02%,平均为2.76%,属低水分煤;原煤的灰分(A_d)一般位于12.13%~41.81%,平均为31.88%,平面分布以高灰煤为主,中灰煤次之,有零星的低灰煤;挥发分产率含量为35.1%~53.28%,平均为40.28%,属高挥发分煤。全硫含量为0.3%~0.89%,平均为0.5%,以特低硫煤[《煤炭质量分级第2部分:硫分》(GB/T 15224.2—2010)]为主,低硫煤占少数。原煤高位干燥基发热量,4号煤平均为 21.31MJ/kg。属于低热值煤[《煤炭质量分级第 3 部分:发热量》(GB/T 15224.3—2010)]。

二、9 号煤

9 号煤厚为 5.60~23.96m,平均为 15.37m。上距 4(4-1)号煤约 52.52m。为本区的主要可采煤层之一。根据孙蓓蕾等(2014)的研究,9 号煤层应属于山西组。煤层结构较简单,含夹石 0~5 层,一般为 2~3 层,夹石多为高岭质泥岩、碳质泥岩及砂质泥岩,其顶板多为砂质泥岩、碳质泥岩及泥岩,底板以砂质泥岩为主,局部为碳质泥岩或砂岩。本煤层全区发育可采,可采性指数为 100%,中西部(羊圈西)煤层较薄,东部较厚,属稳定型煤层。

煤样测试分析结果显示:9 号煤层原煤水分为 1.09%~5.54%,平均含量为 2.46%,属低水分煤;原煤灰分产率为 13.30%~39.08%,平均为 22.95%,属中灰煤(GB/T 15224.1—2010);挥发分产率含量为 35.54%~49.67%,平均为 41.15%,属高挥发分煤。全硫含量为 0.41%~4.71%,平均为 2.17%,属中高硫煤(GB/T 15224.2—2010);煤中的有机硫含量较高,为 0.07%~3.23% 不等,平均为 1.71%,硫化铁硫为 0.05%~2.49%,平均为 0.65%,硫酸盐硫含量较低,为 0~0.45%,平均为 0.04%。发热量为 21.34~29.60MJ/kg,平均发热量为 24.60MJ/kg,为中热值煤(GB/T 15224.3—2010),工业分析结果见表 3-2。

表 3-2　9 号煤工业分析

煤层	原煤				
	$M_{ad}/\%$	$A_d/\%$	$V_{daf}/\%$	$S_{t,d}/\%$	$Q_{gr,v,d}/(MJ/kg)$
	最小~最大 / 平均(样品数)	最小~最大 / 平均(样品数)	最小~最大 / 平均(样品数)	最小~最大 / 平均(样品数)	最小~最大 / 平均(样品数)
9	1.09~5.54 / 2.46(247)	13.30~39.08 / 22.95(247)	35.54~49.67 / 41.15(247)	0.41~4.71 / 2.17(213)	21.35~29.60 / 24.60(184)

三、11 号煤

11 号煤位于太原组的下部,距 10 号煤层 1.20~10.31m,平均 6.47m,为本区的主要可采煤层之一,煤厚 1.10~11.00m,平均为 5.35m。区内南部煤层较薄,北中部较厚,含夹矸 0~4 层,一般为 1~3 层,顶板多为砂质泥岩、碳质泥岩,其上常为一层深灰色泥质灰岩,底板多为砂质泥岩,有时为泥岩或细粒砂岩,煤类以长焰煤为主,零星气煤,亦属稳型煤层,可采性指数 100%。

11 号煤以半暗型煤为主,半亮型煤次之。半亮型煤以亮煤为主,夹有镜煤和丝炭的细条带及透镜体;半暗型煤以暗煤为主,亮煤为辅,镜煤和丝炭以线理或细条带以及透镜体分布。半暗型煤的光泽比较暗淡,其硬度、韧性和密度较半亮型煤大。镜质组大反射率为 0.65%,煤化程度在 Ⅱ 阶段,相当于气煤阶段。无机组分以黏土为主,一般呈薄层状或透镜状,有时呈微粒状散布在有机质中。

原煤空气干燥基各煤层水分两极值为 1.15%～2.91%，平均为 1.98%，属低水分煤；原煤的灰分（A_d）一般为 13.66%～48.32%，平均为 29.75%，以中灰煤为主，少部分为高灰煤。挥发分产率含量为 26.93%～49.59%，平均为 40.32%，属高挥发分煤。全硫含量为 0.51%～4.46%，平均为 2.29%，以中高硫煤为主，有零星的低硫煤、中硫煤和高硫煤。原煤高位干燥基发热量为 14.62～32.60MJ/kg，平均为 22.39MJ/kg，属于低热值煤。

四、其他煤层

其他煤层均为不可采煤层，仅 6 号、10 号煤在北部零星可采，亦属于不可采煤层。

第四章 高铝煤中的矿物

第一节 煤中的矿物

煤中矿物是煤的重要组成部分,从成因角度来看,煤中矿物的成分和特征既反映了聚煤环境的地质背景,有时又反映了煤层形成后所经历的各种地质作用过程,有助于阐明煤层的成因、煤化作用、区域地质历史演化等基本理论问题(代世峰等,2005a,2005b;曹代勇等,2009)。煤中的矿物主要有石英、黏土矿物(主要为高岭石、伊利石、伊利石/蒙脱石混层矿物)、碳酸盐矿物(菱铁矿、方解石、白云石)和硫化物矿物(黄铁矿)(Ward,1978,2002)。煤中发现的氢氧化物矿物有:褐铁矿、铝土矿、针铁矿、纤铁矿、硬水铝石、三水铝石、勃姆石、黑锌锰矿、水镁石、羟钙石。其中,褐铁矿、铝土物、针铁矿在煤中常见,对其成因也有较多的研究;纤铁矿在煤中较少见,主要存在于泥炭中;三水铝石在煤中少见;硬水铝石在煤中含量较低,主要存在于有火山灰层夹矸的煤层中,且主要在火山灰层夹矸中;勃姆石、黑锌锰矿、水镁石和羟钙石等矿物在煤中偶见或罕见。

煤中的矿物质按来源可分为以下三类。

(1) 原生矿物:成煤植物在生长过程中,通过植物的根部吸收溶于水中的一些矿物质,以促进植物新陈代谢作用的进行。

(2) 同生矿物:在泥炭堆积时期,由风和流水带到泥炭沼泽中和植物一起堆积下来的碎屑物质。主要是石英、黏土矿物、长石、云母、各种岩屑和少量的重矿物,如锆石、电气石、金红石等,还有由胶体溶液中沉淀下来的化学成因和生物成因的矿物,如黄铁矿、菱铁矿、蛋白石、黏土矿物。例如,近海环境形成的煤层中黄铁矿较多,陆相环境形成的煤层中黏土矿物和石英碎屑多。

(3) 后生矿物:煤层形成固结后,由于地下水的活动,溶解于地下水中的矿物质,因物理化学条件的变化而沉淀于煤的裂隙、层面、风化溶洞和细胞腔内,这些矿物称为后生矿物。主要有方解石、石膏、黄铁矿和高岭石、石英等,有时由于岩浆热液的侵入,也可形成一些后生矿物,如石英、闪锌矿、方铅矿等。煤中的后生矿物多数是薄膜状、脉状等,往往切穿层理。

煤中常见的矿物主要有黏土矿物、硫化物、氧化物、碳酸盐、硫酸盐、磷酸盐,其中黏土矿物最为常见;痕量矿物如独居石、锆石、纤磷钙铝石、水绿矾、胶磷矿、铬铅矿等(黄文辉等,1999)。研究煤中矿物的种类、含量对研究煤中微量元素的赋存状态、含量及煤层的沉积环境有重要意义。研究煤中矿物的方法很多,主要运用了偏反光显微镜、低温灰化 X 射线衍射(LTA-XRD)、扫描电子显微镜(SEM)等手段。矿物学特征首先通过光学显微镜定量分析矿物组分含量。利用 X 射线衍射(XRD)测试,确定煤中矿物种类。通过 SEM-EDS 进一步认识煤中矿物的形态特征和成分组成。

第二节 高铝煤中黏土矿物

高铝煤中富含的高铝矿物主要包括赋存于煤层中及夹矸中的黏土矿物(主要为高岭石)、铝的氢氧化物(包括勃姆石、硬水铝石和三水铝石)和少量其他硅酸盐矿物。高铝煤中其他矿物主要包括碳酸盐矿物、硫化物和硫酸盐矿物、氧化物和氢氧化物矿物。

一、准格尔煤田

代世峰等(2006b)和 Sun 等(2012b)对准格尔煤田煤中黏土矿物进行研究,黏土矿物是 4 号和 6 号煤中含量最高的矿物质。油浸反射光下呈灰黑色。煤中的黏土矿物分布状态多样,充填在结构镜质体或者丝质体的胞腔中[图4-1(a)]或者分布在基质镜质体中,有的呈团块状、条带状、细分散、浸染状或者不规则状分布在煤中[图4-1(b)]。

(a) 黏土(4-2)反射光,500× (b) 黏土(6-8)反射光,500×

图 4-1 4-2 号、6-8 号黏土反射光

6 号煤中黏土矿物分布广泛,扫描电子显微镜下可见其与均质镜质体交互成层[图4-2(a)],能谱分析结果主要为 Si 和 Al。除层状分布外,还有团窝状、分散粒状[图4-2(b)]

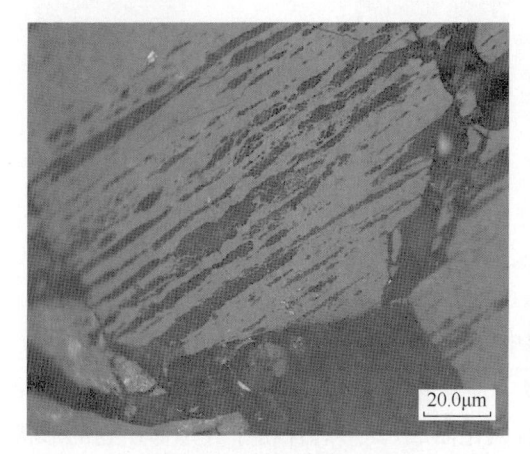

(a) 黏土(6-1-2)油浸反射光,500× (b) 黏土(6-1-2)反射光,500×

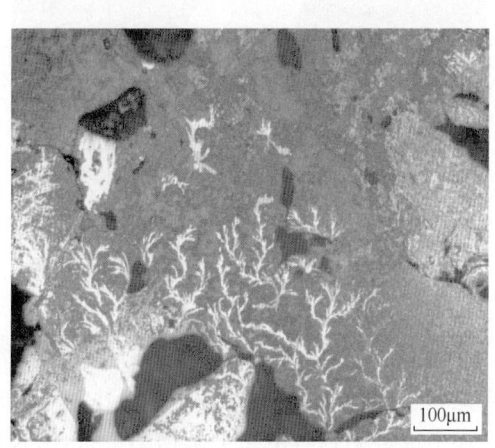

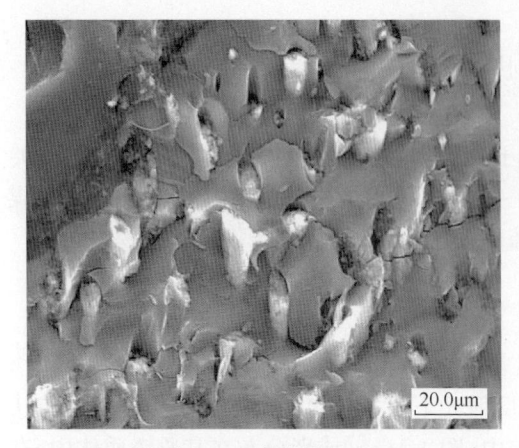

(c) 黏土(6-5-2)扫描电镜，850× 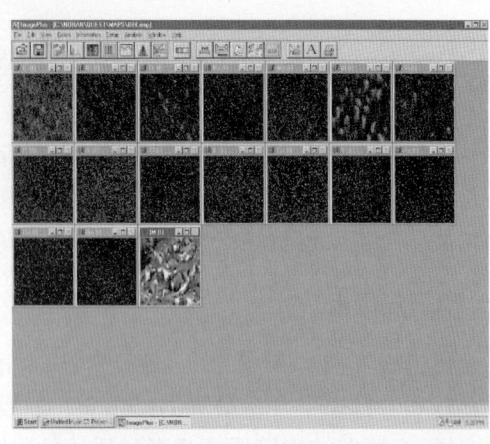　　　　　　　　　(d) 黏土(6-5-2)能谱，850×

(e) 高岭石(6-5-5)扫描电镜，900× 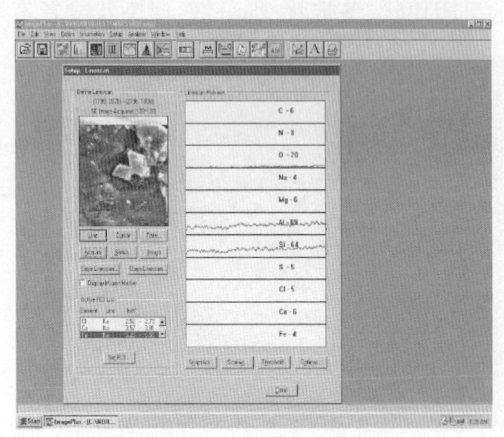　　　　　　　　(f) 高岭石(6-5-5)能谱，900×

(g) 高岭石(6-5-5)扫描电镜，1600× 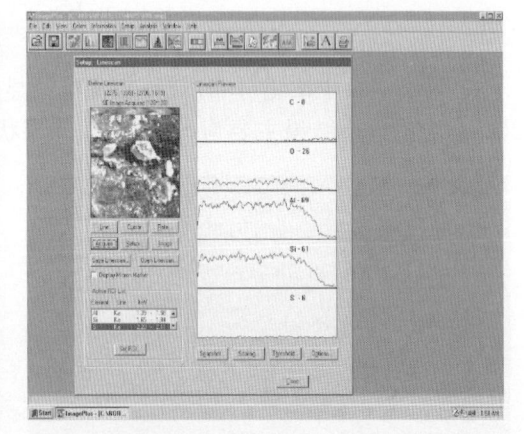　　　　　　　(h) 高岭石(6-5-5)能谱，1600×

图 4-2　6 号煤中的黏土矿物

或充填于植物细胞中[图 4-2(c)、(d)]。形成于泥炭聚集早期，主要是同生黏土矿物。6号煤中也可见到后生黏土矿物高岭石，由长石风化而成，其形态保留了其母体矿物的形状[图 4-2(e)～(h)]。

通过对准格尔煤田官板乌素矿煤样进行光学显微镜及扫描电子显微镜分析，主要识别出高岭石、伊利石及绿泥石三类黏土矿物；利用XRD的分析，发现煤中含有高岭石亚族矿物珍珠陶土和地开石(图4-3)。

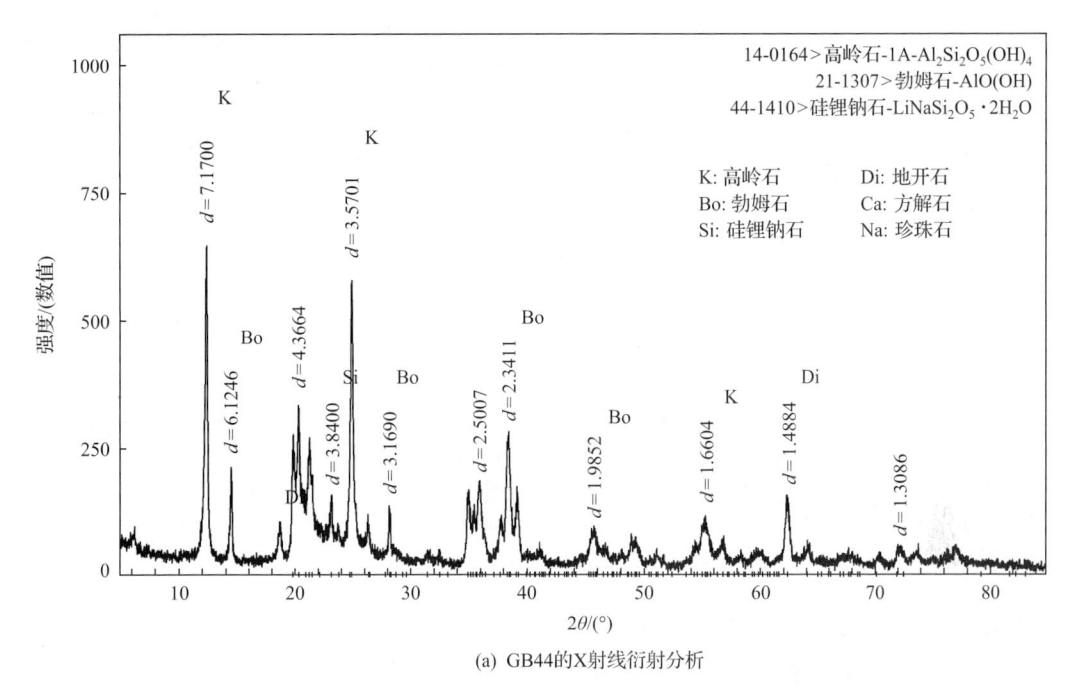

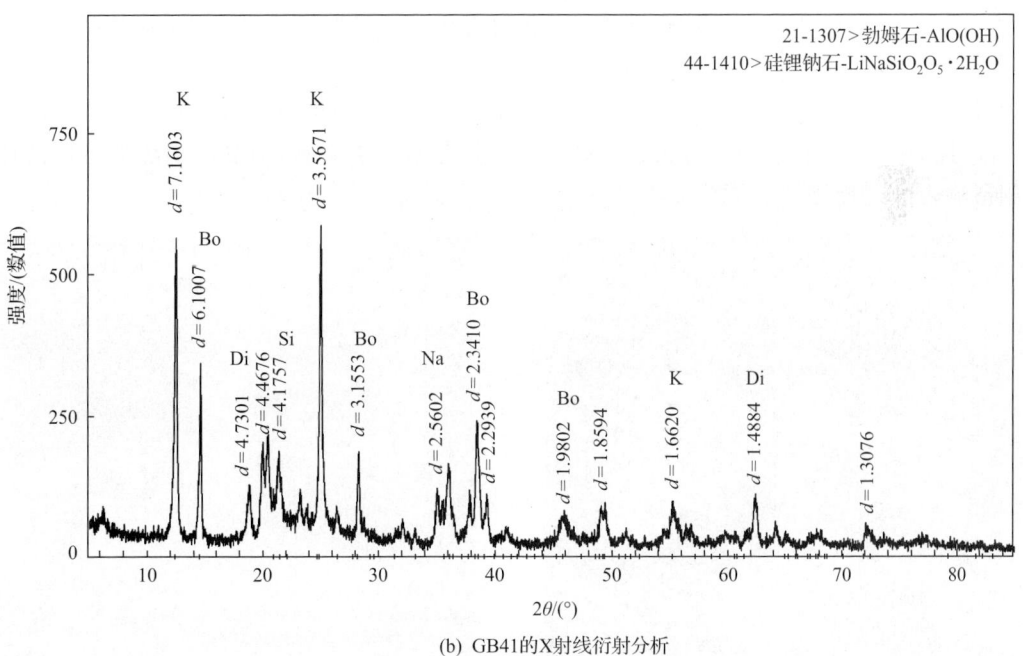

(a) GB44的X射线衍射分析

(b) GB41的X射线衍射分析

(c) GB34的X射线衍射分析

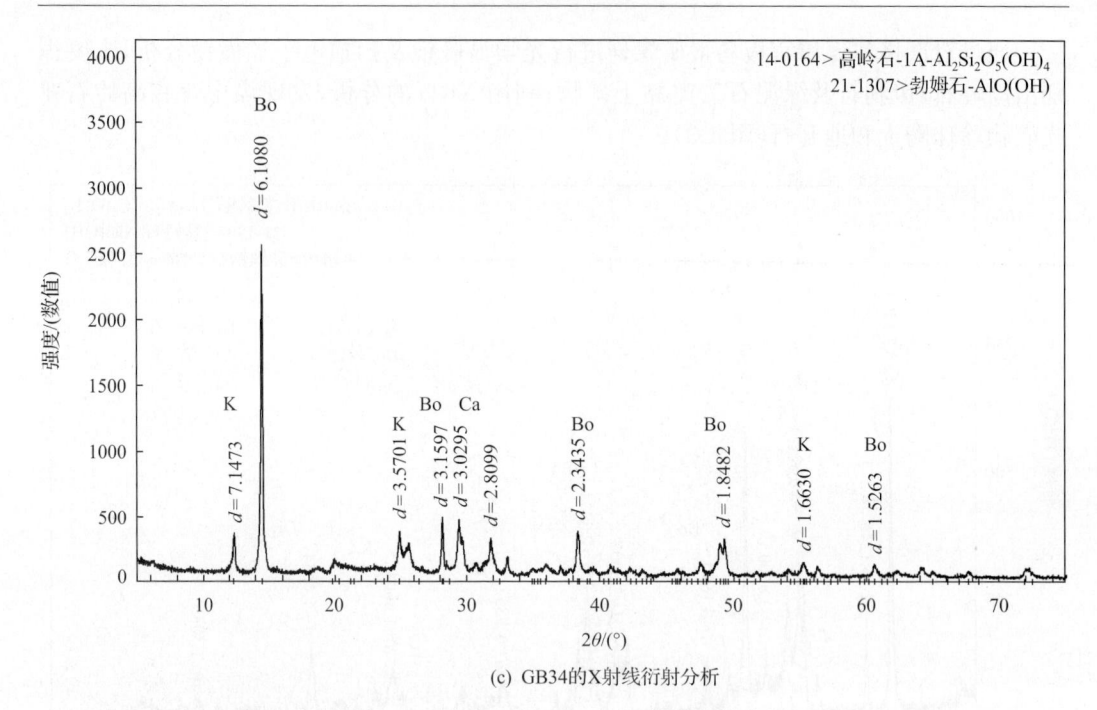

图 4-3　GB44、GB41、GB34 的 X 射线衍射分析

在偏反光显微镜下，黏土矿物一般呈灰-黑色。分布形态有分散状(图 4-4)、细胞充填状(图 4-5)、带状等。在扫描电子显微镜下，可以清楚地展现矿物晶体形态，主要根据矿物的晶型来识别矿物。由于煤形成时环境的变化和成煤后期的作用对煤中矿物的形成和演变起着决定性作用，有时要借助能谱分析来辨认矿物。研究区煤中黏土矿物一般呈现为：伊利石呈等片状或卷曲的薄片状(图 4-6)，绿泥石集合体形态有绒球状、花朵状等(图 4-7)，其单体形态有叶片状、薄板状。高岭石一般呈现六方片状，但受后期热液等侵蚀作用影响，常出现浑圆片状(图 4-8)。

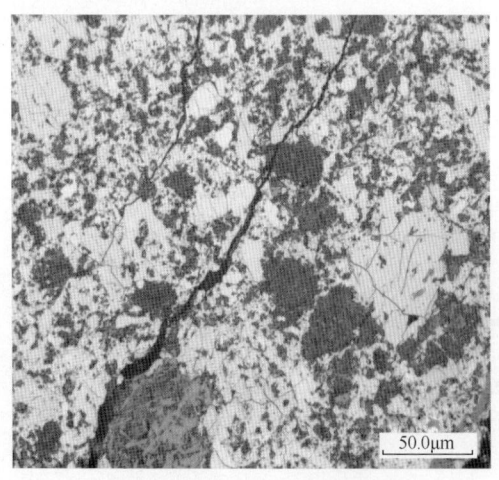

图 4-4　样品 GB38 黏土矿物分散于
半丝质体中(反射单偏光)

图 4-5　样品 GB25 黏土矿物充填于
细胞腔中(反射单偏光)

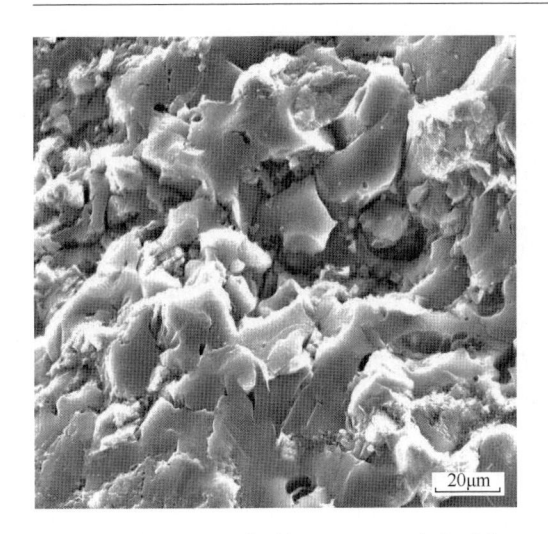

图 4-6　样品 GB40 伊利石(SEM,二次电子像)

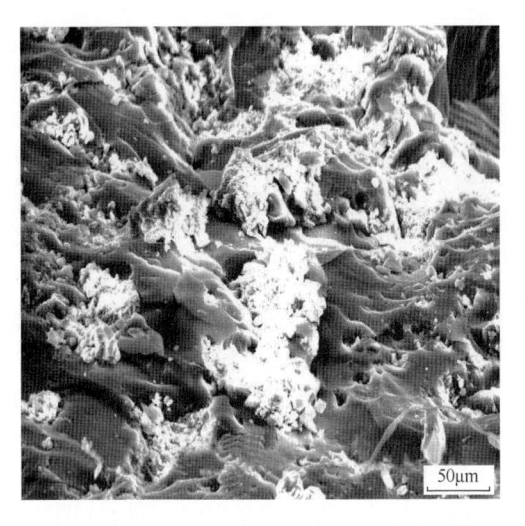

图 4-7　样品 GB46 绿泥石(SEM,二次电子像)

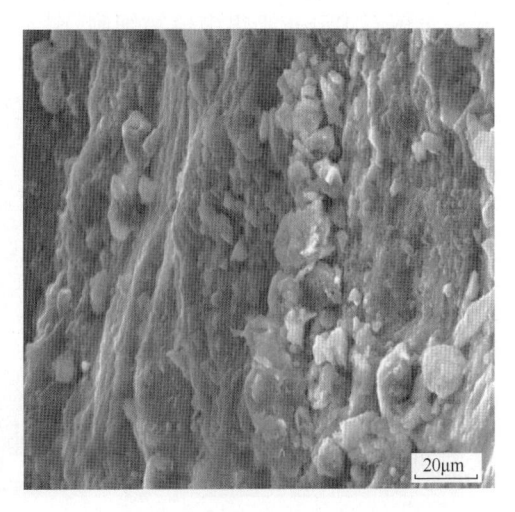

图 4-8　样品 26 高岭石(SEM,二次电子像)

煤中不同黏土矿物在成因上有显著差异,研究表明高岭石主要是在温暖潮湿气候的酸性介质条件下形成的;而伊利石主要是在温和至半干旱气候条件下的碱性介质中由风化作用形成。黏土矿物对成煤后生环境很敏感,其成因较其他矿物难以确定。可以根据已知的有关地质地球化学理论,对煤中不同黏土矿物的成因及其对煤中微量元素富集的影响做一个初步的分析。

煤中黏土矿物主要来源于母岩的风化产物。按母岩风化程度,可将母岩风化分为四个阶段:碎屑阶段、饱和硅铝阶段、酸性硅铝阶段和铝铁土阶段。各个不同的阶段,所含的元素由于化学活性的不同,发生淋滤分散或残积富集而形成不同的煤系黏土矿物。一般来讲,碎屑阶段以物理风化为主,元素几乎不发生迁移。饱和硅铝阶段,母岩中 Cl^-、SO_4^{2-} 被淋滤带走,在 CO_2 和 H_2O 的共同作用下,铝硅酸盐和硅酸盐矿物发生分解,游离出 K^+、Na^+、Ca^{2+}、Mg^{2+} 等,其中 Ca^{2+} 和 Na^+ 的流失要比 K^+ 和 Mg^{2+} 容易。K^+ 和 Mg^{2+} 等的存在,使介质呈碱性,致使一部分 SiO_2 转入溶液,形成富含 K^+、Mg^{2+} 等的伊利石或蒙脱石等黏土矿物。同时,由于此阶段风化作用尚不足以使母岩中大部分微量元素被淋滤带走,伊利石中往往含较多耐风化的微粒矿物,又由于伊利石等黏土矿物具有较大的比表面积(大于 $60\times10^4\,cm^2/g$),易于吸附更多的离子,因此,伊利石中微量元素含量要高于高岭石中的。

高岭石主要形成于风化作用的酸性硅铝阶段,此时,碱金属和碱土金属大量被溶滤,SiO_2 进一步游离出来,随着沼泽中有机质分解形成大量有机酸和 CO_2,使环境介质转为酸性,形成酸性条件下稳定的、理论上不含碱金属和碱土金属的高岭石。由于至此阶段母岩经历了较深的风化作用,一些较难风化物质也已被溶滤,高岭石中一般常见一些化学性质非常稳定的碎屑矿物,如金红石、锆石等,其他杂质矿物较少见。同时,高岭石的比表面积($10×10^4$~$50×10^4$ cm^2/g)低于伊利石等碱性条件下形成的黏土矿物,其吸附能力相对较弱,因此,高岭石中微量元素含量常常低于伊利石黏土矿物中。研究区黏土矿物以高岭石为主,包括高岭石亚族矿物。

煤中的绿泥石是后生的,它的形成与煤层中的碱性水活动有关。

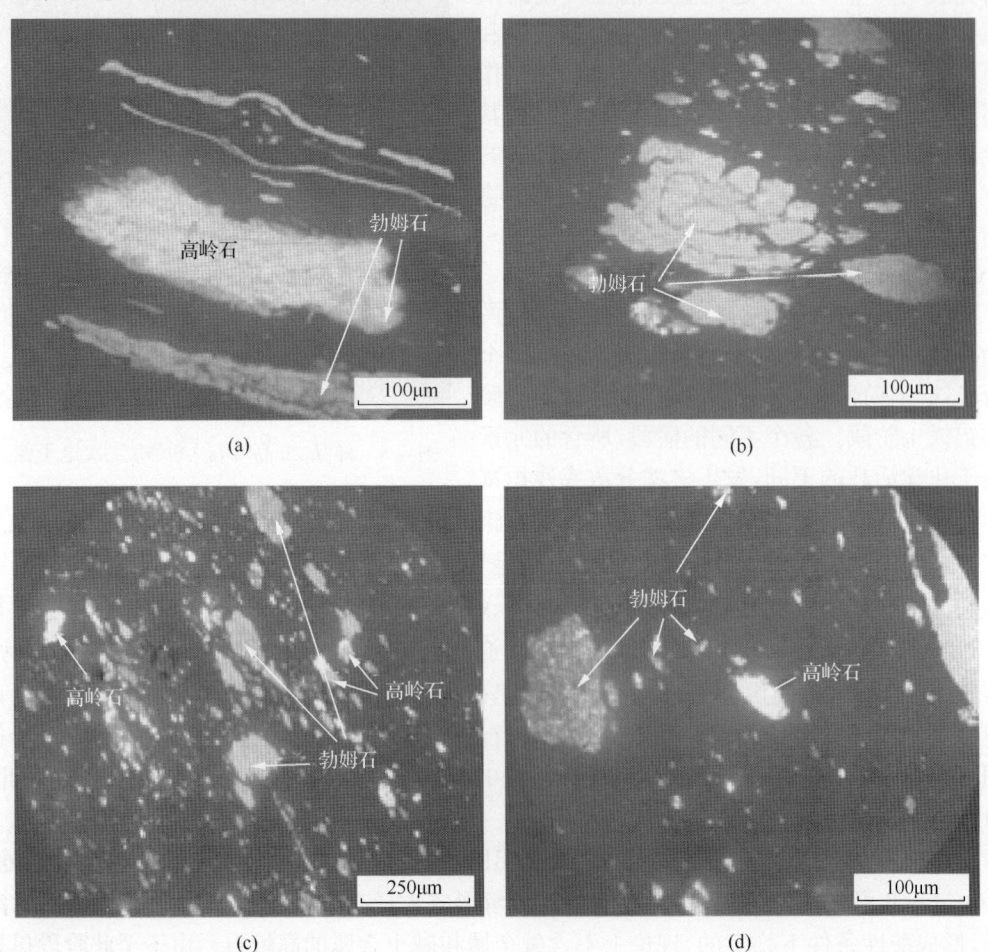

石松林(2014)对准格尔煤田高铝煤中矿物进行研究。发现富含大量的黏土矿物和勃姆石等富铝矿物,以及其他少量矿物,借助光学显微镜和扫描电子显微镜研究高铝煤的微观形貌(图4-9~图4-11)。由于煤中含有大量的暗色有机质,色彩干扰较大,在光学显微镜下只能识别出呈集合体形态的高岭石、勃姆石和方解石,其他含量较少、呈分散状赋存于煤中的矿物未能鉴别。

(1) 煤中的能识别出来的高岭石多呈弯曲蠕虫状[图4-10(e)]、板状或团块状,在正交偏光下呈一级灰或灰白色干涉色[图4-9(c)、(d)]。

(2) 光学显微镜下可明显识别出方解石,方解石表面比较干净透亮,干涉色五颜六色。方解石多分布于煤中植物细胞[图4-9(f)]或裂隙[图4-9(e)、(f)]中,这与富含方解石的溶液进入细胞腔或裂隙中重结晶有关,是煤中典型的次生矿物。

(e) 100μm 方解石

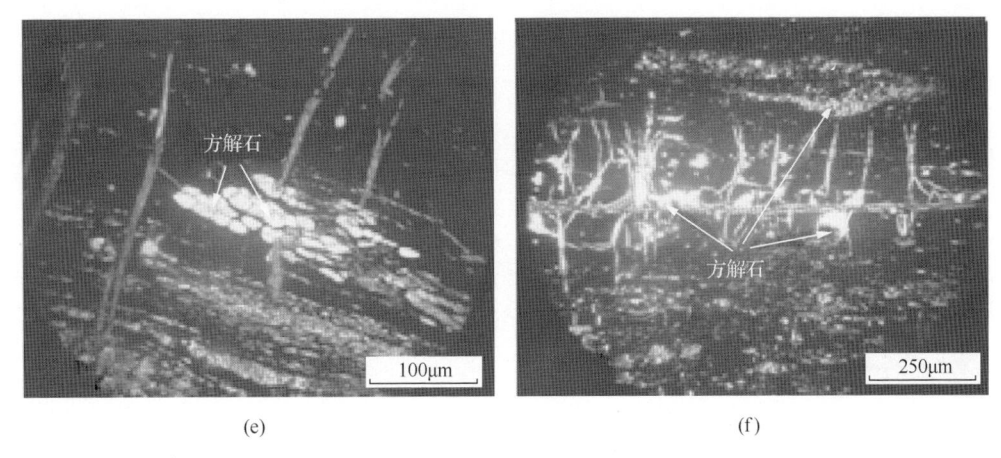

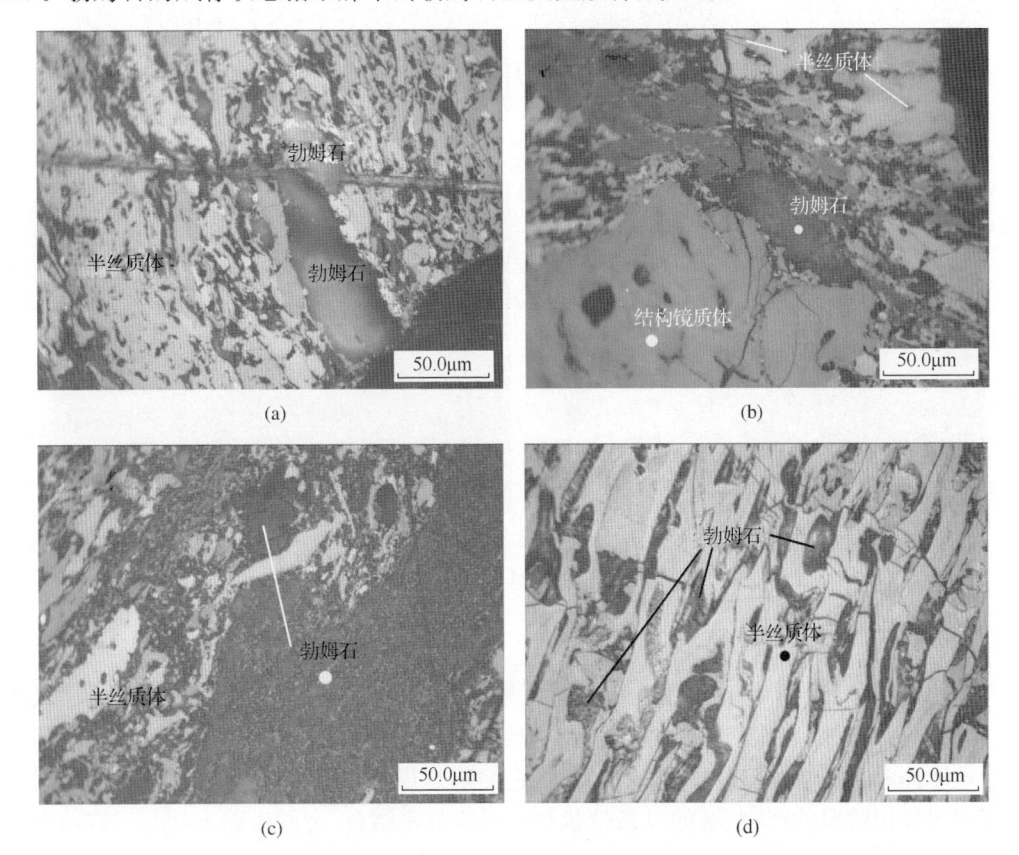

(f) 250μm 方解石

图 4-9　煤中矿物，透射光（石松林，2014）

（3）煤中可识别的勃姆石赋存形态多样，主要呈团块状（连续状或单独团块状）分散在基质镜质组中[图 4-9(a)～(d)，图 4-10(a)、(b)]，有的赋存在丝质体或半丝质体胞腔中[图 4-10(d)]，还有的勃姆石为隐晶质，呈"基质"状[图 4-10(c)]。显微镜透射光下，勃姆石和高岭石区别明显，勃姆石呈黄色、黄褐色干涉色，突起较高，且勃姆石较为致密，对富含勃姆石煤进行 SEM-EDX 分析，勃姆石在扫描电子显微镜下多呈集合体块状（图 4-11）。勃姆石的赋存状态指示煤中的勃姆石主要是胶体成因的。

(a) 半丝质体、勃姆石　50.0μm

(b) 半丝质体、勃姆石、结构镜质体　50.0μm

(c) 半丝质体、勃姆石　50.0μm

(d) 勃姆石、半丝质体　50.0μm

(e) 　　　　　　　　　　　　　　(f)

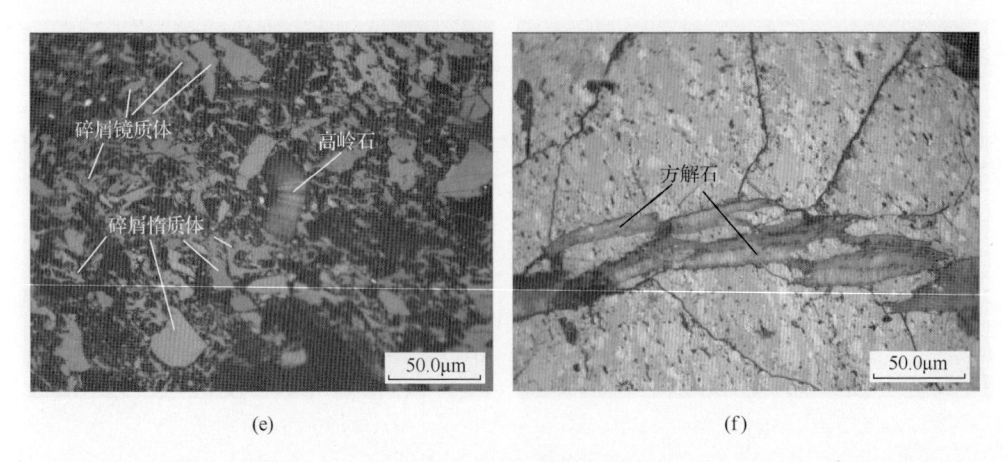

图 4-10　煤中矿物,油浸反射光(石松林,2014)

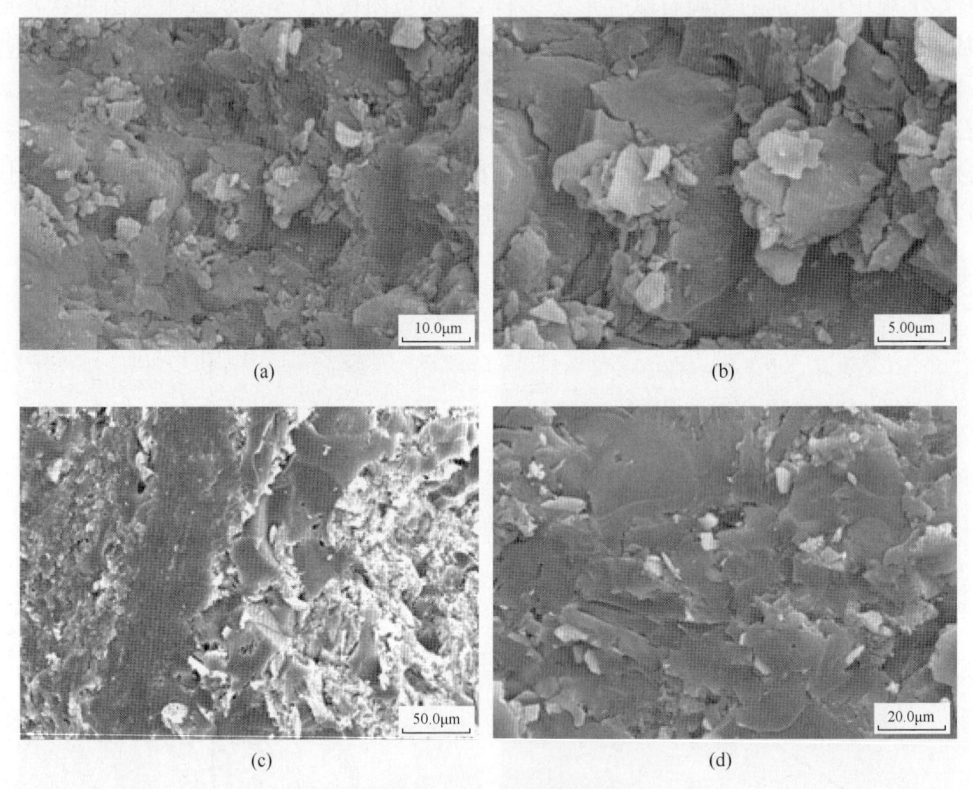

(a) 　　　　　　　　　　　　　　(b)

(c) 　　　　　　　　　　　　　　(d)

图 4-11　高铝煤 SEM 图像(石松林,2014)

二、宁武煤田

平朔矿区 9 号煤中黏土矿物在干物镜反射光下一般是暗灰色,油浸反射光下是灰黑色、黑色。有的以团块状充填于镜质体及丝质体的胞腔中,图 4-12 中(a)和(b)分别是充填于丝质体和半丝质体胞腔中的黏土矿物,它们都是煤化作用的第一阶段泥炭聚集期和早期成岩作用阶段的产物;有的以条带状和有机质紧密结合,为同生黏土,图 4-12(c)为条带状沥青质黏土;单独团块状出现的勃姆石分布于基质镜质体中,如图 4-12(d)所示;研究表明,勃姆石主要形成在弱氧化-弱还原泥炭沼泽中。

SEM-EDAX 结果表明,9 号煤中黏土矿物形态差,多为碎屑黏土,呈层状、分散状产出,有的填充于细胞腔中,如图 4-12(e)~图 4-12(g)所示。

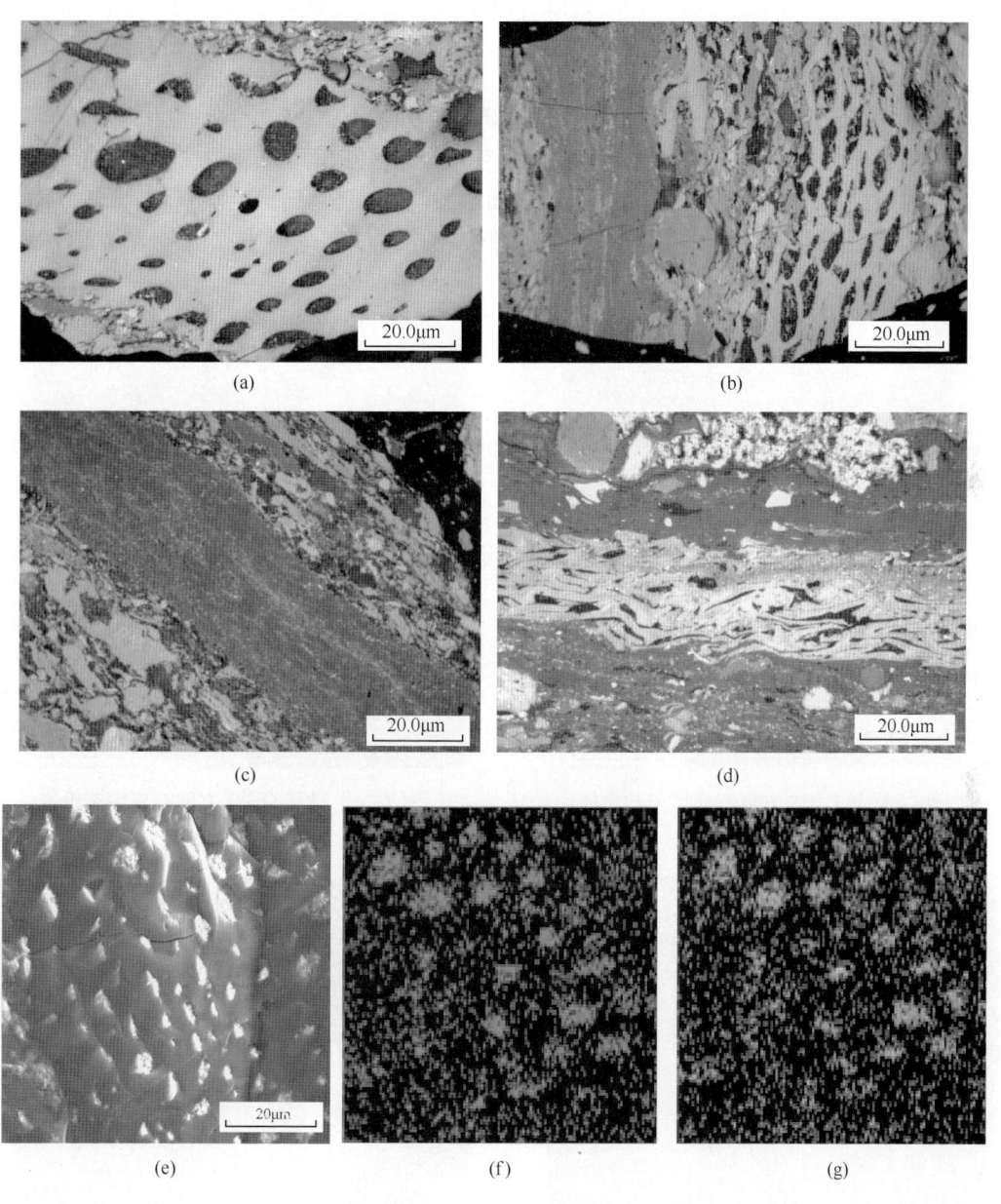

图 4-12 黏土矿物

XRD 结果表明,9 号煤中黏土矿物成分为高岭石。据有关资料,煤中高岭石主要是在温暖潮湿气候的酸性介质条件下形成的(赵存良,2008)。

第三节 碳酸盐矿物

一、准格尔煤田

(一) 官板乌素煤矿

官板乌素煤矿煤中主要识别出的碳酸盐矿物为方解石。

方解石是煤中常见的充填于裂隙中的后生矿物,但也有部分是充填在细胞腔中(图4-13,图4-14)。在普通反射光下,方解石表面平整,微突起,呈乳灰色、灰色,聚片双晶发育,常有乳白色、棕色以至珍珠色内反射。方解石的晶体形态一般为四方板状,有时被溶蚀,晶体形态不完整(图4-15~图4-17)。

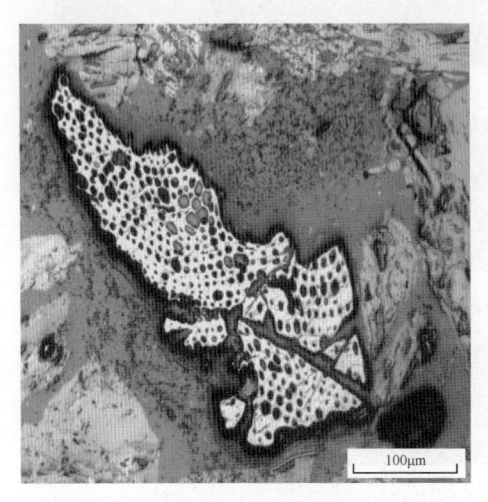

图4-13 样品GB39方解石充填于丝质体胞腔中(反射单偏光)

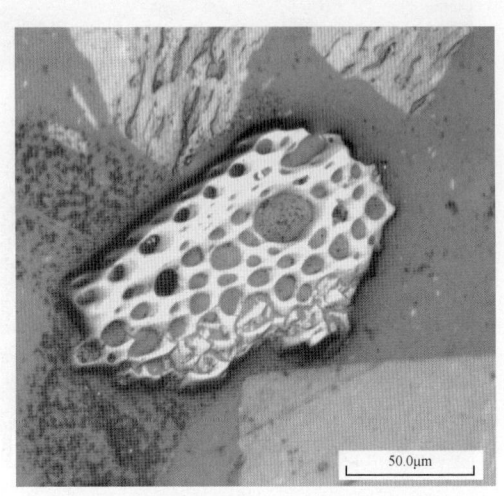

图4-14 样品GB37方解石充填丝质体胞腔中(反射单偏光)

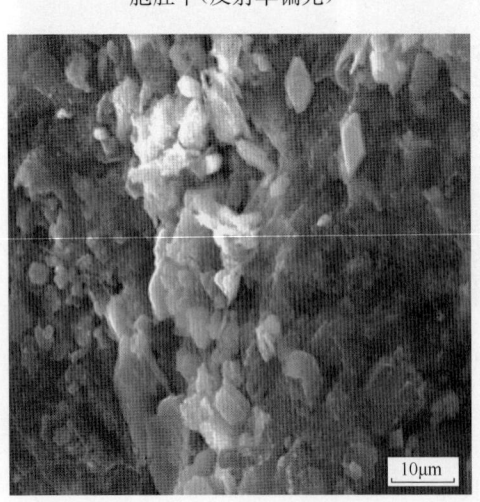

图4-15 样品GB26方解石(SEM,二次电子像)

图4-16 样品GB26方解石(SEM,二次电子像)

图 4-17　样品 GB11 方解石（SEM，二次电子像）

（二）串草圪旦煤矿

串草圪旦煤矿 4 号和 6 号煤中出现较多的碳酸盐矿物是方解石，在煤中的含量仅次于黏土矿物，反射光下为乳灰色，表明平整。4 号和 6 号煤的方解石多呈脉状分布［图 4-18(a)］，为后生矿物，少量充填于植物胞腔中［图 4-18(b)］。

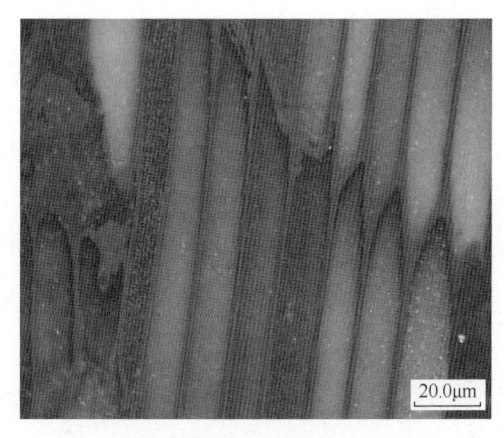

(a) 方解石(4-6)，500×　　　　　　(b) 方解石(4-2)，反射光，500×

图 4-18　碳酸盐矿物

二、宁武煤田

宁武煤田平朔矿区 9 号煤中的碳酸盐矿物主要是方解石。多充填于煤的裂隙中，主要是后生矿物。图 4-19(a)呈长条形的方解石，内反射光泽。图 4-19(b)是 XRD 的测试结果，与矿物的标准卡片对比发现 9 号煤中局部含方解石。

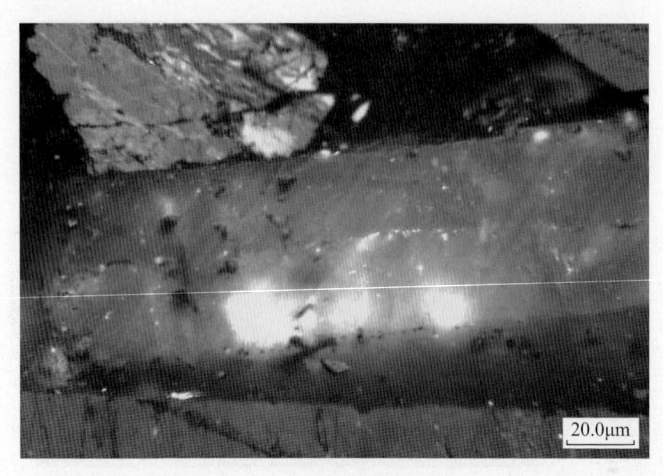

(a) 油浸反射光

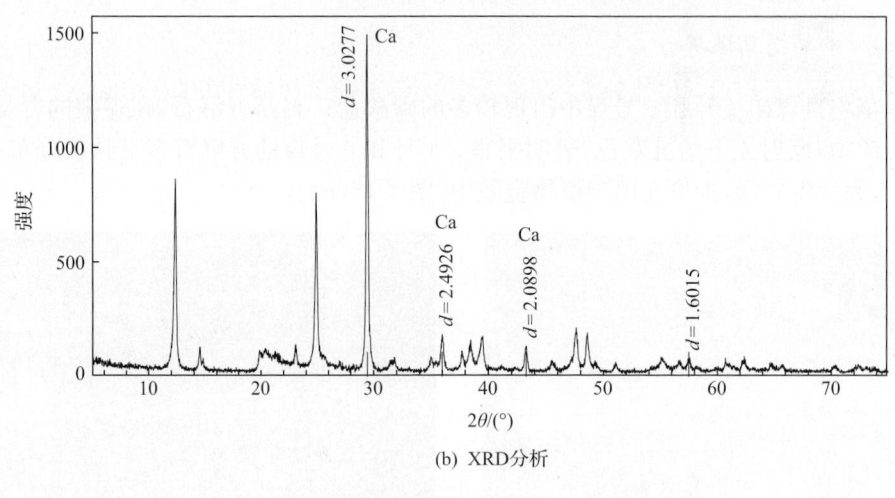

(b) XRD分析

图 4-19 碳酸盐矿物

第四节 硫化物和硫酸盐矿物

硫化物和硫酸盐矿物主要有黄铁矿、重晶石、钡天青石、天青石、水铁钒、石膏和硬石膏。

一、准格尔煤田

（一）官板乌素煤矿

1. 黄铁矿

准格尔煤田官板乌素煤矿煤中黄铁矿含量均比较少，定量统计结果中 GB26 黄铁矿含量高达 5.69%，GB4 含量最低为 0.21%，均值为 1.3%。

黄铁矿在官板乌素煤样中赋存状态以脉状黄铁矿为主,充填于裂隙中(图4-20)。也发现有充填于细胞腔中似莓球状的黄铁矿(图4-21)。根据代世峰等(1998)的研究,煤中似莓球状的黄铁矿是在煤炭聚集过程中自生的矿物。裂隙充填状的主要是后生的,呈交代状。由此可知,官板乌素煤矿煤中黄铁矿大多是后生的,有少量是自生的(刘世明,2011)。

图 4-20　样品 GB13 裂隙充填状黄铁矿
(反射单偏光)

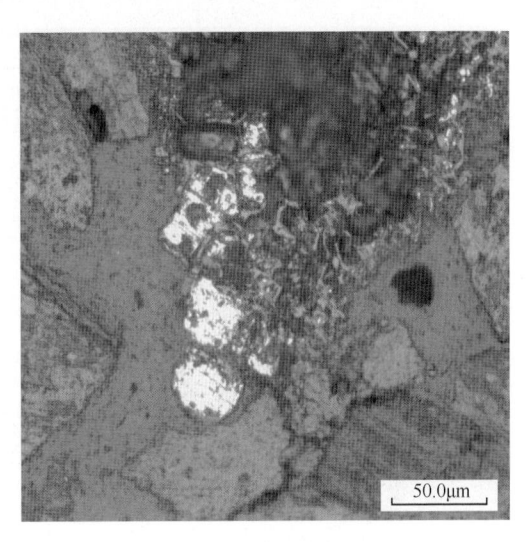

图 4-21　样品 GB43 自生黄铁矿
(反射单偏光)

在 GB36 中黄铁矿显示有黄色、乳白色和蓝色,而且随着时间推移,其中金黄色逐渐变为铜黄色或蓝色,蓝色的面积逐渐加大。这种现象可能是因为黄铁矿受氧化的原因。

官板乌素煤矿煤中黄铁矿主要是热液作用形成的,扫描电镜下黄铁矿晶体呈规则的立方体(图4-22)。

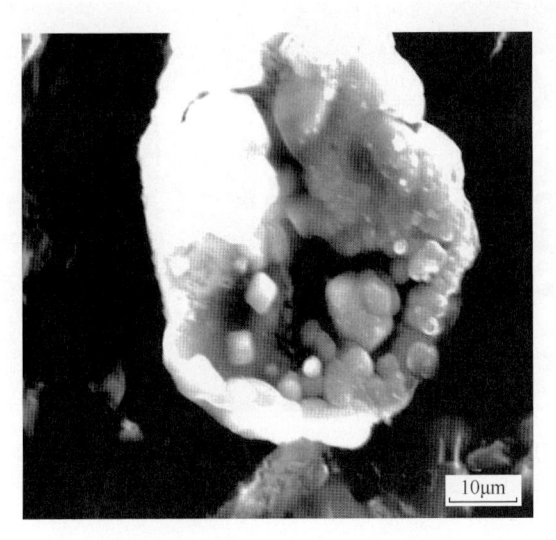

图 4-22　样品 GB26 黄铁矿(SEM,二次电子像)

2. 石膏

石膏的晶体形态为六方柱状，在扫描电子显微镜下清晰可见（图4-23），充填于镜质体裂隙中（图4-24）。与石膏有关的微量元素有Sr、Ba和Ca等，Swaine在澳大利亚煤中发现石膏含有400μg/g的Sr。

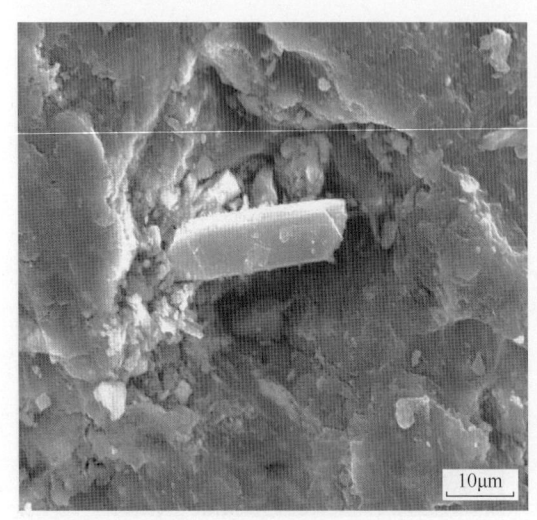

图4-23 样品GB20石膏（SEM，二次电子像） 　　图4-24 样品GB21石膏单晶形态（SEM，二次电子像）

（二）串草圪旦煤矿

串草圪旦煤矿4号和6号煤中的黄铁矿（图4-25）比较常见，反射光下为亮黄色。在煤中呈结核状、脉状、团块状、细粒状、鲕状等分布，有的充填在植物细胞腔中。

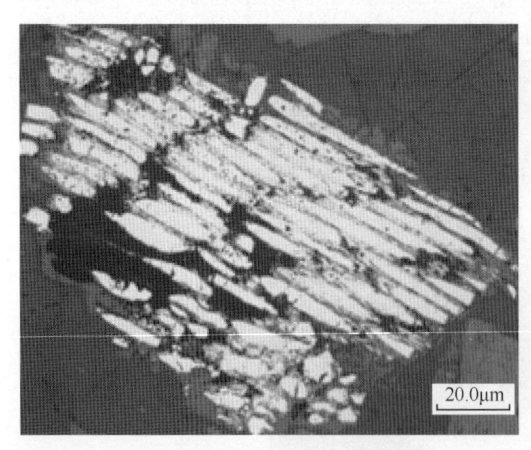

(a) 黄铁矿(6-7)反射光，500×　　(b) 黄铁矿(4-8)反射光，500×

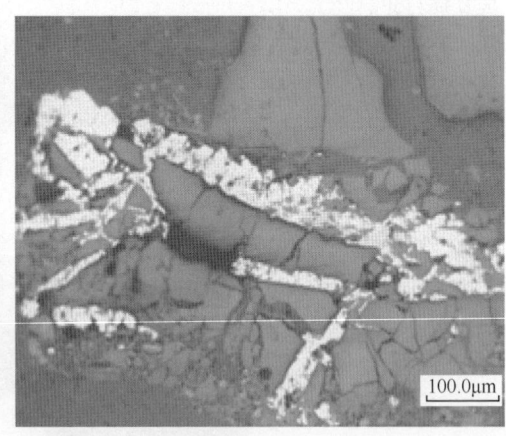

图4-25 硫化物矿物

二、宁武煤田

煤层中的硫化物常作为煤相或成煤环境的指示物。宁武煤田平朔矿区9号煤中常见的硫化物是黄铁矿,黄铁矿的形成受环境和空间的影响,产生不同的形态:自形的颗粒状、莓球状和鲕状黄铁矿形成于同生阶段;块状、球状和结核状黄铁矿形成于成岩阶段早期;细胞充填状黄铁矿和交代状黄铁矿形成于成岩阶段晚期;脉状黄铁矿形成于后生阶段。因此黄铁矿的产出形态能反映沉积环境。

黄铁矿在空气反射光下呈浅黄白色,在油浸反射光下呈亮黄白色,有的以条带状、团块状产出[图 4-26(a)、(b)];有的填充于细胞腔内。

在 SEM 下发现黄铁矿主要呈浸染状分布在基质镜质体中[图 4-26(c)~(e)],这表明,它属于海水影响下的产物。

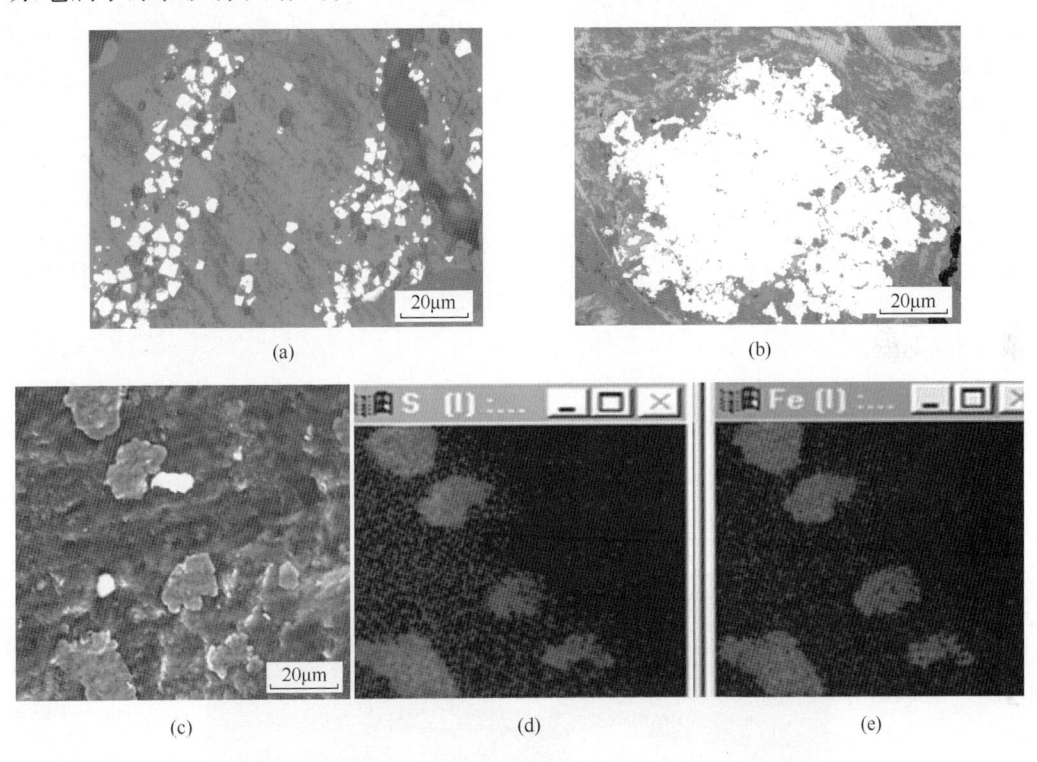

图 4-26 硫化物矿物

研究发现,9 号煤中的黄铁矿大多是自形晶或半自形晶,是在同生阶段形成的,一般形成于泥炭堆积时期,定形于同生阶段的后期。少量形状不规则呈团块状镶嵌于镜质组中的黄铁矿,可能形成于晚期成岩阶段。

第五节 氧化物和氢氧化物矿物

一、准格尔煤田

(一)官板乌素煤矿

煤中含有的主要氧化物矿物是石英,其他的氧化物和氢氧化物还有玉髓、石英石、赤铁矿、磁铁矿、褐铁矿、勃姆石、金红石等。

1. 石英

石英是煤中的另一常见矿物。其光学特征是在反射光下呈灰色、深灰色、灰黑色，表面平整，突起高，有黑边，呈珍珠内反射色。

官板乌素煤矿 6 号煤层中石英含量较少，其赋存状态为充填在植物胞腔中（图 4-27～图 4-29），石英形态为椭圆形、棱角状、次棱角状，陆源的磨圆较好的很少。

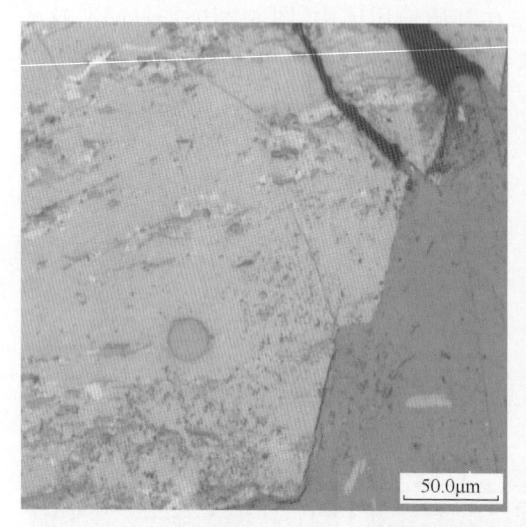

图 4-27　样品 GB4 石英颗粒（反射单偏光） 　　图 4-28　样品 GB21 石英颗粒镶嵌在丝质体中（反射单偏光）

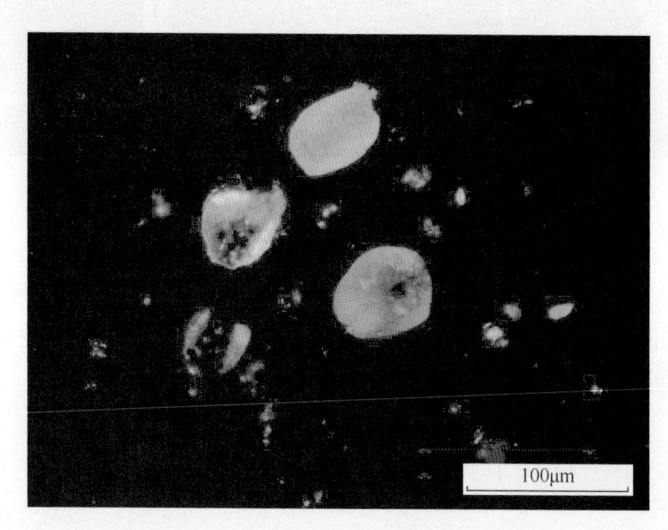

图 4-29　样品 GB21 石英颗粒（正交偏光）

通过 X 射线衍射图可以看出，官板乌素煤矿 6 号煤层中顶部分层石英含量很少，其中石英只有一个峰为 $d=3.1037$，这与黏土矿物的 $d=3.5645$ 峰有些重合，所以显现不出。这与代世峰等（2006b）所研究的黑岱沟矿 6 号煤层中第 1 分层中石英含量高达

16.4%有很大不同之处。

 2. 勃姆石

官板乌素矿 6 号煤层研究发现勃姆石，据代世峰等(2006c)研究准格尔煤田黑岱沟矿 6 号煤层中的勃姆石是沉积成因的。在泥炭聚积期间，受地壳构造影响，盆地北东部隆起，加之煤田内河流改道，由原来的北西向改为北东向，隆起区本溪组风化壳铝土岩形成三水铝石胶体溶液被带入泥炭沼泽中，在泥炭聚积阶段和成岩作用早期经压实脱水凝聚而成。官板乌素煤矿与黑岱沟矿同属于准格尔煤田，勃姆石的成因是一致的。样品中勃姆石主要分布在基质晶质体中或充填在细胞腔中(图 4-30，图 4-31)。

图 4-30　样品 GB23 勃姆石(反射单偏光)　　图 4-31　样品 GB21 勃姆石(反射单偏光)

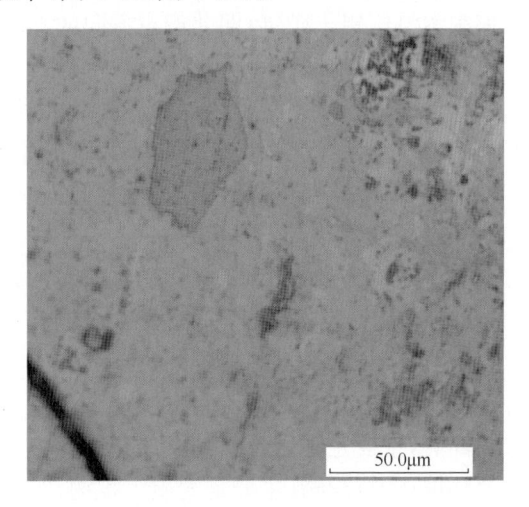

值得关注的是，虽然勃姆石可以存在于某些煤系地层的黏土岩夹矸中，也有煤地质学者对其进行了一些研究工作(Maoyuan et al.，1994；梁绍暹等，1997；刘钦甫和张鹏飞，1997)，Kimura(1998)在日本北海道的石狩湾煤田古近纪煤的低温灰化产物中发现了含量很少的勃姆石，但 Bouška 等(2000)认为勃姆石在煤中是非常稀少的。Ward(1977，1984，2002)认为在个别煤中可以存在痕量的勃姆石，但高含量的勃姆石在煤中是非同寻常的。

代世峰等(2006b，2006c)在鄂尔多斯盆地东北缘准格尔矿区黑岱沟、哈尔乌素、官板乌素 6 号巨厚煤层中发现了超常富集的勃姆石及其特殊的矿物组合，勃姆石含量可高达13.1%。Dai 等(2012c)在内蒙古阿刀亥矿区发现煤层中赋存硬水铝石和勃姆石。随后国内许多学者对准格尔煤田富集勃姆石进行了相继报道，认为煤中的勃姆石主要为胶体成因的，物源为阴山古陆古风化壳和隆起的本溪组风化壳铝土矿，并认为准格尔煤田煤中富集的有益稀散元素 Ga 主要赋存在勃姆石中。

在勃姆石的成因方面，刘长龄和时子祯(1985)认为，勃姆石的形成主要与成岩阶段的弱酸性与弱氧化至弱还原的介质环境有关，勃姆石在泥炭沼泽中更易形成。山西河曲本溪组铝土矿富含勃姆石，华北地区本溪组铝土矿和准格尔煤田富集勃姆石分层中的重矿物组合特征相似，均有锆石、金红石和方铅矿等。李启津等(1983)在研究我国一水硬铝石铝土矿时认为一水软铝石是由三水铝石经压实脱水形成的。刘钦甫和张鹏飞(1997)的研究表明含煤岩系高岭岩中的勃姆石或勃姆石岩中勃姆石的形成主要是高岭石在介质的酸度(pH<5)增大时脱硅形成的,并且具有高岭石的假象。代世峰等(2006c)认为煤中高含量勃姆石的形成与含煤岩系高岭岩中的勃姆石或勃姆石岩的形成不同,煤层中的勃姆石没有交代高岭石的假象;勃姆石在煤中呈各种形态,有的充填在成煤植物的胞腔中,但主要以团块状分布于基质镜质体中,有的以单独的团块状或不规则的团块状出现,并呈絮凝状特征,也有的以连续的团块状或串珠状出现。勃姆石的这些分布特征反映了它的胶体成因的特点,并认为勃姆石物源分为三期:6号煤形成初期,陆源碎屑物质主要来自北西方向的阴山古陆广泛分布的中元古代钾长花岗岩;中期物源来自于北偏西阴山古陆和北偏东本溪组铝土矿;后期北偏东方向的本溪组隆起下降,陆源碎屑的供给又转变为北偏西方向的阴山古陆的中元古代钾长花岗岩。张复新和王立社(2009)、吴国代等(2009)、王文峰等(2011)在研究准格尔煤田煤中镓的成因时认为,勃姆石是泥炭聚积期间盆地北部隆起的本溪组风化壳铝土矿的三水铝石胶体溶液被短距离带入泥炭沼泽中,在泥炭聚积阶段和成岩作用早期经压实脱水凝聚而形成。

3. 夹矸型富铝矿物研究

对于夹矸型富铝矿物的研究,即煤系高岭岩的研究,始于20世纪50年代末,特别是1980年以后,我国对煤系高岭岩(土)进行了广泛而深入的研究。

对煤系高岭岩(包括国外对Tonstein的研究)成因的研究集中在两个方面。一方面是成矿物质来源,一般认为有三个来源:①异地搬运来的陆源黏土、硅铝凝胶及硅酸盐矿物碎屑,主要是源区母岩的风化产物;②空降火山灰,泥炭沼泽为其提供了有利的保存蚀变环境;③沉积物(主要是泥质沉积物)的原地风化产物,包括原始沉积物出露地表遭受风化的产物,以及地壳运动使地层岩石出露地表遭受风化淋滤作用形成的产物。另一个方面是沉积、成岩阶段有机质参与下的改造转变。

Tonstein是由火山灰降落于泥炭沼泽后在酸性环境中蚀变而成的证据有很多,石松林(2014)在其博士论文中进行了总结。Weiss等(1992)在Tonstein中发现了矿物组合"黑云母+透长石"、"黑云母+培长石",以及黑云母的普遍高岭石化。Bohor和Trilehorn(1993)根据边缘已经蚀变为高岭石而中心仍为黑云母成分的过渡状态的现象,认为黑云母的蚀变自边缘逐渐向中心扩展。周义平等(1983,1988)在我国滇东上二叠统宣威组部分层位的煤系高岭岩夹矸中发现的高温矿物晶体,如β石英、锆石、磷灰石、独居石,以及已经高岭石化的长石假晶等。冯宝华(1986,1989)在鲁西地区石炭纪—二叠纪煤系高岭岩中发现透长石、锆石及少量的磷灰石,说明煤系高岭岩是火山灰降落在泥炭沼泽中后,在酸性条件下蚀变而成。梁绍暹等(1986)对陕北铜川矿区太原组5号煤层的高岭岩夹矸的成因持同样的观点,但煤系高岭岩其他物源的论证也十分有力。沈永和在1959年就指出,内蒙古大青山石炭纪煤系高岭岩以胶体相为主,并混有分散的颗粒相,应属一种正常沉积的化学岩。郑直等(1986)发现我国石炭-二叠纪煤系中的高岭岩,常位于向上逐渐变细的沉积旋回的上部,因此推断高岭岩形成于水动力由强逐渐变弱的平静环境中;高岭石黏土岩结构类型中的胶状、团粒状应视为胶体絮凝的标志,充填于炭化植物碎片细胞空腔中的高岭石则可看出是由SiO_2和Al_2O_3真溶液沉积而成,所以该区高岭岩主要是正常沉积成因,但在内蒙古乌达等地含煤岩系中发现的火山物质又使其不能排除火山物质的参与。常青(1985)认为煤层内的高岭岩主要由胶体搬运形成,煤层外的高岭岩,则主要由机械搬运而成。刘长龄等认为高岭石的形成与成岩、后生作用中有机酸的淋滤和高岭石的重结晶、有序化以及在表生阶段有机质氧化并淋滤去 SiO_2 形成软水铝石有关,他认为 Tonstein 是以火山物质为主,但不同程度混掺着陆源物质,它们在沼泽水中分解,经过胶体化学沉积,并在成岩、后生作用中进一步高岭石化、重结晶、有序化而形成高岭石。刘钦甫等(1995)认为有机质在我国淮南煤田二叠系下石盒子组高岭岩的形成过程中具有重要的作用。

综上所述,煤系高岭岩的成因主要有以下几种:①火山灰蚀变成因;②陆源搬运沉积;③胶体化学沉积;④生物地球化学成因(即原生沉积的铝硅酸盐在成岩和表生作用阶段,在有机酸及无机酸作用下发生淋滤蚀变,形成硅铝质胶体,然后又发生迁移、分异、富集转化为高岭石)。

陈扬杰(1988)、刘钦甫和张鹏飞(1997)、袁树来等(2001)许多学者对高岭土矿床成因模式和矿床类型进行了系统地概括和论述,提高了我国煤系高岭岩(土)的研究程度,大大促进了我国煤系高岭岩(土)的开发利用。

(二) 串草圪旦煤矿

串草圪旦煤矿 4 号和 6 号煤中石英含量较低,反射光下为深灰色,表明平整,为碎粒状结构(图 4-32),呈棱角状、次圆形等分布。石英颗粒细小,说明受到明显的机械搬运作用。

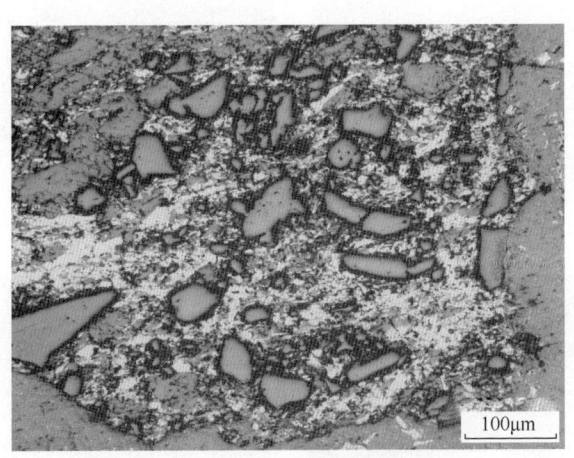

图 4-32 石英(4-10)反射光,500×

二、宁武煤田

平朔矿区安太堡 9 号煤主要氧化物矿物是石英,分布在基质镜质体中的棱角状碎屑石英,如图 4-33 所示,含量不多。

平朔矿区 9 号、11 号煤层中石英常充填在结构镜质体或氧化丝质体的细胞腔中(图 4-34,图 4-35)。

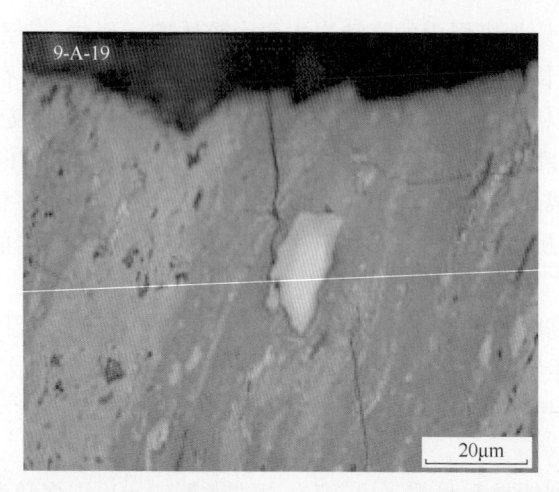

图 4-33 煤中石英矿物特征[石英(9-A-19)反射光,500×]

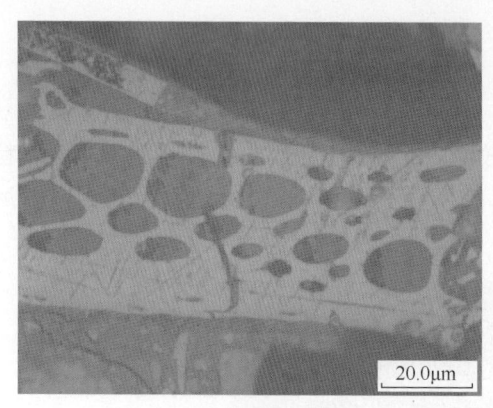

(a) AJL9-5　　　　　　　　　　　　(b) AJL 9-5

图 4-34 9 号煤中氧化类矿物

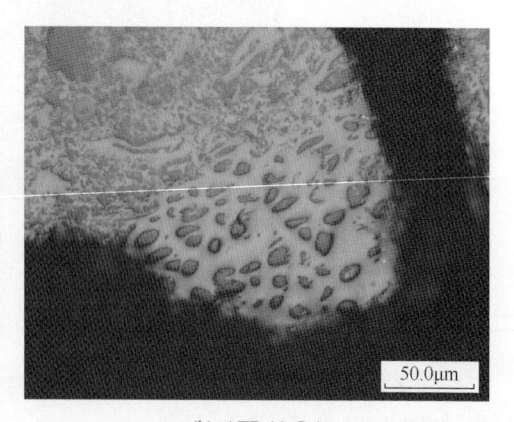

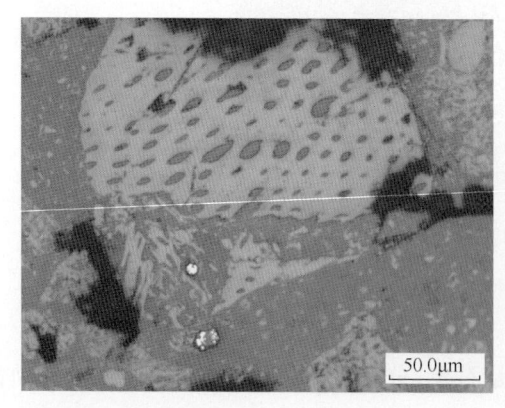

(a) ATB 11-C-1　　　　　　　　　　(b) ATB 11-C-1

图 4-35 11 号煤中氧化类矿物

第五章　高铝煤中的常量元素

第一节　煤中的常量元素

煤中的 C、H、O、N、Na、Mg、Al、Si、S、K、Ca、Ti、P 和 Fe 14 种元素的含量一般超过 0.01%，称为常量元素。C、H、O 和 N 是煤有机物质的主要组成部分，而 Na、Mg、Al、Si、K、Ca、Ti、P 和 Fe 是煤中无机组成的重要部分，S 既是有机物质的重要组成，也是煤中硫化物和硫酸盐矿物的重要组成。从成因角度来看，煤中常量元素的含量和特征，既反映聚煤环境的地质背景，有时又反映煤层形成后所经历的各种地质作用过程，有助于阐明煤层的成因、煤化作用、区域地质历史演化等基本理论问题；从煤的利用角度看，煤中常量元素含量直接影响煤发热量的高低和煤的加工利用特性，也是在炼焦冶金过程中造成磨损、腐蚀、污染的主要来源。另外，煤中 C、N、S 等元素是燃煤过程排放到大气中碳氧化合物、氮氧化物和硫化物的主要来源（代世峰等，2005a）。

Na、Mg、Al、Si、K、Ca、Ti、P 和 Fe 等元素在煤中以不同的形式存在，硅酸盐、氧化物、氢氧化物、硫化物、碳酸盐、硫酸盐、磷酸盐等矿物是它们在煤中的主要载体（表 5-1），Mg 和 Ca 在低煤阶煤中可以以有机态形式存在。N 有时在高煤阶的含煤地层夹矸中以伊利石形式存在。

表 5-1　煤中常量元素主要存在形式

元素	煤中的主要存在方式
Si	黏土矿物、碎屑石英、硅酸盐和硅铝酸盐
Al	黏土矿物、氢氧化物
Fe	硫化物矿物（黄铁矿、白铁矿、磁黄铁矿等）、硫酸盐矿物、碳酸盐矿物（菱铁矿、铁白云石）、氧化物（赤铁矿等）
Mg	黏土矿物、碳酸盐矿物（铁白云石）、有机质中吸附的 Mg
Ca	碳酸盐矿物（方解石）、硫酸盐矿物（石膏）、硫化物
K	伊利石、长石、云母
Na	黏土矿物、硫酸盐矿物、有机质中吸附的 Na
S	硫化物、硫酸盐矿物、有机质的 S
P	硫酸盐矿物、有机质的 P
Ti	金红石、锐钛矿

资料来源：Bouška et al.，2000，简化

Si：主要以碎屑石英、黏土矿物、硅酸盐和铝硅酸盐形式存在于煤中，因此，煤中的硅主要来源于泥炭聚积时陆源碎屑的供给。Si 的其他载体，如方石英、磷石英、玉髓、蛋白

石在少数煤中也有发现。以有机状态结合的 Si 尚未得到证实。

Al:主要以铝的黏土矿物和氢氧化物形式存在,有时以有机状态结合(如蜜蜡石)。煤中的铝主要来源于泥炭聚积时陆源碎屑的供给,后生成因的脉状黏土矿物在我国西南地区常见。硬水铝石常见于火山灰夹矸中,三水铝石在煤中少见,勃姆石在煤中偶见,但在内蒙古准格尔黑岱沟煤矿太原组 6 号巨厚煤层中发现高含量的勃姆石,是该煤层中 Al 的主要载体,可能是煤中高岭石脱硅后的产物(代世峰等,2005a;曹志德,2006)。

Fe:存在于硫化物矿物(黄铁矿、白铁矿、磁黄铁矿等)中,以黄铁矿为主;也存在于碳酸盐矿物(主要是菱铁矿和铁白云石)和氧化物(赤铁矿等)、硫酸盐矿物等。也有以有机态结合的,如草酸铁矿(Bouška et al.,2000)。大部分高硫煤中的黄铁矿是泥炭聚积时海水入侵的产物,也有相当部分是后生成因充填于裂隙中的黄铁矿,有时后生成因的富铁硅质或富铁钙质低温热液也可以造成煤中铁的富集(代世峰等,2005a,2005b)。其他在煤中发现的含铁矿物有紫硫镍矿、磁铁矿、铬铁矿、板铁矿、铁明矾、黄钾铁矾、水绿石、纤铁矾、叶绿矾、蓝铁矿、黄磷铁矿、臭葱石、褐帘石等,但它们在煤中很少见,有些是黄铁矿的风化氧化的产物。

Mg:存在于碳酸盐矿物(主要是铁白云石)和黏土矿物中。煤中其他含镁矿物还有水氯镁石、菱镁矿、硫酸镁石、泻利盐、镁明矾、叶绿矾等,但它们在煤中仅偶见;各种镁的硫酸盐大多出现在煤矸石山,系风氧化的产物。

Na:主要以黏土矿物、硅酸盐矿物形式存在。有时以有机态形式存在。Na 在低煤阶煤中,以交换态的阳离子形式存在。在美国的北大草原(Northern Great Plains)的褐煤中,Na 与 Ca 的含量成反比。芒硝在煤中少见,属于次生矿物产于煤中,而在泥炭中更容易发现此矿物,它呈土状或细颗粒集合体,并常与泻利盐共伴生。无水芒硝(Na_2SO_4)常产于褐煤中,它形成于褐煤煤层露头自燃地区,以白色块状或粉末状产出。Breger 等(1955)在美国一些煤中发现有板菱铀矿[$NaCa_3(UO_2)(SO_4)(CO_3)3F \cdot 10H_2O$],亦是 Na 的载体。

Ca:在煤中主要以碳酸盐矿物(主要为方解石)、硫酸盐矿物(主要是石膏)的形式存在。在低煤阶煤中,Ca 可以有机状态存在(Finkelman,1981)。方解石是 Ca 在煤中的主要载体,它在褐煤、烟煤到无烟煤中广泛存在,主要充填在煤的裂隙中,有时以晶簇的形式出现,为后生或次生矿物,常含有 Sr、Mn 等元素。在保加利亚 Beli Breg 煤田中发现含量较高的陆源碎屑方解石,主要是因为该煤田周边有古近纪和侏罗纪的灰岩。灰岩碎屑被水流带入泥炭沼泽并沉积形成,这种陆源碎屑方解石的保存主要依靠泥炭沼泽介质的高碱性;该陆源碎屑方解石富含 Mn、Ba 和 Sr,但贫 Fe(Kortenski,1992)。Swaine(1990)在澳大利亚南部的利克里克(Leigh Creek)煤中发现含量较高的石膏,属于地下水在酸性环境中所形成。文石在煤中很少见,主要是因为它在沉积过程中需要较高的盐度。在捷克的石墨化含云母页岩以及加拿大一些煤中发现有 Ca 的载体萤石(Bouška,1981;Fyfe et al.,1982)。Breger 等(1955)在美国一些煤中发现有板菱铀矿[$NaCa_3(UO_2)(SO_4)(CO_3)3F \cdot 10H_2O$],亦是 Ca 的载体。

K:在煤中以伊利石、长石、云母的形式存在。伊利石(水云母、水白云母、绢云母)在煤中较为常见,并常富集 Ca 和 B。长石、白云母、黑云母、金云母在煤中稀少,属陆源碎屑成因。钾盐在煤中非常稀少。

Ti:不少学者把 Ti 作为煤中的微量元素,与其他常量元素相比,Ti 在煤中的含量比较低。美国煤中 Ti 的算术均值为 800μg/g(Finkelman,1993),英国主要煤田煤中 Ti 的含量范围为 100~1100μg/g,算术均值为 300μg/g(Spears and Zheng,1999),苏联煤中 Ti 含量的平均值为 1600μg/g(Клер et al.,1987),Swaine(1990)统计的世界煤中 Ti 的范围为 10~2000μg/g。这些数据的差别较大,除了成煤环境、后期改造作用的影响外,测试方法也是主要的影响因素,X 射线荧光光谱(XRF)和电离耦合等离子体原子发射光谱(ICP-AES)应该是 Ti 的最佳测试方法,通常以 TiO_2 的形式给出。Ti 是强烈的亲石元素。在煤中主要以金红石和锐钛矿的形式出现,由于它们的化学成分相同,显微镜下的形态近似,粉末 X 射线衍射分析是鉴别金红石和锐钛矿的有效办法。煤中的金红石和锐钛矿一般来源于陆源母质,其他成因的(如低温热液、生物成因)尚未证实;板钛矿在煤中很少见,仅在世界上少数煤中(如英国东部莱斯特郡的煤中)(Cressey and Cressey,1988;Hsieh and Wert,1983)发现 Ti,在美国的一些煤中(如 Upper Freeprot)发现 Ti 与伊利石有关(Minkin and Chao,1979)。有些煤中的 Ti 以有机状态结合(Eskenazi,1967;Mcintyre et al.,1985)。

P:不少学者把 P 作为煤中的微量元素,与其他常量元素相比,P 在煤中的含量比较低,美国煤中 P 的算术均值为 430μg/g(Finkelman,1993),英国主要煤田煤中 P 含量的范围为 4~1930μg/g,算术均值为 249μg/g(Spears and Zheng,1999),苏联煤中 P 含量的平均值为 100μg/g(Клер et al.,1987),Swaine(1990)统计的世界煤中 P 含量的范围为10~3000μg/g。Bouška 和 Pešek(1999)通过对世界 2163 个褐煤样品的统计结果显示,世界褐煤中 P 的含量为 338.5μg/g。据白向飞(2003)报道,我国上千个大中型煤矿煤样统计表明,煤中磷含量的算术均值为 220μg/g。磷在煤中的主要载体为磷酸盐。煤中发现的磷酸盐矿物主要有独居石和磷灰石(李河名等,1993;张军营,1999;代世峰等,2002;白向飞,2003)。另外,在美国、澳大利亚、加拿大和我国一些煤中发现了陆源碎屑矿物磷钇矿和磷铝锶石、磷铈铝石、磷钡铝石等(Brownfield 等,2005;张军营,1999;Goodarzi,2002;白向飞,2003)。捷克个别煤中发现稀少的黄磷铁矿,属于次生矿物(Bouška et al.,2000),美国一些煤中发现钙铀云母(Breger et al.,1955)。

煤中常量元素也是煤灰的主要组成部分,其含量通常以氧化物的形式来表示(陈儒庆等,1997)。表 5-2 列出了世界煤中常量元素含量。按照这些元素的含量,可以计算出 6 项灰成分参数,分别是 $Fe_2O_3+CaO+MgO$、$SiO_2+Al_2O_3$、$(Fe_2O_3+CaO+MgO)/(SiO_2+Al_2O_3)$、Ca Mg、CaO Fe_2O_3、SiO_2 Al_2O_3,这些参数可以用来表示泥炭聚积时的介质条件。以上 6 种参数变化很大,这取决于一系列因素,首先是成煤环境,因此这些参数常常被用作聚煤古环境的指标(表 5-3)。但利用煤灰成分作为地球化学指标时,应该选择后生矿化很弱的煤,如果煤的灰分很高,应该考虑该煤是否受到了后生矿物的影响,用它作为成煤环境的地球化学指标时,应剔除该煤中的后生矿物。因此,在利用煤灰成分作为成煤环境的地球化学指标时,应特别注意综合分析。煤中的一些常量元素是影响煤灰玷污性的重要因素。对于粉煤锅炉,由于煤在炉壁与过热器上的积灰与玷污,造成非计划的停工次数日渐频繁(陈鹏,2007)。煤灰中碱金属氧化物(特别是 Na_2O)是引起玷污的最重要因素,可以用煤灰玷污性指数(Fouling Index)R_f来评价煤灰对锅炉的玷污程度。对于烟煤煤灰的R_f有:R_f=(碱性氧化化合物/酸性氧化化合物)$\times M_{Na_2O}$。煤灰中碱性氧化化合物为$Fe_2O_3+CaO+MgO+K_2O+Na_2O$;酸性氧化化合物为$SiO_2+Al_2O_3+TiO_2$,$M_{Na_2O}$为煤灰中$Na_2O$的质量分数。对于褐煤煤灰,$R_f$可简单表示为:$R_f=M_{Na_2O}/6.0$按照$R_f$值,可以划分为四种玷污程度等级,分别为严重玷污、强玷污、中等玷污和弱玷污。煤灰成分的性质和数量直接决定了煤灰熔融性和灰黏度,它们都是动力用煤和气化用煤的重要指标。可以按照灰分成分分析的测值计算出煤灰的熔融温度和灰黏度,这时常常用到两个重要的参数:碱酸比和二氧化硅比。前者计算式为:$(Fe_2O_3+CaO+MgO+K_2O+Na_2O)/(SiO_2+Al_2O_3+TiO_2)$;后者可以表示为:$SiO_2/(SiO_2+Fe_2O_3+CaO+MgO)$。另外,熔化了的熔渣的表面张力($S_F$)也可以根据煤灰主要成分含量进行估算:
$S_F(1400℃)=3.24SiO_2+5.85Al_2O_3+4.4Fe_2O_3+4.92CaO+5.49MgO+1.12Na_2O-0.75K_2O$。

表 5-2 中国煤、美国煤及世界煤中常量元素含量　　　　　　(单位:μg/g)

元素	中国煤 白向飞等(2003) 含量	样品数量	唐修义和黄文辉(2004) 含量	样品数量	任德贻等(2006) 含量	样品数量	Dai等(2012b) 含量	样品数量	美国煤 算术均值	几何均值	样品数量	世界煤 含量
Al_2O_3							5.98	1322	2.8	2.1	7882	
SiO_2							8.47	1322	5.8	4.1	7846	
CaO							1.23	1322	0.64	0.32	7887	
K_2O							0.19	1322	0.22	0.12	7830	
TiO_2			0.063	905			0.33	1322	0.13	0.1	7653	0.133
Fe_2O_3							4.85	1322	1.9	1.1	7882	
MgO							0.22	1322	0.18	0.11	7887	
Na_2O							0.16	1322	0.11	0.05	7784	
MnO			0.006	1187	0.016	1269	0.015	1322	0.006	0.002	7796	0.011
P_2O_5	0.049	1123	0.047	1770			0.092	1322	0.098	0.005	5079	0.053

资料来源:Dai et al.,2012b。

表 5-3 聚煤环境灰成分参数

沉积环境	$S_{t,d}$/%	$Fe_2O_3+CaO+MgO$/%	$SiO_2+Al_2O_3$/%	$\dfrac{Fe_2O_3+CaO+MgO}{SiO_2+Al_2O_3}$	煤层顶板
受海水影响的泥炭沼泽	>1	>20	<75	≥0.23	滨海浅海灰岩或碎屑岩
陆相泥炭沼泽	<1	5~20	>75	≤0.22	过渡相或陆相碎屑岩

资料来源:叶道敏等,1997。

煤中常量元素是评价炼焦用煤和焦炭质量的重要因素。一般而言,灰成分在焦炭中是有害组分,它的存在会使焦炭中含碳量相对减少,致使高炉中铁水温度下降,渣量增多。但并不是所有的灰成分都是有害的,某些常量元素的存在,可以是有益的,如焦炭中钙盐的存在,在高炉中可以起到助熔剂的作用;焦炭中的碱金属对焦炭与 CO_2 的反应具有催化作用;当用镜质组含量高的煤炼焦时,为了获得最佳的活性组成和惰性组成的比例,还需要煤中的矿物充当惰性组成。灰成分直接影响焦炭的强度和反应性,焦炭的强度随着 Fe_2O_3、K_2O、Na_2O 等的增加而成比例下降,煤中碱金属化合物含量的增加,会促使焦炭反应性增大,其影响能力由大到小依次为 Na_2O、K_2O、Fe_2O_3、CaO(陈鹏,2007)。

煤中无机常量元素的存在,影响了煤的液化过程及其产品的质量。一般而言,在多数煤的液化过程中,无机常量元素是个消极的因素,可以促使催化剂中毒,或者形成一些固体沉淀物附着在反应器内,使转化率下降、增加磨耗、恶化热传导、引起堵塞等。然而,作为煤中常量元素主要载体的矿物对煤液化转化率的影响,则有它的特殊性,有些矿物对液化具有催化作用。在低硫煤液化时,加入黄铁矿会提高转化率,减小液化产品的黏度,并提高油收率;但不同形态的黄铁矿对煤液化的促进作用是不相同的,细分散或浸染状的黄铁矿,其催化活性较好。例如,冈瓦纳煤中含有细浸染状的黄铁矿,比同一地域其他形态的黄铁矿的催化活性高。铝硅酸盐常常用来作为煤热裂解的催化剂。另外,如果某些碱金属及碱土金属阳离子以有机化合物螯合物的形式存在,对液化具有良好的催化作用(陈鹏,2007)。

第二节 高铝煤中的常量元素

一、准格尔煤田

(一)串草圪旦煤矿

1. 常量元素的含量特征

实验结果显示,串草圪旦煤矿 4 号和 6 号煤中常量元素均为 SiO_2 的含量最高,MnO_2 的含量最低,Mn 为微量元素,考虑到 Mn 的环境意义等,与其他元素一起叙述。

4 号煤灰中常量元素氧化物平均含量由大到小依次为:$SiO_2>Al_2O_3>TiO_2>Fe_2O_3>CaO>K_2O>SO_3>MgO>P_2O_5>Na_2O>MnO$,6 号煤中常量元素氧化物平均含量由大到小依次为:$SiO_2>Al_2O_3>Fe_2O_3>P_2O_5>MgO>CaO>TiO_2>SO_3>K_2O>Na_2O>MnO$,4 号和 6 号煤中组分除 SiO_2 和 Al_2O_3 排序一致外,其余组分含量排序差异较大(表5-4,表5-5)。6 号煤中 Fe_2O_3、CaO 和 P_2O_5 的含量明显高于 4 号煤,其余组分在 4 号和 6 号煤中差异不大。

表 5-4　4号煤中常量元素含量(%)

样品编号	Na$_2$O	MgO	Al$_2$O$_3$	SiO$_2$	P$_2$O$_5$	SO$_3$	K$_2$O	CaO	TiO$_2$	MnO	Fe$_2$O$_3$
4-1	0.03	0.20	27.12	41.45	0.02	0.03	0.23	0.17	0.40	0.001	0.47
4-2	0.06	0.19	9.92	26.53	0.02	0.04	0.78	0.14	0.42	0.001	0.41
夹矸1	0.10	0.33	16.56	53.84	0.03	0.12	1.36	0.14	0.56	0.001	0.81
夹矸2	0.03	0.11	28.13	38.24	0.02	0.03	0.18	0.16	0.87	0.002	0.39
4-3	0.03	0.08	19.14	25.52	0.02	0.04	0.09	0.19	1.00	0.002	0.42
夹矸3	0.02	0.19	32.97	42.49	0.02	0.04	0.37	0.16	0.73	0.002	0.82
4-4	0.02	0.07	13.78	17.19	0.03	0.13	0.09	0.27	0.69	0.002	0.41
4-5	0.02	0.04	12.87	15.50	0.04	0.52	0.02	0.77	0.19	0.007	0.50
4-6	0.01	0.11	10.73	12.89	0.06	0.46	0.06	0.70	0.64	0.014	1.32
4-7	0.02	0.09	21.07	26.47	0.02	0.04	0.13	0.17	0.57	0.002	0.36
4-8	0.02	0.06	13.78	17.28	0.02	0.04	0.08	0.13	0.61	0.002	0.49
4-9	0.04	0.08	23.89	29.23	0.06	0.05	0.11	0.14	1.29	0.002	0.73
4-10	0.02	0.05	12.34	15.26	0.02	0.07	0.05	0.17	0.66	0.001	0.48
4-11	0.01	0.06	14.45	19.27	0.03	0.04	0.10	0.12	1.31	0.002	0.41
平均值	0.03	0.12	18.34	27.23	0.03	0.12	0.26	0.24	0.71	0.003	0.57
中国值	0.16	0.22	5.98	8.47	0.09		0.19	1.23	0.33	0.02	4.85
世界值					0.053				0.133	0.011	

表 5-5　6号煤中常量元素含量(%)

样品编号	Na$_2$O	MgO	Al$_2$O$_3$	SiO$_2$	P$_2$O$_5$	SO$_3$	K$_2$O	CaO	TiO$_2$	MnO	Fe$_2$O$_3$
6-1	0.008	0.000	34.98	43.30	0.025	0.04	0.072	0.06	0.85	0.0000	0.18
6-2	0.008	0.013	1.96	2.29	0.004	0.03	0.019	0.06	0.07	0.0001	0.29
6-3	0.004	0.029	2.45	2.24	0.011	0.08	0.004	0.09	0.04	0.0005	5.48
6-4	0.002	0.013	1.64	1.87	0.005	0.05	0.004	0.08	0.07	0.0003	0.25
6-5	0.003	0.024	2.84	2.89	0.253	0.14	0.012	0.21	0.08	0.0003	0.23
6-6	0.003	0.011	3.69	4.23	0.125	0.05	0.003	0.10	0.09	0.0003	0.31
6-7	0.002	0.013	2.22	2.54	0.043	0.02	0.003	0.10	0.04	0.0005	0.41
6-8	0.010	0.069	9.10	13.91	0.006	0.01	0.077	0.06	0.13	0.0005	0.16
6-9	0.006	0.033	6.78	7.93	0.037	0.09	0.019	0.21	0.16	0.0004	0.62
6-10	0.003	0.019	6.24	6.96	0.389	0.09	0.007	0.23	0.14	0.0004	0.54
6-11	0.003	0.016	6.68	7.59	0.265	0.09	0.021	0.12	0.27	0.0010	0.66
6-12	0.002	0.019	4.69	4.79	0.796	0.12	0.005	0.76	0.10	0.0006	1.06
6-13	0.002	0.013	4.77	5.16	0.368	0.02	0.010	0.19	0.16	0.0003	0.50
6-14	0.006	0.024	6.57	7.57	0.038	0.04	0.038	0.15	0.29	0.0010	2.26
平均值	0.004	0.021	6.758	8.09	0.169	0.061	0.021	0.172	0.179	0.0004	0.925
中国值	0.16	0.22	5.98	8.47	0.09		0.19	1.23	0.33	0.02	4.85
世界值					0.053				0.133	0.011	

与中国煤中常量元素含量均值相比,4号煤中的 SiO_2、Al_2O_3、K_2O 和 TiO_2 的含量高于中国值,SiO_2 和 Al_2O_3 的含量分别是中国值的 3 倍和 3.21 倍。6 号煤中 Al_2O_3、MgO 和 P_2O_5 的含量高于中国值,Al_2O_3 的含量是中国值的 1.13 倍,P_2O_5 的含量是中国值的 2 倍,MgO 的含量与中国值相当。

2. 常量元素的环境指向意义

煤中的常量元素对研究成煤环境具有指向意义,煤中的常量元素是煤灰的主要组分,其含量一般用氧化物的形式表示。根据这些氧化物的含量可以计算出灰成分参数,这些参数可以反映泥炭聚积时的介质条件,作为聚煤古环境的指标。叶道敏等(1997)使用 $(Fe_2O_3+CaO+MgO)/(SiO_2+Al_2O_3)$ 这一指标,把沉积环境划分为受海水影响的泥炭沼泽和陆相泥炭沼泽两种,$(Fe_2O_3+CaO+MgO)/(SiO_2+Al_2O_3)>0.23$,沉积环境为受海水影响的泥炭沼泽,反之沉积环境为陆相泥炭沼泽。4 号煤的 $(Fe_2O_3+CaO+MgO)/(SiO_2+Al_2O_3)$ 的平均值为 0.024,说明本区煤层的沉积环境为陆相泥炭沼泽。6 号煤的 $(Fe_2O_3+CaO+MgO)/(SiO_2+Al_2O_3)$ 的平均值为 0.14,说明本区煤层的沉积环境为陆相泥炭沼泽。

(二)哈尔乌素煤矿

煤中常量元素是煤灰的主要组成部分,其含量可以计算出不同的灰成分参数,这些参数常常被用作聚煤古环境的指标。一般来说,磷酸盐在淡水环境中主要形成磷酸铁,在咸水环境中主要形成磷酸钙,参数 $y=CaO/(CaO+Fe_2O_3)$ 可以反映沉积水介质的盐度,y 值越高,沉积水介质的盐度越高(秦勇等,2005)。煤中灰指数(酸碱比)$(Fe_2O_3+CaO+MgO)/(SiO_2+Al_2O_3)$ 是反映环境的参数之一,以 0.23 作为界限划分泥炭沼泽类型。

选用 XRF 测试方法,对哈尔乌素煤矿 6 号煤层灰分中常量元素含量进行测定,统计数据见表 5-6,发现灰分多为 10%~20%,平均灰分值为 15.23%,SiO_2 与 Al_2O_3 一般是构成灰分的主体,表明 6 号煤为弱还原环境。对于大多数样品来说,Al_2O_3 的含量明显大于 SiO_2,其他矿物含量较低。6 号煤属于低硫煤,S_t 均小于 1。其灰成分指数中 $CaO/(Fe_2O_3+CaO)$ 平均值为 0.68,$(Fe_2O_3+CaO+MgO)/(SiO_2+Al_2O_3)$ 值的变化范围为 0.01~2.10,均值为 0.19,沉积水介质盐度总体趋于稳定,个别样品比值较高,说明煤在形成过程中可能受到了海泛作用的影响。

表 5-6 6 号煤煤灰中常量元素测定结果

沉积环境	A_d/%	S_t/%	灰成分参数			
			$CaO/(CaO+Fe_2O_3)$	$Fe_2O_3+CaO+MgO$/%	$SiO_2+Al_2O_3$/%	$(Fe_2O_3+CaO+MgO)/(SiO_2+Al_2O_3)$
受海水影响的泥炭沼泽	<10	>1	低	>20	<75	≥0.23
陆相泥炭沼泽	>10	<1	高	5~20	>75	≤0.22
平均值	15.23	0.15	0.68	1.18	13.45	0.19
范围	4.25~43.86	0.01~0.50	0.26~0.96	0.15~6.47	2.46~42.74	0.01~2.10

二、宁武煤田

煤灰中常量元素,如 Si 主要以黏土矿物的形式存在;Al 主要存在于铝硅酸盐矿物或黏土矿物中;Ca 以碳酸盐的形式存在;Fe 以黄铁矿等形式存在。测定平朔矿区 9 号和 11 号煤层煤样常量元素结果(表 5-7)。

表 5-7　样品常量元素测试结果

煤层号	$SiO_2/\%$	$Al_2O_3/\%$	$Fe_2O_3/\%$	$CaO/\%$	$MgO/\%$
9	$\dfrac{37.73 \sim 48.68}{43.32(8)}$	$\dfrac{35.77 \sim 49.02}{40.91(8)}$	$\dfrac{2.65 \sim 10.11}{5.30(8)}$	$\dfrac{0.46 \sim 9.75}{5.38(8)}$	$\dfrac{0.27 \sim 0.97}{0.54(8)}$
11	$\dfrac{23.90 \sim 54.62}{44.33(15)}$	$\dfrac{28.47 \sim 45.25}{38.78(15)}$	$\dfrac{1.76 \sim 10.98}{5.24(15)}$	$\dfrac{0.55 \sim 11.51}{4.04(15)}$	$\dfrac{0.12 \sim 2.85}{1.15(15)}$

煤灰中的主要组成成分是常量元素,以氧化物的形式存在。通常用以下 6 种灰分参数推算泥炭聚积时期的介质条件,这些参数被用作聚煤古环境的指标,它们分别是:$SiO_2 + Al_2O_3$、$Fe_2O_3 + MgO + CaO$、$(Fe_2O_3 + MgO + CaO)/(Al_2O_3 + SiO_2)$、$SiO_2/Al_2O_3$、$CaO/Fe_2O_3$、$Ca/Mg$。反映了当时的成煤环境。

当 $S_{t,d} > 1$,$Fe_2O_3 + MgO + CaO > 20$,$SiO_2 + Al_2O_3 < 75$,$(Fe_2O_3 + MgO + CaO)/(Al_2O_3 + SiO_2) \geqslant 0.23$ 时,反映的是受海水影响的泥炭沼泽。

当 $S_{t,d} < 1.5$,$Fe_2O_3 + MgO + CaO < 20$,$SiO_2 + Al_2O_3 > 75$,$(Fe_2O_3 + MgO + CaO)/(Al_2O_3 + SiO_2) \leqslant 0.22$ 时,反映的是陆相泥炭沼泽。若煤灰中 $SiO_2 + Al_2O_3$ 占优势,成煤环境属弱还原环境;若煤灰中 $Fe_2O_3 + CaO + MgO$ 占优势时,成煤环境属强还原环境(吴波等,2013)。

由于这两个煤层灰分不高,所以可以用灰分参数来作为地球化学指标。由表 5-8 可以得出,煤灰中 $SiO_2 + Al_2O_3$ 占优势,说明成煤环境为弱还原环境。

表 5-8　聚煤环境灰成分参数

煤层号	$S_{t,d}/\%$	灰成分参数		
		$Fe_2O_3 + MgO + CaO$	$SiO_2 + Al_2O_3$	$(Fe_2O_3 + MgO + CaO)/(Al_2O_3 + SiO_2)$
9	1.52	11.22	84.29	0.13
11	2.29	10.43	83.11	0.13

第六章　高铝煤中的微量元素

第一节　世界煤中的微量元素

煤中微量元素含量的背景值是研究煤中伴生金属元素富集地球化学特征的基础,对煤中微量元素含量水平的准确估算对煤地质学有重要意义。煤中微量元素含量的背景值是一个动态的数据,随着煤田地质勘查和煤炭资源的开发利用各种数据的逐步积累,数据的内容逐渐的丰富,代表性也越强。世界上的煤炭资源和产煤国,如美国、俄罗斯、澳大利亚、德国、保加利亚、土耳其等都研究过本国煤中微量元素的分布。其中,美国地质调查局(USGS)根据7000~8000个样品给出了美国煤中微量元素的统计结果。Swaine(1990)报道了世界各国许多煤田不同煤级的微量元素的含量范围;Bouška等(2000)发表了世界各国褐煤中微量元素的分布;2009年,Ketris和Yudovich(2009)评价了世界煤中微量元素的含量均值,主要数据包括:硬煤及其灰分中微量元素的平均含量、褐煤及其灰分中微量元素的平均含量等;2010年USGS的Tewalt等(2010)建立了世界煤炭质量清单(WoCQI),数据库包括来自世界57个国家的1580个样品,其详尽地列出了样品的国别、性质(原煤或精煤)、时代、采样点名称、厚度、深度、经纬度坐标、简单描述、工业分析、常量元素和微量元素的含量。此数据库的优点是:所有的数据都是基于USGS收到的煤样,在同一实验室且同样的测试方法下由USGS的下属实验室亲自获得,数据具有更好的对比性。

我国煤炭资源时空分布广,资源量巨大,不同聚煤区地质构造演化各不相同,造成煤的地球化学背景十分复杂。同时,我国消费了世界上50%以上的煤炭,由煤炭利用产生了一系列的环境问题,所以我国煤中微量元素含量的背景值的研究更加重要。不同时期的众多学者对不同尺度下(全国、聚煤盆地、煤田、矿区、煤层)煤中微量元素含量水平进行过研究。其中,有代表性的工作包括:20世纪80~90年代,煤炭科学研究总院调查了全国范围内441个煤矿的956个煤层煤样和62个生产煤样的31种微量元素的含量;1999年,Ren等(1999)发表了全国各时代煤样的微量元素的含量范围、算术均值和几何均值,优点是样品绝大部分是来自大、中型煤矿,代表性强,不足之处是样品数量较少;2002年,赵继尧等(2002)在其论文"中国煤中微量元素的丰度"中,结合自己分析的数据及公开发布的资料,整理出44种微量元素丰度。以上数据基本都是统计所有能收集到的数据的算术均值,而我国煤炭资源分布极度不均衡,煤质变化大,且一些煤质差、有害元素含量高的矿区样品采集往往较多,采样地理分布的不均衡,易造成对全国评价的偏差。为解决这一问题,任德贻等系统地提出了储量权重的思路:将各聚煤期的元素算术均值与该聚煤期煤炭储量占全国各时代总储量的比例相乘,求得元素含量在该时代的分值,累计各聚煤期元素含量分值,获得该元素在全国煤中的算术均值。2012年,Dai等(2012b)根据这一思想,在系统收集已有数据的基础上,给出了中国煤中常量元素和微量元素含量的背景值(表 6-1)。

表 6-1 中国煤、美国煤及世界煤中微量元素含量　　　　（单位:μg/g）

元素	中国煤* 白向飞等(2003) 含量	样品数量	唐修义和黄文辉(2004) 含量	样品数量	任德贻等(2006) 含量	样品数量	Dai等(2012b) 含量	样品数量	美国煤** 算术均值	几何均值	样品数量	世界煤*** 含量
Li			19	395			31.8	1274	16	9.2	7848	12
Be	1.75	1123	1.9	1195	2.13	1198	2.11	1249	2.2	1.3	7484	1.6
B			65	927			53	1048	49	30	7874	52
F	157	1123	186	1069	131.3	729	130	1964	98	35	7376	88
Cl	218	1123	260	311	264	721	255	812	614	79	4171	180
Sc	4.4	1123	4	1339			4.38	1919	4.2	3	7803	3.9
V	51.18	1123	25	1257	35.05	1266	35.1	1324	22	17	7924	25
Cr	16.94	1123	16	1614	15.35	1592	15.4	1615	15	10	7847	16
Co	10.62	1123	7	1572	7.05	1488	7.08	1523	6.1	3.7	7800	5.1
Ni	14.44	1123	15	1424	13.71	1335	13.7	1392	14	9	7900	13
Cu	17.87	1123	13	1319	18.35	1296	17.5	1362	16	12	7911	16
Zn			38	1529	42.18	1394	41.4	1458	53	13	7908	23
Ga	6.84	1123	9	3407	6.52	2334	6.55	2451	5.7	4.5	7565	5.8
Ge	2.43	1123	4	3289	2.97	3195	2.78	3265	5.7	59	5689	2.2
As	4.09	1123	5	3193	3.8	3386	3.79	3386	24	6.5	7676	8.3
Se	2.82	1123	2	1460	2.47	1536	2.47	1537	2.8	1.8	7563	1.3
Rb			8	612			9.25	1212	21	0.62	2648	14
Sr	195	1123	149	693			140	2075	130	90	7842	110
Y	9.07	1123	9	884			18.2	888	8.5	6.6	7897	8.4
Zr	112	1123	67	526			89.5	1335	27	19	7913	36
Nb			12	138			9.44	1025	2.9	1	6843	3.7
Mo	2.7	1123	4	405	3.11	679	3.08	789	3.3	1.2	7107	2.2
Cd	0.81	1123	0.3	1307	0.24	1317	0.25	1384	0.47	0.02	6150	0.22
In	0.74	1123					0.047	85	0.3			0.031
Sn			2	178			2.11	848	1.3	0.001	3004	1.1
Sb	0.71	1123	1.3	652	0.83	537	0.84	596	1.2	0.61	7473	0.92
Cs	1.51	1123	2	512			1.13	1208	1.1	0.7	4972	1
Ba	270	1123	160	851			159	1205	170	93	7836	150
La			18	110			22.5	392	12	3.9	6235	11
Ce			35	110			46.7	392	21	5.1	5525	23
Pr			3.8	110			6.42	392	2.4		1533	3.5
Nd			15	110			22.3	392	9.5		4749	12

续表

元素	中国煤* 白向飞等(2003) 含量	中国煤* 白向飞等(2003) 样品数量	中国煤* 唐修义和黄文辉(2004) 含量	中国煤* 唐修义和黄文辉(2004) 样品数量	中国煤* 任德贻等(2006) 含量	中国煤* 任德贻等(2006) 样品数量	中国煤* Dai等(2012b) 含量	中国煤* Dai等(2012b) 样品数量	美国煤** 算术均值	美国煤** 几何均值	美国煤** 样品数量	世界煤*** 含量
Sm			3	110			4.07	392	1.7	0.35	5151	2
Eu			0.65	110			0.84	392	0.4	0.12	5268	0.47
Gd			3.4	110			4.65	392	1.8		2376	2.7
Tb			0.52	110			0.62	392	0.3	0.09	5024	0.32
Dy			3.1	110			3.74	392	1.9	0.008	1510	2.1
Ho			0.73	110			0.96	392	0.35		1130	0.54
Er			2.1	110			1.79	392	1	0.002	1792	0.93
Tm			0.34	110			0.64	392	0.15		365	0.31
Yb	1.76	1123	2	110			2.08	392	0.95		7522	1
Lu			0.32	110			0.38	392	0.14	0.06	5008	0.2
Hf			3	570			3.71	1377	0.73	0.04	5120	1.2
Ta	0.4	1123	0.8	566			0.62	1394	0.22	0.02	4622	0.28
W	1.05	1123	1.8	552			1.08	1071	1	0.1	4714	1.1
Hg	0.154	1123	0.1	1458	0.19	1413	0.163	1666	0.17	0.1	7649	0.1
Tl			0.4	809	0.48	1018	0.47	1092	1.2	0.00004	1149	0.63
Pb	16.64	1123	14	1369	15.55	1387	15.1	1446	11	5	7469	7.8
Bi			0.9	135			0.79	856	<1.0		128	0.97
Th	5.88	1123	6	658	5.81	1011	5.84	1052	3.2	1.7	6866	3.3
U	2.33	1123	3	1383	2.41	1317	2.43	1383	2.1	1.1	6923	2.4

资料来源：* Dai et al.，2012b；** Finkelman，1993；*** Ketris 和 Yudovich，2009。

不同的学者对煤中元素含量异常的判断指标有不同的认识，且随着分析测试水平的发展这一指标也逐渐的变化。Goldschmidt(1944)认为煤中微量元素的含量和沉积岩及地壳中该元素的丰度有着可比性，提出煤中元素的分散和富集程度有富集系数(EF＝$C_{煤}/C_{地壳}$)表示；Gluskoter 等(1977)认为：EF＞0.67 表示该元素在煤中富集，EF＜0.67 表示该元素在煤中分散；Filippidis 等(1996)则将 EF 的值 2 和 0.5 分别作为煤中微量元素富集和分散的界限；Valkovic(1983)提出煤中微量元素富集系数的另一种计算方法，即把煤中微量元素的含量用 S_c 元素先进行标准化处理，再与地壳中该元素 S_c 标准化后的数据进行对比，并把富集系数大于 5 作为元素富集的界限；任德贻等(1999a)在研究沈北煤田煤中微量元素时采用煤中微量元素的含量与世界煤中该元素含量的比值(R)来作为该元素含量水平的标准：R＞4 视为高含量水平，R＜1/4 视为低含量水平，其余为正常水平；Dai 等(2015a)最近提出煤中微量元素含量水平的指标，富集系数(Concentration Coefficient，CC)＝煤中微量元素含量/世界煤中微量元素含量，并分为六级(表 6-2)。

表 6-2 煤中元素含量水平分级指标

亏损	正常范围	轻度富集	富集	高度富集	异常高度富集
CC<0.5	0.5≤CC≤2	2<CC≤5	5<CC≤10	10<CC≤100	100<CC

资料来源：Dai et al.，2015a。

第二节 高铝煤中微量元素含量及其共生组合关系

煤中各种元素之间存在不同程度的内在联系，运用 Excel 和 SPSS 软件对煤中的微量元素与稀土元素进行相关性分析和 R 型聚类分析，从而研究微量元素的赋存状态和富集规律（春乃芽，2007）。

一、准格尔煤田

（一）准格尔电厂粉煤灰

根据准格尔电厂原煤中微量元素含量的测定结果，通过计算微量元素含量的算术平均值、富集系数及含量水平，并与地壳克拉克值、中国华北煤、中国煤和世界煤作对比，分析原煤中微量元素的分布特征、富集情况。根据原煤中稀土元素的含量测定结果，计算稀土元素的地球化学参数，绘制稀土平均值的球粒陨石标准化分布模式图；采用相关分析和 R 型聚类分析法，探讨原煤中微量元素的相关性及其在煤中的赋存状态。

本次采用相关分析和 R 型聚类分析对准格尔电厂原煤中的 16 种微量元素（Li、Be、Ga、Ni、Bi、Sr、U、Co、Cu、In、Rb、Cd、Cs、Mn、Ba、Pb）加上稀土元素（REE）（稀土元素 Gd、Tb、Dy、Ho、Er、Tm、Yb、Lu、Y、La、Ce、Pr、Nd、Sm、Eu 化学性质相似，故将它们归为一类，记作 REE）共 17 种元素进行相关性分析。

1. 微量元素与灰分的相关性

微量元素是具有有机亲和性还是具有无机亲和性，亦或是两者同时具有，判断方法很多。有不少研究学者如，Suárez-Ruiz 等（2006）、秦勇等（2002）利用统计学中的相关分析法对原煤中微量元素和原煤的灰分作相关性分析，根据微量元素与灰分的相关系数来确定元素的有机亲和性（白英彬，1999）。

Suárez-Ruiz 等（2006）认为当灰分与微量元素的相关系数 R_{ash} 小于 −0.5 时，说明该元素主要具有有机亲和性的特性；当 R_{ash} 为 −0.5～0.5 时，说明元素同时具有无机亲和性和有机亲和性；当 R_{ash} 大于 0.5 时，则表示该元素具有无机亲和性。

根据原煤中 17 种元素的含量与原煤灰分数据计算平均值 $\bar{X}$，利用 STDEVP 函数作标准差 S，之后将 17 种元素的含量值进行标准化，标准化公式如下：

$$X' = \frac{x - \bar{X}}{S}$$

式中，X' 为标准化数据；x 为原始数据；$\bar{X}$ 为原始数据平均值；S 为原始数据标准差。

再通过 Excel 中的数据分析作元素的相关分析，得相关关系矩阵（$n=18$）。

从灰分与煤中微量元素的相关系数可以看出（表 6-3）：

表6-3 准格尔电厂原煤中微量元素与灰分相关系数矩阵

	Li	Be	Mn	Co	Ni	Cu	Ga	Rb	Sr	Cd	In	Cs	Ba	Pb	Bi	U	REE	灰分
Li	1.00																	
Be	−0.63	1.00																
Mn	−0.17	−0.07	1.00															
Co	−0.55	0.57	0.62	1.00														
Ni	−0.67	0.53	0.77	0.81	1.00													
Cu	−0.75	0.09	0.40	0.54	0.54	1.00												
Ga	0.10	0.14	−0.73	−0.35	−0.48	−0.11	1.00											
Rb	−0.20	0.51	0.53	0.92	0.61	0.21	−0.27	1.00										
Sr	−0.54	0.04	0.22	−0.08	0.37	0.28	−0.53	−0.39	1.00									
Cd	−0.34	0.64	0.41	0.93	0.61	0.29	−0.12	0.98	−0.39	1.00								
In	−0.61	0.63	0.32	0.92	0.62	0.61	−0.03	0.83	−0.23	0.91	1.00							
Cs	0.12	0.41	0.26	0.69	0.28	−0.05	0.03	0.91	−0.73	0.89	0.68	1.00						
Ba	−0.59	0.49	0.54	0.96	0.73	0.70	−0.19	0.84	−0.15	0.88	0.96	0.64	1.00					
Pb	−0.50	0.23	0.80	0.87	0.78	0.61	−0.73	0.71	0.25	0.65	0.69	0.38	0.80	1.00				
Bi	0.50	0.25	0.20	0.29	0.09	−0.59	−0.07	0.63	−0.60	0.54	0.15	0.79	0.13	0.06	1.00			
U	−0.09	0.66	0.34	0.75	0.51	−0.15	−0.23	0.91	−0.35	0.89	0.64	0.87	0.59	0.49	0.80	1.00		
REE	−0.61	0.84	0.44	0.89	0.82	0.29	−0.31	0.82	0.08	0.86	0.80	0.59	0.78	0.69	0.37	0.84	1.00	
灰分	0.81	−0.14	−0.20	−0.15	−0.46	−0.68	0.34	0.25	−0.87	0.18	−0.13	0.60	−0.19	−0.39	0.80	0.37	−0.18	1.00

表 6-4 准格尔电厂原煤中微量元素的相关系数矩阵

	Li	Be	Mn	Co	Ni	Cu	Ga	Rb	Sr	Cd	In	Cs	Ba	Pb	Bi	U	REE
Li	1.00																
Be	−0.63	1.00															
Mn	−0.17	−0.07	1.00														
Co	−0.55	0.57	0.62	1.00													
Ni	−0.67	0.53	0.77	0.81	1.00												
Cu	−0.75	0.09	0.40	0.54	0.54	1.00											
Ga	0.10	0.14	−0.73	−0.35	−0.48	−0.11	1.00										
Rb	−0.20	0.51	0.53	0.92	0.61	0.21	−0.27	1.00									
Sr	−0.54	0.04	0.22	−0.08	0.37	0.28	−0.53	−0.39	1.00								
Cd	−0.34	0.64	0.41	0.93	0.61	0.29	−0.12	0.98	−0.39	1.00							
In	−0.61	0.63	0.32	0.92	0.62	0.61	−0.03	0.83	−0.23	0.91	1.00						
Cs	0.12	0.41	0.26	0.69	0.28	−0.05	0.03	0.91	−0.73	0.89	0.68	1.00					
Ba	−0.59	0.49	0.54	0.96	0.73	0.70	−0.19	0.84	−0.15	0.88	0.96	0.64	1.00				
Pb	−0.50	0.23	0.80	0.87	0.78	0.61	−0.73	0.71	0.25	0.65	0.69	0.38	0.80	1.00			
Bi	0.50	0.25	0.20	0.29	0.09	−0.59	−0.07	0.63	−0.60	0.54	0.15	0.79	0.13	0.06	1.00		
U	−0.09	0.66	0.34	0.75	0.51	−0.15	−0.23	0.91	−0.35	0.89	0.64	0.87	0.59	0.49	0.80	1.00	
REE	−0.21	0.40	0.67	0.93	0.67	0.30	−0.36	0.98	−0.33	0.94	0.81	0.86	0.87	0.79	0.57	0.84	1.00

(1) $R_{ash}<-0.5$ 的元素有 Cu(-0.68)、Sr(-0.87),说明这两种元素主要具有有机亲和性,亲和性一般;

(2) $-0.5<R_{ash}<0.5$ 的元素有 Be、Mn、Co、Ni、Ga、Rb、Cd、In、Ba、Pb、U、REE,说明这 12 种元素既具有无机亲和性,又具有有机亲和性,赋存状态较复杂;

(3) $R_{ash}>0.5$ 的元素有 Li、Cs、Bi,说明这三种元素主要具有无机亲和性。

2. 相关分析

同样利用数据分析对准格尔原煤中 17 种元素进行相关分析,得出微量元素间相关关系矩阵($n=17$),见表 6-4。

由相关关系矩阵可以看出。

(1) Li 和 Ga、Bi 的相关系数为正,分别为 0.1 和 0.5,其余均为负数。说明 Li 与其他元素的相关性不大。

(2) 元素关系最为紧密,相关系数在 0.9 以上的有 Rb-Co、Cd-Co、Rb-Cd、In-Co、In-Cd、Cs-Rb、Ba-Co、U-Rb、REE-Co、REE-Rb、REE-Cd、REE-Ba。

(3) Co 与 Ni(0.81)显著正相关。元素 Co 和 Ni 同时具有亲硫和亲铁的特性,它们与海水作用也有一定的关系。

(4) 稀土元素与大多数元素表现正相关性,只与 Li 和 Sr 表现负相关性。

3. R 型聚类分析

聚类分析是统计学方法中的一种,是以分类对象的数字指标作为依据,定量地确定它们的亲疏关系,并根据对象数值的相似程度进行分类。通过对煤中微量元素进行 R 型(变量)聚类分析确定它们之间的相关性,进而推断相互依存关系(樊金串和樊民强,2000)。再参照微量元素的地球化学性质,就可以判断微量元素的赋存状态。根据表 6-5

表 6-5 准格尔电厂原煤中微量元素含量表　　　　(单位:μg/g)

元素	YM-1	YM-2	YM-3	YM-4	YM-5	YM-6
Li	197.73	102.58	71.35	81.80	117.56	91.19
Be	1.29	2.09	1.73	2.12	2.34	2.46
Mn	38.20	45.93	40.88	34.26	24.12	47.26
Co	1.06	1.53	1.72	1.49	1.24	2.70
Ni	5.79	7.61	7.00	6.68	6.08	7.79
Cu	15.02	18.63	27.78	19.44	16.64	21.80
Ga	23.38	22.71	24.58	21.89	28.10	22.57
Rb	2.95	3.30	3.04	2.57	2.96	11.80
Sr	167.29	345.43	278.22	372.71	159.33	173.61
Cd	0.10	0.16	0.18	0.14	0.21	0.56
In	0.12	0.13	0.14	0.13	0.13	0.16
Cs	0.32	0.26	0.26	0.24	0.33	0.47
Ba	39.98	52.05	72.79	51.45	49.91	93.34
Pb	33.91	36.10	37.90	37.52	30.30	42.15
Bi	0.21	0.17	0.05	0.11	0.18	0.25
U	2.85	3.21	2.2	3.02	3.23	4.90

及表 6-6 中 ΣREE 的数据,利用 SPSS 软件中的质心聚类方法及 Pearson 相关性绘制树状图,如图 6-1 所示。

表 6-6　准格尔电厂原煤中稀土元素参数表

样品编号	ΣREE /(μg/g)	LREE /(μg/g)	HREE /(μg/g)	L/H	(La/Yb)$_N$	(La/Sm)$_N$	δCe	δEu	δCe/δEu
YM-1	111.76	90.68	21.08	4.30	18.58	4.99	0.85	0.33	2.61
YM-2	219.75	184.34	35.42	5.20	19.27	4.75	0.87	0.43	2.01
YM-3	171.73	144.20	27.52	5.24	20.88	4.89	0.87	0.43	2.03
YM-4	213.80	181.63	32.17	5.65	21.88	4.85	0.87	0.43	2.03
YM-5	186.68	150.56	36.13	4.17	13.80	5.05	0.90	0.34	2.67
YM-6	311.66	254.46	57.20	4.45	13.70	4.38	0.86	0.41	2.10
平均值	202.56	167.65	34.92	4.83	18.02	4.82	0.87	0.39	2.24
最大值	311.66	254.46	57.20	5.65	21.88	5.05	0.90	0.43	2.67
最小值	111.76	90.68	21.08	4.17	13.70	4.38	0.85	0.33	2.01

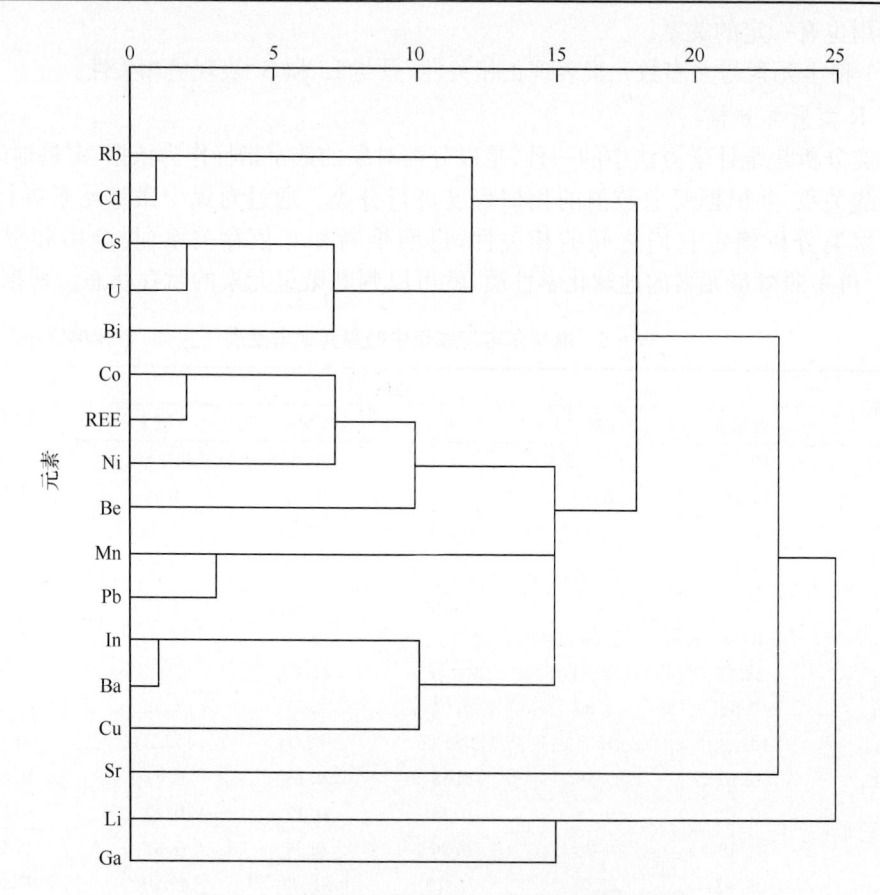

图 6-1　准格尔电厂原煤中 17 种元素聚类树形图

由图 6-1 可以看出,准格尔电厂原煤中的元素可以分为四个群。

(1) 第一个群包括 Rb、Cd、Cs、U、Bi 5 种元素。

Rb、Cs 是亲石元素；Cd 是亲硫元素，Cd 与 Rb 的相关系数为 0.98，而且 Kirsch 等(1980)在研究德国煤的过程中发现 Cd 与黏土、碳酸盐矿物有联系。

U 是亲石元素，被黏土矿物吸附是 U 在高级煤中的主要赋存方式之一；Bi 是亲硫元素，但与 Rb、Cs 的相关性较好，所以可推断 Bi 以硫化物形式赋存在黏土矿物中，第一个群的赋存状态主要与黏土矿物有关。

(2) 第二个群包括 Co、REE、Ni、Be、Mn、Pb、In、Ba、Cu。

元素 Co、Ni 是亲铁元素，可能与黄铁矿有关。Co 在煤中多存在于硫化物中。Huggins 和 Huffman(1996)在研究美国伊利诺煤时推断，Ni 可以替代黄铁矿中的 Fe，且 Co 与 Ni 的相关性很好，Co、Ni 主要赋存在黄铁矿中；Cu 为亲硫元素，Pb 在煤中主要形成方铅矿或赋存在其他硫化物矿物中，In 是亲硫元素，所以元素 Cu、Pb、In 的赋存状态主要与硫化物矿物有关。

Mn、Ba、Be 为亲石元素，与黏土矿物有关，Ba 存在于很多矿物中，REE 与 Rb 的相关系数为 0.98，相关性极高，表明元素 Ba、Be、Mn、REE 主要与黏土矿物有关。

通过以上分析可推知第二个群中的元素主要赋存在黄铁矿和黏土矿物中。

(3) 第三个群中只有 Sr，是亲石元素，与黏土矿物有关。

(4) 第四个群包括 Li、Ga。

Ga 是亲硫元素，但与其他元素多呈负相关，且与灰分相关系数为 0.34，可推断 Ga 可能与黏土矿物有关，Li 是亲石元素，所以本群组元素最主要的赋存状态与黏土矿物有关。

准格尔电厂原煤中微量元素的相关性及其在煤中的赋存状态主要体现在以下几个方面。

(1) 富集情况：与地壳克拉克值相比，元素 Li、Ga、Cd、U、Pb 的富集系数都大于 1，Li 的富集系数最高为 5.52，根据 EF 大于 6 为富集的原则判定，准格尔电厂原煤中 31 种微量元素都不富集。

(2) 与中国华北地台晚古生代煤、中国煤和世界煤相比，准格尔电厂原煤中大多数微量元素的含量比华北煤、世界煤和中国煤中微量元素的含量要高。

(3) 采用任德贻等(2006)的 R 值判定标准判断，元素 Li、Ga、In、Pb 为高含量水平；只有元素 Bi 为低含量水平；其余元素都为正常含量水平。

(4) 稀土元素：与地壳克拉克值和其他地区煤相比，元素 La、Lu、Ce、Nd 的含量偏高；参照稀土元素在中国煤中的丰度表，本研究区的稀土元素属中国范围内的煤中稀土元素含量的中高水平；轻稀土相对富集，重稀土相对亏损，分馏及分异程度较高。δEu 明显负异常，δCe 轻微负异常。由稀土元素的地球化学参数及分布模式图可以判断准格尔电厂燃用煤中的矿物主要受陆源控制，并受轻微海水的影响。

(5) 由原煤中微量元素与灰分的相关性分析可知，主要以有机态赋存的元素有 Cu、Sr；主要以无机态赋存的元素有 Li、Cs、Bi；元素 Rb、Cd、Be、Mn、Co、Ni、In、Ba、Pb、U、REE 赋存状态比较复杂，同时具有有机亲和性和无机亲和性。

(6) 由煤中微量元素的相关分析及聚类分析表明，Rb、Cd、Cs、U、Bi、Mn、Ba、Sr、Li、REE、Be、Ga 主要与黏土矿物有关；Co、Ni 主要赋存在黄铁矿中，元素 Cu、Pb、In 的赋存状态主要与硫化物有关；Sr 与海水作用有关，在海水中的含量相对较高。

表 6-7　4 号煤微量元素含量

(单位：μg/g)

样品号	Li	Be	Sc	V	Cr	Co	Ni	Cu	Zn	Ga	Rb	Sr	Zr	Nb	Mo	Cd	Cs	Ba	Hf	Ta	W	Pb	Bi	Th	U
顶板	114	12.8	6.6	21.4	11.2	1.4	6.5	20.4	32.1	37.7	11.0	22.8	261	31.5	0.8	0.2	1.1	38.9	7.6	2.2	2.2	41.2	0.7	18.2	5.1
4-1	31.3	8.7	5.8	73.6	31.4	9.1	14.7	31.8	37.2	20.0	48.8	34.4	231	14.8	3.3	0.2	5.4	114	5.7	0.9	1.5	60.3	0.5	14.2	4.6
夹矸 1	36.1	3.3	8.3	81.0	40.6	7.4	10.4	40.8	72.2	25.1	72.0	43.3	271	14.3	2.6	0.4	7.4	220	5.9	1.0	1.7	97.1	0.5	18.4	4.8
夹矸 2	105	4.0	10.7	44.5	23.4	1.1	10.7	37.3	37.8	50.0	10.5	22.6	270	31.3	3.0	0.2	1.0	41.4	7.8	2.5	4.9	31.8	1.0	27.5	6.8
4-2	90.2	6.9	13.9	62.5	32.2	1.9	9.0	31.3	42.3	28.5	5.86	26.0	543	26.6	2.6	0.4	0.6	33.4	12.5	1.8	2.6	67.4	1.3	35.2	9.0
夹矸 3	113	2.1	4.9	26.3	12.6	1.2	6.1	16.6	30.5	51.4	18.9	22.4	555	52.3	1.0	0.4	1.9	46.9	14.4	3.7	2.2	28.5	0.6	28.4	5.5
4-3	71.2	4.8	8.1	29.7	11.1	2.2	6.3	17.8	34.7	25.1	5.08	26.9	453	27.0	1.6	0.4	0.6	26.2	10.8	1.5	2.0	65.7	0.8	22.6	6.7
4-4	67.4	3.6	4.1	16.6	7.3	3.3	6.0	14.5	53.3	22.5	1.24	33.8	173	6.9	1.3	0.3	0.1	18.1	4.4	0.3	0.6	26.8	0.4	9.1	4.6
4-5	44.4	4.2	5.6	23.8	9.9	3.5	6.2	20.7	30.9	20.1	3.74	69.7	281	21.5	1.7	0.3	0.6	31.4	7.0	1.3	1.7	38.0	0.5	15.0	4.8
4-6	78.1	3.1	9.7	30.7	10.3	2.5	5.2	17.4	29.8	31.8	6.57	32.4	499	24.2	2.1	0.4	0.6	35.1	11.9	1.3	1.4	65.8	0.5	25.2	4.5
4-7	57.3	4.3	8.4	26.1	10.1	3.4	6.2	15.1	30.5	22.6	3.62	21.7	406	17.1	2.4	0.3	0.5	58.3	9.2	0.9	1.1	53.9	0.3	19.5	4.7
4-8	144	3.9	14.0	44.5	11.1	4.2	23.5	25.9	62.4	39.0	6.30	26.4	490	28.2	3.2	0.4	0.6	217	11.5	1.6	2.4	65.5	0.6	20.5	5.8
4-9	82.0	4.1	10.3	45.9	11.4	9.3	26.1	22.5	48.5	30.7	2.9	17.7	419	18.1	3.7	0.4	0.2	23.1	9.3	1.3	1.9	58.3	0.6	16.8	3.9
4-10	59.5	18.8	11.8	45.0	15.8	4.5	8.3	35.8	34.9	29.1	5.01	32.1	289	31.6	5.9	0.3	0.6	112	7.4	2.0	3.2	69.6	1.0	24.6	6.4
平均值	78.3	5.9	8.8	41.2	16.6	4.3	11.4	24.7	41.7	31.0	13.6	30.0	371	24.2	2.6	0.3	1.4	69.3	9.0	1.6	2.1	55.2	0.7	20.8	5.4
最大值	144	18.8	14.0	81.0	40.6	9.4	26.7	40.8	72.2	51.4	72.0	69.7	555	52.3	5.9	0.4	7.4	220	14.4	3.7	4.9	97.1	1.3	35.2	9.0
最小值	31.3	2.1	4.1	16.6	7.3	1.1	5.2	14.5	29.8	20.0	1.2	17.3	173	6.9	0.8	0.2	0.1	18.1	4.4	0.3	0.6	26.8	0.3	9.1	3.8

表6-8 6号煤微量元素含量

(单位:μg/g)

样品号	Li	Be	Sc	V	Cr	Co	Ni	Cu	Zn	Ga	Rb	Sr	Zr	Nb	Mo	Cd	Cs	Ba	Hf	Ta	W	Pb	Bi	Th	U
6-1	253	0.7	3.2	24.5	6.5	0.4	0.8	16.3	13.5	30.4	4.7	80.3	209	34.4	2.2	0.1	0.60	19.3	7.4	2.45	5.8	19.2	1.0	12.5	6.1
6-2	28.9	2.2	3.0	19.4	6.8	0.9	1.2	5.1	24.3	8.8	0.4	31.3	192	3.0	1.3	0.2	0.02	27.2	4.4	0.19	0.4	5.40	0.2	15.3	3.6
6-3	16.8	1.5	<0.5	9.12	5.2	1.6	1.5	16.9	83.1	4.5	0.2	48.4	48.7	1.6	7.7	0.1	0.02	32.0	1.2	0.08	1.4	122	0.2	2.8	0.9
6-4	23.1	1.5	<0.5	9.00	6.0	0.6	1.0	4.1	26.2	3.3	0.2	47.7	39.7	1.5	1.0	0.1	0.01	5.08	0.9	0.10	0.6	3.51	0.2	2.0	0.4
6-5	34.2	1.5	2.2	30.0	10.5	1.0	1.9	10.8	125	15.2	0.7	1623	407	11.3	3.0	0.7	0.04	112	9.9	0.27	0.9	15.2	0.3	23.8	5.2
6-6	33.2	1.5	0.2	11.7	6.4	1.0	2.1	7.5	160.5	8.7	0.4	759.7	7.6	56.7	3.1	1.2	0.5	0.0	60.1	30.3	54.1	5.5	17.8	3.0	0.5
6-7	23.1	1.3	<0.5	12.6	6.2	1.6	3.7	4.6	159	8.9	0.5	309	21.5	1.1	1.4	0.3	0.01	25.0	0.6	0.07	1.2	7.16	0.2	1.1	0.4
6-8	88.6	2.0	5.2	33.8	8.9	2.0	5.3	19.2	83.6	13.1	1.6	5737	186	17.8	2.7	0.2	0.13	377	4.9	1.13	2.1	36.1	0.8	17.2	7.9
6-9	57.9	1.1	3.1	20.1	6.0	1.5	2.3	8.3	180	18.0	1.0	375	161	8.2	3.2	0.2	0.10	46.2	3.4	0.44	2.1	14.2	0.3	8.6	7.6
6-10	72.9	2.0	2.4	18.2	7.5	1.5	3.3	15.2	217	13.1	0.3	920	123	4.1	2.1	0.1	0.04	34.8	2.9	0.27	0.6	18.8	0.4	7.0	4.5
6-11	49.1	2.5	2.0	17.0	8.8	1.2	3.5	11.3	102	12.9	1.2	1075	104	7.7	2.0	0.1	0.19	212	3.0	0.68	1.4	14.4	0.6	15.2	3.6
6-12	33.9	1.5	1.4	26.0	8.0	2.0	6.4	19.7	561	19.4	0.4	1759	122	5.9	4.4	2.7	0.03	90.9	3.0	0.21	0.8	27.4	0.6	8.4	5.6
6-13	40.4	2.3	1.5	21.1	12.8	1.3	4.8	5.7	81.1	13.8	0.5	1915	88.7	3.8	2.1	0.2	0.04	73.9	2.3	0.25	0.6	14.1	0.3	8.8	2.8
6-14	60.6	1.5	0.9	39.0	22.6	2.7	11.2	28.6	37.2	13.9	1.8	108	160	7.7	4.2	0.2	0.17	39.8	3.8	0.48	1.0	25.3	0.6	8.9	2.5
平均值	56.6	1.6	2.1	20.2	8.6	1.3	3.4	12.3	134.2	12.8	1.0	1037	132	7.6	2.7	0.4	0.10	81.0	3.4	0.47	1.4	23.1	0.4	9.3	3.6
最大值	253	2.5	5.2	39.0	22.6	2.7	11.2	28.6	561.2	30.4	4.7	5737	407	34.4	7.7	2.7	0.60	377	9.9	2.45	5.8	122	1.0	23.8	7.9
最小值	16.8	0.7	0.2	9.0	5.2	0.4	0.8	4.1	13.5	3.3	0.2	31	21.5	1.1	1.0	0.1	0.01	5.1	0.6	0.07	0.4	3.5	0.2	1.1	0.4

(二) 串草圪旦煤矿

1. 微量元素含量特征

选取了串草圪旦煤矿 4 号和 6 号煤中 28 个样品,其中 4 号煤包括 10 个煤样、1 个顶板和 3 个夹矸,6 号煤包括 14 个煤样。采用电感耦合等离子体质谱(ICP-MS)对上述样品中微量元素的含量进行测试。

为研究微量元素在串草圪旦煤矿煤中的总体富集程度,将串草圪旦煤矿 4 号和 6 号煤中微量元素的算术平均值与地壳克拉克值、中国煤以及世界煤中的微量元素含量进行平行对比(表 6-7~表 6-10,图 6-2)。

表 6-9 4 号煤微量元素的含量特征

元素	地壳克拉克值/(μg/g)	算术均值/(μg/g)	最大值/(μg/g)	最小值/(μg/g)	富集系数 R	中国值/(μg/g)	世界值/(μg/g)	与中国值比	与世界值比
Li	20.0	78.3	144.2	31.3	3.92	31.8	12.0	2.1	5.6
Be	2.8	5.9	18.8	2.1	2.11	2.1	1.6	2.3	3.0
Sc	22.0	8.8	14.0	4.1	0.40	4.2	3.9	1.7	2.4
V	135.0	41.2	81.0	16.6	0.30	35.1	25.0	0.8	1.5
Cr	100.0	16.6	40.6	7.3	0.17	15.4	16.0	0.7	1.0
Co	25.0	4.3	9.4	1.1	0.17	7.1	5.1	0.5	0.7
Ni	75.0	11.4	26.7	5.2	0.15	13.7	13.0	0.7	0.6
Cu	55.0	24.7	40.8	14.5	0.45	17.5	16.0	1.1	1.6
Zn	70.0	41.7	72.2	29.8	0.60	41.4	23.0	0.9	1.5
Ga	15.0	31.0	51.4	20.0	2.06	6.6	5.8	3.9	5.2
Rb	90.0	13.6	72.0	1.2	0.15	9.3	14.0	0.6	0.8
Sr	375.0	30.0	69.7	17.3	0.08	140.0	110.0	0.3	0.3
Zr	165.0	370.7	555.0	173.0	2.25	89.5	36.0	3.7	10.2
Nb	20.0	24.2	52.3	6.9	1.21	9.4	3.7	2.3	6.2
Mo	1.5	2.6	5.9	0.8	1.73	3.1	2.2	0.8	1.2
Cd	0.2	0.3	0.4	0.2	1.67	0.3	0.2	1.7	1.6
Cs	3.0	1.4	7.4	0.1	0.47	1.1	1.0	0.6	1.4
Ba	430.0	69.3	220.2	18.1	0.16	159.0	150.0	0.4	0.5
Hf	3.0	9.0	14.4	4.4	2.99	3.7	1.2	2.3	7.5
Ta	2.0	1.6	3.7	0.3	0.78	0.6	0.3	2.6	5.3
W	1.5	2.1	4.9	0.6	1.39	1.1	1.1	1.6	2.1
Pb	12.5	55.2	97.1	26.8	4.42	15.1	7.8	3.0	6.1
Bi	0.2	0.7	1.3	0.3	3.91	0.8	1.0	0.8	0.6
Th	9.6	20.8	35.2	9.1	2.17	5.8	3.3	3.0	6.6
U	2.7	5.4	9.0	3.8	2.00	2.4	2.4	1.9	2.9

表 6-10 6 号煤微量元素的含量特征

元素	地壳克拉克值/(μg/g)	算术均值/(μg/g)	最大值/(μg/g)	最小值/(μg/g)	富集系数 R	中国值/(μg/g)	世界值/(μg/g)	与中国值比	与世界值比
Li	20	56.6	253	16.8	2.8	31.8	12.0	1.4	3.6
Be	2.8	1.6	2.5	0.7	0.6	2.1	1.6	0.9	0.9
Sc	22	2.1	5.2	0.2	0.1	4.2	3.9	0.6	0.7
V	135	20.2	39.0	9.0	0.1	35.1	25.0	0.8	0.9
Cr	100	8.6	22.6	5.2	0.1	15.4	16.0	0.8	0.7
Co	25	1.3	2.7	0.4	0.1	7.1	5.1	0.5	0.4
Ni	75	3.4	11.2	0.8	0.0	13.7	13.0	0.6	0.4
Cu	55	12.3	28.6	4.1	0.2	17.5	16.0	0.9	1.0
Zn	70	134	561	13.5	1.9	41.4	23.0	3.4	5.2
Ga	15	12.8	30.4	3.3	0.9	6.6	5.8	1.8	2.2
Rb	90	1.0	4.7	0.2	0.0	9.3	14.0	0.5	0.2
Sr	375	1037	5737	31.3	2.8	140.0	110.0	6.1	13.2
Zr	165	132	407	21.5	0.8	89.5	36.0	1.2	3.4
Nb	20	7.6	34.4	1.1	0.4	9.4	3.7	0.7	1.9
Mo	1.5	2.7	7.7	1.0	1.8	3.1	2.2	0.9	1.4
Cd	0.2	0.4	2.7	0.1	2.1	0.3	0.2	1.9	2.2
Cs	3	0.1	0.6	0.0	0.0	1.1	1.0	0.4	0.3
Ba	430	81.0	377	5.0	0.2	159.0	150.0	0.7	0.8
Hf	3	3.4	9.9	0.6	1.1	3.7	1.2	0.8	2.6
Ta	2	0.5	2.5	0.1	0.2	0.6	0.3	0.7	1.6
W	1.5	1.4	5.8	0.4	0.9	1.1	1.1	0.9	1.2
Pb	12.5	23.1	122	3.5	1.8	15.1	7.8	1.2	2.2
Bi	0.17	0.4	1.0	0.2	2.4	0.8	1.0	0.4	0.5
Th	9.6	9.3	23.8	1.1	1.0	5.8	3.3	1.4	2.9
U	2.7	3.6	7.9	0.4	1.3	2.4	2.4	1.4	2.2

与地壳克拉克值相比,4 号煤中比值偏高的微量元素有 Li(3.92)、Be(2.11)、Zr(2.25)、Nb(1.21)、Mo(1.73)、Cd(1.67)、Hf(2.99)、W(1.39)、Pb(4.42)、Bi(3.91)、Th(2.17)和 U(2),其余元素低于地壳克拉克值,如 Sc(0.4)、V(0.3)、Cr(0.17)、Co(0.17)、Ni(0.15)、Cu(0.45)、Zn(0.6)、Rb(0.15)、Sr(0.08)、Cs(0.47)、Ba(0.16)和 Ta(0.78)。6 号煤中与地壳克拉克值比偏高的微量元素有 Li(2.8)、Zn(1.9)、Sr(2.8)、Mo(1.8)、Cd(2.1)、Hf(1.1)、Pb(1.8)、Bi(2.4)、Th(1.0)和 U(1.3),比值偏低的微量元素有 Be(0.6)、Sc(0.1)、V(0.1)、Cr(0.1)、Co(0.1)、Ni(0.05)、Cu(0.2)、Ga(0.9)、Rb(0.01)、Zr(0.8)、Nb(0.4)、Cs(0.03)、Ba(0.2)、Ta(0.2)和 W(0.9)。

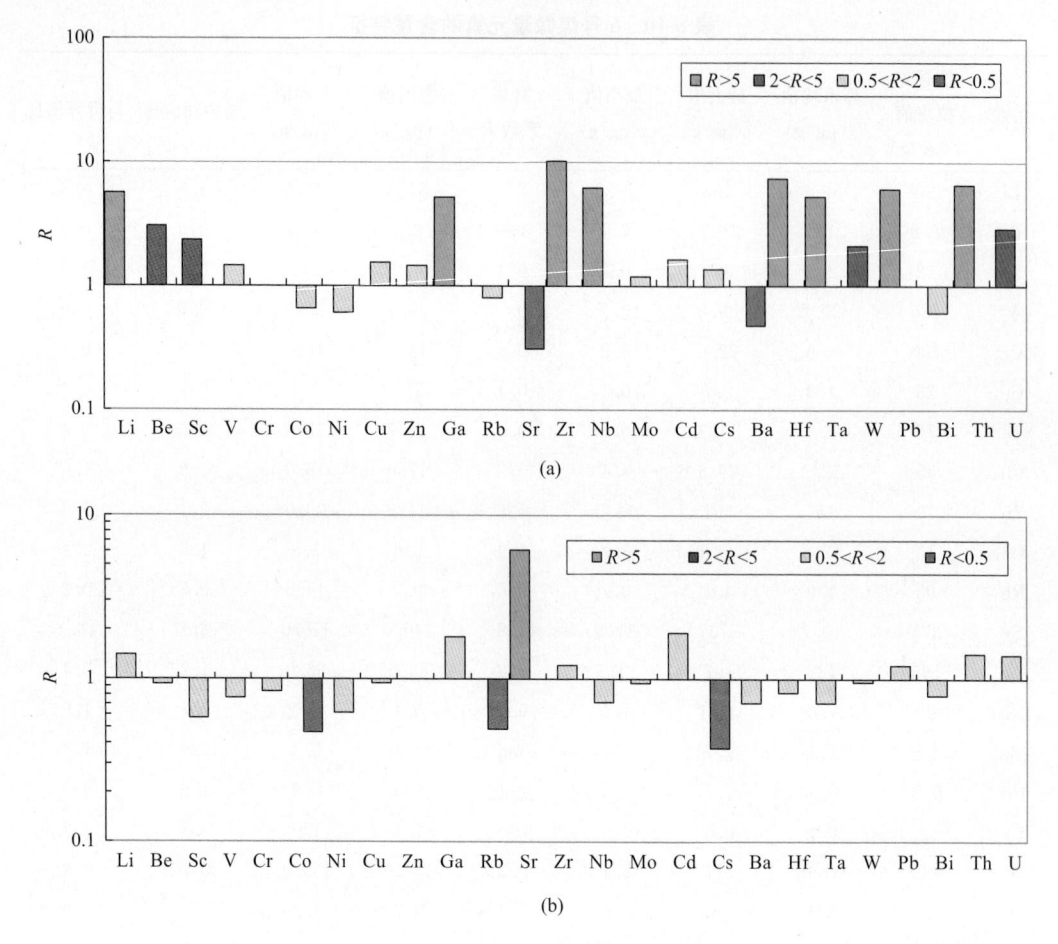

图 6-2 4号煤和6号煤中微量元素均值与世界均值的比值 R

与中国煤微量元素均值相比，4号煤中比值偏高的微量元素有 Li(2.1)、Be(2.3)、Sc(1.7)、Cu(1.1)、Ga(3.9)、Zr(3.7)、Nb(2.3)、Hf(2.3)、Ta(2.5)、W(1.6)、Pb(3)、Th(3)和U(1.9)，比值偏低的微量元素有 V(0.8)、Cr(0.7)、Co(0.5)、Ni(0.7)、Zn(0.9)、Rb(0.6)、Sr(0.3)、Mo(0.8)、Cs(0.6)、Ba(0.4)和Bi(0.8)。6号煤中比值偏高的微量元素有 Li(1.4)、Zn(3.4)、Ga(1.8)、Sr(6.1)、Zr(1.2)、Cd(1.9)、Pb(1.2)、Th(1.4)和U(1.4)，比值偏低的微量元素有 Be(0.9)、Sc(0.6)、V(0.8)、Cr(0.8)、Co(0.5)、Ni(0.6)、Cu(0.9)、Rb(0.5)、Nb(0.7)、Mo(0.9)、Cs(0.4)、Ba(0.7)、Hf(0.8)、Ta(0.7)、W(0.9)和Bi(0.8)。

与世界煤中微量元素均值相比，4号煤中比值偏高的微量元素有 Li(5.6)、Be(3.0)、Sc(2.4)、V(1.5)、Cr(1.0)、Cu(1.6)、Zn(1.5)、Ga(5.2)、Zr(10.2)、Nb(6.2)、Mo(1.2)、Cd(1.6)、Cs(1.4)、Hf(7.5)、Ta(5.3)、W(2.1)、Pb(6.1)、Th(6.6)和U(2.9)，比值偏低的微量元素有 Co(0.7)、Ni(0.6)、Pb(0.8)、Sr(0.3)、Ba(0.5)和Bi(0.6)。6号煤中比值偏高的微量元素有 Li(3.6)、Cu(1.0)、Zn(5.2)、Ga(2.2)、Sr(13.2)、Zr(3.4)、Nb(1.9)、Mo(1.4)、Cd(2.2)、Hf(2.6)、Ta(1.6)、W(1.2)、Pb(2.2)、Th(2.9)和U(2.2)，比值偏低

的微量元素有 Be(0.9)、Sc(0.7)、V(0.9)、Cr(0.7)、Co(0.4)、Ni(0.4)、Rb(0.2)、Cs(0.3)、Ba(0.8)和 Bi(0.5)。

任德贻等(2006)提出了以煤中微量元素与世界煤中均值的比值 R 作为划分含量水平的标准,$R>4$,含量水平较高;$0.25<R<4$,含量水平正常;$R<0.25$,含量水平较低。4号煤中 Li、Ga、Zr、Nb、Hf、Ta、Pb 和 Th 的含量水平较高,其余元素含量水平正常。6号煤中 Li、Zn、Sr 的含量水平较高,其余的微量元素含量正常。

2. 微量元素分布特征

煤中微量元素的分布和富集一般受到多种因素和多期作用的影响,往往是多种因素叠加、综合作用的结果。因此,成煤植物、泥炭沼泽形成的环境条件、岩浆热液作用、不同的母岩类型、风化作用以及地下水的淋滤作用都影响到煤中微量元素的分布规律。而且同一地区不同煤层中的微量元素受到的影响因素也有较大的差别。除了对比同一煤层在垂向的分布特征之外,还对不同煤层的微量元素分布进行对比。

1) 微量元素总含量在煤层垂向上的变化特征

4 号煤中微量元素在垂向上的分布基本比较规律,除煤分层 4-5 外,其余各个煤分层的含量差别不大,接近煤层的顶部和底部的微量元素的含量略高,6 号煤层接近底部的样品中微量元素的含量明显高于煤层的顶部,煤层中部的煤分层 6-8 的含量异常高(图 6-3)。这主要是因为位于同一煤层的不同部位,因其成煤环境的差异,同一煤层的微量元素的含量和分布也会呈现规律性的变化。

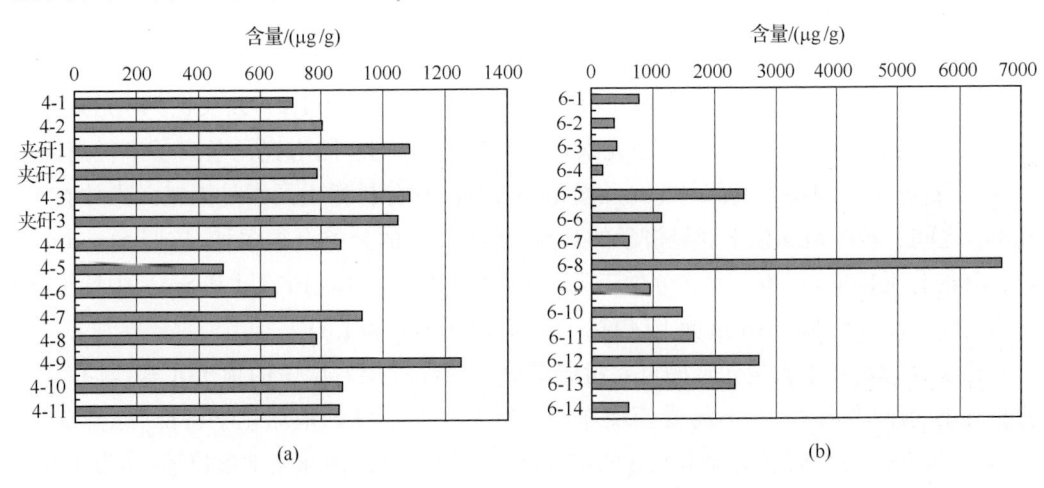

图 6-3 4 号煤与 6 号煤中微量元素总含量对比图

2) 不同煤层垂向的分布特征

由图 6-4 可知,4 号煤和 6 号煤的微量元素含量差异不是太大。4 号煤中的微量元素除 Zn、Sr、Cd 和 Ba 低于 6 号煤外,其余的微量元素含量均高于 6 号煤。造成不同煤层微量元素含量差异的原因主要是沉积环境的不同。

3. 微量元素的富集程度

通常使用富集系数 EF 来表示煤中微量元素的分散富集程度。Taylor(1964)提出了煤中微量元素的含量与地壳克拉克值的比值作为富集指数。Gluskoter 等(1977)提出煤

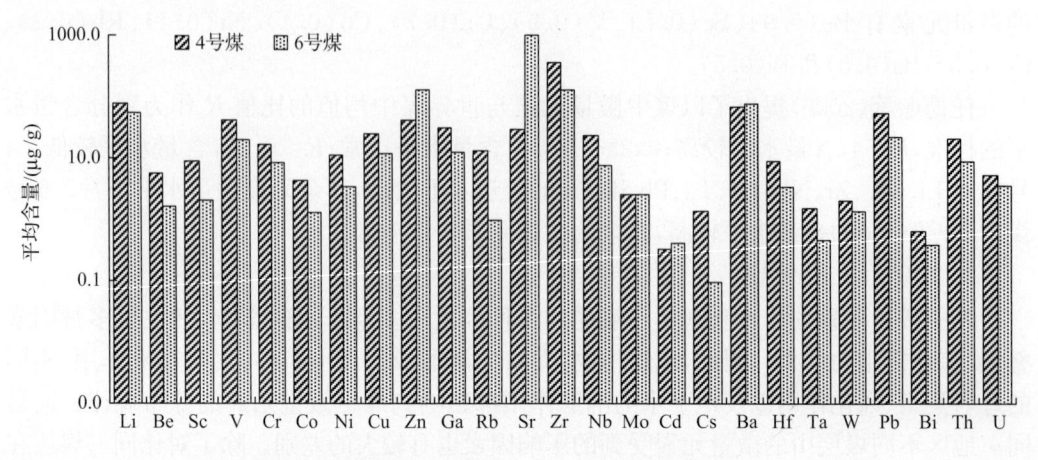

图 6-4　4 号煤和 6 号煤中微量元素的平均含量对比

中微量元素含量高于地壳克拉克值 6 倍以上时,该元素在煤中富集。按照 Gluskoter 等 (1997)的划分标准,4 号煤与 6 号煤中微量元素均为分散。根据煤中微量元素的含量值,以 EF>2 作为元素富集的标准。4 号煤中 Li、Be、Zr、Pb、Bi 和 U 富集,富集系数分别为 3.92、2.11、2.25、4.42、3.91 和 2。6 号煤中微量元素只有 Li、Sr、Cd 和 Bi 富集,富集系数分别为 2.8、2.8、2.1 和 2.4。

4. 煤中的稀土元素

通常将镧系元素——镧(La)、铈(Ce)、镨(Pr)、钕(Nd)、钷(Pm)、钐(Sm)、铕(Eu)、钆(Gd)、铽(Tb)、镝(Dy)、钬(Ho)、铒(Er)、铥(Tm)、镱(Yb)、镥(Lu),以及钇(Y)元素称为稀土元素,简称 REE,钇元素与镧系元素在自然界密切相关,因为钇元素离子半径与镧系元素相似,并且它的离子电荷与 Ho 元素相等,因此,在分析稀土元素是把钇元素放在 Dy 和 Ho 之间。按照地球化学和经济学的观点,稀土元素的分类有很多种,按照 Seredin 等 (2012)的分类标准,把稀土元素分为三类:轻稀土(包括 La、Ce、Pr、Nd 和 Sm)、中稀土(包括 Eu、Gd、Tb、Dy 和 Y)和重稀土(包括 Ho、Er、Tm、Yb 和 Lu)。

稀土元素是煤中微量元素的重要组成部分。保存在煤岩层中的稀土元素,具有均一化程度高、化学性质稳定、不易受变质作用影响等一些特殊的地球化学特征(陈儒庆等,1996)。许多学者利用煤中稀土元素的赋存状态、分布特征、地球化学参数等,作为研究煤地质成因的地球化学指示剂,从而揭示成煤物质的来源。

1) 煤中稀土元素的含量和分布特征

使用 ICP-MS 测试对 4 号煤和 6 号煤中的微量元素进行测试,测试结果见表 6-11 和表 6-12。4 号煤中稀土元素含量在垂向上分布不均匀,在夹矸和靠近顶底板部分含量较高,各个元素平均含量除 Tm 之外,均高于中国值,全部元素的平均含量均高于美国值和世界值,表现为明显富集。6 号煤中稀土元素在垂向上的分布也不太规律,除 La 元素外,其余元素的平均含量低于中国值,但是所有元素的平均值都高于美国值和世界值。4 号煤中稀土元素含量高于 6 号煤中稀土元素含量。

表 6-11　4 号煤中稀土元素含量分布　　　　　　　　　　（单位：µg/g）

样品号	La	Ce	Pr	Nd	Sm	Eu	Gd	Tb	Dy	Y	Ho	Er	Tm	Yb	Lu
4-1	44.0	94.0	10.5	35.8	6.77	1.08	5.81	0.85	4.85	28.4	1.06	3.14	0.52	3.51	0.57
4-2	50.2	100	11.5	40.6	7.76	1.28	6.68	0.94	5.04	28.1	1.07	3.08	0.50	3.31	0.52
夹矸 1	47.3	83.1	9.14	31.9	5.65	0.92	5.09	0.69	3.81	22.7	0.82	2.37	0.36	2.18	0.32
夹矸 2	35.1	72.5	7.93	27.0	5.19	0.93	4.70	0.82	4.43	22.4	0.93	2.58	0.41	2.57	0.39
4-3	26.5	52.2	5.91	21.3	5.25	1.05	5.56	1.28	7.40	40.8	1.56	4.07	0.64	3.80	0.55
夹矸 3	63.4	106	11.6	38.6	6.98	1.11	6.80	1.07	5.69	33.1	1.18	3.21	0.50	3.11	0.45
4-4	58.2	106	11.9	40.8	7.69	1.21	7.32	1.12	6.60	36.5	1.43	3.96	0.62	3.80	0.54
4-5	72.5	162	20.2	73.5	14.3	2.13	10.9	1.36	5.86	23.9	1.02	2.78	0.39	2.48	0.36
4-6	50.8	92.3	10.1	34.4	6.33	1.05	6.07	0.93	5.29	28.2	1.14	3.15	0.52	3.18	0.46
4-7	31.7	62.3	6.95	24.8	5.08	0.96	4.45	0.76	4.25	22.6	0.85	2.42	0.37	2.30	0.33
4-8	61.7	125	14.2	50.0	9.22	1.75	8.17	1.21	6.54	34.1	1.35	3.69	0.56	3.42	0.50
4-9	58.8	115	13.1	47.0	9.07	1.79	8.12	1.25	7.01	37.1	1.42	3.95	0.59	3.54	0.51
4-10	25.9	48.8	5.60	20.4	4.22	0.95	4.23	0.84	5.21	29.5	1.17	3.23	0.52	3.22	0.47
4-11	66.4	126	13.8	50.5	9.73	1.62	9.27	1.57	9.10	61.8	2.02	5.57	0.83	4.96	0.75
均值	49.5	96.2	10.9	38.3	7.4	1.27	6.7	1.05	5.8	32.1	1.22	3.4	0.52	3.2	0.48
中国值	22.5	46.7	6.42	22.3	4.07	0.84	4.65	0.62	3.74	18.2	0.96	1.79	0.64	2.08	0.38
美国值	12	21	2.4	9.5	1.7	0.40	1.8	0.30	1.9	8.5	0.35	1.00	0.15	0.95	0.14
世界值	11	23	3.4	12	2.2	0.43	2.7	0.31	2.1	8.4	0.57	1.00	0.30	1.00	0.20

表 6-12　6 号煤中稀土元素含量分布　　　　　　　　　　（单位：µg/g）

样品号	La	Ce	Pr	Nd	Sm	Eu	Gd	Tb	Dy	Y	Ho	Er	Tm	Yb	Lu
6-1	25.1	52.8	5.29	14.6	2.25	0.40	2.72	0.45	2.70	13.5	0.58	1.60	0.28	1.74	0.26
6-2	7.22	20.1	2.88	12.8	3.63	0.60	2.91	0.60	3.40	18.4	0.72	2.06	0.35	2.18	0.33
6-3	11.2	23.4	2.38	7.90	1.48	0.25	1.53	0.22	1.30	8.40	0.31	0.91	0.15	0.88	0.14
6-4	5.43	7.70	0.761	2.66	0.56	0.10	0.61	0.11	0.64	4.92	0.15	0.41	0.08	0.42	0.07
6-5	37.4	73.7	8.38	29.3	5.33	0.84	4.70	0.52	2.75	12.9	0.56	1.55	0.23	1.51	0.22
6-6	30.3	54.1	5.52	17.8	3.03	0.46	2.63	0.27	1.42	7.56	0.29	0.83	0.12	0.76	0.11
6-7	9.49	16.7	1.76	6.00	0.92	0.15	0.89	0.12	0.64	4.42	0.14	0.40	0.06	0.35	0.06
6-8	25.7	50.4	5.83	24.3	7.59	1.55	7.70	1.53	7.80	41.1	1.49	3.46	0.47	2.70	0.38
6-9	28.6	71.3	7.75	23.4	3.59	0.59	3.86	0.55	3.09	16.4	0.68	1.93	0.32	2.02	0.32
6-10	23.6	41.8	4.35	14.1	2.78	0.54	3.11	0.55	3.03	17.9	0.63	1.69	0.27	1.68	0.25
6-11	28.1	46.4	4.49	14.8	2.94	0.48	2.89	0.42	2.25	13.2	0.47	1.37	0.21	1.33	0.20
6-12	38.6	69.2	7.15	24.7	6.21	1.28	6.59	1.24	6.40	35.8	1.24	2.79	0.37	2.01	0.26
6-13	47.0	81.7	8.65	29.7	5.37	0.94	5.04	0.69	3.43	18.7	0.64	1.59	0.21	1.22	0.17
6-14	6.87	7.25	1.06	3.38	1.02	0.25	0.97	0.22	1.29	8.69	0.30	0.90	0.14	0.90	0.13
均值	23.2	44.0	4.73	16.1	3.34	0.60	3.30	0.53	2.87	15.8	0.59	1.53	0.23	1.41	0.21
中国值	22.5	46.7	6.42	22.3	4.07	0.84	4.65	0.62	3.74	18.2	0.96	1.79	0.64	2.08	0.38
美国值	12	21	2.4	9.5	1.70	0.40	1.80	0.30	1.90	8.5	0.35	1.00	0.15	0.95	0.14
世界值	11	23	3.4	12	2.20	0.43	2.70	0.31	2.10	8.4	0.57	1.00	0.30	1.00	0.20

2)煤中的稀土元素地球化学参数

稀土元素的地球化学参数是反映煤中稀土元素特征的重要手段之一,稀土元素的地球化学参数有很多种,采用的地球化学参数主要有 $\sum$REY、LREE、MREE、HREE、La_N/Lu_N、La_N/Sm_N、Gd_N/Lu_N、δEu、δCe 和 $\delta Ce/\delta Eu$。4 号煤和 6 号煤的稀土元素地球化学参数见表 6-13 和表 6-14。

表 6-13　4 号煤中稀土元素的地球化学参数

样品号	$\sum$REE /(μg/g)	LREE /(μg/g)	MREE /(μg/g)	HREE /(μg/g)	类型	δEu	δCe	$\delta Ce/\delta Eu$
4-1	240.8	191.10	40.94	8.79	L	0.59	0.91	1.55
4-2	261.0	210.47	42.07	8.49	L	0.60	0.87	1.44
夹矸 1	216.3	177.03	33.26	6.05	L	0.59	0.83	1.42
夹矸 2	187.9	147.68	33.33	6.88	L	0.64	0.91	1.41
4-3	177.7	111.09	56.04	10.61	L	0.66	0.87	1.31
夹矸 3	283.2	227.02	47.74	8.44	L	0.55	0.82	1.49
4-4	288.1	225.02	52.70	10.34	L	0.55	0.84	1.53
4-5	393.6	342.38	44.19	7.04	L	0.58	0.88	1.52
4-6	243.9	193.95	41.52	8.45	L	0.58	0.85	1.47
4-7	170.0	130.79	32.97	6.27	L	0.69	0.87	1.27
4-8	321.9	260.51	51.82	9.52	L	0.69	0.88	1.28
4-9	308.6	243.34	55.28	10.01	L	0.71	0.87	1.22
4-10	151.6	104.91	40.72	8.62	L	0.76	0.84	1.10
4-11	364.0	266.45	83.36	14.14	L	0.58	0.87	1.49
最大值	393.6	342.38	83.36	14.14		0.76	0.91	1.55
最小值	151.6	104.91	32.97	6.05		0.55	0.82	1.10
平均值	257.8	202.27	46.85	8.83		0.63	0.87	1.39

表 6-14　6 号煤中稀土元素的地球化学参数

样品号	$\sum$REE /(μg/g)	LREE /(μg/g)	MREE /(μg/g)	HREE /(μg/g)	类型	δEu	δCe	$\delta Ce/\delta Eu$
6-1	124	100.1	19.77	4.45	L	0.55	0.96	1.74
6-2	78.1	46.6	25.87	5.64	L	0.62	0.92	1.47
6-3	60.4	46.3	11.71	2.39	L	0.57	0.94	1.64
6-4	24.6	17.1	6.38	1.12	L	0.57	0.79	1.37
6-5	180	154.2	21.75	4.07	L	0.57	0.87	1.51
6-6	125	110.7	12.35	2.12	L	0.55	0.87	1.59
6-7	42.1	34.9	6.22	1.01	L	0.58	0.85	1.46
6-8	182	113.8	59.66	8.49	L	0.69	0.86	1.24
6-9	164	134.6	24.46	5.28	L	0.54	1	1.86

续表

样品号	ΣREE /(μg/g)	LREE /(μg/g)	MREE /(μg/g)	HREE /(μg/g)	类型	δEu	δCe	δCe/δEu
6-10	116	86.6	25.09	4.51	L	0.63	0.86	1.37
6-11	120	96.7	19.24	3.58	L	0.56	0.86	1.54
6-12	204	145.9	51.34	6.67	L	0.68	0.87	1.27
6-13	205	172.4	28.79	3.84	L	0.62	0.84	1.37
6-14	33.4	19.6	11.42	2.37	L	0.56	0.65	8.28
最大值	205	172.4	59.66	8.49		0.69	1.00	8.28
最小值	24.6	17.1	6.22	1.01		0.54	0.65	1.24
平均值	119	91.39	23.146	3.9671		0.59	0.87	1.98

(1) ΣREY 表示镧系元素与 Y 元素的总含量,一般用μg/g 表示含量的单位,LREY 表示轻稀土 La、Ce、Pr、Nd 和 Sm 的含量之和,MREY 表示中稀土 Eu、Gd、Tb、Dy 和 Y 的含量总和,HREY 表示重稀土 Ho、Er、Tm、Yb 和 Lu 的含量总和。

4 号煤中ΣREY 的含量范围为 151.6μg/g～393.6μg/g,平均值为 257.8μg/g,美国煤和世界煤中ΣREY 的平均含量分别为 54.8μg/g 和 70.5μg/g,4 号煤中稀土元素ΣREY 的平均值是美国值的 4.7 倍,是世界值的 3.7 倍,比较富集。6 号煤中ΣREY 的含量范围为 24.6μg/g～205μg/g,平均值为 119μg/g,6 号煤中稀土元素的ΣREY 是美国值的 2.2 倍,是世界值的 1.7 倍。4 号煤中稀土元素的含量要高于 6 号煤中稀土元素的含量。

(2) La_N/Lu_N、La_N/Sm_N、Gd_N/Lu_N 是经球粒陨石标准化的比值,球粒陨石标准化值是样品中各个稀土元素的含量分别与球粒陨石中相对应的各个稀土元素的含量的比值。经球粒陨石标准化后,稀土元素作图时可以消除奇偶效应。本书所采用的标准化陨石稀土元素含量为赫尔曼 22 个球粒陨石的平均值。Seredin 等(2012)提出,La_N/Lu_N>1 时,轻稀土富集;La_N/Sm_N<1,Gd_N/Lu_N>1 时,中稀土富集;La_N/Lu_N<1 时,中稀土富集。本书使用 L、M、H 表示稀土元素的富集类型。4 号煤和 6 号煤中 La_N/Lu_N>1,均为轻稀土富集。

(3) δEu 和 δCe 分别表示 Eu 和 Ce 元素的异常程度。δEu 在稀土元素地球化学参数中占有重要地位,若 δEu>1,表示 Eu 正异常;若 δEu≈1,表示 Eu 无异常;若 δEu<1,表示 Eu 负异常。同样,若 δCe>1,表示 Ce 正异常;若 δCe≈1,表示 Ce 无异常;若 δCe<1,表示 Ce 负异常。δEu 和 δCe 的计算公式分别为 $\delta Eu = Eu/Eu^* = Eu_N/(Sm_N * Gd_N)^{1/2}$,$\delta Ce = Ce/Ce^* = Ce_N/(La_N * Pr_N)^{1/2}$,$Eu_N$、$Sm_N$、$Gd_N$、$Ce_N$、$La_N$ 和 Pr_N 分别指 Eu、Sm、Gd、Ce、La 和 Pr 元素的球粒陨石标准化值。

4 号煤中 δEu 的含量范围为 0.55～0.76,平均为 0.63,呈负异常,Eu 的负异常通常认为是由源岩继承下来的,在陆源岩中 Eu 一般呈负异常,由此可以推断 4 号煤主要受陆源的控制。6 号煤中 δEu 的范围为 0.54～0.69,平均为 0.59,呈负异常,δCe 的变化范围为 0.65～1.0,平均为 0.87,总体上 Ce 为负异常,6 号煤中微量元素的来源为陆源碎屑岩,并且在成煤过程中受到了海水的影响。

3) 稀土元素的分布模式

稀土元素的地球化学图解可以很好地反映稀土元素的地球化学特征(刘长江等,2008)。采用的图解类型为球粒陨石标准化图解。稀土元素球粒陨石标准化图解是以稀土元素含量的球粒陨石标准化的对数坐标为纵坐标,横坐标为稀土元素或者原子序数。本书以稀土元素作为横坐标。Coryell 等(1963)和 Masuda(1962)研究发现,稀土元素含量经球粒陨石标准化后,其对数值与其原子序数呈函数关系,所获得图解的稀土元素分布模式接近于一条直线。直接用稀土元素的含量或者含量的百分比作图时,一般由于偶数规则的影响,图形会呈锯齿状出现。而球粒陨石标准化图解正好可以消除这一缺点。由于稀土元素球粒标准化图解表示稀土元素分布特征的直观性,被广泛应用于稀土元素的研究中。

4 号煤和 6 号煤的稀土元素球粒陨石标准化图解如图 6-5 和图 6-6 所示。4 号煤各煤分层煤中稀土元素分布模式基本一致,呈现左高右低的宽缓"V"字形分布,以 Eu 为界,La—Sm 段斜率较大,在 Gd—Lu 段,斜率较小,在 Eu 处出现"V"字形小谷,表现为明显的负异常,Ce 也有轻微的负异常,从图上可以看出,各个煤分层之间的稀土元素分布模式特别相似,表明煤中稀土元素来源较为一致,陆源物质的供应相对比较稳定(刘长江等,2008)。

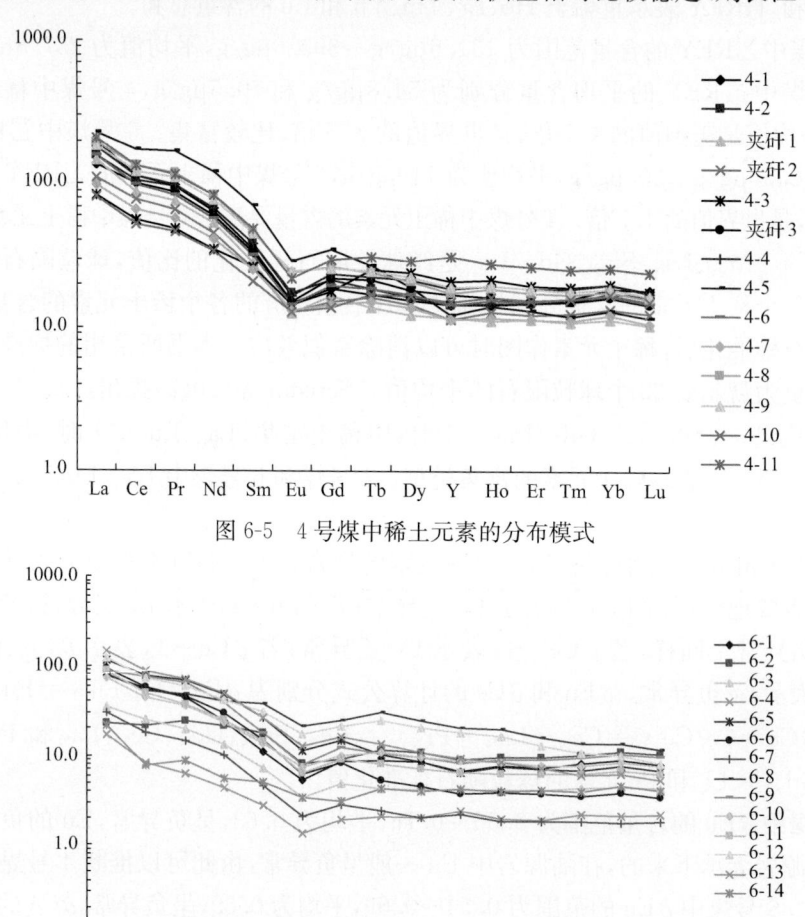

图 6-5　4 号煤中稀土元素的分布模式

图 6-6　6 号煤中稀土元素的分布模式

6号煤各煤分层煤中稀土元素分布模式基本一致,呈现左高右低的"V"字形分布,较之4号煤中La—Sm段斜率较大,6号煤相对较为平缓,Gd—Lu段曲线近于水平。Eu负异常明显,Ce也有轻微的负异常,由此可以认定6号煤主要受陆源的控制。

5. 微量元素的地球化学指向

在沉积过程中,沉积物与水介质之间存在着复杂的地球化学平衡,如沉积物对某些元素的吸附作用以及沉积物与水介质之间的元素交换等。这种吸附和交换作用一般与元素本身性质有关,同时还受到沉积介质的物理化学条件的影响,而不同沉积环境中的水介质物理化学条件有所不同,因此可以利用沉积物中微量元素及其含量进行古环境分析(邓平,1993)。

反映成煤环境的地球化学指标有 B、P、Mn、Fe、Sr/Ba、Ni/Co、B/Ga、Na_2O/CaO、Mg/Ca 和 Sr/Cu 等多种元素。本书选用目前较为常用的 Sr/Ba、V/Ni、Th/U 和 Cu/Zn 对研究区的环境指向意义进行讨论。4号煤和6号煤中的地球化学参数见表6-15和表6-16。

表6-15 4号煤中微量元素参数

样品号	Sr/Ba	V/Ni	Th/U	Cu/Zn
4-1	0.58	3.29	3.57	0.64
4-2	0.30	5.02	3.06	0.85
夹矸1	0.20	7.75	3.84	0.57
夹矸2	0.55	4.15	4.02	0.99
4-3	0.78	6.92	3.90	0.74
夹矸3	0.48	4.33	5.17	0.54
4-4	1.03	4.71	3.39	0.51
4-5	1.86	2.75	1.97	0.27
4-6	2.22	3.84	3.16	0.67
4-7	0.92	5.86	5.60	0.58
4-8	0.37	4.20	4.15	0.49
4-9	0.12	1.89	3.56	0.42
4-10	0.79	1.76	4.34	0.48
4-11	0.29	5.42	3.86	1.03

表6-16 6号煤中微量元素参数

样品号	Sr/Ba	V/Ni	U/Th	Cu/Zn
6-1	4.16	29.49	2.06	1.21
6-2	1.15	16.11	4.23	0.21
6-3	1.51	5.92	3.26	0.20
6-4	9.38	9.41	5.27	0.15
6-5	14.46	16.21	4.54	0.09
6-6	12.64	5.62	2.76	0.05
6-7	12.36	3.37	3.10	0.03

续表

样品号	Sr/Ba	V/Ni	U/Th	Cu/Zn
6-8	15.22	6.41	2.17	0.23
6-9	8.11	8.75	1.13	0.05
6-10	26.45	5.43	1.56	0.07
6-11	5.06	4.88	4.15	0.11
6-12	19.35	4.10	1.50	0.04
6-13	25.93	4.36	3.15	0.12
6-14	2.70	3.47	3.53	0.77

一般情况下,潮湿的气候背景下 Sr 含量较低,而干旱的气候背景下 Sr 含量较高。Sr/Ba 值大于 1 表示水介质为咸水(海相),Sr/Ba 值小于 1 反映水介质为淡水。4 号煤中的 Sr/Ba 仅有三个分层大于 1,反映成煤过程中受到海水影响,为海陆交互相,6 号煤中的 Sr/Ba 均大于 1,反映成煤环境为海相环境。V/Ni 也可以作为海陆相的区分标志,同时也可以判别海水的氧化还原作用,V/Ni 一般随还原条件的增大而增大。国外资料显示,海水中 Ni 的含量高于 40ppm,淡水中 Ni 的含量小于 30ppm。4 号煤的 V/Ni 值比 6 号煤中的小,表明 4 号煤的沉积环境为还原性,低于 6 号煤。Th/U 也是划分海陆相常用的参数,Th/U 值在陆相沉积物中大于 7,在海相沉积物中小于 7。6 号煤中的 Th/U 值均小于 7,表明成煤环境为海相。另外用 Cu/Zn 值可以判断沉积环境的氧化还原条件,Cu/Zn 值高表示还原条件,Cu/Zn 值低则代表氧化条件,4 号煤和 6 号煤的 Cu/Zn 值较低,反映沉积环境为弱还原-氧化条件。

通过分析 4 号煤和 6 号煤中微量元素和稀土元素的含量及分布特征,并对成煤环境的指向意义进行研究,主要结论体现在以下几个方面。

(1) 通过对 4 号煤和 6 号煤中微量元素的含量与地壳克拉克值、中国煤以及世界煤中的微量元素含量进行对比,发现 4 号煤中比较富集的元素有 Li、Be、Zr、Hf、Pb、Bi、Th 和 U,6 号煤中比较富集的元素有 Li、Sr、Cd、Bi。

(2) 在垂向分布上,4 号煤中微量元素在垂向上的分布基本比较规律,各个煤分层的含量差别不大,接近煤层的顶部和底部的微量元素的含量略高,6 号煤层接近底部的样品中微量元素含量明显高于煤层的顶部。

(3) 4 号煤和 6 号煤中的稀土元素总量高于世界煤和中国煤,这两层煤中均是轻稀土富集,4 号煤的地球化学参数指示元素的来源为陆源碎屑岩。6 号煤的地球化学参数表明元素来源为陆地碎屑岩,并且在成煤过程中受到了海水的影响。

(三) 官板乌素煤矿 6 号煤中矿物与微量元素的关系

煤中的微量元素既可以与有机质结合,也可以以无机态赋存。微量元素在煤炭开发利用过程中释放的难易程度及其对环境的危害程度,主要取决于微量元素与煤中不同组分结合的紧密程度。对微量元素与不同煤岩组分进行相关性分析,是研究煤中微量元素赋存状态的一种很好的方法。

Goodarzi(1987)分析了加拿大煤中微量元素与灰分之间的相关性。许琪对中国部分煤中微量元素与灰分、黏土矿物、硫化物、碳酸盐矿物及有机煤岩组分之间的相关性进行了研究。曾荣树等(1998)探讨了贵州晚二叠世煤中微量元素与煤岩组分之间的相关性。

Finkelman(1994)指出与黏土矿物有关的元素为 Be、Cr、Cs、F、Ga、Li、Rb、Ti、V、Ni 和 Sc;许琪等(1990)认为与黏土矿物正相关的元素还有 B、Cu、和 Zn。研究区 Li、Ga 的含量与黏土呈正相关关系。Minkin 和 Chao(1979)指出 Ti 与伊利石有紧密的共生关系;与碳酸盐矿物有关的微量元素有 Mn、Fe、Sr、Zn、Cu、Co 和 Ba。据 Swaine(1990)报道,在英国煤的铁白云石中曾发现含 Mn 达 9000μg/g,Mn 也可替代菱铁矿中的 Fe 和方解石中的 Ca。因此,方解石中的 Mn 含量有时出现高值或异常值。与黄铁矿有关的微量元素有 Co、Ni、As、Sb、Se、Mo、Cu、Pb、Zn、Au、Ag、Mn 和 Tl 等,其中 Co 和 Ni 往往呈类质同象混入物。与石英有关的微量元素报道甚少,但张军营(1999)和代世峰等(2002)研究发现后期低温热液形成的石英,Cu、Fe、Hg 以及 Pt 族元素较为富集。研究区石英属于后期生成,Cu 的含量与其呈正相关关系。

李生盛(2006)指出官板乌素矿中勃姆石较多,其中常有 Sr、Mg、Zr、Ti 及 Pb、Cu 等元素。据代世峰等研究发现 Ga 以类质同象的形式赋存在勃姆石中,Ga 还常与黏土矿物伴生,主要与高岭石共生。研究区煤中发现含锂的矿物硅锂钠石,作为 Li 的主要载体(Sun et al., 2013a,2013b,2013c)。

分析了煤中发现的矿物及其与微量元素的关系,得出以下结论。

(1) 研究区煤中矿物以黏土矿物为主,占矿物总量的 80% 左右。主要与 Be、Cr、Cs、Ga、Li、Rb、Ti、V、Ni、Tl 等元素有关。

(2) 利用 X 射线衍射分析发现了含锂的矿物硅锂纳石,来源于高温岩浆岩。

(3) 利用显微镜和扫描电子显微镜及 X 射线衍射分析都发现了勃姆石矿物,以团块状分布于基质镜质体中,沉积于泥炭聚积时期,作为 Ga 的主要载体。

(4) 碳酸盐矿物主要是方解石,后期形成,充填于裂隙中或细胞腔中,与碳酸盐矿物有关的微量元素为 Mn、Sr、Zn、Co、Ba。

(5) 硫化物矿物主要是黄铁矿,与此有关的微量元素主要有 Cu、Pb、Zn、Co、Ni、Se、Ag、Tl、Mn 等。

(6) 煤中发现的硫酸盐矿物为石膏,是煤在受氧化之后形成的,Sr、Ba 和 Ca 等微量元素与此有关。

(7) 煤中发现的氧化物为石英,与此有关的微量元素主要有 Mn、V、Cu、Pb、Zn、Cd、Cr 等。

二、宁武煤田

(一)安太堡煤矿 9 号煤

1. 9 号煤中的微量元素

通过对安太堡 9 号煤中的 34 种微量元素进行测试,研究了它们在煤层垂直剖面上的含量及分布规律,并据此探讨微量元素在煤中的赋存状态、分散富集程度和环境效应,为煤层的成煤环境研究和煤的综合利用提供参考。

表 6-17　安太堡 9 号煤中微量元素含量

(单位：μg/g)

样品号	Li	Be	V	Cr	Mn	Co	Ni	Cu	Zn	Ga	Rb	Sr	Cd	In	Cs	Ba	Tl	Pb	Bi	U
9-A	63.71	1.75	96.86	45.81	42.48	6.08	12.58	14.89	42.78	28.21	36.14	42.35	0.22	0.03	1.30	162.83	0.43	15.90	0.17	2.23
9-A-1	38.12	0.35	8.87	11.43	2.63	1.28	3.08	6.64	34.21	5.92	0.22	194.45	0.127	0.012	0.009	16.71	0.073	6.15	0.07	0.23
9-A-2	20.53	1.46	7.41	6.67	1.72	0.71	2.52	5.28	15.62	11.91	0.23	27.58	0.117	0.017	0.006	5.59	0.011	4.51	0.07	0.39
9-A-3	62.94	0.36	31.04	7.21	3.33	0.55	1.97	7.64	18.11	5.78	1.24	69.23	0.104	0.023	0.010	19.11	0.074	7.39	0.18	2.35
9-A-4	27.37	0.22	7.92	8.91	1.86	6.42	10.56	6.43	25.08	4.94	0.16	36.64	0.122	0.014	0.003	10.66	0.281	8.49	0.11	0.32
9-A-5	40.48	0.29	12.51	7.24	1.57	0.74	2.87	9.91	13.39	7.39	0.20	37.30	0.161	0.032	0.003	7.60	0.048	10.28	0.17	0.64
9-A-6	53.51	0.26	12.08	8.14	1.95	0.74	5.15	9.73	22.97	6.92	0.31	22.23	0.292	0.031	0.009	10.96	0.101	13.78	0.16	0.83
9-A-7	26.23	0.21	31.51	9.75	52.95	2.12	3.88	4.75	40.01	31.81	26.38	186.43	0.122	0.011	0.215	448.98	0.195	12.04	0.18	2.34
9-A-8	54.79	0.69	12.85	7.83	1.66	1.03	2.32	4.80	10.93	10.70	0.16	143.09	0.168	0.026	0.005	11.53	0.143	11.53	0.14	0.41
9-A-9	25.33	0.22	10.37	8.21	1.70	2.46	6.12	4.50	8.17	10.56	0.19	38.43	0.092	0.018	0.004	12.09	0.022	6.61	0.07	0.69
9-A-10	30.64	0.33	45.97	8.91	5.76	1.21	3.35	7.68	16.25	14.45	7.77	93.52	0.163	0.030	0.107	48.88	0.045	7.84	0.14	1.54
9-A-11	27.81	0.40	10.99	7.07	1.61	0.94	3.43	3.47	11.41	5.40	0.24	211.63	0.159	0.020	0.004	10.30	0.022	5.91	0.06	0.39
9-A-12	45.61	0.43	16.16	7.48	1.50	0.73	2.50	5.28	12.82	5.69	0.39	19.43	0.155	0.029	0.004	6.69	0.023	7.63	0.15	0.40
9-A-13	35.12	0.35	17.50	10.05	212.38	2.55	4.87	5.22	29.48	55.48	15.38	451.96	0.143	0.023	0.300	1340.86	0.133	19.43	0.10	0.26
9-A-14	31.50	0.35	8.75	7.31	1.75	0.65	1.98	5.46	25.01	9.04	0.20	276.46	0.122	0.025	0.004	53.81	0.027	7.40	0.09	0.43
9-A-15	47.20	0.60	10.08	7.75	1.55	0.65	2.50	6.72	10.35	5.13	0.23	155.65	0.121	0.030	0.003	10.65	0.008	7.93	0.13	0.50
9-A-16	70.25	0.55	33.09	7.96	5.54	0.64	1.72	7.62	10.68	9.65	10.34	77.00	0.147	0.032	0.126	61.06	0.042	12.75	0.16	1.39
9-A-17	25.57	0.24	6.45	8.67	2.44	0.96	3.09	5.29	26.12	10.02	0.17	39.70	0.098	0.009	0.003	20.76	0.079	5.35	0.07	0.32
9-A-18	118.89	0.63	14.06	9.01	2.04	0.80	2.19	5.33	12.28	20.29	1.23	18.86	0.161	0.026	0.094	14.36	0.018	8.74	0.14	0.72
9-A-19	129.19	0.86	17.57	13.55	16.61	0.74	4.07	9.41	11.87	20.69	2.10	13.31	0.340	0.096	0.159	17.18	3.403	350.78	0.57	1.52
9-A-20	127.88	0.66	31.87	11.53	178.64	2.28	3.38	5.74	27.13	37.33	11.59	177.93	0.345	0.037	0.287	316.02	0.091	13.40	0.17	1.43
9-A-21	243.46	1.13	37.69	15.48	212.11	1.26	2.98	6.47	27.61	41.80	25.75	254.00	0.249	0.061	0.462	574.02	0.056	26.95	0.35	1.57
9-A-22	85.56	0.95	5.38	7.42	1.70	0.29	1.68	3.99	10.14	13.66	0.32	1006.80	0.102	0.020	0.012	57.32	0.018	5.13	0.07	0.34
9-A-23	70.00	0.94	22.63	13.47	256.05	2.03	2.99	5.79	40.10	69.56	13.70	416.27	0.239	0.038	0.431	996.03	0.098	19.54	0.22	0.71
9-A-24	90.49	0.55	25.44	29.16	2.27	0.38	1.63	4.00	10.36	17.13	0.49	38.84	0.173	0.036	0.020	12.02	0.029	8.33	0.15	1.35
9-A-25	50.88	0.83	28.42	14.53	405.16	2.27	3.30	7.11	41.64	43.27	18.95	197.94	0.260	0.035	0.514	549.91	0.138	77.14	0.21	0.47
9-A-26	30.34	0.51	64.31	22.41	1.89	0.83	2.64	6.91	26.33	10.60	1.55	36.94	0.352	0.036	0.227	9.07	0.043	9.68	0.12	1.23
9-A-27	130.63	0.34	94.28	28.80	34.43	0.42	3.30	9.14	5.71	22.22	5.25	33.63	0.09	0.02	0.24	24.41	0.05	6.17	0.13	1.08
9-A-28	28.45	0.80	30.98	12.81	5.73	1.13	2.75	5.92	13.60	8.45	1.67	27.30	0.174	0.026	0.031	23.01	0.107	7.13	0.19	0.75
9-A-29	19.81	1.24	55.78	14.71	1.38	0.63	2.70	4.97	1.03	11.21	0.27	25.87	0.06	0.01	0.01	4.76	0.01	2.88	0.07	0.80

1) 煤中微量元素含量特征

研究煤中微量元素主要针对安太堡9号煤中的30个分层混合样,包括28个煤样,一个顶板样品和一个夹矸样品。利用美国产电感耦合等离子体质谱仪(ICP-MS,型号X-II)对上述样品中34种微量元素的含量进行测定,测定结果见表6-17。将9号煤微量元素含量算术平均值与地壳克拉克值,以及中国煤中、华北地台晚生代煤、美国煤中微量元素算术平均值进行比较。研究区样品中的微量元素具有如下的含量特征(表6-18)。

(1) 富集系数(EF)常被用于评价微量元素的富集程度。参考Gordon等(1973)的富集公式(EF=煤中微量元素含量算术平均值/地壳克拉克),从表6-18中各元素的EF值可以看出,安太堡9号煤中微量元素仅Li(富集系数为3.09)、Ga(1.23)、Pb(1.88)三种元素的富集系数大于1。按照Gluskoter等(1977)提出煤中微量元素的富集系数大于3以上为富集的原则,研究区样品的微量元素中只有Li(3.09)明显富集,其他元素不富集。

(2) 与Dai等(2012b)统计的全国煤中微量元素含量算术平均值相比,Li、Ga、Pb明显富集,Sr、Ba略富集。

表6-18 安太堡9号煤中微量元素的含量特征

元素	地壳克拉克值/(μg/g)	样品数量	最小值/(μg/g)	最大值/(μg/g)	平均值/(μg/g)	EF	全国算术平均值/(μg/g)	华北C—P值	美国值/(μg/g)
Li	20	30	19.81	243.46	61.74	3.09	31.8	43.91	16
Be	2.8	30	0.21	1.75	0.62	0.22	2.11	2.05	2.2
V	135	30	5.38	96.86	26.96	0.20	35.1	31.3	22
Cr	100	30	6.67	45.81	12.64	0.13	15.4	14.98	15
Mn	950	30	1.38	405.16	48.75	0.05	77		43
Co	25	30	0.29	6.42	1.45	0.06	7.08	4.06	6.1
Ni	75	30	1.63	12.58	3.60	0.05	13.7	6.65	14
Cu	55	30	3.47	14.89	6.54	0.12	17.5	10.58	16
Zn	70	30	1.03	42.78	20.04	0.29	41.4	25	53
Ga	15	30	4.94	69.56	18.51	1.23	6.55	12.57	5.7
Rb	90	30	0.16	36.14	6.09	0.07	9.25	1.59	21
Sr	375	30	13.31	1006.80	145.69	0.39	140	192.99	130
Cd	0.2	30	0.061	0.35	0.17	0.86	0.25	0.11	0.47
In	0.05	30	0.01	0.10	0.03	0.57	0.047		
Cs	3	30	0.00	1.30	0.15	0.05	1.13	0.39	1.1
Ba	425	30	4.76	1340.86	161.91	0.38	159	121.6	170
Tl	0.43	30	0.01	3.40	0.19	0.45	0.47	0.22	1.2
Pb	12.5	30	2.88	350.78	23.56	1.88	15.1	18.3	11
Bi	0.17	30	0.06	0.57	0.15	0.90	0.79	0.51	<1.0
U	2.7	30	0.23	2.35	0.92	0.34	2.43	2.1	0.7

注:EF(富集系数)=煤中元素含量/该元素克拉克值。

（3）与代世峰等（2004）统计的华北地台晚古生代煤中微量元素含量算术平均值相比，除 Mn、In 无数据外，Rb 明显富集，Li、Ga、Cd、Ba、Pb 略富集。

（4）与 Finkelman（1993）统计的美国煤中微量元素含量算术平均值相比，除 In 无数据外，Li、Ga、Pb 明显富集，V、Mn、Sr、U 略富集。

图 6-7 所显示的是研究区样品与中国煤中、华北晚古生代煤以及美国煤中微量元素算术平均值进行对比的曲线图。从图中可以看出安太堡 9 号煤中微量元素的含量相对分散，其含量曲线与代世峰等（2004）统计的华北晚古生代煤中微量元素含量算术平均值最为接近。

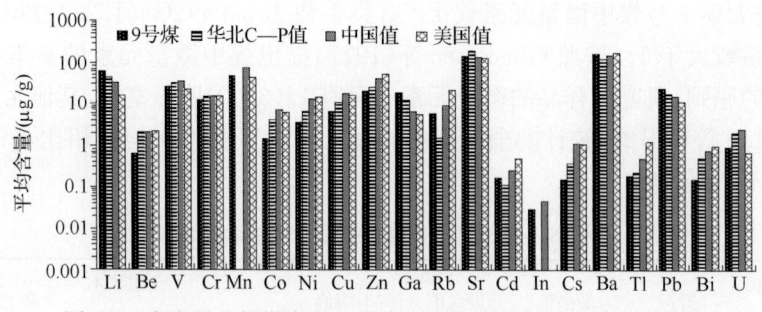

图 6-7 安太堡 9 号煤中微量元素的平均含量与其他地区对比图

值得注意的是 9 号煤中所富集的 Li 和 Ga 元素为有益伴生矿产，具有很高的工业利用价值。资料表明 Ga 元素含量超过 $30\mu g/g$，则达到煤中 Ga 的工业利用品位，9 号煤中有 6 个分层煤样中 Ga 元素达到了工业利用品位。

2）煤层顶板夹矸微量元素含量特征

安太堡矿区 9 号煤顶板岩性为砂质泥岩、碳质泥岩及泥岩，夹矸多为高岭质泥岩、碳质泥岩及砂质泥岩，本次研究无底板样品，表 6-19 列出了安太堡 9 号煤样、顶板及夹矸中微量元素的 EF 值。

表 6-19 9 号煤层顶板、夹矸及煤样中的微量元素富集系数 EF 值含量对比

微量元素	顶板 含量/(μg/g)	EF	夹矸 含量/(μg/g)	EF	煤样 含量/(μg/g)	EF
Li	63.71	3.19	130.63	6.53	59.21	2.96
Be	1.75	0.63	0.34	0.12	0.59	0.21
V	96.86	0.72	94.28	0.70	22.06	0.16
Cr	45.81	0.46	28.80	0.29	10.88	0.11
Mn	42.48	0.04	34.43	0.04	49.48	0.05
Co	6.08	0.24	0.42	0.02	1.32	0.05
Ni	12.58	0.17	3.30	0.04	3.29	0.04
Cu	14.89	0.27	9.14	0.17	6.15	0.11
Zn	42.78	0.61	5.71	0.08	19.74	0.28
Ga	28.21	1.88	22.22	1.48	18.03	1.20
Rb	36.14	0.40	5.25	0.06	5.05	0.06

续表

微量元素	顶板 含量/(μg/g)	顶板 EF	夹矸 含量/(μg/g)	夹矸 EF	煤样 含量/(μg/g)	煤样 EF
Sr	42.35	0.11	33.63	0.09	153.39	0.41
Cd	0.22	1.09	0.09	0.47	0.17	0.87
In	0.03		0.02		0.03	
Cs	1.30	0.43	0.24	0.08	0.11	0.04
Ba	162.83	0.38	24.41	0.06	166.78	0.39
Tl	0.43	0.99	0.05	0.11	0.19	0.44
Pb	15.90	1.27	6.17	0.49	24.45	1.96
Bi	0.17	0.99	0.13	0.74	0.15	0.91
U	2.23	0.83	1.08	0.40	0.87	0.32
微量元素总含量/(μg/g)	616.77		400.35		541.95	

从表中的微量元素含量分析发现,大多数微量元素在煤层顶板中的含量较高,如 Be(含量为 1.75μg/g,富集系数为 0.63)、Co(6.08μg/g,0.24)、Ni(12.58μg/g,0.17)、Cu(14.89μg/g,0.27)、Zn(42.78μg/g,061)、Rb(36.14μg/g,0.40)、Cd(0.22μg/g,1.09)、Tl(0.43μg/g,0.99),大多数元素在夹矸中的含量较低,如 Ba(24.41μg/g,0.06)、Tl(0.05μg/g,0.11)、Pb(6.17μg/g,0.49)、Zn(5.71μg/g,0.08)在夹矸中明显分散,Li 和 Ga、V、Cr、Cs、U 等元素在顶板和夹矸中都偏高,尤其是 Li 在夹矸中的含量达到了煤样中含量的 2 倍以上。造成这种差异的主要原因是碎屑物质的来源不同,以及受到沉积环境的影响,造成了岩性的不同和矿物成分的不同,形成夹矸的矿物组成和物质来源都比较特殊,从而导致微量元素含量上的差异。有的元素在煤层中含量更高,如 Mn(49.48μg/g,0.05)、Sr(153.39μg/g,0.41)、Ba(166.78μg/g,0.39)、Pb(24.45μg/g,1.96),但是这几种元素表现为在某些煤样中异常富集,也有可能是受到海侵作用带来的影响。通常,具有亲有机性的元素在煤层中比在顶底板和夹矸中更加富集,在顶底板、夹矸中富集的元素多数以矿物的形式存在,因此可以推断在顶底板、夹矸中富集的这些元素以无机相存在,主要的来源是陆源碎屑矿物。

3) 微量元素在煤层中的垂向分布特征

微量元素在煤中的分布状况为煤层成煤环境提供了重要信息,微量元素在垂直剖面上的含量分布受多种因素的影响和控制,成煤植物的类型和生长环境、泥炭沼泽种类、不同的母岩和沉积环境、岩浆热液作用、风化作用和地下水淋滤作用等都影响煤中微量元素的分布特征。

利用这 30 个样品的 ICP 数据做出微量元素在纵剖面上的含量分布图(图 6-8),发现垂直剖面中微量元素变化明显,大多数微量元素在煤层的 9-A 顶板中富集。煤样中的微量元素在煤层剖面中下部的含量高于上部,这表明可能由于淋滤、地下水等因素引起了煤层中这些元素的交换,或者由于在煤层形成初期,物质来源的供应更加丰富。

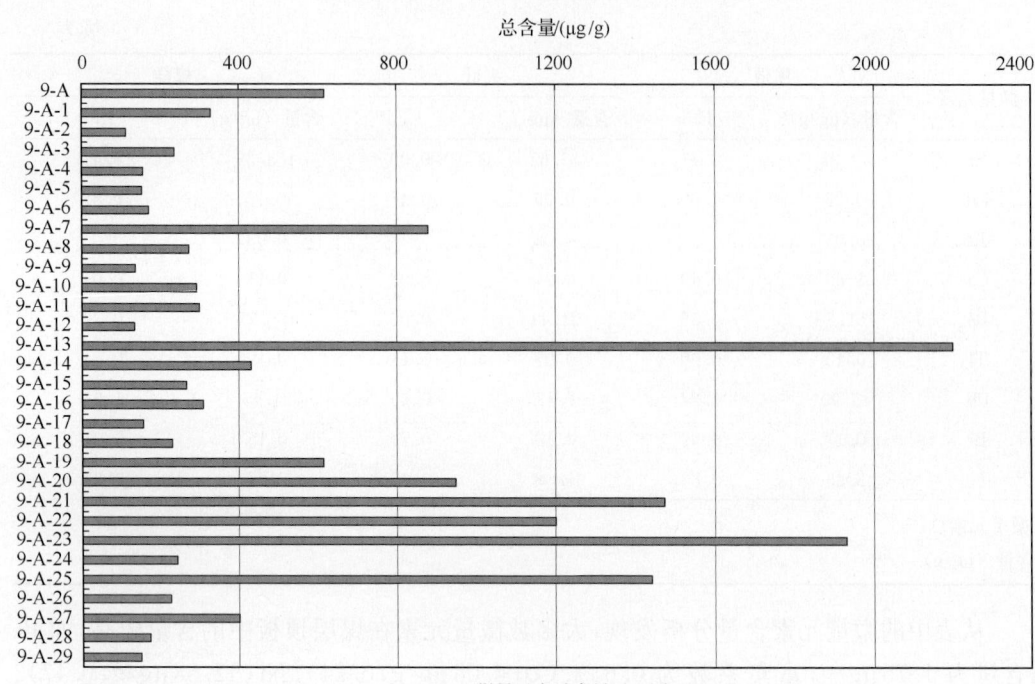

(a) 微量元素总含量对比图

(b) 20种元素在垂直剖面上的含量对比图

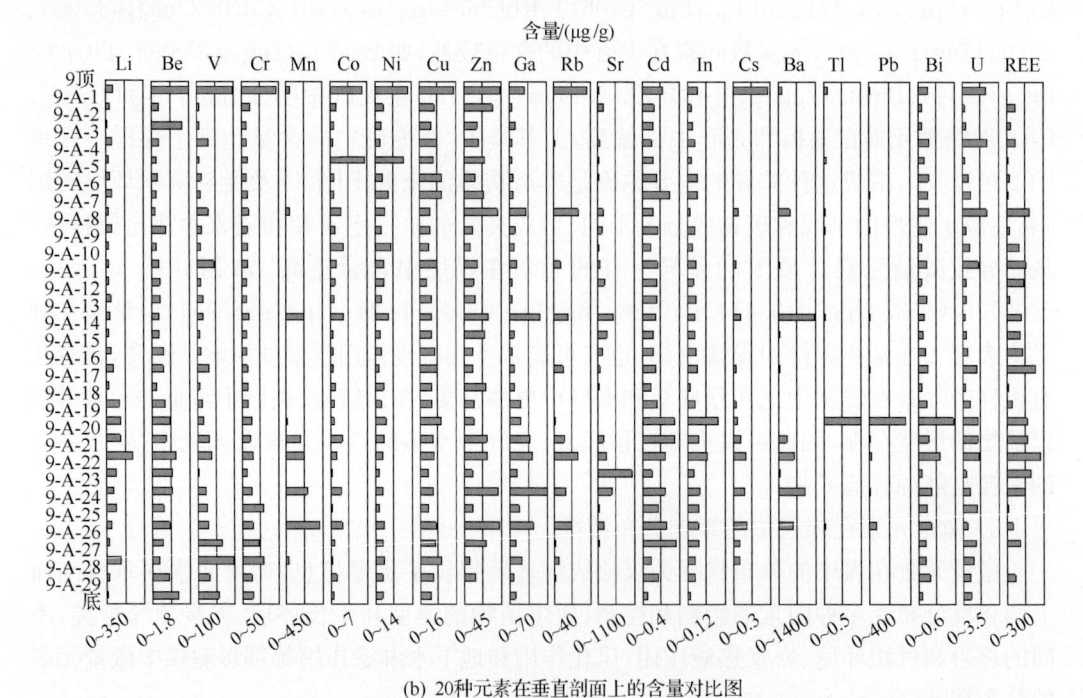

图 6-8　安太堡 9 号煤中微量元素含量的垂向分布

在 9-A-1、9-1-13 和 9-A-19 这三个样品中,微量元素的含量很高,而在采样过程中这些样品附近都有夹石,造成这些样品中微量元素高的原因,可能是特殊的物质来源和在形成过程中强烈的水动力作用(Lin and Tian,2011)。

2. 9号煤中的稀土元素

1) 煤中的稀土元素含量

安太堡9号煤样中的稀土元素含量详见表6-20,共统计安太堡9号煤中27个样品(均为煤分层混合样)中的14个稀土元素含量,其含量特征分析如下。

各煤层稀土元素含量变化范围较大,主要受不同的沉积微环境和陆源物质供给的影响和控制。从表中可以看出,9号煤中的稀土元素较华北晚古生代煤平均值有一定程度的迁移和分离,但与世界值、中国值、美国值相比,安太堡9号煤中的轻稀土元素相对富集,而重稀土元素相对亏损。

表6-20 安太堡9号煤中稀土元素含量分布　　　　　(单位:μg/g)

样品号	La	Ce	Pr	Nd	Sm	Eu	Gd	Tb	Dy	Ho	Er	Tm	Yb	Lu
9-A-1	17.26	30.32	3.20	11.69	1.68	0.27	1.60	0.18	0.87	0.17	0.53	0.07	0.48	0.07
9-A-2	2.54	5.32	0.74	3.58	1.05	0.24	1.29	0.30	2.23	0.50	1.58	0.23	1.61	0.24
9-A-3	17.83	30.03	3.03	11.03	1.60	0.32	1.67	0.20	1.03	0.19	0.57	0.07	0.50	0.07
9-A-4	2.15	3.55	0.41	1.74	0.36	0.09	0.37	0.06	0.37	0.07	0.23	0.03	0.23	0.04
9-A-5	4.52	8.22	0.94	3.70	0.75	0.16	0.75	0.13	0.76	0.14	0.41	0.06	0.37	0.05
9-A-6	1.13	2.01	0.32	1.55	0.51	0.14	0.59	0.14	0.88	0.16	0.46	0.06	0.39	0.06
9-A-7	38.85	63.95	8.64	36.18	6.89	1.81	6.36	0.76	3.39	0.57	1.56	0.17	1.10	0.15
9-A-8	4.49	9.71	1.17	4.82	0.86	0.18	0.81	0.12	0.70	0.13	0.40		0.35	0.05
9-A-9	34.02	30.48	4.88	16.63	2.30	0.32	2.24	0.22	0.95	0.16	0.53	0.06	0.43	0.06
9-A-10	33.80	64.14	6.36	23.48	3.84	0.79	3.93	0.44	2.08	0.38	1.19	0.15	1.08	0.15
9-A-11	33.95	55.41	6.47	25.15	3.39	0.51	3.03	0.31	1.41	0.25	0.78	0.09	0.63	0.09
9-A-12	1.20	3.67	0.57	3.02	1.01	0.23	1.07	0.24	1.58	0.31	0.94	0.13	0.93	0.13
9-A-13	29.01	36.39	5.87	22.85	3.75	1.52	3.67	0.42	2.16	0.41	1.29	0.17	1.18	0.17
9-A-14	25.26	46.38	5.04	19.26	3.06	0.50	2.74	0.30	1.46	0.27	0.83	0.10	0.69	0.10
9-A-15	28.26	54.34	5.64	19.09	2.84	0.42	3.01	0.39	2.11	0.40	1.21	0.16	1.02	0.14
9-A-16	51.94	94.65	9.97	37.15	5.94	1.15	5.82	0.67	3.26	0.60	1.94	0.26	1.82	0.26
9-A-17	2.01	4.37	0.53	2.18	0.42	0.10	0.41	0.06	0.37	0.07	0.23	0.03	0.21	0.03
9-A-18	4.05	11.83	1.51	6.46	1.61	0.34	1.69	0.32	2.06	0.39	1.16	0.16	1.11	0.15
9-A-19	18.80	54.91	6.72	27.34	5.69	0.98	5.56	0.97	5.90	1.13	3.41	0.48	3.22	0.44
9-A-20	27.78	59.23	8.37	32.90	5.77	1.40	5.28	0.70	3.83	0.72	2.24	0.30	2.11	0.30
9-A-21	49.70	91.98	13.08	50.90	9.21	2.17	8.33	1.14	6.17	1.18	3.74	0.52	3.61	0.52
9-A-22	31.36	70.46	10.26	45.42	6.34	0.81	5.89	0.75	3.65	0.64	1.81	0.20	1.27	0.17
9-A-23	32.35	49.21	6.88	27.24	4.67	1.81	4.46	0.52	2.63	0.49	1.50	0.20	1.37	0.20
9-A-24	0.90	1.94	0.26	1.23	0.43	0.09	0.50	0.13	0.99	0.22	0.75	0.12	0.89	0.12
9-A-25	8.66	12.96	2.39	10.05	1.86	0.93	1.79	0.24	1.41	0.28	0.93	0.13	0.98	0.15
9-A-26	13.91	30.94	4.03	17.09	3.53	0.67	3.53	0.63	4.23	0.85	2.58	0.36	2.45	0.33
9-A-27	8.94	19.67	2.83	12.31	2.64	0.51	2.42	0.29	2.58	0.51	1.62	0.24	1.61	0.22
均值	19.43	35.04	4.45	17.56	3.05	0.68	2.92	0.40	2.19	0.41	1.28	0.17	1.17	0.16
中国值	17.79	35.06	3.76	15.03	3.01	0.65	3.37	0.52	3.14	0.73	2.08	0.34	1.98	0.32
美国值	6.10	7.70		3.70	0.42	0.45		0.10					1.00	0.80
华北CP值	26.07	48.40		21.78	3.85	0.74		0.54					1.49	0.26
世界值	10.00	11.50		4.70	1.60	0.70		0.30					0.50	0.07

2）煤中的稀土元素地球化学参数

稀土元素的地球化学特征参数可以较好地反映轻、重稀土的富集或亏损情况，从而反映出它的物源情况和沉积环境。这些参数中最常用的有ΣREE、LREE、HREE、LREE/HREE、$(La/Yb)_N$、δEu、δCe。稀土元素的总含量，轻、重稀土通常分别标记为ΣREE、LREE、HREE。$(La/Yb)_N$是La和Yb经Masuda and Ikeuchi(1979)提出的6个Leedy球粒陨石稀土元素平均值标准化后的比值。用于反映轻、重稀土元素分馏情况的有LREE/HREE和$(La/Yb)_N$值，大于1表示轻稀土相对富集；反之，表示重稀土相对富集。用于反映铕和铈元素异常情况的有δEu和δCe，大于1代表该元素正异常；反之，表示负异常。

表6-21反映安太堡9号煤中稀土元素的各项参数，从表中可以得出以下结论：

（1）安太堡矿区大多数煤样ΣREE（最小值(8.4μg/g)～最大值(242.25μg/g)，平均88.91μg/g）均值均高于由Valkcovic(1983)所统计的世界煤的REE总含量平均值46.3μg/g和由Finkelman(1993)提供的美国煤总的REE数值62.1μg/g。而Eu含量负异常，可由此推断陆源碎屑物为研究区煤中稀土元素的重要来源，赵志根(2002)认为，华北石炭-二叠系的煤中一些矿物的物源成分应是相当于花岗岩的成熟上地壳。

（2）LREE/HREE和$(La/Yb)_N$反映轻重稀土的分馏程度。所有样品的LREE/HREE比值(1.31～19.02，9.11)均大于1，与$(La/Yb)_N$(0.60～46.75，11.95)反映的结果一致。轻稀土元素在研究区内明显富集，造成这种现象的原因除了继承物源的特性外，也可能与海水的作用有关。在海水作用的影响下，重稀土元素更容易溶解和迁移，在海相或海陆交互相成煤的煤层中，由陆地物源中含有的稀土元素可能会受到海水改造或在沼泽水充分作用情况下分馏和沉淀，海水对稀土元素有均化作用。

（3）安太堡矿区内δEu(0.45～1.74，0.78)表现为轻度—中等程度负异常，Eu的负异常通常被学者认为继承于源岩，在陆源岩中铕常出现负异常，根据铕元素负异常分布的规律，可以判断安太堡9号煤层的δEu负异常主要继承陆源，与陆源碎屑岩的地球化学特征相关，同时也受煤层沉积时水介质的氧化-还原性的影响，氧化性越强则导致铕元素负异常大。δEu在垂直剖面上的变化范围较大，可能是由于在成煤过程中受到频繁海侵，使得氧化、还原环境交替出现。

（4）安太堡9号煤层δCe(0.49～1.02，0.81)同样表现为轻度负异常，一般在海相沉积物中铈元素异常亏损，δCe为0.17左右，本研究区铈总体受海水的影响不大。

表6-21 安太堡9号煤中稀土元素的地球化学参数

样品号	ΣREE /(μg/g)	LREE /(μg/g)	HREE /(μg/g)	LREE/ HREE	$(La/Yb)_N$	δEu	δCe	$\delta Ce/\delta Eu$
9-A-1	68.38	64.41	3.96	16.25	21.32	0.56	0.85	1.51
9-A-2	21.46	13.48	7.98	1.69	0.94	0.71	0.81	1.14
9-A-3	68.14	63.83	4.31	14.81	21.03	0.66	0.85	1.29
9-A-4	9.70	8.30	1.40	5.93	5.49	0.83	0.79	0.95
9-A-5	20.95	18.29	2.66	6.88	7.31	0.72	0.83	1.14
9-A-6	8.40	5.67	2.73	2.08	1.72	0.88	0.69	0.79

续表

样品号	ΣREE /(μg/g)	LREE /(μg/g)	HREE /(μg/g)	LREE/ HREE	$(La/Yb)_N$	δEu	δCe	$\delta Ce/\delta Eu$
9-A-7	170.37	156.32	14.05	11.12	20.96	0.93	0.73	0.78
9-A-8	23.85	21.23	2.62	8.11	7.60	0.72	0.88	1.22
9-A-9	93.29	88.63	4.66	19.02	46.75	0.48	0.49	1.02
9-A-10	141.82	132.41	9.41	14.08	18.60	0.70	0.91	1.31
9-A-11	131.49	124.89	6.60	18.93	31.96	0.54	0.78	1.44
9-A-12	15.03	9.69	5.33	1.82	0.76	0.76	0.93	1.22
9-A-13	108.85	99.38	9.47	10.50	14.60	1.40	0.58	0.42
9-A-14	106.00	99.50	6.50	15.31	21.63	0.59	0.86	1.46
9-A-15	119.02	110.59	8.42	13.13	16.44	0.50	0.90	1.81
9-A-16	215.43	200.80	14.63	13.73	16.98	0.67	0.87	1.30
9-A-17	11.02	9.61	1.41	6.83	5.81	0.83	0.88	1.06
9-A-18	32.86	25.81	7.06	3.66	2.17	0.70	1.00	1.42
9-A-19	135.80	114.69	21.11	5.43	3.47	0.58	1.02	1.74
9-A-20	150.92	135.44	15.49	8.75	7.80	0.86	0.81	0.94
9-A-21	242.25	217.04	25.21	8.61	8.17	0.85	0.75	0.89
9-A-22	179.04	164.65	14.39	11.44	14.62	0.45	0.82	1.81
9-A-23	133.53	122.16	11.37	10.75	13.98	1.35	0.69	0.51
9-A-24	8.56	4.85	3.71	1.31	0.60	0.65	0.83	1.28
9-A-25	42.76	36.85	5.91	6.24	5.22	1.74	0.59	0.34
9-A-26	85.16	70.18	14.98	4.69	3.37	0.65	0.86	1.33
9-A-28	56.50	46.89	9.61	4.88	3.29	0.69	0.82	1.18
平均值	88.91	80.21	8.70	9.11	11.95	0.78	0.81	1.16
最小值	8.40	4.85	1.40	1.31	0.60	0.45	0.49	0.34
最大值	242.25	217.04	25.21	19.02	46.75	1.74	1.02	1.81

注：陨石数据采用 Masuda 等(1973)提出的 6 个 Leedy 球粒陨石稀土元素平均值；LREE=La+Ce+Pr+Nd+Sm+Eu；HREE=Gd+Tb+Dy+Ho+Er+Tm+Yb+Lu；ΣREE=LREE+HREE；$(La/Yb)_N$ 为球粒陨石标准化值的比值；Eu_N、Sm_N、Gd_N、Ce_N、La_N、Pr_N 为球粒陨石标准化后的值，$\delta Eu=Eu/Eu*=Eu_N/(Sm_N*Gd_N)^{1/2}$；$\delta Ce=Ce/Ce*=Ce_N/(La_N*Pr_N)^{1/2}$。

3. 煤中的稀土元素的分布模式

稀土元素球粒陨石标准化图解是稀土元素地球化学研究中应用得最广泛的一种地球化学图解，它能够比较直观地表示稀土元素的地球化学特征。通过对安太堡 9 号煤样品中的稀土元素进行标准化处理，由于煤样的球粒陨石标准化图解有着较大差异，因此按照相似程度分别得出图 6-9 中三幅稀土元素球粒陨石标准化图，由图中可以看出。

（1）9-A-1、9-A-3、9-A-4、9-A-5、9-A-7、9-A-8、9-A-9、9-A-10、9-A-11、9-A-14、9-A-15、9-A-16、9-A-17、9-A-20、9-A-21、9-A-22 这 16 个样品的分布曲线轻稀土部分曲线斜率较大，重稀土部分为近水平的宽缓曲线，LREE/HREE 较大，轻稀土元素明显富集，δEu

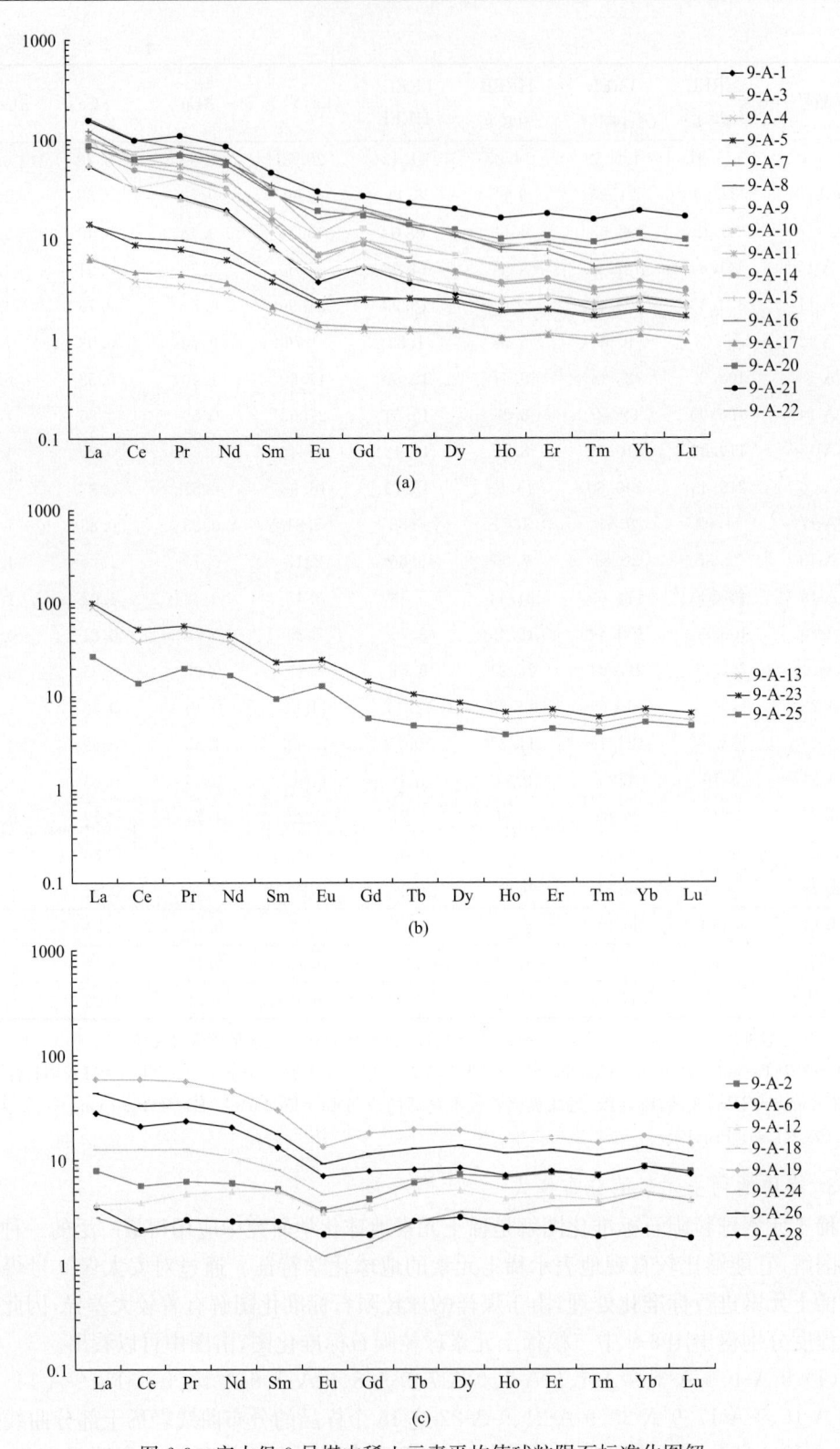

图 6-9 安太堡 9 号煤中稀土元素平均值球粒陨石标准化图解

负异常较为明显,也有一定程度的 δCe 负异常,这些样品与陆源碎屑岩的分布模式基本一致,但也受到轻微程度的海水影响。

(2) 9-A-13、9-A-23、9-A-25 这 3 个样品的 δCe 负异常较明显,δEu 表现为轻微正异常,这 3 个样品的稀土元素分布模式与王中刚等(1989)所统计的海水中的分布模式相近,说明受到了较强烈的海水作用。

(3) 9-A-2、9-A-6、9-A-12、9-A-18、9-A-19、9-A-24、9-A-26、9-A-28 这 8 个样品的分布曲线呈向右倾左高右低的宽缓的"V"字形,δEu 负异常较明显,仅有轻微的 δCe 负异常。这些样品较好地继承了陆源碎屑岩的分布模式。

4. 元素间的共生组合关系

在地球化学工作中,仅仅根据单变量的观测数据来分析问题已经远远不能满足研究工作的要求,而必须同时对多个变量进行观测、汇集与研究原始数据,较全面地研究它们之间的相互关系和相互影响。本书利用煤中微量元素含量之间的相关性分析、聚类分析,研究安太堡 9 号煤 21 种(将稀土元素 14 种元素统一作为一种加入计算,记作 REE)元素的赋存状态。

1) 相关性分析

利用相关性分析及多元分析,结合元素本身的地球化学性质,间接探讨煤中微量元素的赋存状态,是研究煤中微量元素的重要方法。对原始数据标准化预处理后,微量元素间的相关分析结果列于表 6-22。

根据相关系数可以看出。

(1) Rb、Cs、Sr、Ba、Mn、Ga 五种元素相互显著正相关,如 Rb-Cs(0.94)、Rb-Ba(0.82)、Mn-Ba(0.91)、Mn-Ga(0.88)、Mn-Rb(0.88)、Ga-Cs(0.84)这些元素都为造岩元素,它们的相关性可能与黏土矿物有关。

(2) Co-Ni(0.82)显著正相关。Co 和 Ni 同时具有亲铁性和亲硫性,它们与海水作用也有关。

(3) 相互负相关的元素很少,稀土元素与 Cr(-0.31)、Ni(-0.28)、Cu(-0.24)三种元素互相负相关,Sr-Cu(-0.34)互相负相关。

2) 聚类分析

采用 SPSS 软件对本次研究的微量元素含量数据进行 R 型聚类分析,聚类方法为重心聚类法,间距为皮尔逊相关,标准转换值 1 的极限强度,做出二维成群谱系图,分析元素的共生组合关系,如图 6-10 所示。

由图 6-10 可以看出,这 21 种微量元素从总体上可以分为三个群。

(1) 第一个群包括 Tl、Pb、In、Bi、Cd、Cu、V、U、Cr 9 种元素。其中 Tl、Pb 和 In 都是非变价亲硫元素,Bi、Cd、Cu 都为亲硫元素,V、U 和 Cr 都为亲铁元素,说明第一个群中元素的赋存状态主要与硫化物有关。

(2) 第二个群包括 Ga、Ba、Mn、Cs、Rb、Zn、Li、REE、Be、Sr。这个群中的 10 种元素中 Ba、Mn、Cs、Rb、Li、REE、Be、Sr 8 种元素都为亲石元素,仅有 Zn 和 Ga 为亲硫元素,这个群组中的微量元素的赋存状态主要与黏土矿物有关。

表 6-22　9 号煤中微量元素的相关系数矩阵

	Li	Be	V	Cr	Mn	Co	Ni	Cu	Zn	Ga	Rb	Sr	Cd	In	Cs	Ba	Tl	Pb	Bi	U	REE
Li	1.00																				
Be	0.33	1.00																			
V	0.27	0.28	1.00																		
Cr	0.34	0.38	0.73	1.00																	
Mn	0.43	0.25	0.46	0.41	1.00																
Co	−0.19	−0.06	0.13	0.18	0.47	1.00															
Ni	−0.17	−0.15	0.13	0.28	0.26	0.82	1.00														
Cu	0.26	0.10	0.45	0.38	0.22	0.20	0.42	1.00													
Zn	0.08	−0.14	−0.08	0.06	0.48	0.54	0.31	0.23	1.00												
Ga	0.44	0.37	0.42	0.46	0.88	0.33	0.13	0.05	0.33	1.00											
Rb	0.43	0.28	0.70	0.48	0.88	0.39	0.20	0.35	0.42	0.80	1.00										
Sr	0.10	0.05	−0.18	−0.18	0.40	0.11	−0.18	−0.34	0.36	0.35	0.26	1.00									
Cd	0.44	0.25	0.25	0.29	0.44	0.23	0.15	0.35	0.53	0.37	0.44	−0.01	1.00								
In	0.68	0.36	0.29	0.28	0.37	−0.08	−0.07	0.40	0.19	0.34	0.41	−0.04	0.77	1.00							
Cs	0.49	0.39	0.72	0.63	0.83	0.33	0.19	0.37	0.36	0.84	0.94	0.17	0.53	0.47	1.00						
Ba	0.33	0.16	0.28	0.22	0.91	0.47	0.17	0.06	0.58	0.83	0.82	0.65	0.32	0.24	0.74	1.00					
Tl	0.22	0.00	0.21	0.31	0.46	0.49	0.53	0.47	0.43	0.33	0.40	−0.11	0.49	0.33	0.43	0.34	1.00				
Pb	0.47	0.21	0.15	0.22	0.58	0.25	0.22	0.39	0.37	0.49	0.49	0.01	0.68	0.72	0.54	0.43	0.74	1.00			
Bi	0.62	0.25	0.41	0.29	0.52	0.10	0.05	0.49	0.26	0.42	0.57	−0.15	0.66	0.79	0.55	0.36	0.62	0.80	1.00		
U	0.40	0.15	0.74	0.45	0.30	0.00	0.05	0.42	0.01	0.30	0.59	−0.24	0.32	0.42	0.56	0.20	0.28	0.27	0.60	1.00	
REE	0.18	0.05	−0.07	−0.31	0.30	−0.02	−0.28	−0.24	0.26	0.24	0.35	0.59	0.25	0.32	0.28	0.46	−0.01	0.29	0.21	0.15	1

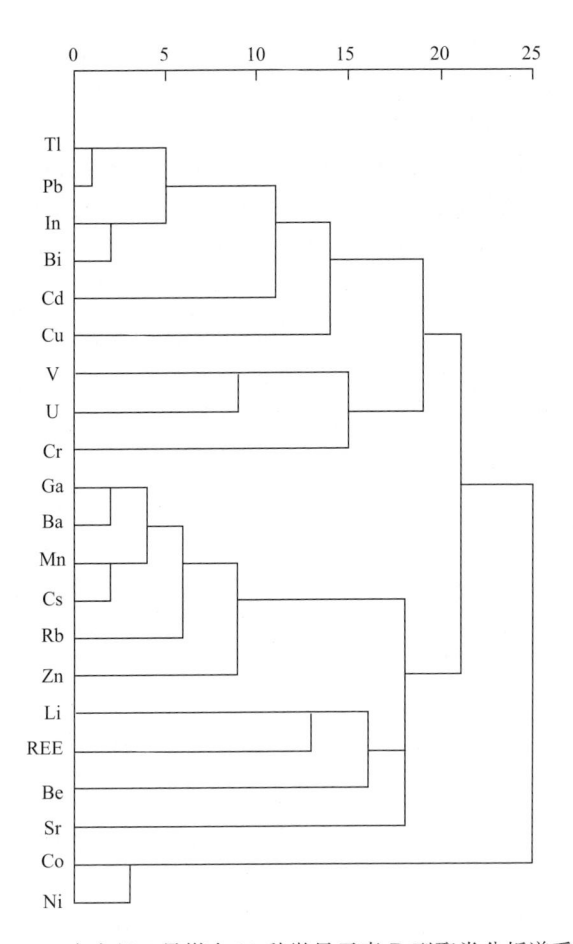

图6-10　安太堡9号煤中23种微量元素R型聚类分析谱系图

(3) 第三个群组包括Co和Ni,这两种元素往往在硫化物矿物中呈类质同象混入物,可能与海水作用有关。

煤中微量元素的赋存状态和含量不仅与物源有关,也与成煤环境有关,除了无机物的作用,也有有机物的作用。安太堡9号煤中微量元素受到海水和陆源的共同作用,反映出沉积环境为海陆过渡相的特点。

第三节　高铝煤中微量元素赋存状态

研究煤中微量元素赋存状态的方法可分为直接方法和间接方法。间接方法包括数理统计方法、浮沉试验方法和化学方法(如主机化学提取实验方法);直接方法主要是指各种显微探针方法(电子、离子和X射线探针)和谱学方法(如X射线吸收精细结构谱方法)(黄超和田继军,2013)。有的学者将煤中主要矿物剥离,并在光学显微镜下对样品进行各种矿物和显微组分的准确定量,然后进行样品的微量元素分析,这样求得主要矿物微量元素组成,特别是当矿物纯度达到90%~100%时,也不失为一种较好的直接方法(张军营,1999)。间接方法只能在一定程度上反映元素的共生组合、相关关系,提供了煤中微量元素赋存状态的一些线索,但这毕竟是一种间接的推论,要确认这些结果,有时还需要用直接方法进行深入细致的研究。

由于微量元素赋存状态的复杂性,以往对微量元素赋存状态的讨论大多是定性地、定量地确定不同形态微量元素。定量地确定不同形态微量元素比例是较为困难的(赵峰华,1997)。目前,逐级化学提取实验方法成为继浮沉实验之后间接研究煤中微量元素赋存状态的又一重要方法,同时逐级化学提取实验结果对于研究煤中金属元素的释放能力具有重要意义。

逐级化学提取属于化学方法,即选择适当的化学试剂及条件将固体煤样中的金属元素选择性地提取到特定的溶液中,然后测定溶液中该金属元素的丰度,从而确定其在样品中的赋存状态,使赋存状态的研究定量化。它实际上是借鉴研究土壤中微量元素赋存状态的方法而发展起来的,国内外学者都曾用逐级化学提取的方法研究土壤和底泥中的Hg、Cd、Co、Cu、Ni、Pb和Zn等金属元素的赋存状态(张淑苓等,1988)。此外,早在1961年,Durie用水和稀盐酸抽提分析澳大利亚煤;Miller和Given(1987a,1987b)用乙酸铵提取褐煤中有机官能团结合态、用1mol/L HCl提取碳酸盐(有部分硫化物、硫酸盐、氧化物等)结合态微量元素。

近年来,逐级化学提取方法已广泛用于煤中微量元素的赋存状态研究,许多学者都曾采用该方法研究了煤中微量元素的赋存状态(Tomschey et al.,1986;Tomschey,1991,1995;Finkelman et al.,1990;Dreher and Finkelman,1992;Palmer et al.,1993,1998;Cavender and Spears,1995;张淑苓等,1988;Querol et al.,1996;王运泉,1994;赵峰华1997;赵峰华等,1999a,1999b,1999c,2003,2005;张军营,1999;许德伟,1999;Feng and Hong,1999;代世峰,2002)。

匈牙利学者 Tomschey 等(1986)将原苏联学者 Shimko 和 Kuznetzov(1978)提取富有机质沉积物中金属元素的七步法逐级化学提取方法成功应用于研究斯洛伐克褐煤中元素的赋存状态,而后,他们于1991年将该步骤简化为三步并研究了匈牙利 Ajka 褐煤中微量元素的赋存状态,第一步采用醋酸钠提取水溶态和吸附态的元素;第二步采用醋酸钠和醋酸提取与碳酸盐结合的元素;第三步采用过氧化氢提取与有机质或硫化物结合的元素。他们于1995年又用该三步法研究了匈牙利上白垩统褐煤中U、Mo和V的赋存状态。

美国学者 Finkelman 等(1990)采用逐级化学提取方法研究了煤中微量元素的赋存状态。Dreher 和 Finkelman(1992)采用逐级化学提取方法研究了美国怀俄明州煤中水溶态硒、离子交换态硒、黄铁矿结合态硒、细分散硫化物硒、硒酸盐结合态硒、黏土和硅酸盐结合态硒、有机硒。Palmer 等(1993)改进了 Finkelman 等(1990)采用的方法,采用四步法逐级化学提取方法研究煤中微量元素的赋存状态,第一步为有机吸附态、黏土吸附态和部分碳酸盐态,用醋酸铵提取;第二步为碳酸盐态和单硫化合物态,用盐酸提取;第三步为硅酸盐态,用氢氟酸提取;第四步为硫化物态,用硝酸提取。

西班牙学者 Querol 等(1996)采用四步法逐级化学提取方法。第一步为水溶态,用去离子水提取;第二步为离子交换态,用1mol/L pH为7的醋酸铵提取;第三步为碳酸盐及氧化物结合态,用1mol/L pH为5的醋酸铵提取;第四步为有机态,用硝酸提取。

英国学者 Cavender 和 Spears(1995)采用六步法逐级化学提取方法研究煤中微量元

素赋存状态,第一步为水溶态,用去离子水提取;第二步为方解石、可交换态和单硫化合物态,用稀盐酸提取;第三步为其他碳酸盐态和部分黄铁矿结合态,用稀硝酸提取;第四步为其他黄铁矿,用冷硝酸提取;第五步为有机态,在微波炉中用浓硝酸消解提取;第六步为硅酸盐态,在微波炉中用浓硝酸和氢氟酸消解提取。

澳大利亚联邦科学与工业研究组织(CSIRO)采用四步法逐级化学提取方法(Davidson,2000)。第一步为氧化物态(不含 SiO_2)、碳酸盐态和单硫化物态,用 4.3mol/L 盐酸提取;第二步为硫化物态,用 0.5mol/L 硝酸提取;第三步为硅酸盐态,用 10:1 的 40%的氢氟酸和 60%~70%的浓盐酸提取;第四步为有机态,对残渣进行消解分析。

国内张淑苓等(1988)首次将逐级化学提取方法应用于我国云南临沧褐煤中 Ge 的赋存状态的研究,即采用中国科学院环境化学研究所研究底泥中 Hg 的赋存状态的方法来研究煤中 Ge 的赋存状态。赵峰华(1997)用五步法逐级化学提取方法研究了山西平朔、阳泉、贵州等地煤中 As、Hg、Cu、Pb、Co、Ni、Zn、Cd、Mn、Ba 和 Cr 11 种元素的赋存状态。张军营(1999)、代世峰(2002)和代世峰等(2004)还将密度分离和逐级化学提取实验结合起来研究煤中微量元素的赋存状态。

Sun 等(2013a)运用六步法逐级化学提取实验研究煤中微量元素的赋存状态(表 6-24)。

表 6-24 六步法逐级化学提取法

编号	过程	条件
Ⅰ	水溶态	8g 煤样+60mL 水,25℃,静止 24h
Ⅱ	离子交换	残渣+60mL 醋酸铵,25℃,静止 24h
Ⅲ	有机态	40℃干燥残渣,加 1.47g/cm³ 三氯甲烷浮沉,<1.47 g/cm³ 浮上物,水洗残渣,40℃干燥的有机质,用 HNO_3 和 $HClO_4$ 消解,200℃,静止 60h
Ⅳ	碳酸盐态	>1.47 g/cm³ 下沉物,乙醇洗涤,40℃干燥,加 20mL 0.5% HCl
Ⅴ	硅酸盐态	水洗残渣,加 2.89g/cm³ 三溴甲烷离心分离,<2.89 g/cm³ 浮上物,40℃干燥加热,650℃灰化,加 3mL HNO_3 和 3mL HF,200℃,静止 60h
Ⅵ	硫化物态	>2.89g/cm³ 下沉物为硫化物,水洗,40℃干燥加热,加浓硝酸消解

综上所述,不同实验室和不同的学者在进行逐级化学提取实验时使用的溶剂和提取方法步骤不尽相同。针对不同煤级的煤以及煤中所含矿物及其分布状况的不同,选用最佳的逐级化学提取方案和最有效的试剂是需要详尽考虑的,这需要对煤样品进行详细的矿物学表征。本次通过采用六步法逐级化学提取过程(SCEP)对平朔矿区 9 号煤 Li、Ga 元素的化学形态进行确定(表 6-25,表 6-26)。

表 6-25 锂的逐级化学提取

赋存状态	Li/(mg/kg)	赋存状态	Li/(mg/kg)
硅酸盐态	482	离子交换态	0.385
有机结合态	32	水溶态	0.878
硫化物态	66	碳酸盐态	0.627

表 6-26 镓的逐级化学提取

赋存状态	Ga/(mg/kg)	赋存状态	Ga/(mg/kg)
硅酸盐态	50.660	离子交换态	0.512
有机结合态	2.864	水溶态	0.097
硫化物态	1.778	碳酸盐态	0.027

第四节 微量元素与煤中灰分的关系

不同煤形成时的物质基础和成煤环境也各不相同,在不同的成煤物质和成煤环境下,矿物质富集或微量元素吸附能力也不相同,因此,不同煤中的矿物质含量也有差异,由于矿物质的含量差异使不同煤的灰产率不同。在煤的燃烧过程中,大量的微量元素转化为固态形式并在灰中聚集,而挥发性较强的有害微量元素,大多穿过除尘器和脱硫系统等进入到大气环境中。一般来说,在煤中与有机质结合的微量元素在燃烧过程中易挥发,而以无机态结合的微量元素多残存在灰分中。因此,灰产率的高低与煤中微量元素的含量往往有着密切的关系。

本节以准格尔煤田串草圪旦煤矿 4 号煤和 6 号煤为例,采用一次线性回归模型,求得 4 号煤和 6 号煤的灰产率与微量元素的相关系数和回归方程。由表 6-27 可知,4 号煤中仅有 Be、Co 和 Sr 与灰产率呈负相关。其余元素都与灰产率呈正相关,Li、Sc、Ga、Zr、Ba 和 Hf 与灰产率的相关系数在 0.7 左右,说明这些元素与灰分关系密切。6 号煤中 Li、Ta 和 Bi 与灰产率的相关系数在 0.8 以上,Rb、Nb 和 Cs 的相关系数为 0.7~0.8,Co、Cu、Sr、Ba、W 和 U 的相关系数为 0.6~0.7,这些元素与灰分产率相关性较好,说明这些元素以无机形式赋存在煤中。

表 6-27 串草圪旦煤中灰分产率与微量元素间的相关性

元素	4 号煤 相关回归方程	4 号煤 相关系数	6 号煤 相关回归方程	6 号煤 相关系数
Li	$y=2.2319x+11.876$	0.6955	$y=3.2604x+5.2699$	0.8744
Be	$y=-0.0219x+7.0524$	−0.0447	$y=0.0167x+1.5162$	0.2229
Sc	$y=0.2435x-0.0477$	0.6828	$y=0.145x+0.1071$	0.5921
V	$y=0.7395x+11.869$	0.3940	$y=0.9609x+9.3361$	0.5856
Cr	$y=0.2743x+4.6797$	0.2902	$y=0.2861x+5.5664$	0.3544
Co	$y=-0.0642x+6.817$	−0.2298	$y=0.0685x+0.6763$	0.6748
Ni	$y=0.1907x+3.9473$	0.2369	$y=0.2733x+0.5204$	0.5592
Cu	$y=0.2484x+13.875$	0.3137	$y=0.865x+2.2966$	0.6874
Zn	$y=0.3884x+25.742$	0.3375	$y=2.7922x+108.94$	0.1145
Ga	$y=0.4601x+9.5412$	0.7316	$y=0.4441x+6.6418$	0.5336
Rb	$y=0.1801x+2.0969$	0.1221	$y=0.0692x-0.0939$	0.7529

续表

元素	4号煤 相关回归方程	相关系数	6号煤 相关回归方程	相关系数
Sr	$y=-0.4405x+48.783$	-0.2953	$y=168.78x-836.8$	0.6278
Zr	$y=7.9347x+78.23$	0.6013	$y=1.9539x+108.79$	0.1118
Nb	$y=0.3673x+7.6888$	0.4715	$y=0.5982x-1.0663$	0.7253
Mo	$y=0.0168x+2.1509$	0.1200	$y=0.0892x+1.7597$	0.2804
Cd	$y=0.0042x+0.1739$	0.4194	$y=-0.0034x+0.4687$	-0.0283
Cs	$y=0.0168x+0.3217$	0.1034	$y=0.008x-0.0292$	0.7558
Ba	$y=4.0706x-87.188$	0.6145	$y=12.273x-55.702$	0.6885
Hf	$y=0.1813x+2.116$	0.6283	$y=0.0595x+2.5098$	0.1414
Ta	$y=0.0193x+0.5558$	0.3711	$y=0.0436x-0.1693$	0.8496
W	$y=0.0263x+0.8458$	0.3356	$y=0.0621x+0.3579$	0.6505
Pb	$y=0.8575x+24.671$	0.5825	$y=1.0371x+12.159$	0.1926
Bi	$y=0.0087x+0.3312$	0.2953	$y=0.0323x-0.0019$	0.8507
Th	$y=0.4092x+4.7853$	0.5402	$y=0.316x+5.6978$	0.2740
U	$y=0.059x+3.2551$	0.3704	$y=0.2918x+0.1671$	0.6573

第七章　高铝煤的显微组分

　　煤岩学主要指的是通过肉眼或一些光学仪器,来判断和分析煤的物理属性(如岩石类型、组成、结构及构造等)。煤是一种固态的可燃烧的有机岩石,成煤环境和成煤物质的差异、煤化程度等特征的不同,都造成煤层的岩石组成的差异。因此,通过肉眼观察大部分的煤都不是均一的,在显微镜等精密仪器观察下,可以将这些不均一的成分分成不同的煤岩组分,这些煤岩组分在煤中所占的含量和形态特征是评价煤质和煤用途的重要依据,也为研究煤的成因、变质和聚煤规律、煤生烃等问题提供了重要理论依据。在光学显微镜下能够识别出来的组成煤的基本成分,称为显微组分。煤的显微组分包括有机显微组分与无机显微组分,由植物遗体变化而成的称为有机显微组分,而矿物杂质称为无机显微组分。

第一节　煤岩学研究历史

一、煤岩学发展过程

　　煤岩学是一门把煤作为有机岩石,以物理方法为主,研究煤的物质成分、结构、性质、成因及合理利用的学科。1854年,在英国托班煤(烛藻煤)是否算作煤的争论中,煤的显微镜下研究首先受到重视。1870年左右,赫胥黎首次发现煤中的植物孢子。煤的镜下观察进一步证明腐殖煤是陆生植物形成的。1882~1898年,对于藻煤薄片的观察做出了藻煤来自藻类的结论。20世纪初期,较广泛地开展煤的显微镜下研究之后,煤岩学才逐渐发展成为一门独立的学科。1919年,斯托普丝在《条带状烟煤中的四种可见组分》一文中,首次提出烟煤中镜煤、亮煤、暗煤和丝煤四种煤岩组分。
　　1924年,波托涅在《普通煤岩学概论》中第一次使用煤岩学一词,显微镜下研究煤是煤岩学的主要手段。1925年以前,以透射光下煤的薄片研究为主,是煤岩组分成因研究的主要手段。1927年,斯塔赫在《煤光片》一文中引进了在反射光下研究煤光片的方法,并发表了第一张油浸镜头下煤光片的显微照片。1928年,斯塔赫和昆勒万制成了煤砖光片,并在反光下进行研究。1935年,斯托普丝提出"显微组分"一词,代表显微镜下能够辨认的煤的有机组分,犹如岩石中的矿物。这一术语的应用,标志着在改进煤岩学研究基础方面前进了一步。
　　1953年,国际煤岩学委员会(International Committee for Coal Petrology,ICCP)的成立是煤岩学发展史上的一个里程碑。ICCP于1957年和1963年分别出版了《国际煤岩学手册》的第一版和第二版,1971年和1975年又作了补充,使煤岩术语与工作方法趋于标准化,推动了煤岩学的交流和发展。
　　煤岩学是研究煤质的重要方法。镜质体反射率(R_o)、壳质组荧光性的研究和有关仪器设备的日益完善,以及成功地对沉积岩中分散有机质的煤岩研究,扩大了煤岩学的研究领域,并向定量化、自动化发展。煤岩学在地质学领域和工业中的应用日益广泛,已进入煤岩学快速发展阶段。

煤岩学研究内容包括煤形成的影响因素、成煤作用、煤(有机)的岩石成分及类型、成因和特征。煤岩学的理论与方法在过去几十年中发展迅速,其研究范围从以往的煤岩成因分析、煤层对比、工业加工利用等方面扩展到了成岩作用分析、成煤植物重塑、油气勘探开发、盆地热演化历史分析、大地构造研究以及环境保护等方面。煤岩学的研究对象也从煤层本身扩展到了黑色页岩和其他沉积物中分散的有机碎屑(煤屑)。

煤岩学的应用研究跨越多个领域,包括煤层对比、煤相、构造、热史、石油地质勘探、选煤工业、炼焦工业等,而且与多种学科联系紧密,如成因方面的有机化学、古植物学、地球化学、地质学;方法方面的显微镜技术、电子显微镜技术、计算机技术;应用方面的地质勘探、煤化学、煤化工业、选煤学;等等。

二、煤岩学的研究方法

煤岩学的研究方法分常规方法和现代研究方法,研究内容包括宏观煤岩组分、显微煤岩组分、宏观煤岩类型。

(一)常规方法

常规方法即一般方法,包括宏观煤岩研究和微观煤岩研究。宏观煤岩研究分野外和室内两个阶段,主要是借助肉眼和放大镜对煤的物理性质进行观察和描述。Civran 早在 1943 年就开始采用宏观煤岩类型做煤相分析,由于采样条件限制以及在样本的运送和保存过程中对煤样都会有一定程度的破坏,加之现代煤岩研究方法和手段多种多样,这种基本而古老的研究方法在很多研究中已应用不多。

微观煤岩研究主要用于显微组分识别、定量及显微岩石类型分析。当前国内用的煤岩显微镜多为透、反偏光显微镜。透射光下观察煤薄片是煤岩成因研究的主要手段;煤的工艺性能研究,是以反射光下观察煤光片和煤砖光片为主。在反射光下观察块煤光片,可以进行组分识别、定量及类型统计、荧光观测、测定反射率值以及微区分析等。反射光法由来已久,应用广泛,Anton and Jordan(2004)在作保加利亚煤相指数和煤岩特征分析时仍采用了反射光法;Schochart 第一次尝试在荧光下观察煤是在 1936 年。荧光的应用更加确保低煤级的测定准确性,加强了工艺性质的研究。

随着煤岩学研究的发展,基础煤岩学应用日益广泛。Hacquebard 和 Donaldson(1969)将显微岩石类型用于泥炭形成环境分析,Teichmuller(1975)提出了显微组分概念,并被应用于巴西煤相研究。Harvey(1955)等提出了镜惰比;Diessel(1986)根据显微组分的组合提出了结构保存指数(TPI)和凝胶化指数(GI)两个概念用于推断成煤沼泽环境,不过有人认为这两个指数缺乏一定的植物学依据并且只适用于低位泥炭沼泽(Dimichele,1994)。Calder 等(1991)对 TPI 和 GI 指数的内容做了修改并提出了地下水流动指数(GWI)和植被指数(VI)两个指数,但是这两个指数的应用却局限于镜质组组分。

显微光度技术是利用显微镜与分光光度计组合成的显微光度计做不同方式的光学观察，可以取得多种定量光学参数。目前国内使用的多为德国莱兹公司制造的 MPV-Ⅲ大型反偏光两用显微光度计，可做动态测试，也可做测试扫描以及照明和测试光谱分析。它集透射、反射和荧光系统三位于一体，能对样品在透射、反射和荧光条件下的透光、吸收和发光性进行定量研究；其操作由微机控制，自动出数据并成图。

(二) 现代研究方法

现代研究方法采用大量的先进技术，尤其是电子技术，使仪器分析的效能，包括精度、灵敏度、分辨率、检测极限及自动化程度等大大提高。主要是应用微束分析结合谱学研究对煤中物质进行微区分析。

1. 微束分析

微束分析即用微米级的微束作为轰击源，激发样品产生信息，然后借助相应的探测系统和信息系统收集并处理激发微区所产生的各种信息，从而进行物质组成、形貌、组织结构、化合态及细微结构等基本特性的微区分析。

扫描电子显微镜(SEM)主要研究固体表面形貌，并可进行多种信息图像观察、结构分析及微区成分定性和定量分析。关于煤的扫描电子显微镜研究，已有专门的书籍出版。

电子探针(EMP)是通过电子轰击样品时产生的特征 X 射线能量及强度来实现的。以测量特征 X 射线的光量子能量为基础的是 X 射线能谱分析(EDS)，以测量特征 X 射线的波长为基础的是 X 射线波谱分析(WDX)。EDS 的缺点在于不能分析 Na 以下的超轻元素，分辨率低于 EDS，元素间重叠、干扰现象比较普遍，定量分析精度较差，对于微量元素难以定量；其优点在于每次可以快速定性分析多个元素，分析结果比较直观，操作容易。

透射电子显微镜(TEM)利用高能电子束经聚光镜聚焦成亮度较大而束斑较小的照射源于样品，透过样品的散射电子先由物镜聚集成像放大，然后经过中间镜、投影镜放大投射于荧光屏成像。它具有比 SEM 更大的放大倍数和分辨率。这种方法于 20 世纪 40～50 年代在国外应用，Taylor(1964)、Taylor 和 Mclennan(1985)应用 TEM 研究了煤中微粒体、澳大利亚二叠纪富惰质组煤的成因和成烃机理及美国低煤化烟煤中的沥青体。其他分析方法还有离子探针(IMA)、激光微探针质谱仪(LAMMA)和显微光谱仪(LMS)等。

2. 光谱分析

煤及沥青的谱学研究方法，几乎包括整个电磁波谱区，即 X 射线、紫外、可见光、红外、微波和无线电波区，所设计的仪器包括红外光谱、核磁共振波谱、电子顺磁共振波谱和 X 射线电子能谱等。

不过现代的研究方法经常是多种方法结合配套使用。秦勇等(2002)在研究太西煤中矿物和元素在洁净煤过程中的分馏行为及其主要影响因素时就采用了包括光学显微镜、SEM-EDS。Zhang 等(2002)在分析煤中加入定量石灰石后的燃烧行为时，采用了CCSEM、XRD、SEM-EDS 等方法。

（三）目前在煤岩学上取得的认识

(1) 煤相分析：煤的岩石学特征是反映煤层成因的最直接、最可靠的标志之一。通过对有机显微组分、无机显微组分、煤岩类型结合煤层及围岩沉积相的研究可以反推形成泥炭的成煤植物种类及其构成，以及泥炭堆积环境的 Eh、pH、盐度和水文特征，泥炭聚积时期的古气候、古构造运动及古地理环境等诸多因素，恢复成煤沼泽的古地理、古气候、古环境、古植物及古构造运动特征，确定含煤岩系的沉积环境和煤相。

煤相分析是煤岩学最基本也是最广泛的一种应用。Diessel、Haquebard 等分别于 1986 年、1972 年根据 Teichmüller 在 1950 年、1952 年，Teichmüller 和 Thomson 于 1958 年的煤相研究成果和加拿大煤田石炭纪煤层的显微煤岩类型研究结果，将不同的显微煤岩类型归入 Teichmüller 所划分的四种煤相类型中，并建立了一个四端元的煤相类型图解。Marchioni 于 1980 年根据澳大利亚悉尼盆地二叠系煤层的显微煤岩类型组合特征，用 Haquebard 和 Donaldson(1969)的四端元煤相图解方法表示出四种煤相类型，并对四个端元的显微煤岩类型的内涵作了修改。张宏等于 1995 年把这一方法引入我国的煤相类型的研究中。不过，近些年有些学者对利用煤岩组分参数分析成煤环境的可靠性提出质疑(Suárez-Ruiz et al.，2012)。

(2) 根据显微组分及其组合特征以及煤层的其他特征，进行煤层对比、剥蚀厚度估算以及构造重演：对 Dow 在 1977 年提出的利用上下构造层镜质体反射率(R_o)差值来估算不整合面地层剥蚀厚度的方法的不合理性，佟彦明等(2005)提出了一种利用 R_o 数据恢复剥蚀厚度的新方法。

(3) 煤岩配煤：通过显微定量和煤级的测定，预测煤的结焦性，选择炼焦配煤，并为综合利用提供依据；利用煤岩学方法研究配煤问题起源于 20 世纪 30 年代。到 70 年代，美国和日本已经将此方法应用于炼焦生产。胡红玲等(2004)总结了应用煤岩学的配煤原理、煤岩参数的概念和在煤焦生产中的应用情况。

(4) 通过研究煤中矿物成分的种类与赋存特征，预测煤的可选性与预防环境污染：李宝春等(2001)通过对内蒙古乌达矿区潮控三角洲平原成煤的 9、10 煤层和河控三角洲平原成煤的 12、13 煤层中黄铁矿和黏土矿物的赋存与煤层成因关系的研究，发现河控三角洲平原形成的煤层中黄铁矿含量低，虽然黏土矿物含量高，但其可选性较好；潮控三角洲平原形成的煤层其硫分含量高，黏土矿物含量较低，其可选性较差。

(5) 通过测定镜质体反射率，结合煤的分子结构、化学组成，探讨煤化作用阶段的古地温、热史及其物理化学变化实质：利用镜质体反射率进行古地温与古热流恢复是目前最为广泛而实用的方法，冉启贵等(1998)改进了热史分析的 Lerche 模型，提出了利用镜质体反射率进行分阶段热史反演模拟方法；蒋国豪等(2001)讨论了应用镜质体反射率(R_o)推算古地温的研究进展。

(6) 确定有机质的成熟度，进行油气评价预测：在孢粉学和煤岩学基础上发展起来的有机岩石学方法以其快速、经济、直观、精确等特点，成为目前烃源岩成熟度评价的最主要方法。程顶胜(1998)从有机岩石学的学科发展历史及当前研究趋势出发，阐述了有机岩石学评价的三大光学手段——透射光、反射光及荧光在评价烃源岩成熟度方面的应用效果。

三、有机岩石学研究

有机岩石学研究始于 20 世纪 70 年代。1971 年国际煤岩学会(ICCP)开始沉积有机质的研究,并成立了二级分会——地质与石油应用分会,主要研究沉积岩中分散有机质。20 世纪 80 年代以来,有机岩石学在油气地质研究领域成为广大石油地球化学家、煤岩学家和有机岩石学家的热门研究课题。1984 年国际有机岩石学学会(TSOP)的成立,标志着有机岩石学这一新兴学科已趋于成熟,并为国际所公认。从 1992 年起,国际煤岩学会更名为国际煤岩和有机岩石学会。这是有机岩石学发展史上的一个重要里程碑。

沉积岩中分散有机质的分类源岩有机成分的划分目前有三大划分体系。

1) 从全岩角度考虑的煤岩学体系

该分类的代表人物有 Teichmüller、Ottenjann、Alpern、Robert 等。其中,Alpern 的分类较有影响,该分类不采用显微组分的概念并注重有机碎屑的成因与形成环境,同时考虑成熟度的影响,且从成因角度对沥青进行分类,对动物来源的有机质作了详尽的描述;Robert 的分类注重研究方法,对壳质组划分过细,术语仍基本沿用国际煤岩学术语,但提出了不少新的术语,如沥青质体、腐殖基质、沥青、无定形体;Teichmüller 以煤岩为基础将沉积岩中分散有机质划分成五个显微组分组 21 个显微组分,这是目前全岩分类体系中较为完善的方案。

2) 从干酪根角度考虑的孢粉学体系

该分类的代表人物有 Burgress、Bostiek 和 Combaz 等。Burgress 曾首先在透射光下将干酪根显微组分划分为五类:木质的、煤质的、草质的、藻质的及无定形体,分别相当于全岩中的镜质组、惰质组、壳质组、藻类体及矿物沥青基质。干酪根方法的最大优点是富集了存在于矿物沥青基质中的有机质,使其能直接进行研究,但同时亦破坏了有机组分原始产状与结构,使研究结果的代表性受到了限制。

3) 两者综合考虑的分类体系

目前有机岩石学成分分类的一大趋势是将全岩研究与干酪根研究结合起来,采用同一分类术语,在分类中将无定形详细划分,同时考虑成熟度的影响,该分类有代表性的人物有 Mukhopadhyay、金奎励、肖贤明等。

第二节 准格尔煤田煤的显微组分

一、哈尔乌素煤矿

经测定,6 煤镜质组反射率为 0.69%,属于长焰煤。其中,镜质组的含量范围为 28.4%~68%,平均值为 48.59%。惰质组的含量范围为 11.6%~65.6%,平均值为 41.99%。壳质组的含量范围为 0.8%~13.4%,平均值为 5.8%。惰质组含量明显高于华北聚煤盆地晚石炭世的煤,其镜质组含量一般为 60%~85%,惰质组含量一般小于 25%,壳质组含量为 5%左右(图 7-1、表 7-1),但小于 Dai 等(2008)对哈尔乌素 6 煤层中惰质组的含量均值。

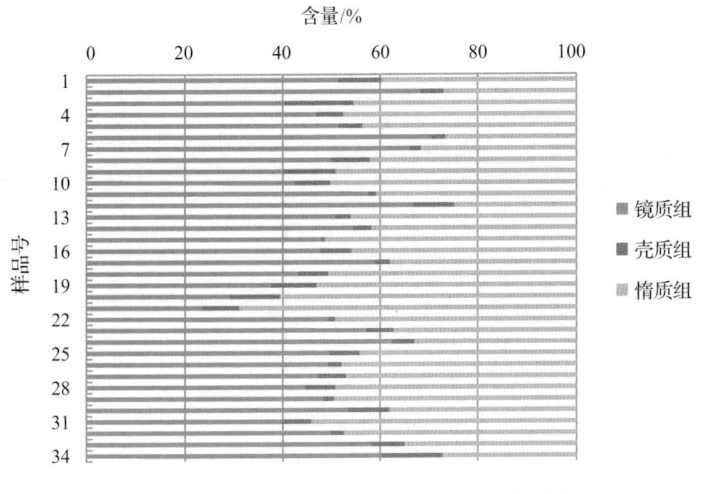

图 7-1　6 号煤层煤岩学组分剖面图（不含矿物）

（一）镜质组特征

镜质组是煤中最常见、最重要的显微组组分。它是由植物的根、茎、叶在覆水的还原条件下，经过凝胶化作用而形成（李振涛等，2012）。在油浸反射光下呈深灰色到灰色。镜质组是烟煤最主要的显微组分。哈尔乌素 6 煤富含镜质体，以基质镜质体和均质镜质体为主，结构镜质体和镜屑体次之，偶见团块镜质体。

基质镜质体[图 7-2(a)]通常作为凝胶基质将其他显微组分和同生矿物胶结在一起，反映了成煤过程中凝胶化作用强烈。均质镜质体[图 7-2(b)]中常发育内生裂隙。6 煤中的结构镜质体含量较少，包括结构镜质体-1 和结构镜质体-2，大多数结构镜质体细胞腔中都被黏土矿物、镜屑体、微粒体或其他矿物充填，反映出当时快速沉积的还原环境，如图 7-2(c)和图 7-2(d)所示。镜屑体较少见，一般呈破碎不规则形。

（二）惰质组特征

惰质组主要为丝质体和半丝质体的优势组合，其次是惰屑体和微粒体，粗粒体和菌类体较少见。丝质体大多细胞结构保存完整，少数被挤压破碎形成"弧形"或"星状"[图 7-3(a)]。6 煤层中微粒体产状多样，有的充填在结构镜质体细胞腔中，有的富集成薄层且与无结构镜质体互层[图 7-3(d)]，有的细分散在基质镜质体中，在微粒体集合体中，常常有不同程度的细分散黏土矿物与之共生，如图 7-3(c)所示。粗粒体[图 7-3(e)]无细胞结构，粒径一般大于 30μm，呈大小不一的圆形或椭圆形颗粒状。菌类体突起明显，近圆形或被压扁成环形，如图 7-3(f)所示。碎屑惰质体通常小于 10μm，多呈碎片状。另外，发现了零星的天然焦(coke)颗粒与碎屑惰质体共同出现。

表 7-1 哈尔乌素 6 煤中显微组分的含量

(单位:μg/g)

样品号	镜质组 结构	均质	基质	团块	镜屑体	总计	壳质组 大孢子	小孢子	角质体	总计	惰质组 半丝	丝质体	粗粒体	菌类体	微粒体	惰屑体	总计	矿物总计
6-1-1	2	23	22	1	0.6	48.6	0.2	2.2	5.6	8.6	9.4	15.6	1.2	1.4	0	10	37.6	5.2
6-1-2	0	26.4	38.4	1	0	65.8	0	4.6	0	4.6	6.8	10.2	0.4	2	0.6	6	26	3.6
6-2-1	0.2	23.2	14.8	0	0	38.2	0	11.6	1	13.4	7.4	24.2	0.6	1.6	0.8	8.4	43	5.4
6-2-2	0	23.6	19.4	0	0.2	43.2	0	3.6	1.6	5.2	7.4	20.2	2.8	7.2	0.4	6	44	7.6
6-2-3	0.8	24.4	25.4	0	0.2	50.8	0.2	4	0.2	4.8	10.4	13	0.2	6.6	1.4	9.4	43	1.4
6-2-4	2	25	40.2	0.8	0	68	0	1.4	1.2	2.6	7.4	8.2	0.6	2	0.2	7.2	25.6	3.8
6-2-5	0.2	28	33.6	2.2	0.8	64.8	0	2.2	0	2.2	8.2	8.4	0.2	5	0	10.2	31	1
6-3-1	2.4	12.8	26.8	1.4	0.4	43.8	0.6	5.8	0.4	6.8	10.2	14.4	0.4	6.2	0.8	4.8	36.8	12.6
6-3-2	0	25.4	13.4	0.2	0.2	39.2	0.2	8.4	1.4	10.4	10	19.6	0.6	7.2	0.4	10.4	48	2.4
6-3-3	0.2	35.8	4.4	0	0.4	40.8	0.2	3.6	3.4	7.2	11.6	17.2	0.8	0	0	18.8	48.4	3.6
6-3-4	0.8	26.6	29	0.2	0.6	57.2	0.6	1.6	0	1.6	10	18.6	0.6	1.2	0.2	10	40.6	0.6
6-3-5	0	25	39.6	0	0.2	64.8	0.2	5.2	2.8	8.2	7.8	9.4	0	1.8	0	5	24	3
6-4-1	0	25.2	24.6	0.2	0.4	50.4	0	1.6	1.4	3	73	18	0.4	0.8	0.6	6.8	45.6	1
6-4-2	0	28.2	24.2	1.6	0.2	54.2	1	2.8	0	3.8	7.4	22	0.2	3.2	0.2	8.6	41.6	0.4
6-4-3	0.4	27.6	15.4	0.2	0.6	44.2	0.2	0.6	0	0.8	7.2	22.8	5.6	2.6	0.2	9	47.4	7.6
6-4-4	3.8	25.4	15.6	1	0.4	46.2	0.6	5.2	0.4	6.2	9.6	17.2	5.2	1.8	0.2	10.4	44.4	3.2
6-5-1	16.4	10.6	29	0	0.2	56.2	0	1.6	1.2	2.8	8.4	12.6	0.8	2	0	12.4	36.2	4.8
6-5-2	0.4	23.4	17.2	0	1.4	42.4	0.2	5.4	0.6	6.2	6.4	17.4	13.2	2.8	0	10	49.8	1.6

续表

样品号	镜质组 结构	镜质组 均质	镜质组 基质	镜质组 团块	镜质组 镜屑体	镜质组 总计	壳质组 大孢子	壳质组 小孢子	壳质组 角质体	壳质组 总计	惰质组 半丝	惰质组 丝质体	惰质组 粗粒体	惰质组 菌类体	惰质组 微粒体	惰质组 惰屑体	惰质组 总计	矿物 总计
6-5-3	1	22.8	8.6	0	4	36.4	1.6	7	0.4	9	6.4	20.6	2.2	4.8	6	11.4	51.4	3.2
6-5-4	0.2	24.8	1.4	0	0.6	27	0.8	5	3.6	9.4	8.6	27	1.2	3.2	1	15.2	56.2	7.4
6-5-5	0	17	4.8	0.2	0.4	22.4	0.2	5	1.8	7.2	11.2	35.8	3.8	4.6	1.4	8.8	65.6	4.8
6-5-6	2.4	22.2	20.6	0	0	45.2	0	0.4	0.8	1.2	9	28.2	0	0.2	0.6	7	45	8.6
6-5-7	2.2	18.2	33.8	0.8	2	57	0	5	0.6	5.6	6.8	21.2	0.6	1.4	0.6	6.6	37.2	0.2
6-5-8	5.6	22.6	25	0	0.2	53.4	0.4	2	1.2	4	7	6	1	2.2	0	12	28.2	14.4
6-5-9	1.2	21.6	24.4	0.2	2.4	49.8	0.4	5.2	0.4	6.2	8.2	13.4	5.6	3.4	2.2	9.6	44.4	1.6
6-6-1	0.4	21.6	25.8	0	0.4	48.2	0	2.4	0.2	2.6	11.6	25.4	0.8	5.2	0.2	3.6	46.8	2.4
6-6-2	0	23.8	21	0	0.4	45.2	0	5	0.4	5.4	8.4	25.4	0.2	2.4	1.4	7	44.8	4.6
6-6-3	0.6	30.8	12.2	0	0	43.6	0.6	3.4	2	6	8.8	19.4	0.8	0.6	3.8	14.6	48	2.4
6-6-4	0	29.4	16.4	0.2	1.4	47.4	0	1.8	0.4	2.2	10.2	22.8	1.2	1.6	0.4	12.2	48.4	2
6-6-5	0.2	17.6	30.4	0.8	4	53	0	7.2	1.4	8.6	9.2	17	5.2	1.6	0	4.8	37.8	0.6
6-7-1	0.2	27	10.2	0	2.4	39.8	0.2	5.2	0.6	6	6.4	23.4	7.8	4.8	0.2	11.4	54	0.2
6-7-2	0.4	28	20.6	0.2	0.4	49.6	0	2.6	0	2.6	14	25	1.2	0.6	1	5.4	47.2	0.6
6-7-3	3	15.8	35.8	1	2	57.6	0.4	5.4	0.8	6.8	15	12.4	0.2	1.8	0.4	4.8	34.6	1
6-7-4	0.2	22.4	33.2	0	2	57.8	0.6	8.4	2.6	11.8	9.6	7.4	0.4	3.2	0.8	4.6	26	4.4
均值	1.39	23.68	22.27	0.39	0.86	48.59	0.25	4.19	1.13	5.68	9.32	18.22	1.94	2.85	0.76	8.89	41.99	3.74

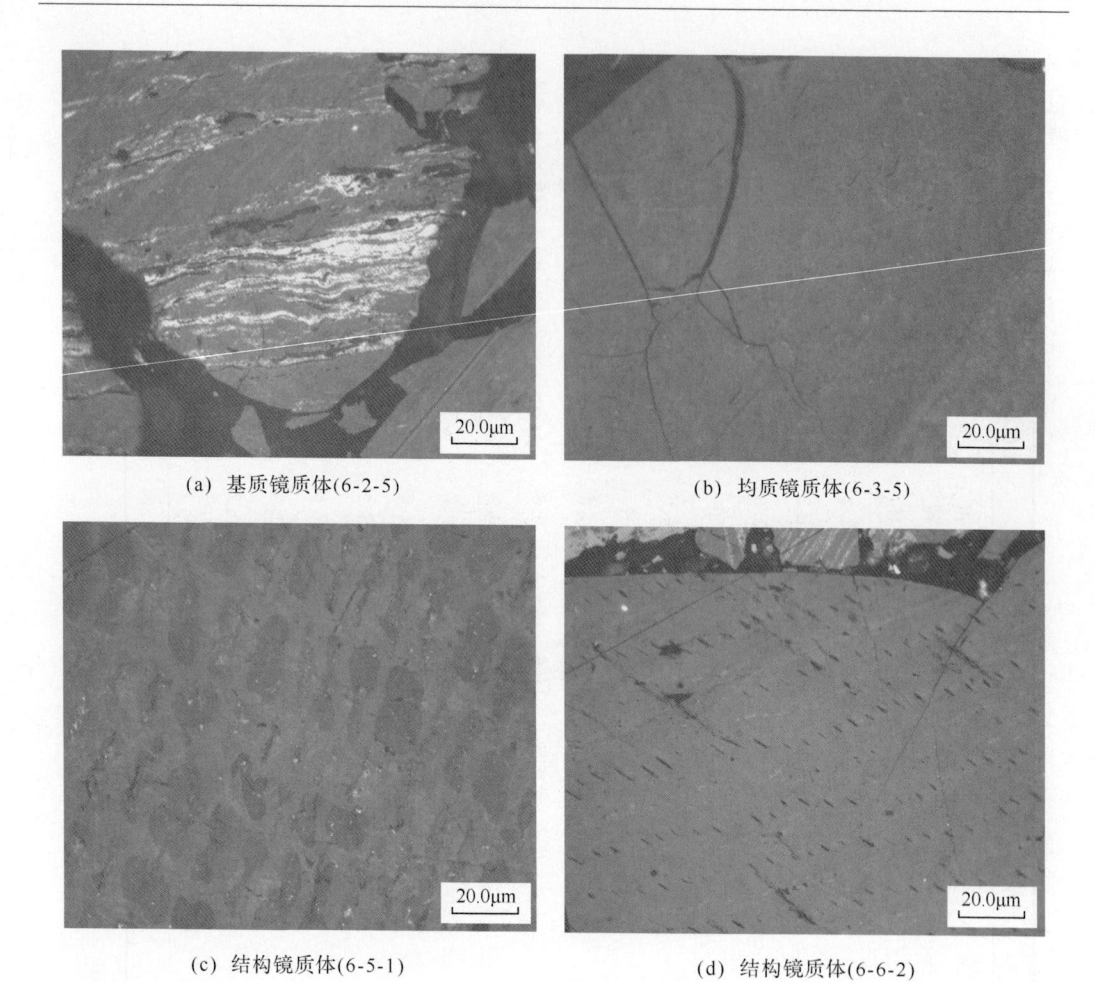

(a) 基质镜质体(6-2-5)　　　　　　(b) 均质镜质体(6-3-5)

(c) 结构镜质体(6-5-1)　　　　　　(d) 结构镜质体(6-6-2)

图 7-2　镜质组,油浸反射光,500×

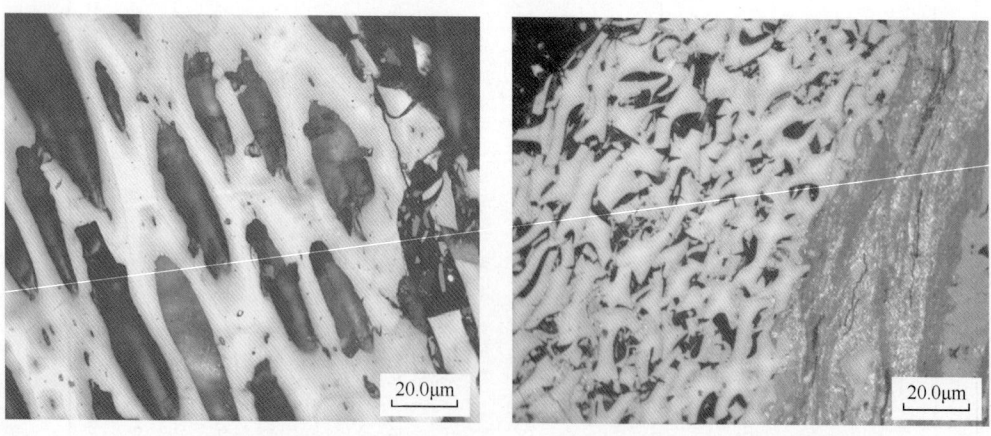

(a) 丝质体(6-6-1)　　　　　　(b) 半丝质体(6-3-3)

第七章 高铝煤的显微组分

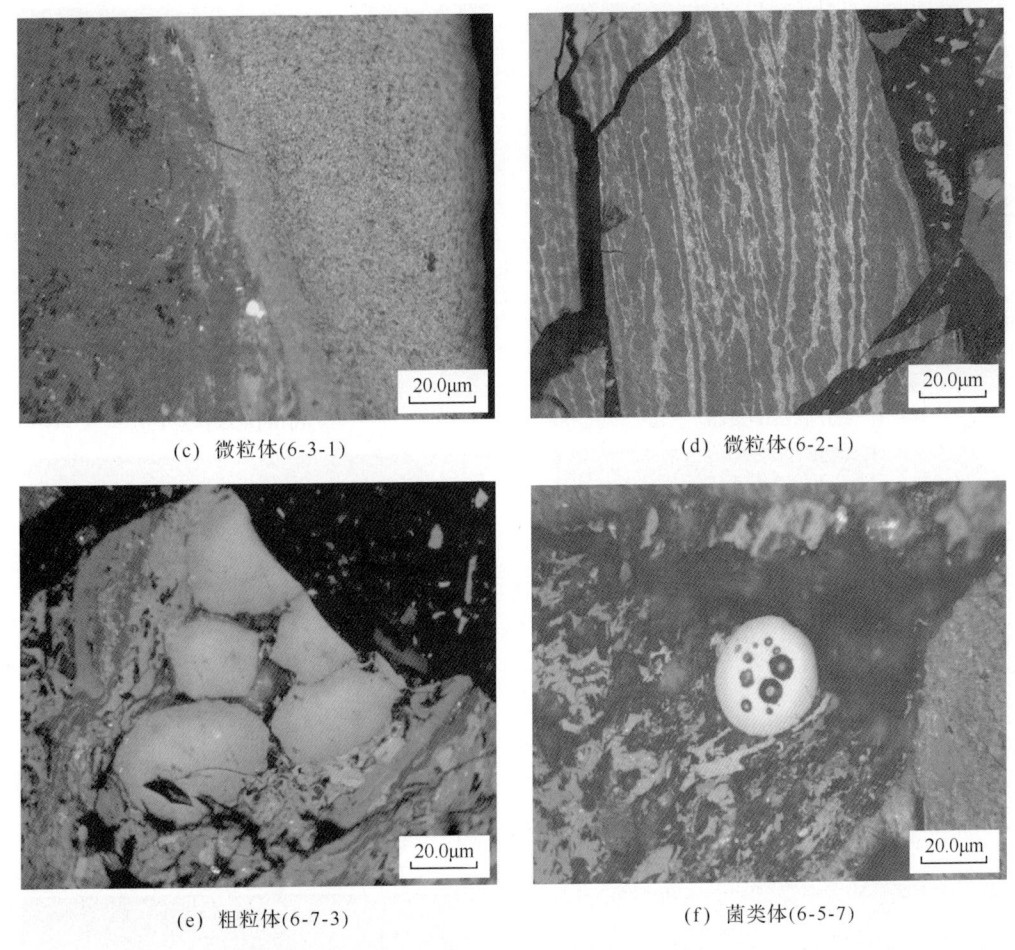

(c) 微粒体(6-3-1)　　　　　(d) 微粒体(6-2-1)

(e) 粗粒体(6-7-3)　　　　　(f) 菌类体(6-5-7)

图 7-3　惰质组，油浸反射光，500×

（三）壳质组特征

壳质组起源于高等植物中孢粉外壳、角质层、木栓层等较稳定的器官、组织、树脂、精油等植物代谢产物，以及藻类、微生物降解物。壳质组包括孢子体、角质体、树脂体、木栓质体、藻类体、荧光体、沥青质体、渗出沥青体和壳屑体九种显微组分。

壳质组以孢子体、角质体为主，偶尔可见树脂体[图 7-4(a)]、树皮体[图 7-4(b)]。孢子体常常呈现出线条状或蠕虫状，并成堆出现，分布于黏土矿物或基质镜质体中，如图 7-4(c)和图 7-4(d)所示。角质体[图 7-4(e)、图 7-4(f)]一般为长条状，宽窄不等。树皮体是我国晚古生代煤中特有的显微组分。壳质组普遍具有很强的荧光性。

二、官板乌素矿

把官板乌素煤样制成显微光片后，在光学显微镜下进行显微煤岩观测。观察官板乌素矿有机显微组分时采用油浸物镜，对于无机矿物，采用干物镜。观测范围 $1 cm^2$，每个光片至少观测有效点 500 个，每个点的行距和点距都为 $300\mu m$，观测完毕后进行显微组分统

(a) 树脂体(混2)

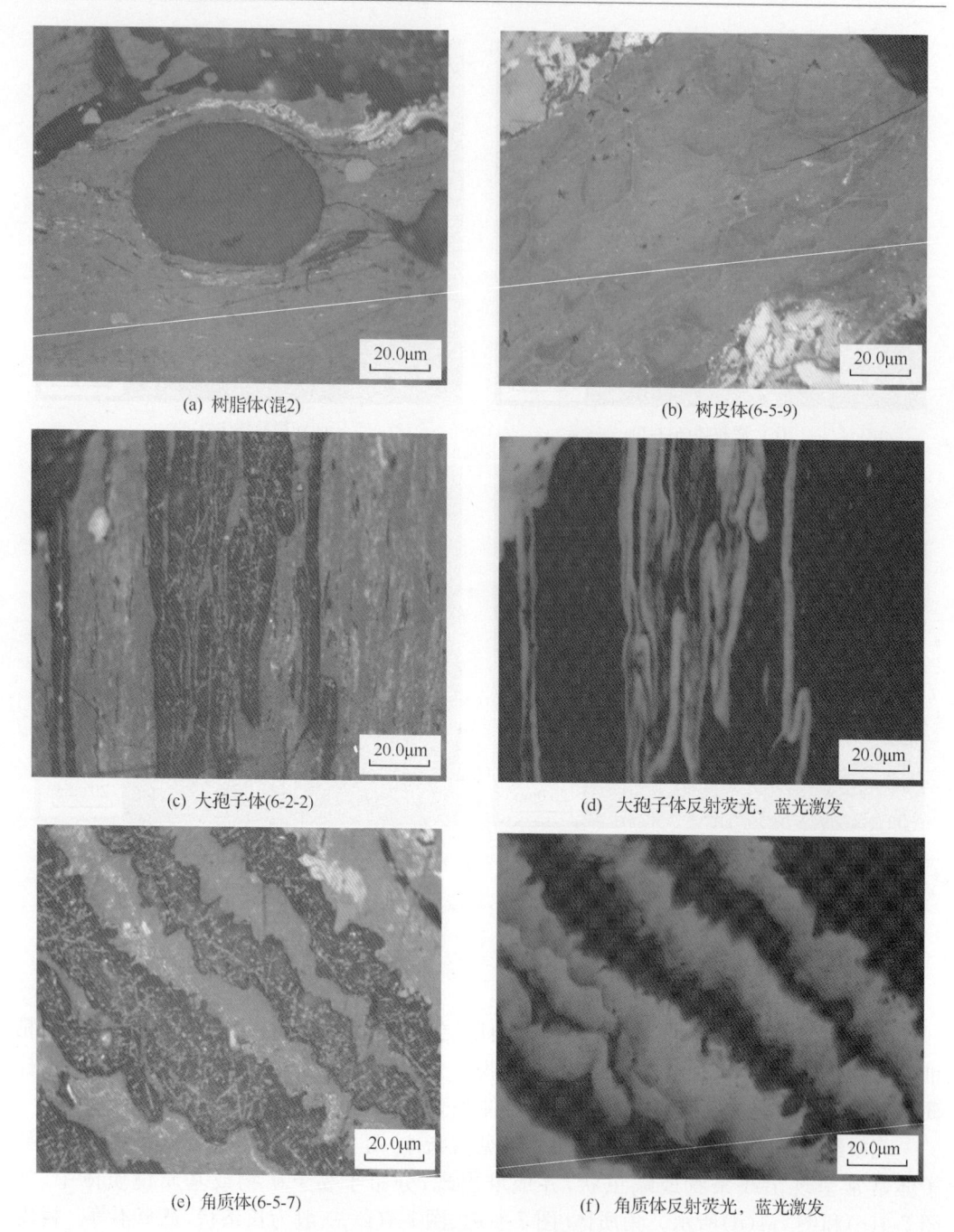

(b) 树皮体(6-5-9)

(c) 大孢子体(6-2-2)

(d) 大孢子体反射荧光,蓝光激发

(e) 角质体(6-5-7)

(f) 角质体反射荧光,蓝光激发

图 7-4　壳质组,油浸反射光,500×

计,镜质组最大镜质体反射率($\overline{R}_o$max)为 0.59%。官板乌素矿 6 煤层明显富集惰质组,而镜质组较低(代世峰等,2007)。惰质组含量明显高于华北聚煤盆地早二叠世太原组的煤,据王延斌(1996)的研究,华北聚煤盆地太原组煤中镜质组含量一般为 60%～80%,而惰质组含量一般小于 25%,官板乌素矿 6 煤层中惰质组的含量均值达 40.1%(表 7-2)。

第七章 高铝煤的显微组分

表 7-2 样品显微煤岩统计表（%）

样品号	T	Col	Cor	Cold	Vi	V	Sp	Cut	Re	Bi	L	F	SF	Ma	Mi	In	Fu	I	Caly	Py	Q	Ca	Bo	M
A1		6.03		35	0.97	42	1.95	0.19	0.58		2.72	1.56	21.4	1.56	0.78	5.84	0.19	31.3	20	1.36		0.39	2.14	23.9
A2		0.49		36.7	2.21	39.4	0.49	0.25	2.21		2.95	3.94	28.1	1.23	0.25	2.46		35.9	12.3	3.94	1.97	1.48	1.97	21.7
A3	0.39			27.6	5.48	33.5	1.77			0.59	2.35	0.98	33.7	2.74	1.76	3.72		42.9	17	1.76	0.2	0.59	1.76	21.3
A4		1.75		43.8	1.95	47.5	1.56			0.39	1.95	9.53	19.7	1.56	4.28	4.09		39.1	7.78	3.31		0.39		11.5
A5		1		39.9	0.2	41.1	0.2				0.2	5.18	38.8		0.4	1.79		46.2	8.57	1.79	0.66	0.2	1.26	12.5
A6	0.58	0.58	0.58	33.7	4.67	40.1	1.95		0.78	1.56	4.29	1.75	29.8		1.17	10.1		42.8	11.7	1.17				12.8
A7		2.29	0.23	43.4	2.29	48.2	4.13			0.23	4.36	2.75	15.7	1.15	1.84	10.3		31.8	13.3	0.92	0.23		1.18	15.6
A8		0.39		28	2.56	31	1.62	0.71			2.33	1.42	26.8	1.58	1.66	4.5		36	26	1.89	0.47		2.37	30.8
A9	0.18	4.07		36.2	0.74	41.2	4.44	0.18	0.18		4.81	16.6	7.21	1.85	7.39	12.2		45.5	6.47	0.92	0.37	0.37	0.37	8.13
A10	0.45	1.8		55.3	1.12	58.6	0.67	1.12		0.67	2.47	9.21	6.74	0.9	8.09	6.29		31.2	4.27	2.02	0.67	0.45	0.22	7.64
A11		0.79		39.6	0.2	40.6	3.76	0.4	1.2	0.2	5.55	1.39	32.9	1.39	7.92	4.95		48.5	4.16	0.4	0.2	0.59	2.27	7.62
A12		0.74		34.4	3.71	38.9	0.74	2.23		1.24	4.21	10.9	15.4	3.96	0.99	13.9	0.25	45.3	8.66	0.99	0.25	0.74	0.99	11.6
A13	0.39	9.41	1.56	29.6	6.86	47.8	2.35		0.39		2.74	1.37	18.6		2.94	11.8		34.7	14.3	0.48				14.8
A14	0.2	2.39		28.3	2.78	33.7	1.99		0.99		2.98	1.39	42.3			11.3		55.1	5.37	0.6	0.54		1.65	8.16
A15	0.39	5.28		20.6	2.54	28.8	1.37				1.37	3.72	52.3			6.46		62.4	7.44					7.44
A16	1.52	2.85	0.19	37.6	1.33	43.5	3.8		0.95		4.75	4.18	25.9	0.95	2.66	11.2		44.9	4.94	0.76	0.19	0.57	0.38	6.84
A17		1.41		32.5	4.24	38.2	0.35				0.35	0.35	31.1	0.35	2.83	6.36		41	14.8	5.65			0.38	20.9
A18		1.19		46.9	0.6	48.7	0.8		0.8		1.6	3.98	35.8	0.4	0.6	0.99		41.8	3.58	2.58	0.35	0.8	0.65	7.96
Apbottom	0.25	0.78		28.7	3.5	33.3	1.01	0.39	0.39		1.79	5.3	27.6	2.27	1.51	4.04		40.7	18.9	2.78	0.25			22
B1	0.2	3.78		58	1.2	63.2	1.4				1.4	0.2	5.78	0.2	3.78	11		20.9	10.4	2.19			1.98	14.5
B2	1.04	14.1		43.7	6.47	65.3	0.98	0.2			1.18	0.98	8.24	0.98	1.18	7.84		19.2	8.24	5.69	0.2	0.2		14.3

续表

样品号	T	Col	Cor	Cold	Vi	V	Sp	Cut	Re	Bi	L	F	SF	Ma	Mi	In	Fu	I	Caly	Py	Q	Ca	Bo	M
B3	0.2	0.4		24.2	4.39	29.1	1.2				1.2	1.4	35.5	2.2	1	12		52.1	13.8	1.2	0.2	0.2	2.2	17.6
B4		0.98		36.1	0.39	37.5	2.15		0.2	0.4	2.73	2.34	33.8	0.78	4.1	2.34	0.2	43.6	13.7	1.56		0.2	0.78	16.2
B5		2.18		38.4	0.6	41.2	1.59				1.59	5.56	36.1	0.4		4.37		46.4	6.15	1.98	0.61	0.79	1.24	10.8
B6	0.19	2.45		30.1	5.27	38	1.32			3.01	4.33	1.13	14.5	2.26	1.51	20.5		39.9	15.6	1.88		0.19		17.7
B7		2.94		47.4	1.51	51.8	1.3		1.08		2.38	2.37	19.2	0.86	0.43	5.81		28.7	14.7	1.29	0.22	0.43	0.65	17.3
B8		0.39		34.1	2.53	37	1.6	0.7			2.3	4.87	23	1.56	1.64	4.44		35.5	20.5	1.87	0.47		2.34	25.2
B9	0.4	1.19		27.7	8.5	37.8	0.6	0.2	0.59	0.79	2.18	3.95	16.1	1.38	3.75	20.9		46.1	9.88	4.15		0.2	1.54	15.6
B10	0.2	0.98		25.7	4.31	31.2	3.72			0.39	4.12	1.37	30.2	2.75	2.94	10.2		47.5	12.2	2.55	0.2	1.23	6.16	17.3
B11		0.21		27.7	1.64	29.5	0.62	1.85			2.47	7.4	27.3	2.06	2.67	16		55.5	9.45	0.21			1.64	12.5
B12	0.43			48.1	2.35	50.9	1.95			0.65	2.6	2.35	21.9	0.86	5.81	6.89		37.8	5.87	1.96			0.86	8.69
B13		8.82		49.4	1.37	59.6	2.75	0.59	0.4		3.74	1.37	19.2		0.59	8.82		30	5.69	0.98				6.67
B14				63.1	0.79	63.9	0.4	0.4			0.8	1.58	7.92	1.19	5.35	5.15		21.2	8.51	3.96	0.22		1.43	14.1
B15		1.18		45.4	0.59	47.1	0.59				0.59	2.36	35.8	0.2	0.2	3.54		42.1	5.89	1.77	0.2	2.36	1.54	11.8
B16		1.72		29.5	3.06	34.2	2.1	0.38	0.96	0.57	4.02	20.3	18.7	1.34	0.57	2.49		43.4	13.8	3.44		0.38	0.76	18.4
B17		4.8		51.1	0.38	56.2	2.69			0.38	3.07	2.3	18	0.19	0.77	10.6		31.9	4.03	2.5	0.19	0.58	1.54	8.83
B18		0.52		27.6	1.57	29.7	0.79				0.79	12.3	19.7	3.41	1.31	17.1		53.8	14.2	0.26	0.26	0.26	0.79	15.8
Bp4	5.48	4.38		39.3	1.1	50.3	1.92			0.55	2.47	3.56	16.2	0.55	5.21	5.75		31.3	9.32	4.7	0.55	0.4	1.37	15.4
均值	0.73	2.69	0.64	37.5	2.53	42.9	1.7	0.67	0.74		2.57	4.3	24.1	1.41	2.57	8.11	0.21	40.1	10.8	2.09	0.4	0.59	1.67	14.7

注：bdl. 低于检测限；T. 结构镜质体；Col. 均质镜质体；Cor. 均质质体；Cold. 基质镜质体；Vi. 碎屑镜质体；V. 镜质组总量；Sp. 孢子体；Cut. 角质体；Re. 树脂体；Bi. 沥青质体；L. 壳质组总量；F. 丝质体；SF. 半丝质体；Ma. 粗粒体；Mi. 微粒体；In. 碎屑惰质体；Fu. 菌类体；I. 惰质组总量；Clay. 黏土；Py. 黄铁矿；Q. 石英；Ca. 方解石；Bo. 勃姆石；M. 矿物总量。

从最大镜质组反射率来看，官板乌素矿 6 煤属于长焰煤，是准格尔煤田晚古生界变质程度最低的煤类。惰质组和壳质组的平均含量分别为 40.1%、2.57%。惰质组含量较高的是半丝质体和惰质碎屑体，分别为 24.1% 和 8.11%。壳质组含量最高的样品是 GB21，占 4.81%；含量最低的样品是 GB5，占 0.2%，显微镜下只发现有小孢子体。镜质组主要是基质镜质体、均质镜质体和镜质碎屑体。基质镜质体的均值为 37.5%，均质镜质体为 2.69%，镜质碎屑体占 2.53%。

（一）镜质组

1. 结构镜质体

结构镜质体是指在显微镜下或扫描电子显微镜下显示植物细胞结构的镜质组分（图 7-5～图 7-16）。一般细胞排列规则，细胞完整，有的细胞发生不同程度的膨胀，排列失去规则性，有时只显示细胞结构残迹。

官板乌素矿 6 号煤层的煤中结构镜质体含量为 0.2%～5.48%，均值为 0.73%。细胞腔中充填碎屑镜质体、微粒体或高岭石、勃姆石、方解石等矿物。部分结构镜质体细胞结构保存很差，只能根据光学性质的不同识别出细胞痕迹。

2. 基质镜质体

基质镜质体没有固定形态，充当其他各种显微组分和矿物质的"胶结物"。基质镜质体不显示任何细胞结构痕迹，反映成煤植物曾遭受强烈的凝胶化作用。基质镜质体是煤中显微组分镜质组的常见和基本的亚组分，占镜质组的大部分。

官板乌素矿 6 号煤中基质镜质体含量为 20.6%～63.1%，均值为 37.5%，为主要镜质组分。

3. 均质镜质体

均质镜质体呈宽窄不等的条带状和透镜状，均一、纯净。官板乌素矿 6 号煤中均质镜质体含量为 0.4%～19.1%，均值为 2.69%。6 号煤中均质镜质体的一个显著特点是其反射色呈现不均匀的灰色、灰白色相间，为富氢均质镜质体，在扫描电子显微镜下表面分布有气孔（图 7-5，图 7-16）。富氢均质镜质体主要是煤在后期演变中有机质脱氧造成的。

4. 胶质镜质体

胶质镜质体是由腐殖凝胶转变而成，常充填在植物组织胞腔或其他空隙中，没有确定形态，不含其他杂质。官板乌素矿 6 号煤中胶质镜质体含量较少，为 0.19%～1.56%，均值为 0.64%。

5. 碎屑镜质体

碎屑镜质体是粒径小于 10μm 的镜质组分碎屑，多呈粒状或不规则形状，偶呈棱角状，常与碎屑惰质体等混合堆积。官板乌素矿 6 号煤中碎屑镜质体含量较高，为 0.6%～6.86%，均值为 2.53%。主要是由煤形成过程中水的扰动造成的。

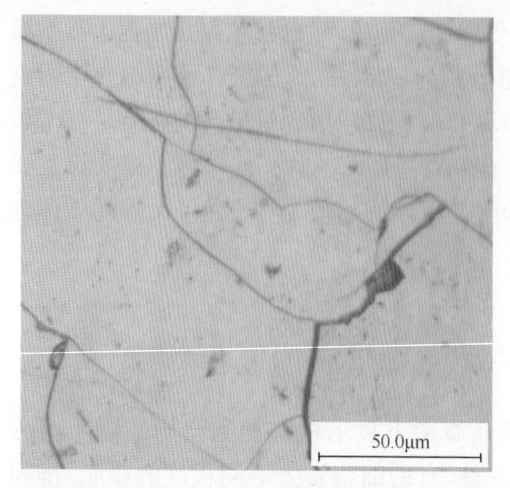

图 7-5　样品 GB42 均值镜质体(反射单偏光)

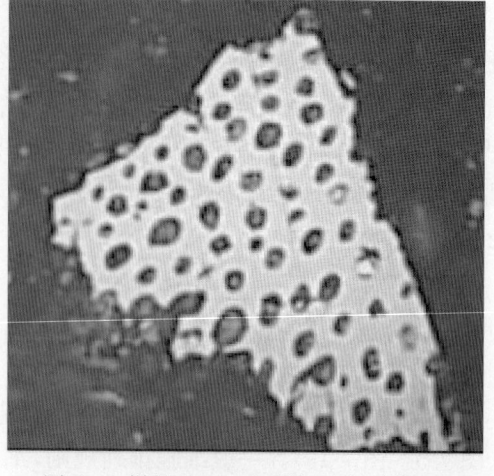

图 7-6　样品 GB14 丝质体(反射单偏光)

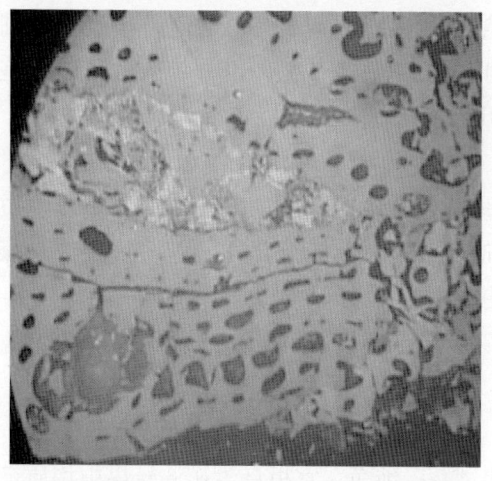

图 7-7　样品 GB40 结构镜质体(反射单偏光)

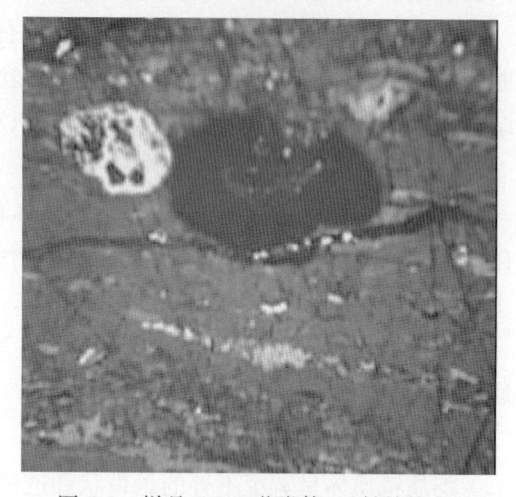

图 7-8　样品 GB38 菌类体(反射单偏光)

图 7-9　样品 GB44 粗粒体(反射单偏光)

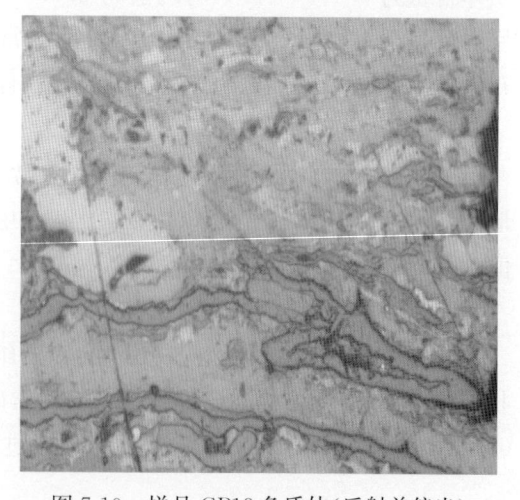

图 7-10　样品 GB18 角质体(反射单偏光)

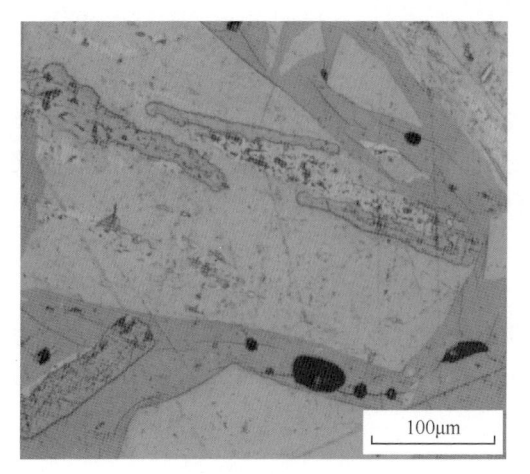

图 7-11　样品 GB23 孢子体（反射单偏光）

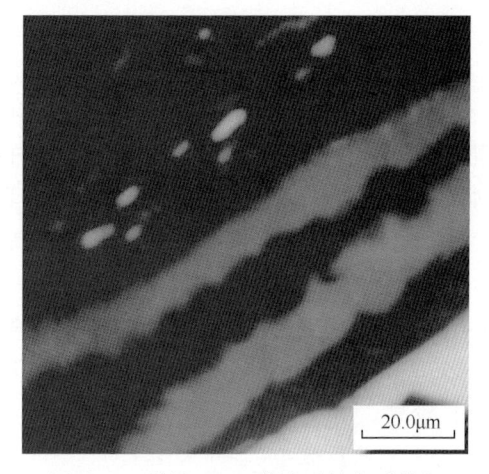

图 7-12　样品 GB23 荧光下的角质体与小孢子（蓝光激发）

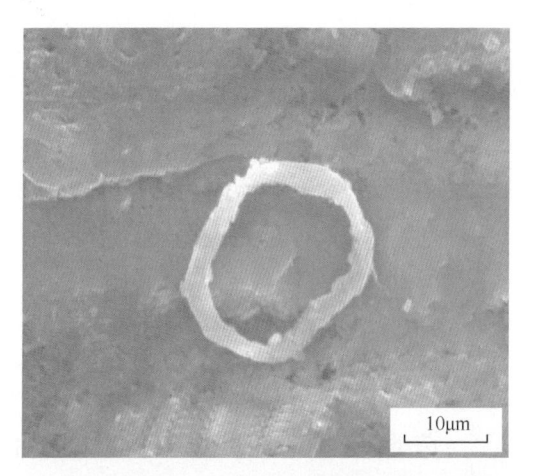

图 7-13　样品 GB40 菌类体（SEM，二次电子像）

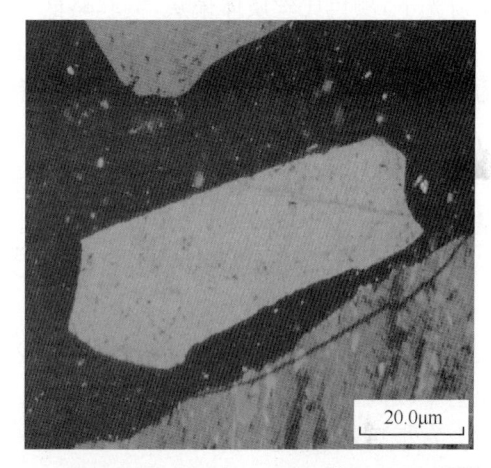

图 7-14　样品 GB23 微粒体（油镜）

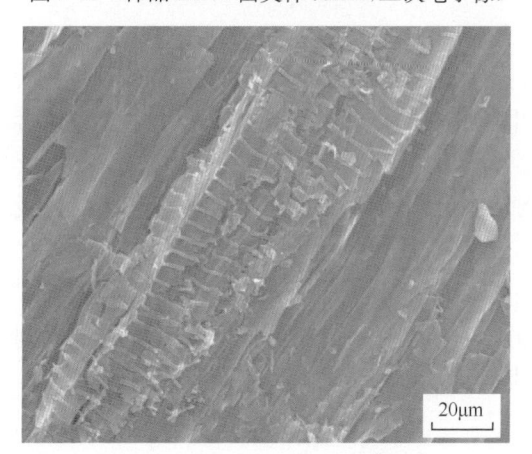

图 7-15　样品 GB2 结构镜质体（SEM，二次电子像）

图 7-16　样品 GB26 镜质体中的超微气孔（SEM，二次电子像）

(二) 惰质组

惰质组主要是成煤植物的木质纤维组织经受丝炭化作用形成的显微组分,少数惰质组分来源于具有深色色素的真菌遗体,或是在热演化过程中次生的显微组分。在油浸反射光下呈灰白色、亮白色、亮黄白色,大多具有中高突起。

官板乌素矿 6 号煤中惰质组含量较高,含量为 20.9%～55.5%,均值为 40.1%。

1. 丝质体

丝质体是指植物细胞结构保存完好的惰质组分。官板乌素矿 6 号煤中丝质体含量为 1.6%～8.3%,均值为 4.3%(图 7-6)。Finkelman 等(1998)研究发现,丝质体中 Ca、Mg 和 F 较高。

2. 半丝质体

半丝质体是指油浸反射色介于丝质体和结构半镜质体之间的过渡显微组分。在油浸反射光下,颜色比丝质体偏灰,突起略低。

官板乌素矿 6 号煤中一个显著特点是半丝质体含量较高,为 5.78%～52.3%,均值为 24.1%。官板乌素矿 6 号煤中丝质体和半丝质体被菌解的情况较多。

3. 粗粒体

粗粒体是反射色较半镜质组强、突起较高、无细胞结构、粒径大于 30μm 的块体,有时呈无定形基质状(图 7-9)。

在官板乌素矿 6 号煤中,粗粒体含量为 0.2%～3.96%,均值为 1.41%。

4. 菌类体

菌类体是真菌一体和高等植物的分泌物所形成的外形浑圆的惰质组分。突起明显,反射率较高。

官板乌素矿中菌类体含量为 0.19%～0.25%。菌类体颜色为浅灰色、黄白色和亮白色(图 7-8,图 7-13)。

5. 微粒体

微粒体在油浸反射光下呈灰白色至亮黄白色,没有突起。有的充填在镜质体胞腔中、分散在基质镜质体中或富集成薄层于镜质体中(图 7-14)。官板乌素矿 6 号煤中微粒体含量比较高,为 0.4%～8.09%,均值为 2.57%。

据代世峰等(2007)研究认为,微粒体可能是次生细胞壁或细分散的腐殖碎屑在泥炭化作用早期经过氧化作用形成的。

6. 碎屑惰质体

碎屑惰质体是粒径小于 10μm 的惰质组分。很少具有细胞结构,呈棱角状或不规则形状。通常是丝质体、半丝质体、粗粒体或菌类体等的碎片,往往具有再沉积特征。

(三) 壳质组

壳质组是由高等植物繁殖器官、树皮、分泌物及藻类等形成的反射率最弱的显微组分(吴程赟,2012)。从低煤级烟煤到中煤级烟煤。在油浸反射光下呈深灰色到浅灰色;在蓝光激发下发绿黄色—亮黄色—橙黄色—褐色荧光。壳质组在低煤级中具有中高突起。

1. 孢子体

孢子体主要来源于高等植物的繁殖器官——孢子。根据个体大小,可分出大孢子体(>0.1mm)和小孢子体(<0.1mm)。

官板乌素矿 6 号煤中孢子体含量为 0.2%～4.44%。大部分都为小孢子体,大孢子体含量较少。

大孢子体,长轴一般都大于 0.1mm,巨大者达到 4～5mm,在垂直切面中呈封闭的、压扁的长环形,大孢子壁有时可见内外两个结构不同的分层(图 7-11)。

官板乌素矿主采 6 号煤层煤中发现有部分大孢子体在油浸反射光下发褐红色,可能是因为其中油脂被干馏出来,并且其表面可能有微粒体。

小孢子体,长轴小于 0.1mm,在荧光下淡绿色(图 7-12)。

2. 角质体

角质体来源于植物的叶片、嫩枝和细茎的外部保护层(角质层)。角质体在垂直层理的切面中呈长条带状,具有外缘光滑、内缘锯齿状,且末端折曲处呈尖角状的特征。

官板乌素矿 6 号煤层煤中角质体含量为 0.4%～7.0%。有厚壁角质体和薄壁角质体两种,以厚壁角质体为主,在油浸反射光下颜色为深灰色(图 7-10)。在荧光下呈浅黄色(图 7-12)。

3. 树脂体

树脂体为植物的细胞分泌物,反射光下呈深灰色、灰色。官板乌素矿常见氧化树脂体,颜色为亮灰色(图 7-17)。

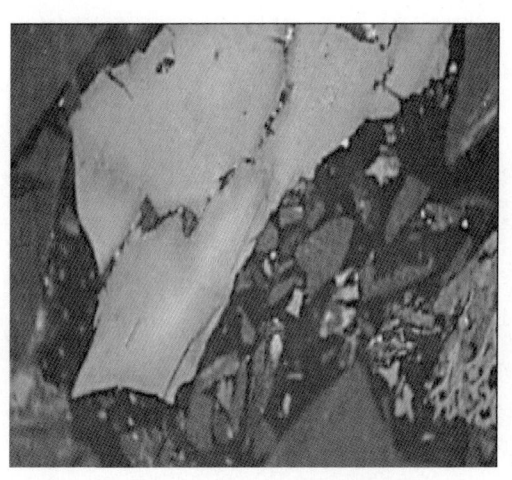

图 7-17 样品 GB32 氧化树脂体

三、串草圪旦煤矿

通过显微镜进行定量统计,串草圪旦煤矿 4 号煤和 6 号煤镜质组占多数,其次是惰质组,壳质组含量较低。显微煤岩组分含量见表 7-3。4 号煤和 6 号煤镜质组反射率测定结果显示,4 号煤镜质组反射率为 0.65%,6 号煤镜质组反射率为 0.66%,属于中阶烟煤。

表 7-3 4 号煤和 6 号煤中有机显微组分含量

样品号	镜质组/% 结构镜质体	镜质组/% 均质镜质体	镜质组/% 基质镜质体	镜质组/% 团块镜质体	镜质组/% 碎屑镜质体	镜质组/% 总计	亮质组/% 大孢子体	亮质组/% 小孢子体	亮质组/% 角质体	亮质组/% 其他	亮质组/% 总计	惰质组/% 半丝质体	惰质组/% 丝质体	惰质组/% 粗粒体	惰质组/% 微粒体	惰质组/% 菌类体	惰质组/% 碎屑惰质体	惰质组/% 总计	反射率/%
4-1	2.34	12.92	15.13	0.00	17.42	47.81	0.00	1.25	0.00	0.00	1.25	20.53	21.82	0.00	0.52	0.00	8.07	50.94	0.61
4-2	1.52	47.72	15.21	0.00	0.38	64.83	0.00	0.38	0.00	0.00	0.38	9.70	17.68	0.00	1.33	0.00	6.08	34.79	0.62
4-3	1.29	6.09	9.41	0.00	0.18	16.97	0.00	0.37	0.00	0.37	0.74	31.73	20.96	0.85	1.48	0.00	28.12	82.29	0.78
4-4	1.70	20.43	16.16	0.00	15.05	53.34	0.21	1.43	0.43	0.55	2.62	12.55	19.79	0.21	0.00	0.00	10.85	44.04	0.76
4-5	1.92	29.21	11.39	0.00	8.32	50.84	0.21	1.43	0.85	0.38	2.87	17.04	22.01	0.00	0.00	0.21	6.82	46.29	0.67
4-6	2.46	23.21	15.66	0.45	8.28	50.06	0.00	1.56	0.67	0.25	2.48	24.29	14.91	0.00	0.45	2.01	5.80	47.46	0.63
4-7	0.00	36.16	14.11	0.00	0.00	50.26	0.18	4.06	0.18	0.53	4.94	13.76	17.46	0.00	0.71	0.00	12.87	44.80	0.64
4-8	2.19	39.03	6.70	0.00	5.61	53.53	0.45	2.71	0.45	0.24	3.85	18.13	13.39	0.23	0.23	0.00	10.64	42.62	0.61
4-9	2.46	28.15	15.17	0.60	8.14	54.52	0.00	2.08	0.89	0.18	3.15	16.85	18.04	1.19	0.00	0.00	6.25	42.33	0.65
4-10	1.38	46.62	9.06	0.00	2.25	59.31	0.00	2.23	0.23	0.36	0.82	14.28	12.89	0.00	0.00	0.00	12.70	39.87	0.56
均值	1.73	28.95	12.80	0.11	6.56	50.15	0.10	1.55	0.37	0.29	2.31	17.89	17.90	0.25	0.47	0.22	10.82	47.54	0.65
6-2	0.47	19.62	26.13	0.24	6.38	52.84	0.00	2.84	0.00	0.00	2.84	15.06	15.91	1.42	0.00	0.00	11.93	44.32	0.67
6-3	0.77	71.24	8.88	0.00	0.00	80.89	0.00	0.58	0.00	0.00	0.58	6.95	6.95	0.00	1.16	0.00	3.47	18.53	0.68
6-4	0.00	55.88	3.61	0.00	0.20	59.69	0.20	0.60	0.60	0.20	1.60	6.82	15.64	0.80	3.82	0.40	11.23	38.71	0.63
6-5	1.01	44.56	8.22	0.00	1.21	55.00	0.20	4.44	0.40	0.00	5.04	8.65	24.08	0.20	0.00	0.00	7.03	39.96	0.73
6-6	1.05	50.96	12.61	0.00	0.00	64.62	0.00	1.40	0.00	0.00	1.40	8.23	15.41	0.00	1.40	0.00	8.93	33.98	0.70
6-7	3.67	40.75	8.12	0.00	1.63	54.17	0.00	2.04	0.81	0.00	2.85	9.15	18.68	0.00	1.63	0.00	13.52	42.98	0.66
6-8	2.56	29.24	11.97	0.00	6.20	49.97	0.00	3.63	0.00	0.00	3.63	10.68	22.05	0.00	1.71	0.00	11.75	46.40	0.73
6-9	1.24	47.34	5.56	0.83	0.83	55.80	0.00	1.66	0.21	1.04	2.91	8.28	13.55	0.83	4.97	0.00	13.66	41.29	0.67
6-10	0.95	21.65	18.26	0.24	7.11	48.21	0.00	1.42	0.00	0.00	1.42	8.35	25.92	0.47	1.18	0.40	14.45	50.37	0.69
6-11	4.44	30.40	11.24	0.00	7.06	53.14	0.00	2.82	0.40	0.00	3.22	7.48	22.27	0.61	1.01	0.20	12.07	43.64	0.63
6-12	3.35	37.53	9.26	0.00	1.26	51.40	0.00	2.31	0.00	0.00	2.31	9.34	23.85	0.84	1.02	0.21	11.03	46.29	0.59
6-13	4.91	13.82	13.85	0.61	9.00	42.19	0.00	5.07	0.20	0.00	5.27	10.22	28.08	0.23	0.56	0.00	13.45	52.54	0.62
6-14	1.43	56.33	5.53	0.00	0.00	63.28	0.00	1.96	0.00	0.00	1.96	7.66	15.69	0.00	0.36	0.00	11.05	34.76	0.53
均值	1.99	39.95	11.02	0.15	3.14	56.25	0.03	2.37	0.20	0.10	2.69	8.99	19.08	0.43	1.45	0.06	11.04	41.06	0.66

(一) 镜质组

串草圪旦煤矿 4 号煤中镜质体含量为 16.9%～64.83%，平均为 50.15%，6 号煤中镜质体含量为 42.19%～80.89%，平均为 56.25%，串草圪旦煤矿 4 号煤和 6 号煤中主要为均质镜质体、基质镜质体，其次是镜屑体和结构镜质体，团块镜质体较少。结构镜质体是显微镜下显示植物细胞结构的显微组分。4 号煤和 6 号煤中结构镜质体[图 7-18(a)]含量较低，细胞壁结构保存完好，胞腔充填有黄铁矿、石英、方解石等。

基质镜质体没有固定形态，充当其他显微组分和矿物质的胶结物[图 7-18(b)]，4 号煤和 6 号煤中基质镜质体含量较高，不显示细胞结构，表明成煤物质遭受强烈的凝胶化作用。

均质镜质体主要是由植物树皮、树叶和木质部等组织经受凝胶化作用转变而成。4 号煤和 6 号煤中均质镜质体呈条带状或透镜状[图 7-18(c)]，纯净、均一。团块镜质体一般呈椭圆形、圆形单体或者群体分布。在油浸反射光下颜色稍浅，呈微突起，边界清晰，内部均一[图 7-18(d)]。4 号煤和 6 号煤中团块镜质体较少。

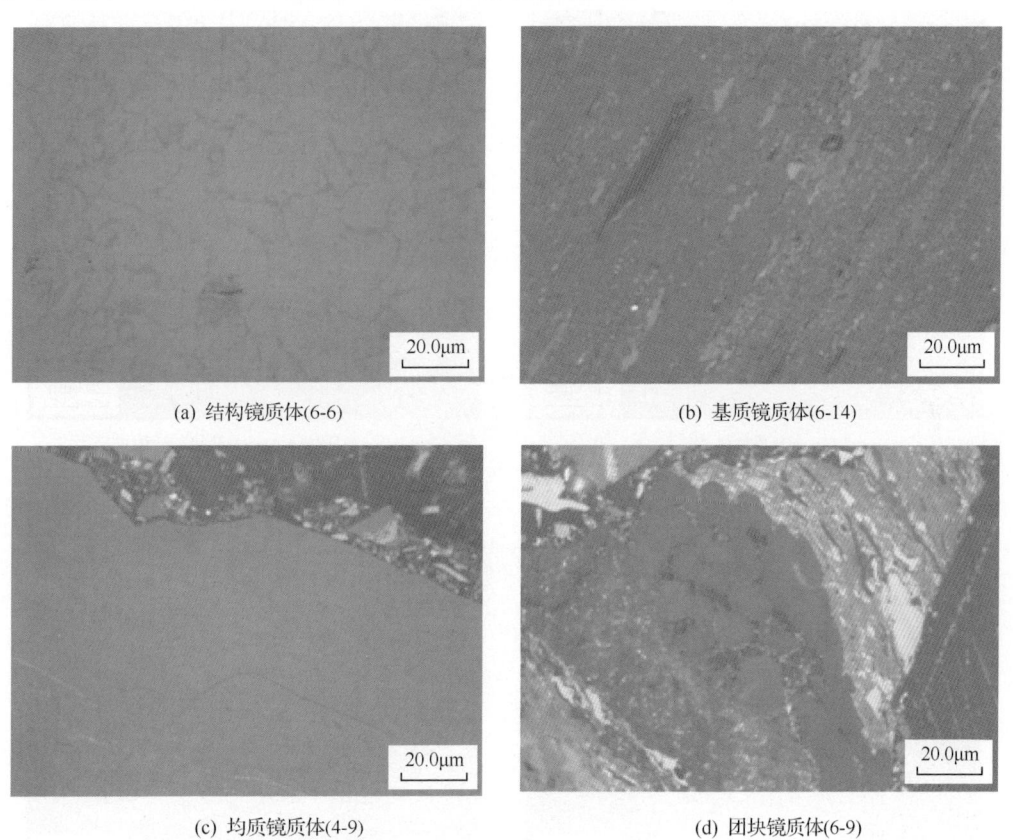

(a) 结构镜质体(6-6)　　(b) 基质镜质体(6-14)

(c) 均质镜质体(4-9)　　(d) 团块镜质体(6-9)

图 7-18　镜质组，反射光，500×

(二) 惰质组

惰质组是由成煤植物的木质纤维组织受到丝炭化作用形成的显微组分的集合。惰质组在油浸反射光下呈亮白色、亮黄白色、灰白色,大多居中高突起。4号和6号煤中惰质组含量较镜质组少,其中4号煤中惰质组含量为34.79%~82.29%,平均为47.54%,6号煤中惰质组含量为18.53%~52.54%,平均为41.06%。串草圪旦煤矿4号和6号煤以半丝质体和惰屑体居多,其次是丝质体,微粒体、组粒体和菌类体含量较低。

半丝质体在油浸反射光下颜色比丝质体偏灰,突起略低,植物细胞结构保存较差,细胞壁多数已被破坏,胞腔不规则[图7-19(a)]。

煤中大多丝质体植物细胞结构保存较好,呈"筛状"结构[图7-19(b)],也有呈"弧状"或"星状"结构[图7-19(c)]。

粗粒体一般突起较高、没有细胞结构[图7-19(d)]。微粒体的粒径小于1μm,多数充填于结构镜质体的胞腔[图7-19(e)]。菌类体是高等植物的分泌物和真菌遗体形成的分泌物,外形浑圆,突起较高,常呈单细胞或多细胞分布[图7-19(f)]。

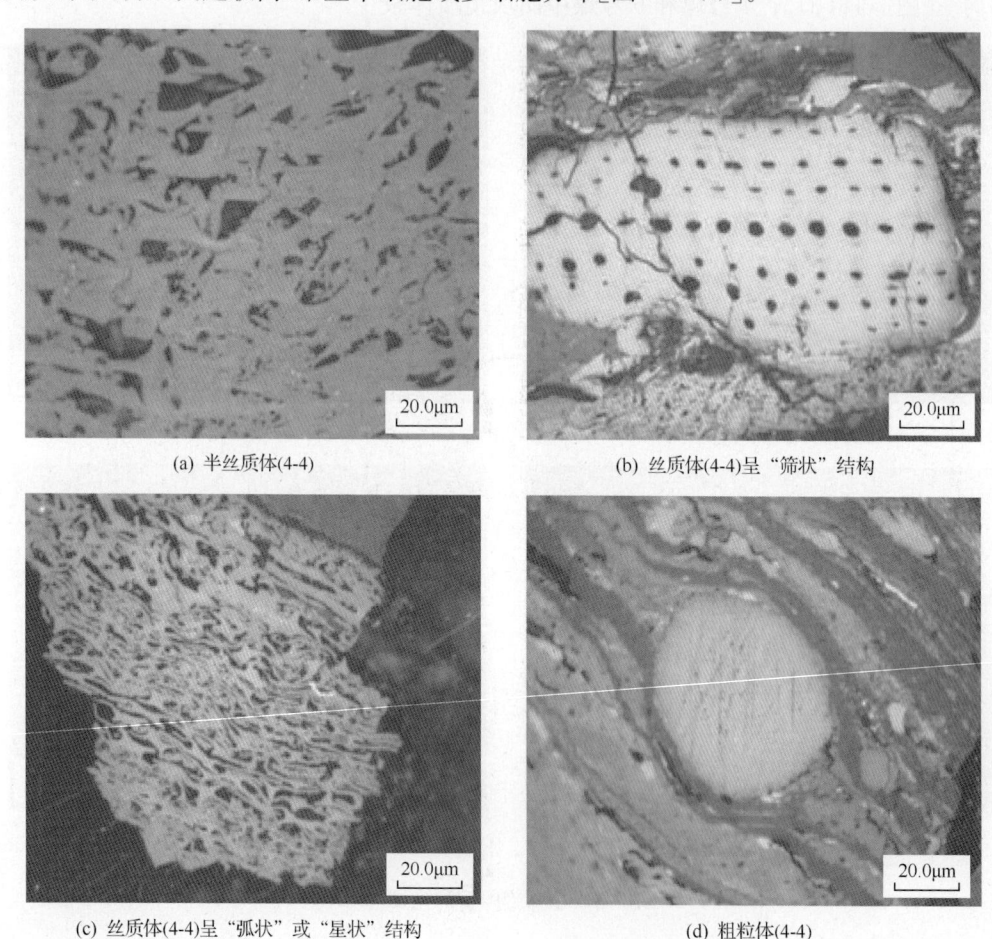

(a) 半丝质体(4-4)

(b) 丝质体(4-4)呈"筛状"结构

(c) 丝质体(4-4)呈"弧状"或"星状"结构

(d) 粗粒体(4-4)

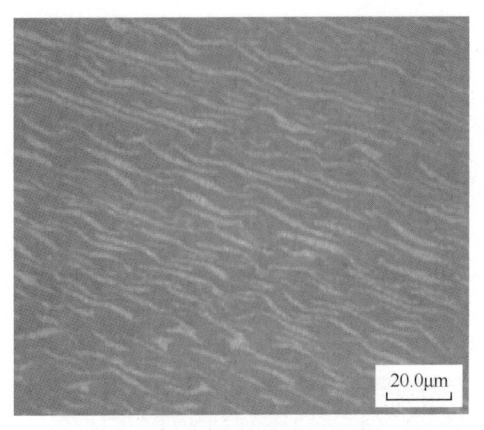

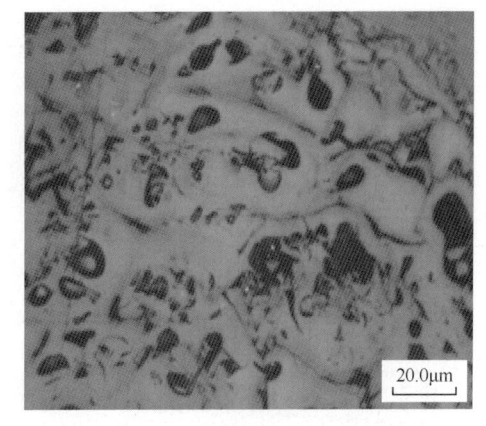

(e) 微粒体(4-4)   (f) 菌类体(4-4)

图 7-19 惰质组，反射光，500×

（三）壳质组

壳质组是由高等植物的树皮、分泌物、繁殖器官及藻类等形成的显微组分。在油浸反射光下呈浅灰色到深灰色，在蓝光激发下发亮黄色、绿黄色、橙黄色、褐色荧光。4 号煤和 6 号煤中小孢子体含量最高，其次是大孢子体和角质体，一些煤分层中存在树皮体[图 7-20(a)、(b)]和树脂体。小孢子体一般呈单体分布[图 7-20(c)、(d)]，大孢子长轴大于 0.1mm，表面光滑[图 7-20(e)、(f)]，角质体具有外缘光滑，内部呈锯齿状的特点[图 7-20(g)、(h)]。树脂体一般分布在煤中或充填在植物胞腔中，呈圆形、椭圆形或不规则形态分布。

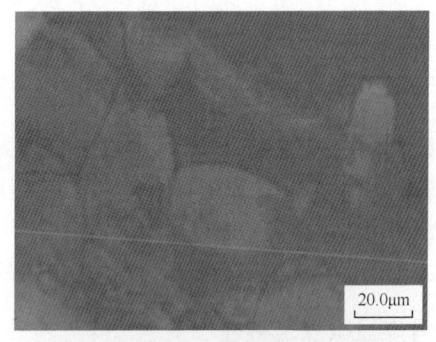

(a) 树皮体(4-9)   (b) 树皮体(4-9)反射荧光，蓝光激发

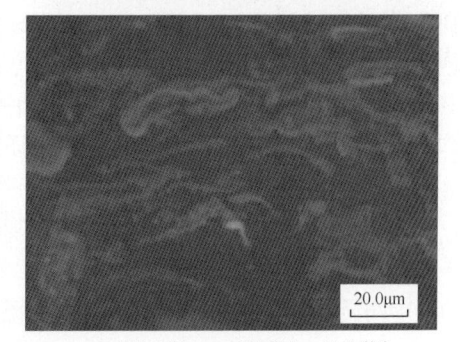

(c) 小孢子体(4-8)   (d) 小孢子体(4-8)反射荧光，蓝光激发

(e) 大孢子体(6-11)　　　　　　　　　(f) 大孢子(6-11)反射荧光，蓝色激发

(g) 角质体(6-5)　　　　　　　　　　(h) 角质体(6-5)反射荧光，蓝光激发

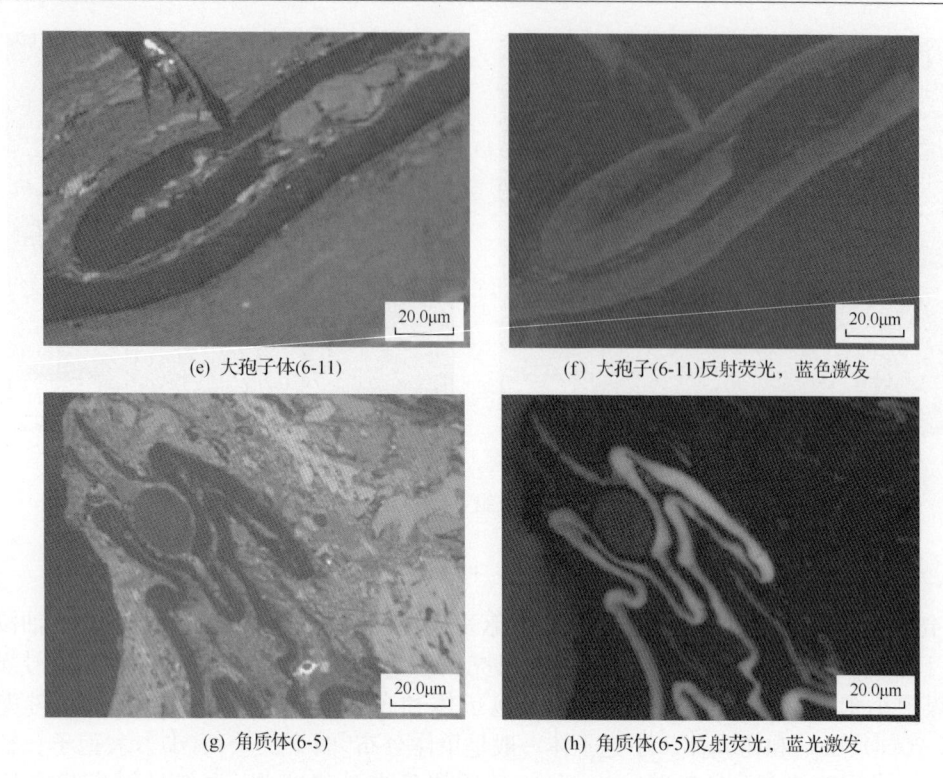

图 7-20　壳质组，油浸反射光，500×

第三节　宁武煤田煤的显微组分

一、宁武煤田安太堡煤矿 9 号煤宏观煤岩特征

宏观煤岩特征指的是通过肉眼观察煤光泽度、颜色、硬度、断口形态等物理特征来区别煤的不同类型的岩石组成。1919 年，英国学者 Stopes 首先提出将煤划分成镜煤、亮煤、暗煤及丝炭四种主要的宏观煤岩类型。研究观察安太堡 9 号煤的宏观煤岩类型为暗煤夹亮煤条带，煤层中有丰富的以结核状存在的黄铁矿。

二、9 号煤显微煤岩特征

研究中采用油浸物镜(10×50)、TIDAS MSP 400 显微分光光度计来确定显微煤岩特征，统计结果见表 7-4。9 号煤层变质程度较低，主要为气煤，镜质体反射率(R_{max}^o)在 0.68% 左右，各组分间易于凭颜色区分。油浸反射光下镜质组为深灰色到浅灰色；惰质组为灰白色到亮白色，有中高突起的特点；壳质组为灰黑色。

（一）9 号煤层镜质组特征

9 号煤层镜质组含量平均占到了 47.62%，其中均质镜质体含量最高，其次是碎屑镜质体和均质镜质体，结构镜质体较少，团块镜质体含量在 1% 以下。

表 7-4 安太堡 9 号煤中有机显微组分含量

样品号	镜质组/%						壳质组/%						惰质组/%						R^o_{max}/%
	结构镜质体	均质镜质体	基质镜质体	团块镜质体	碎屑镜质体	总计	大孢子体	小孢子体	角质体	其他	总计	半丝质体	丝质体	粗粒体	微粒体	菌类体	碎屑惰质体	总计	
9-A-3	0.88	26.58	21.65	0.18	0.35	49.65	0.00	4.75	0.18	0.35	5.28	18.66	11.97	2.64	1.41	0.35	10.04	45.07	0.67
9-A-8	0.00	11.57	28.08	0.00	0.57	40.23	0.00	8.92	0.00	0.19	9.11	21.82	15.56	1.14	0.19	0.00	11.95	50.66	0.74
9-A-11	0.85	29.71	26.49	0.00	0.00	57.05	0.00	6.96	0.34	0.17	7.47	10.19	13.92	0.51	1.19	1.02	8.66	35.48	0.68
9-A-18	1.27	20.36	27.74	0.00	0.00	49.36	0.00	9.67	1.53	0.51	11.70	13.23	12.47	0.25	0.51	0.25	12.21	38.93	0.66
9-A-21	0.90	5.23	7.22	0.00	5.08	19.44	0.00	0.36	0.00	0.00	0.36	13.72	5.96	0.36	0.90	0.54	63.72	80.20	0.66
9-A-26	0.68	52.50	15.91	0.00	0.91	70.00	0.00	8.86	1.36	0.00	10.23	5.23	5.45	0.23	1.36	0.00	7.50	19.77	0.68
均值	0.76	24.33	21.18	0.03	1.15	47.62	0.00	6.59	0.57	0.20	7.36	13.81	10.89	0.86	0.93	0.36	19.01	45.02	0.68

9号煤中基质镜质体[图7-21(a)]通常作为凝胶基质将其他的显微组分和同生矿物胶结在一起,反映成煤过程中凝胶化作用强烈。有时基质镜质体和均质镜质体逐渐过渡,没有明显边界,均质镜质体[图7-21(b)]在正交偏光下可见不清晰的细胞结构残迹,在一些均质镜质体中出现了岛状或条带状微粒体集合。

9号煤中的结构镜质体含量较少,但形态丰富,胞腔常被方解石、黏土、黄铁矿、微粒体充填,结构镜质体结构保存比较完整,如图7-21(d)所示为鳞木结构镜质体;有的结构镜质体被黏土、方解石等矿物充填于细胞腔,反映出快速沉积的还原环境,一些镜质体中常常充填微粒体。

9号煤中碎屑镜质体(镜屑体)含量不高,镜屑体是指粒径小于10μm的镜质组碎屑颗粒,多呈不规则状。

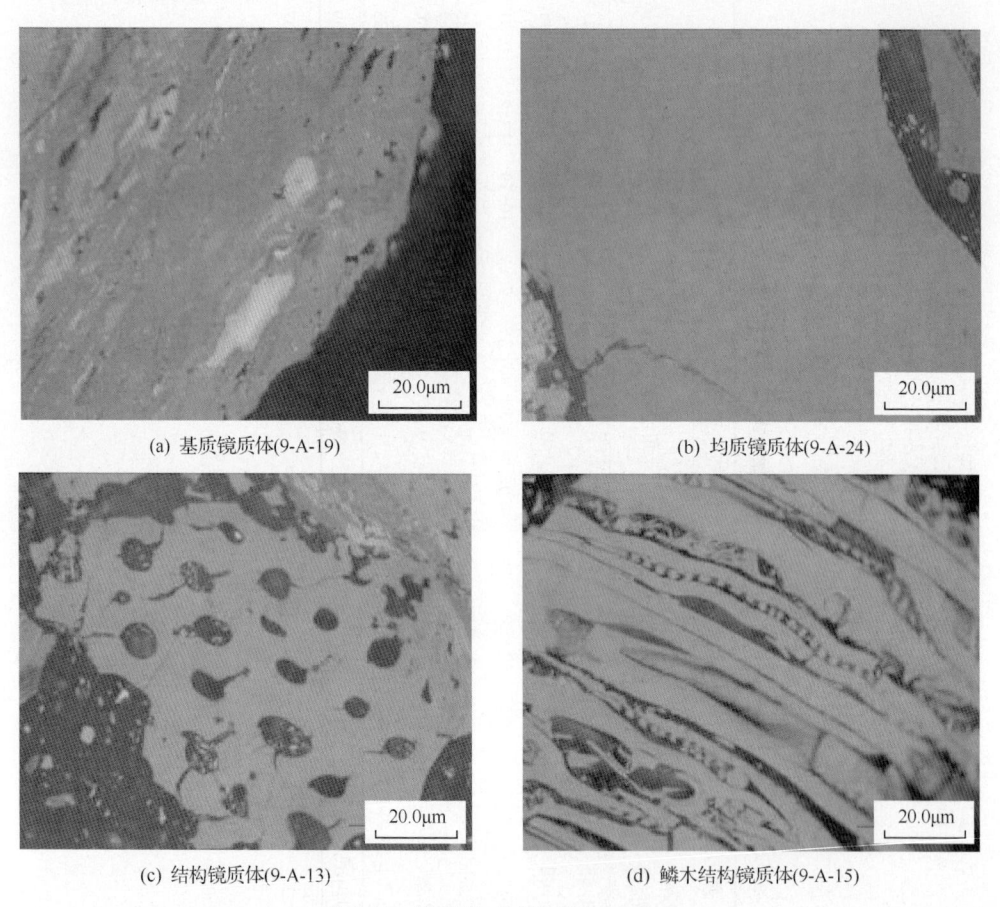

(a) 基质镜质体(9-A-19)　　　　(b) 均质镜质体(9-A-24)

(c) 结构镜质体(9-A-13)　　　　(d) 鳞木结构镜质体(9-A-15)

图7-21　镜质组,油浸反射光,500×

(二) 9号煤层惰质组特征

安太堡9号煤中的惰质组平均含量占45.02%,含量多的样品可达80.2%。惰质组以半丝质体(颜色偏灰白)为主,丝质体(颜色为亮白)次之,丝质体大多细胞结构保存完整,有些样品中的丝质体被挤压成"星状"结构,如图7-22(a)所示。碎屑惰质体和微粒体在样品中含量较丰富。微粒体的形成可能是由于在泥炭化作用的前期，一些次生的细胞壁或腐殖碎屑被氧化而成。在安太堡9号煤中微粒体常出现在均质镜质体中，如图7-22(e)、图7-22(f)所示。

菌类体在样品中虽然含量不多，但是呈现出不同的形态，有的呈现圆形，突起明显，反射率高，如图7-22(g)所示。样品中的粗粒体含量少，粗粒体为白色圆形或椭圆形颗粒，没有细胞结构，粒径一般大于30μm，如图7-22(h)所示。

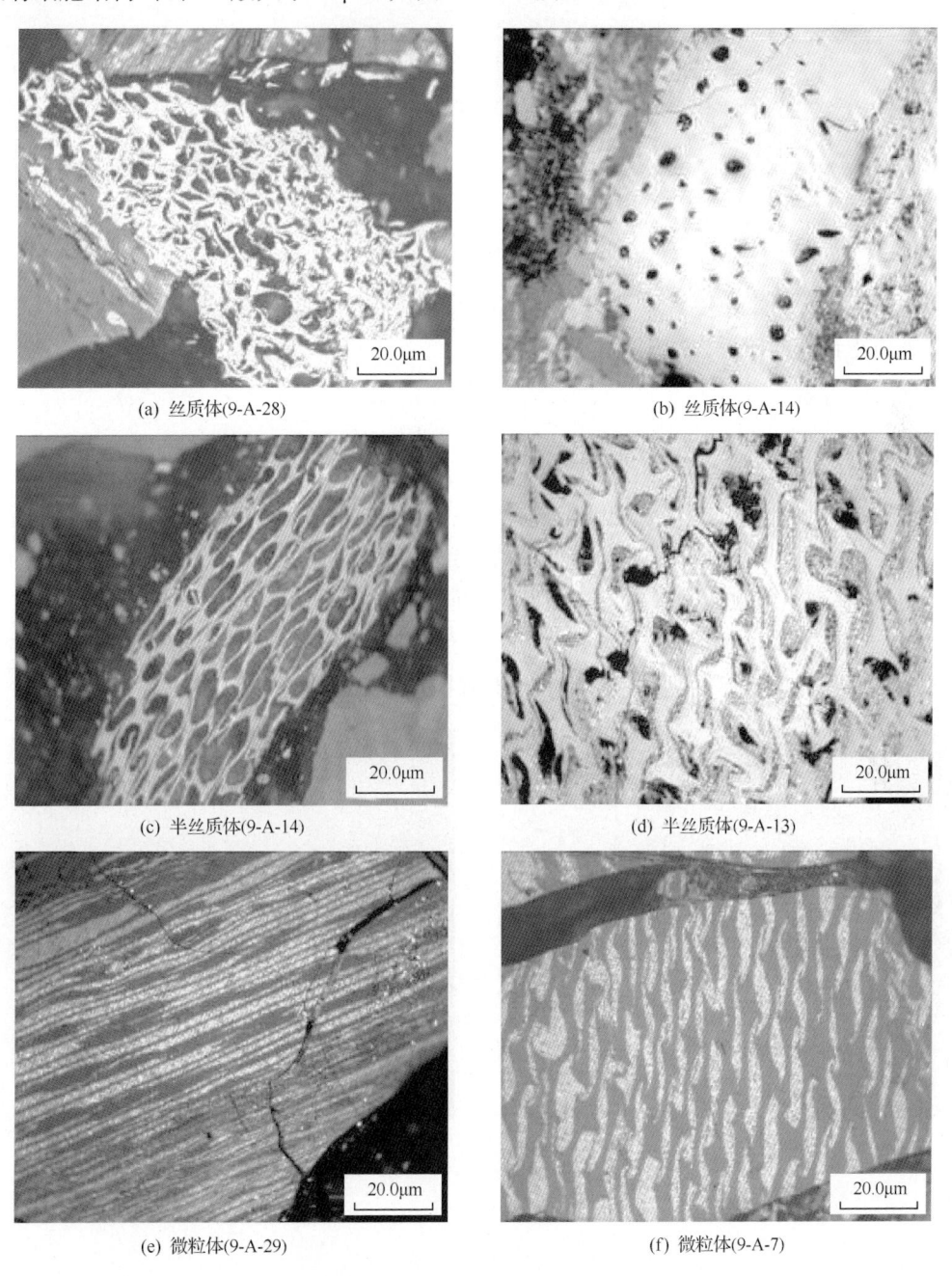

(a) 丝质体(9-A-28)

(b) 丝质体(9-A-14)

(c) 半丝质体(9-A-14)

(d) 半丝质体(9-A-13)

(e) 微粒体(9-A-29)

(f) 微粒体(9-A-7)

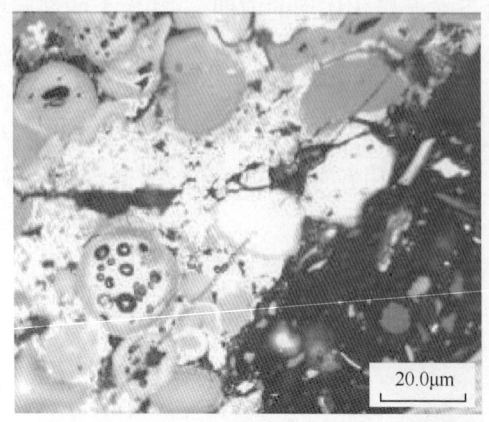

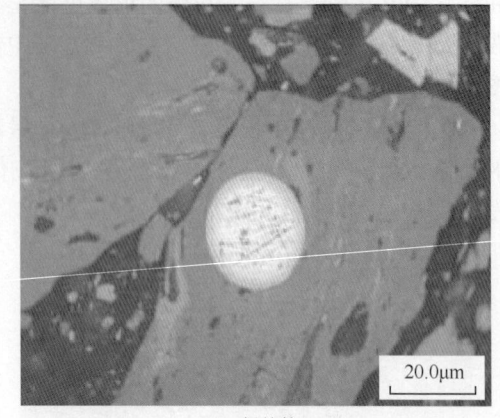

(g) 菌类体(9-A-2)　　　　　　　　　　(h) 粗粒体(9-A-4)

图 7-22　惰质组,油浸反射光,500×

样品中的碎屑惰质体含量为 19.01%,碎屑惰质体粒径通常小于 10μm,多呈碎片状,常见于覆水较深的泥炭沼泽中。

(三) 9 号煤层壳质组特征

壳质组的含量占 0.57%,在 9 号煤中虽然含量比重不大,但种类丰富,形态多样。小孢子[图 7-23(a)、(b)]、大孢子[图 7-23(c)、(d)]角质体[图 7-23(g)、(h)]、树脂体[图 7-23(e)、(f)]、树皮体[图 7-23(i)、(j)]和渗出沥青体[图 7-23(k)、(l)]在 9 号煤中均有出现,这些壳质体在蓝光激发下都能发出不同程度的荧光。小孢子体含量丰富,主要呈群出现。样品中常见大孢子体和厚壁角质体,在华北太原组煤中常富含角质体,树皮体是中国晚古生代煤中特有的显微组分,在 9 号煤中偶然可见。

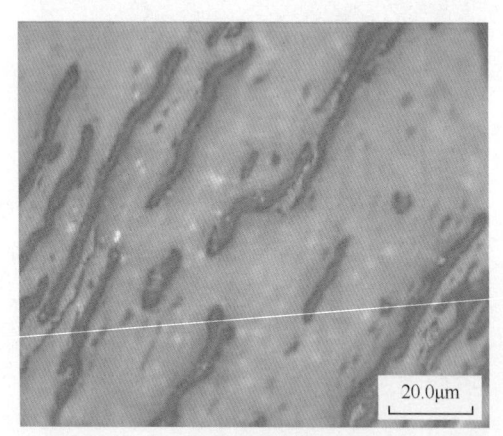

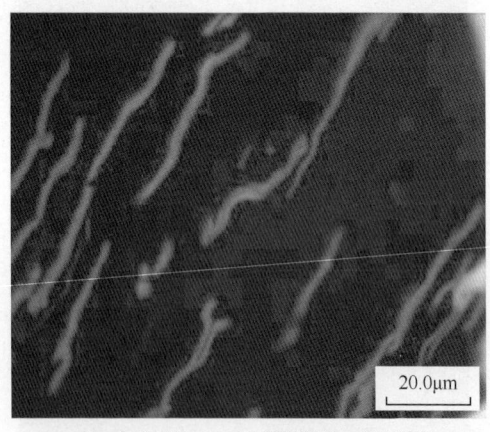

(a) 小孢子体(9-A-17)　　　　　　　　(b) 小孢子体(9-A-17)反射荧光,蓝光激发

(c) 大孢子体(9-A-6)

(d) 大孢子体(9-A-6)反射荧光，蓝光激发

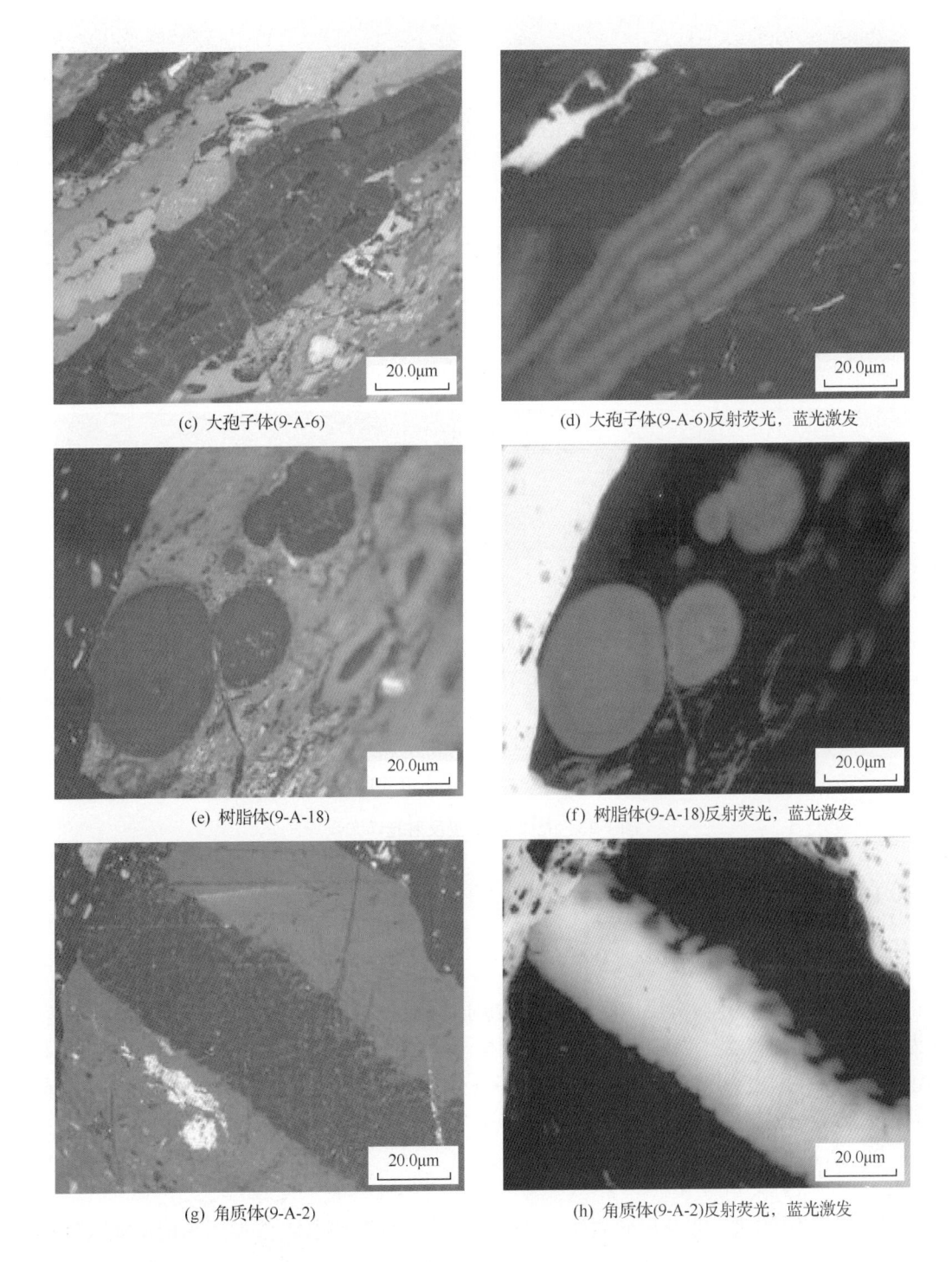

(e) 树脂体(9-A-18)

(f) 树脂体(9-A-18)反射荧光，蓝光激发

(g) 角质体(9-A-2)

(h) 角质体(9-A-2)反射荧光，蓝光激发

(i) 树皮体(9-A-7)

(j) 树皮体(9-A-7)反射荧光，蓝光激发

(k) 渗出沥青体(9-A-26)

(l) 渗出沥青体(9-A-26)反射荧光，蓝光激发

图 7-23　壳质组，油浸反射光，500×

三、11 号煤显微煤岩特征

（一）11 号煤镜质组特征

安太堡 11 号煤层各分层镜质体以基质镜质体（图 7-24）、镜屑体和均质镜质体（图 7-25）为主，结构镜质体次之，偶尔可见团块镜质体。均质镜质体中发育内生裂隙，结构镜质体包括结构镜质体-1 和结构镜质体-2（图 7-26），有的结构镜质体胞腔中充填黏土、镜屑体或其他矿物。镜质组的含量范围为 17.48%～90.91%，平均值为 55.30%。

（二）11 号煤惰质组特征

在惰质组中，进一步分出丝质体、半丝质体、粗粒体、微粒体、菌类体和惰屑体六种显微组分。安太堡 11 号煤层各分层惰质组以半丝质体（图 7-27，图 7-28）、丝质体和惰屑体为主，偶尔可见菌类体，微粒体。丝质体呈星状结构（图 7-29），微粒体呈层状或分散状（图 7-30）。惰质组的含量范围为 4.31%～78.15%，平均值为 37.19%。

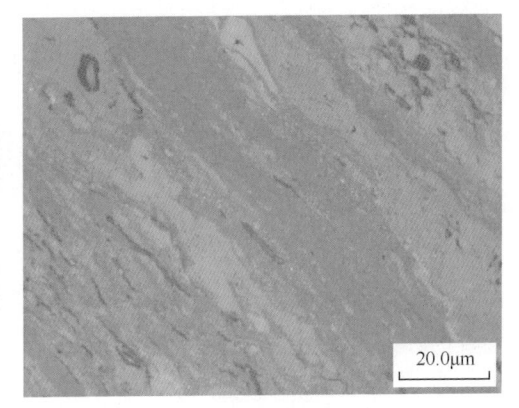

(a) 样品 B-9　　　　　　　　　　　　(b) 样品 B-18

图 7-24　基质镜质体,油浸反射光,50×

(a) 样品 B-4　　　　　　　　　　　　(b) 样品 B-5

图 7-25　均质镜质体,油浸反射光,50×

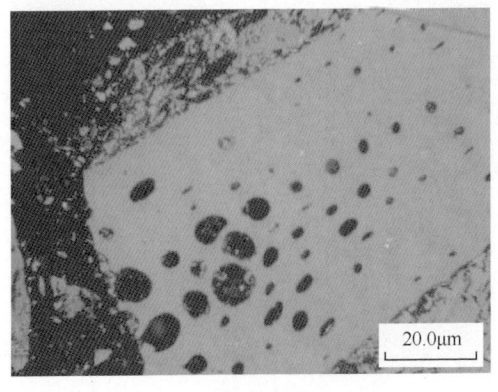

(a) 样品 B-5　　　　　　　　　　　　(b) 样品 B-9

图 7-26　结构镜质体,油浸反射光,50×

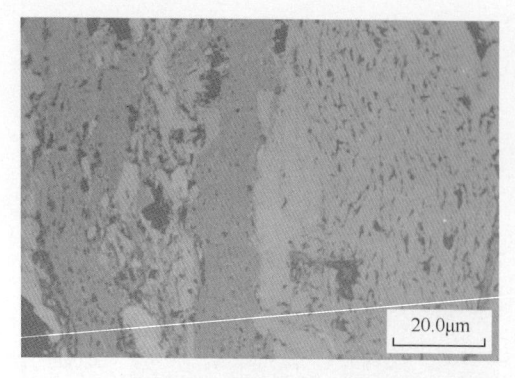

(a) 样品 B-5 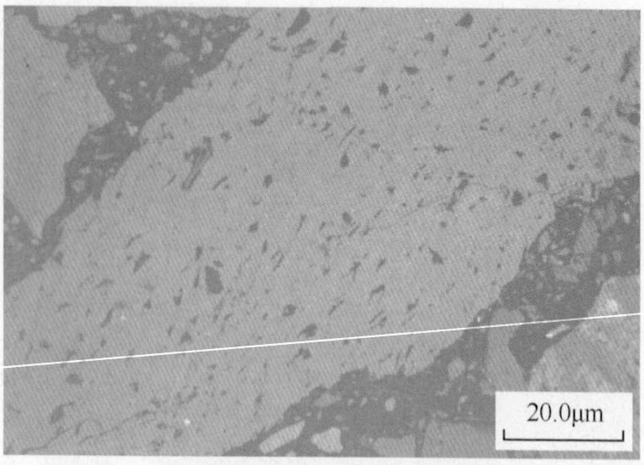　　　　　　　　　　　　(b) 样品 B-18

图 7-27　半丝质体,油浸反射光,50×

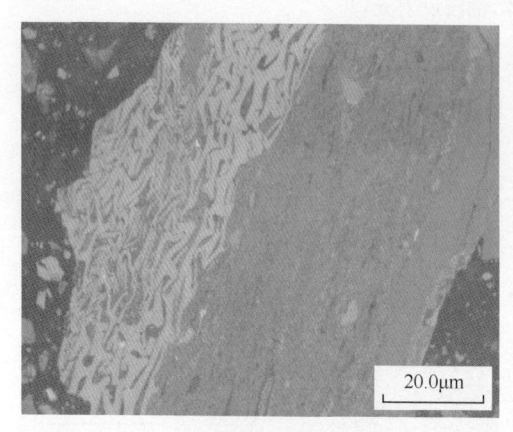

(a) 样品 B-7 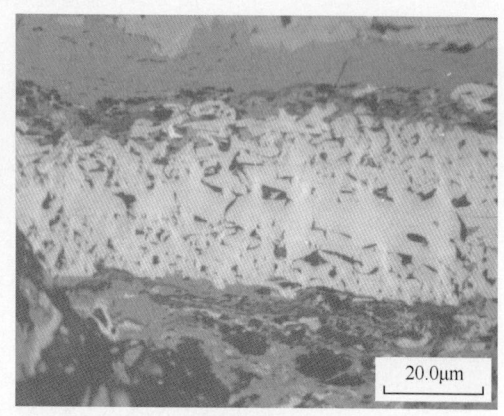　　　　　　　　　　　　(b) 样品 B-20

图 7-28　丝质体,油浸反射光,50×

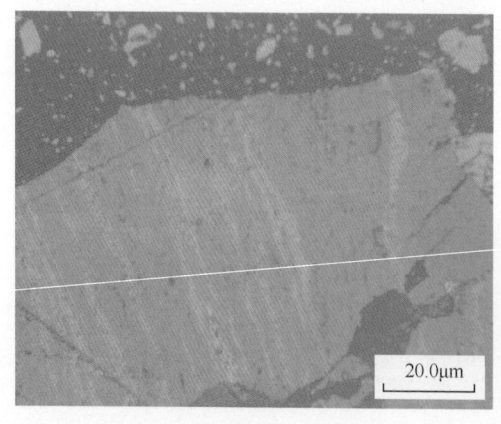

(a) 样品 B-4 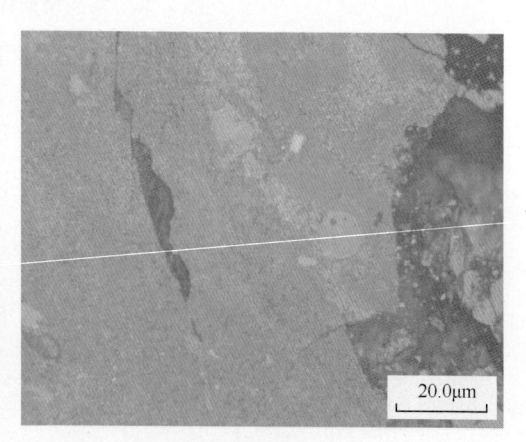　　　　　　　　　　　　(b) 样品 B-7

图 7-29　微粒体,油浸反射光,50×

(a) 样品B-9中粗粒体　　　　　　　　(b) 样品B-5中菌类体

图 7-30　粗粒体和菌类体,油浸反射光,50×

(三) 11 号煤壳质组特征

安太堡11号煤层各分层壳质组主要以孢子体(图 7-31,图 7-32)、壳屑体为主,角质体

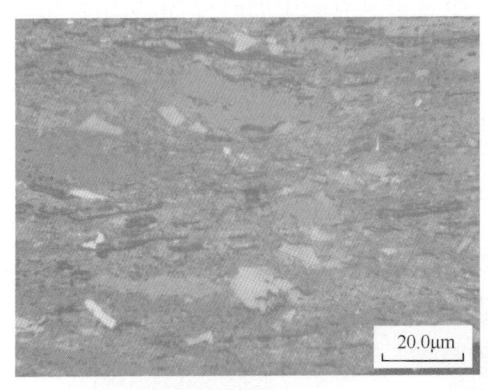

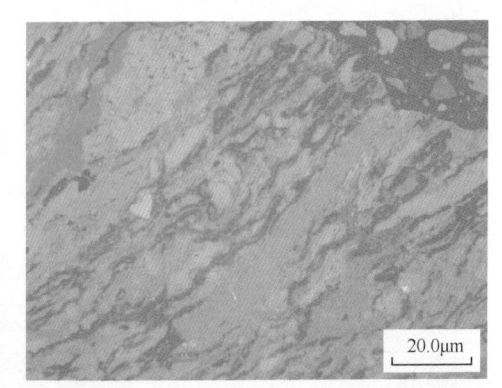

(a) 样品B-2　　　　　　　　　　　(b) 样品B-18

图 7-31　小孢子群,油浸反射光,50×

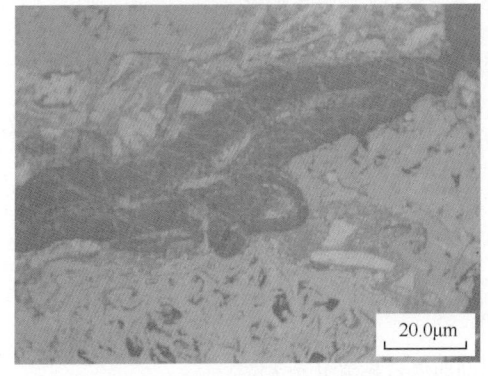

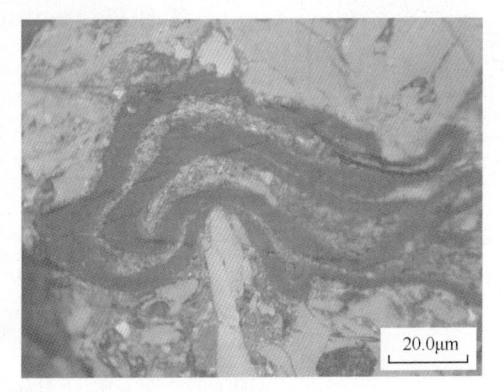

(a) 样品B-9　　　　　　　　　　　(b) 样品B-20

图 7-32　大孢子,油浸反射光,50×

次之,偶尔可见树脂体。小孢子体成堆出现,分布于黏土或基质镜质体中(图 7-33)。壳质组的含量范围为 1.27%～18.36%,平均值为 7.48%。

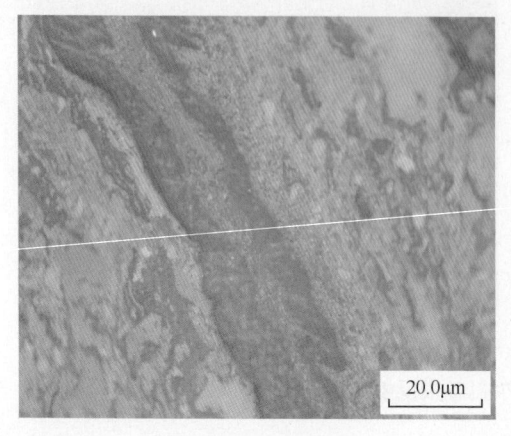

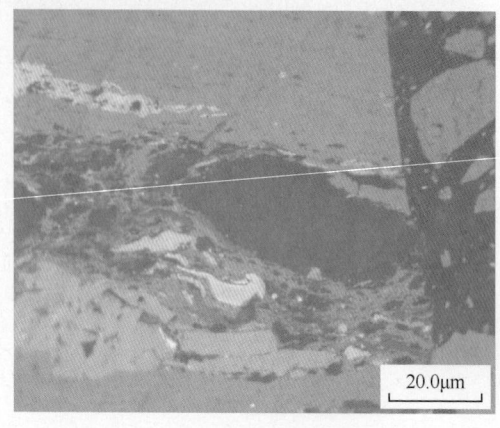

(a) 样品 B-7 中角质体　　　　　　　　(b) 样品 B-20 中树脂体

图 7-33　角质体和树脂体,油浸反射光,50×

安太堡 11 号煤层从底板到顶板方向,镜质组含量具有减少的趋势,惰质组含量具有增加的趋势,并且可分为 7 个次级旋回结构,每一次级旋回镜质组含量逐渐减少,惰质组含量逐渐增加,如图 7-34 所示。由此可推断,11 号煤层的沉积环境是由覆水较深的潮湿环境向覆水较浅的干燥氧化环境演化,11 号煤层的整个沉积过程为海退过程。

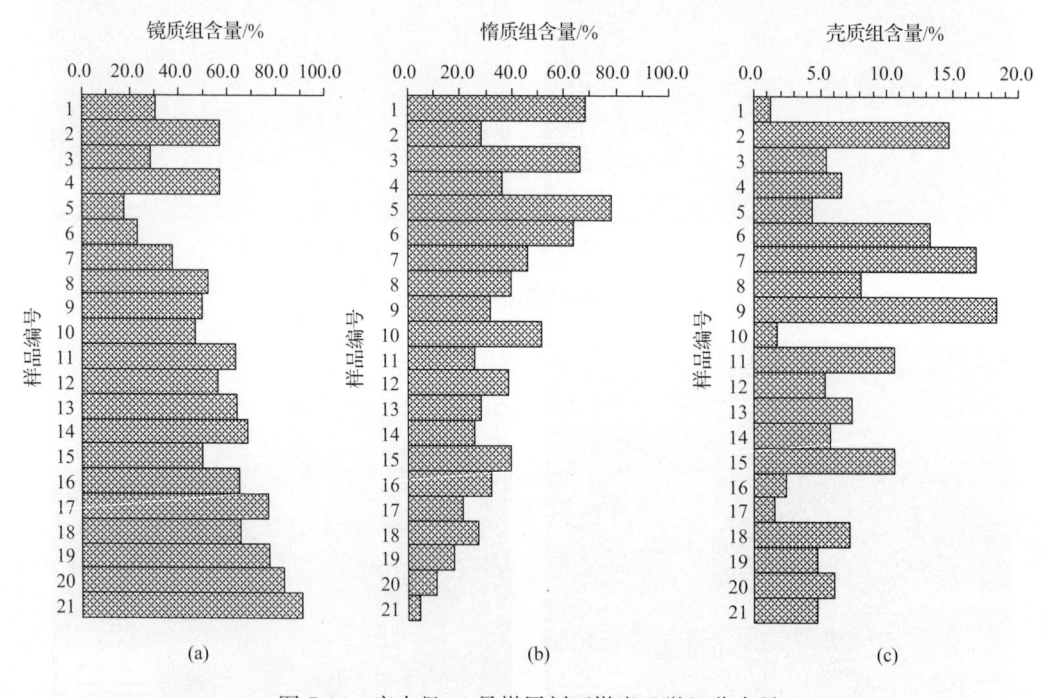

图 7-34　安太堡 11 号煤层剖面煤岩显微组分含量

四、微量元素与无机组分的关系

不同煤形成时的物质基础和成煤环境各不相同,在不同的成煤物质和成煤环境下,矿物质富集或微量元素吸附能力也不相同,因此,不同煤中的矿物质含量也有差异,由于矿物质的含量差异使不同煤的灰分产率不同(刘桂建等,2003)。在煤的燃烧过程中,大量的微量元素转化为固态形式并在灰中聚集,而挥发性较强的有害微量元素大多穿过除尘器和脱硫系统等进入大气环境中。一般来说,在煤中与有机质结合的微量元素在燃烧过程中易挥发,而以无机态结合的微量元素多残存在灰分中。因此,灰分产率的高低与煤中微量元素的含量往往有着密切的关系(刘桂建等,2003)。

采用一次线性回归模型,求得 4 号煤和 6 号煤的灰分产率与微量元素的相关系数和回归方程。由表 7-5 可知,4 号煤中仅有 Be、Co 和 Sr 与灰分产率呈负相关,其余元素都与灰分产率呈正相关,Li、Sc、Ga、Zr、Ba 和 Hf 与灰分产率的相关系数在 0.7 左右,说明这些元素与灰分关系密切。6 号煤中 Li、Ta 和 Bi 与灰分产率的相关系数在 0.8 以上,Rb、Nb 和 Cs 与灰分产率的相关系数为 0.7~0.8,Co、Cu、Sr、Ba、W 和 U 与灰分产率的相关系数为 0.6~0.7,这些元素与灰分产率相关性较好,说明这些元素以无机形式赋存在煤中。

表 7-5 灰分产率与微量元素间的相关性

元素	4 号煤 相关回归方程	相关系数	6 号煤 相关回归方程	相关系数
Li	$y=2.2319x+11.876$	0.6955	$y=3.2604x+5.2699$	0.8744
Be	$y=-0.0219x+7.0524$	-0.0447	$y=0.0167x+1.5162$	0.2229
Sc	$y=0.2435x-0.0477$	0.6828	$y=0.145x+0.1071$	0.5921
V	$y=0.7395x+11.869$	0.3940	$y=0.9609x+9.3361$	0.5856
Cr	$y=0.2743x+4.6797$	0.2902	$y=0.2861x+5.5664$	0.3544
Co	$y=-0.0642x+6.817$	-0.2298	$y=0.0685x+0.6763$	0.6748
Ni	$y=0.1907x+3.9473$	0.2369	$y=0.2733x+0.5204$	0.5592
Cu	$y=0.2484x+13.875$	0.3137	$y=0.865x+2.2966$	0.6874
Zn	$y=0.3884x+25.742$	0.3375	$y=2.7922x+108.94$	0.1145
Ga	$y=0.4601x+9.5412$	0.7316	$y=0.4441x+6.6418$	0.5336
Rb	$y=0.1801x+2.0969$	0.1221	$y=0.0692x-0.0939$	0.7529
Sr	$y=-0.4405x+48.783$	-0.2953	$y=168.78x-836.8$	0.6278
Zr	$y=7.9347x+78.23$	0.6013	$y=1.9539x+108.79$	0.1118
Nb	$y=0.3673x+7.6888$	0.4715	$y=0.5982x-1.0663$	0.7253
Mo	$y=0.0168x+2.1509$	0.1200	$y=0.0892x+1.7597$	0.2804
Cd	$y=0.0042x+0.1739$	0.4194	$y=-0.0034x+0.4687$	-0.0283
Cs	$y=0.0168x+0.3217$	0.1034	$y=0.008x-0.0292$	0.7558

续表

元素	4号煤 相关回归方程	相关系数	6号煤 相关回归方程	相关系数
Ba	$y=4.0706x-87.188$	0.6145	$y=12.273x-55.702$	0.6885
Hf	$y=0.1813x+2.116$	0.6283	$y=0.0595x+2.5098$	0.1414
Ta	$y=0.0193x+0.5558$	0.3711	$y=0.0436x-0.1693$	0.8496
W	$y=0.0263x+0.8458$	0.3356	$y=0.0621x+0.3579$	0.6505
Pb	$y=0.8575x+24.671$	0.5825	$y=1.0371x+12.159$	0.1926
Bi	$y=0.0087x+0.3312$	0.2953	$y=0.0323x-0.0019$	0.8507
Th	$y=0.4092x+4.7853$	0.5402	$y=0.316x+5.6978$	0.2740
U	$y=0.059x+3.2551$	0.3704	$y=0.2918x+0.1671$	0.6573

通过相关分析主要分析串草圪旦煤矿4号煤和6号煤中常量元素、微量元素和稀土元素与灰分的相关性。

(1) 4号煤中稀土与灰分呈负相关,与有机组分呈中度正相关,4号煤中的稀土元素可能赋存在有机质中,其来源可能有两种,一种是陆源物质进入沼泽时被吸收,另一种是由流入沼泽的地下水或河水供给,这些稀土元素与有机质结合。6号煤中稀土与灰分呈正相关,与有机组分不相关,因此,6号煤中的稀土元素可能来源于陆源碎屑物质。

(2) 4号煤中微量元素随饱和烃丰度的增加而降低,随芳香烃丰度的增加而增加,4号煤中微量元素与饱和烃呈负相关,与芳香烃呈正相关。6号煤中微量元素随饱和烃丰度的增加而增加,随芳香烃丰度的增加而降低,6号煤中微量元素与饱和烃呈正相关,与芳香烃呈负相关。

(3) 4号煤中微量元素与有机显微组分的相关性较差。6号煤中元素与有机显微煤岩组分的相关系数较小,表明微量元素在显微煤岩组分中赋存很少。

(4) 4号煤中的Be、Co和Sr与灰分产率呈负相关。其余元素都与灰分产率呈正相关,Li、Sc、Ga、Zr、Ba和Hf与灰分关系密切。6号煤中Li、Ta和Bi与灰分产率的相关系数在0.8以上,Rb、Nb和Cs与灰分产率的相关系数为0.7~0.8,Co、Cu、Sr、Ba、W和U与灰分产率的相关系数为0.6~0.7,这些元素与灰分产率相关性较好,说明这些元素以无机形式赋存在煤中。

第四节 显微组分与微量元素的相关性

研究显微煤岩组分与微量元素相关性的主要目的是分析煤中微量元素的有机亲和性,判断微量元素主要是以有机相还是以无机相在煤中赋存。煤中微量元素的有机亲和性主要受到元素的原子半径、煤的煤化程度等控制。

一、准格尔煤田

(一) 串草圪旦煤矿

微量元素在显微组分中的分布和结合状态与显微组分的结构和成分密切相关。Eskenazi(1967)的研究证明,镜质组中富集的元素主要有 Pb 和 Ni,其次为 Co、Mo、Sn 和 Ge;凝胶体中主要富集 Ag、Co、As、Mo、Ge 和 Sn,其次为 Zn 和 Pb;丝质体中富集的元素主要有 Y、Yb 和 Be,其次为 Sc、Ba、Cu 和 Mn。

通过对 4 号煤和 6 号煤中微量元素与显微组分的相关性分析,发现 4 号煤中微量元素与显微组分的相关性系数都较小,说明微量元素与显微组分的相关性较差(表 7-6,表 7-7)。Co 与镜质组的相关系数为 0.50,Sr 和稀土元素与惰质组的相关系数分别为 0.55 和 0.68,所有元素与壳质组的相关性较弱。6 号煤中 Mo 与镜质组的相关系数为 0.57,Zr 和 Th 与壳质组的相关系数分别为 0.54 和 0.64,惰质组与 Be、Sc 和稀土元素的相关系数分别为 0.68、0.51 和 0.50,其余元素与三大组分的相关系数都较小。

相关系数越大,表明微量元素与煤岩组分的亲和性越强,4 号煤和 6 号煤中元素与有机质的相关系数较小,表明微量元素在显微煤岩组分中赋存很少。

表 7-6 4 号煤中微量元素与显微组分的相关关系(相关系数)

元素	Li	Be	Sc	V	Cr	Co	Ni	Cu	Zn	Ga	Rb	Sr	Zr
镜质组	−0.56	−0.25	0.01	0.13	−0.07	0.50	0.19	−0.01	0.07	−0.57	−0.12	0.07	0.06
壳质组	−0.03	−0.52	−0.06	−0.53	−0.60	−0.26	−0.19	−0.59	−0.06	−0.16	−0.41	0.23	0.18
惰质组	−0.17	−0.16	−0.41	−0.69	−0.52	−0.56	−0.59	−0.45	−0.05	−0.36	−0.48	0.55	−0.30

元素	Nb	Mo	Cd	Cs	Ba	Hf	Ta	W	Pb	Bi	Th	U	ΣREY
镜质组	−0.47	0.47	0.18	−0.11	−0.13	−0.08	−0.50	−0.20	0.19	−0.15	−0.13	−0.16	0.14
壳质组	−0.22	−0.18	0.23	−0.41	0.11	0.14	−0.43	−0.45	−0.15	−0.60	−0.17	−0.33	0.29
惰质组	−0.14	−0.39	−0.27	−0.46	−0.26	−0.28	−0.24	−0.27	−0.51	−0.20	−0.26	0.06	0.58

表 7-7 6 号煤中微量元素与显微组分的相关关系(相关系数)

元素	Li	Be	Sc	V	Cr	Co	Ni	Cu	Zn	Ga	Rb	Sr	Zr
镜质组	−0.51	−0.70	−0.65	−0.28	−0.03	0.11	−0.03	0.11	0.01	−0.29	−0.10	−0.44	−0.23
壳质组	0.07	0.19	0.43	0.17	−0.19	−0.42	−0.30	−0.44	0.06	0.38	0.09	0.46	0.54
惰质组	0.45	0.68	0.51	0.30	0.16	−0.13	0.14	−0.15	−0.04	0.33	0.23	0.53	0.14

元素	Nb	Mo	Cd	Cs	Ba	Hf	Ta	W	Pb	Bi	Th	U	ΣREY
镜质组	−0.27	0.57	0.07	−0.04	−0.32	−0.24	−0.35	0.26	0.53	−0.31	−0.42	−0.44	−0.42
壳质组	0.46	−0.47	0.12	0.00	0.46	0.57	0.27	0.15	−0.50	0.10	0.64	0.44	0.48
惰质组	0.34	−0.64	−0.05	0.18	0.44	0.17	0.43	−0.14	−0.64	0.41	0.39	0.36	0.50

(二) 哈尔乌素煤矿

本次采用数理统计的方法,对哈尔乌素煤矿 6 号煤各样品中微量元素含量和各显微组分含量的百分比做了相关性分析,见表 7-8,并进一步推断微量元素与各显微组分的关系。按照相关系数理论,相关系数的取值范围为 $-1 \sim 1$,当 $|r| \geqslant 0.8$ 时,为高度相关;当 $0.5 \leqslant |r| < 0.8$ 时,为中度相关;当 $0.3 \leqslant |r| < 0.5$ 时,为低度相关;当 $|r| < 0.3$ 时,为不相关。

表 7-8 哈尔乌素煤矿 6 号煤中微量元素与煤岩组分的相关系数表

微量元素	Li	Be	V	Cr	Mn	Co	Ni	Cu	Zn	Ga
镜质组	−0.11	−0.20	−0.08	−0.33	0.20	0.58	0.30	−0.47	−0.03	−0.07
惰质组	−0.11	0.33	0.11	0.17	−0.22	−0.04	−0.25	0.23	−0.07	−0.19
壳质组	0.02	0.02	−0.17	0.02	−0.05	−0.56	−0.44	0.26	−0.03	0.06
灰分	0.64	0.21	0.17	0.28	−0.26	0.17	0.41	−0.11	0.41

微量元素	Rb	Sr	Cd	In	Cs	Ba	Tl	Pb	Bi	U
镜质组	0.03	−0.45	−0.32	−0.31	0.15	−0.37	0.32	−0.36	−0.47	−0.46
惰质组	−0.15	0.33	0.06	0.25	−0.10	0.11	−0.14	0.25	0.19	0.25
壳质组	−0.19	0.39	0.18	0.09	−0.28	0.15	−0.20	0.18	0.21	0.36
灰分	0.77	−0.05	0.47	0.38	0.74	0.68	−0.04	0.44	0.59	0.36

从表 7-8 可以看出,Co(0.58)与镜质组中度正相关;Ni 和 Tl 与镜质组低度正相关;Cr、Cu、Sr、Cd、In、Ba、Pb、Bi、U 与镜质组低度负相关;其余元素与镜质组不相关。与惰质组相关的微量元素非常少,只有 Be 和 Sr 与惰质低度正相关,其余元素均与惰质组无关。Sr 和 U 与壳质组低度正相关;Co 与壳质组中度负相关;Ni 与壳质组低度负相关;其余元素与壳质组不相关。

6 号煤中的微量元素与有机显微组分的相关性较弱,与矿物组的相关性较强,其中 Li(0.64)、Rb(0.77)、Cs(0.74)、Ba(0.68)、Bi(0.56)与灰分中度正相关,说明这五种元素可能主要存在于矿物中。

6 号煤中微量元素主要存在于矿物中,其中 Li(0.64)、Rb(0.77)、Cs(0.74)、Ba(0.68)、Bi(0.56)与灰分中度正相关,说明这五种元素与矿物质关系密切;Cu、Ga、Cd、In、Pb、U 与灰分低度正相关。所有微量元素中,V、Mn、Zn 三种元素与各组分相关性均不明显。

Chu 等(2015)研究了哈尔乌素 6 号煤泥炭沼泽环境与微量元素富集的关系,指出 V、Cr、Cu、Cd、In、Sr、Ba、Pb、U 和 Bi 的最大相关系数出现在干燥森林沼泽中;Mn、Zn 和 Ga 的最大相关系数出现在潮湿森林沼泽中;Li、Co 和 Ni 的最大相关系数出现在芦苇沼泽中。Li 在芦苇沼泽中富集,可能是因为 Li 的富集主要与煤的灰分有关,而芦苇沼泽水动力条件较强,可以带来更多黏土(表 7-9)。

表 7-9 哈尔乌素 6 号煤泥炭沼泽环境与微量元素富集的关系

元素	FtM I 含量(μg/g)	CC	FtM II 含量(μg/g)	CC	RM 含量(μg/g)	CC
Li	79.05	5.65	58.35	4.17	114.57	8.18
Be	0.89	0.45	0.92	0.46	0.80	0.40
V	103.87	3.71	77.71	2.78	91.77	3.28
Cr	27.52	1.62	19.09	1.12	19.55	1.15
Mn	2.75	0.04	17.14	0.24	15.15	0.21
Co	0.19	0.03	0.75	0.13	1.53	0.26
Ni	3.63	0.21	3.13	0.18	4.38	0.26
Cu	11.64	0.73	9.03	0.56	8.11	0.51
Zn	11.82	0.42	17.56	0.63	15.34	0.55
Ga	11.52	1.92	12.41	2.07	10.90	1.82
Rb	1.13	0.06	1.05	0.06	1.33	0.07
Sr	240.59	2.41	55.65	0.56	94.76	0.95
Cd	0.17	0.85	0.14	0.68	0.11	0.55
In	0.03	0.85	0.03	0.69	0.03	0.65
Cs	0.02	0.02	0.05	0.05	0.06	0.05
Ba	15.97	0.11	10.53	0.07	10.75	0.07
Tl	0.02	0.03	0.06	0.11	0.06	0.10
Pb	17.22	1.91	14.60	1.62	12.53	1.39
Bi	0.37	0.33	0.21	0.19	0.20	0.18
U	2.50	1.32	1.91	1.01	1.86	0.98

注:FtM I. 干燥森林沼泽;FtM II. 潮湿森林沼泽;RM. 芦苇沼泽;CC. 相关系数。

二、宁武煤田

(一) 安太堡煤矿 9 号煤

研究显微煤岩组分与微量元素的相关性的主要目的是分析煤中微量元素的有机亲和性,判断微量元素主要是以有机相还是以无机相在煤中赋存。煤中微量元素的有机亲和性主要受到元素的原子半径、煤的煤化程度等控制(Wang et al.,2011)。过去的一些资料统计表明,一般在镜质组中,Se、Ca、Ti、Al、Si、Sr 等元素含量较惰质组中高;而在惰质组中 F、Mg、Ga 元素含量更高,壳质组与微量元素的相关性不明显。

将微量元素作为变量,煤岩显微组分作为自变量,则每一个显微组分与每一个微量元素之间的关系模型可设为:$y = a + bx$。用最小二乘法,求得式中回归系数 a、b 的值为

$$a = \frac{1}{n}\sum_{i=1}^{n} y_i - b \frac{1}{n}\sum_{i=1}^{n} x_i$$

$$b = \frac{\sum_{i=1}^{n} x_i y_i - \frac{1}{n}(\sum_{i=1}^{n} x_i)(\sum_{i=1}^{n} y_i)}{\sum_{i=1}^{n} x_i^2 - \frac{1}{n}(\sum_{i=1}^{n} x_i)^2}$$

从而求得一元回归方程。若令

$$l_{xx} = \sum_{i=1}^{n} x_i^2 - \frac{1}{n}\Big(\sum_{i=1}^{n} x_i\Big)^2$$

$$l_{xy} = \sum_{i=1}^{n} x_i y_i - \frac{1}{n}\Big(\sum_{i=1}^{n} x_i\Big)\Big(\sum_{i=1}^{n} y_i\Big)$$

$$l_{yy} = \sum_{i=1}^{n} y_i^2 - \frac{1}{n}\Big(\sum_{i=1}^{n} y_i\Big)^2$$

则相关系数为

$$r = \frac{l_{xy}}{\sqrt{l_{xx} l_{xy}}}$$

由表 7-10 可以判断,9 号煤中与灰分相关系数大的元素占大多数,其中 Li(0.83)、In(0.78)、Bi(0.77)、Pb(0.66)、Cd(0.64)、Tl(0.60)与灰分相关性明显,而 Cs(0.52)、REE(0.42)、Ga(0.40)、Rb(0.35)、U(0.34)等与灰分相关性中等;主要与镜质组有关的元素有 Ni(0.25)、Ba(0.24)、Co(0.17)、Zn(0.17)、Sr(0.17);主要与惰质组相关的元素有 Pb(0.38)、Tl(0.35)、Ba(0.32)、Bi(0.38)、Cr(0.24);所有元素均与壳质组相关性不明显,与各组分相关性均不明显的有 Be、V、Cu。

表 7-10 9 号煤中微量元素与煤岩组分相关系数表

微量元素	Li	Be	V	Cr	Mn	Co	Ni	Cu	Zn	Ga	Rb
镜质组	−0.10	0.01	0.02	0.16	0.07	0.17	0.25	−0.10	0.17	0.12	0.21
惰质组	−0.02	0.25	−0.04	0.24	0.17	−0.22	−0.18	0.01	0.05	0.34	0.03
壳质组	−0.42	−0.18	−0.15	−0.40	−0.26	−0.04	0.00	0.15	−0.25	−0.42	−0.41
灰分	0.83	0.29	0.07	0.17	0.39	−0.03	−0.05	0.29	0.13	0.40	0.35

微量元素	Sr	Cd	In	Cs	Ba	Tl	Pb	Bi	U	REE
镜质组	0.17	−0.13	−0.07	0.10	0.24	−0.14	−0.15	−0.10	−0.19	0.20
惰质组	0.12	0.04	0.25	0.18	0.32	0.35	0.38	0.30	0.03	−0.03
壳质组	−0.14	−0.21	−0.18	−0.44	−0.32	0.04	0.00	−0.15	0.02	−0.31
灰分	0.02	0.64	0.78	0.52	0.17	0.60	0.66	0.77	0.34	0.42

(二) 安太堡煤矿 11 号煤

研究通过计算微量元素含量与镜质组、惰质组的含量之间的相关关系,初步推断微量元素与镜质组和惰质组之间的相关性。

采用数理统计中的相关计算,相关系数的取值范围为 −1~1,其中,当 $|r| \geqslant 0.8$

时,为高度相关;当 0.5≤|r|<0.8 时,为中度相关;当 0.3≤|r|<0.5 时,为低度相关;当|r|<0.3 时,为不相关。

根据表 7-11 分析得知,Cr、V、U、Bi 和 Cd 与镜质组中度负相关,Co 与镜质组低度正相关,Re 与镜质组低度负相关,其余微量元素与镜质组不相关。Zn、Cr、In、V、Sc、U、Bi 和 Cd 与惰质组中度正相关,Co 与惰质组中度负相关,W、Ta、Mo、Th、Cu 和 Re 与惰质组低度正相关。

表 7-11 微量元素与煤岩组分相关关系表

微量元素	Co	Be	Sr	Pb	Sb	Ni	Rb	Cs	Tl	Nb	Ba	Cu	Th
r_1	0.41	0.19	0.09	0.09	−0.10	−0.15	−0.16	−0.18	−0.18	−0.22	−0.24	−0.25	−0.28
r_2	−0.41	−0.09	−0.06	−0.06	0.17	0.26	0.25	0.26	0.21	0.26	0.25	0.32	0.34

微量元素	Li	Mo	Ta	W	Ga	Re	Sc	Zn	Cr	V	U	Bi	Cd
r_1	−0.30	−0.32	−0.34	−0.35	−0.37	−0.42	−0.45	−0.49	−0.55	−0.55	−0.58	−0.60	−0.63
r_2	0.28	0.37	0.39	0.42	0.24	0.31	0.52	0.58	0.61	0.60	0.56	0.59	0.64

注:r_1. 微量元素与镜质组的相关系数;r_2. 微量元素与惰质组的相关关系。

综上所述,根据煤岩显微组分实验,对安太堡 11 号煤煤岩显微组分含量进行统计,根据电子显微镜的观察数据,辨认出煤中存在的矿物。采用相关计算,初步推断微量元素与镜质组和惰质组之间的相关性。主要结论体现在以下几个方面。

煤岩组分与微量元素的相关关系为:Co 与镜质组低度正相关,Re 与镜质组低度负相关;Zn、Cr、In、V、Sc、U、Bi 和 Cd 与惰质组中度正相关,Co 与惰质组中度负相关,W、Ta、Mo、Th、Cu 和 Re 与惰质组低度正相关。

第五节 显微组分与煤相

一定成煤环境下可以形成一定特性的有机岩石成分,反之,据某种特定的有机岩石成分则可推测其形成的特定环境(姚素平和金奎励,1995)。对煤相的研究可以为成煤环境、成煤过程和成煤物质等方面提供信息。

Diessel(1982,1986)根据对澳大利亚煤的研究,提出了反映成煤环境的两个以显微组分数量比为基础的煤岩学指数,即凝胶化指数 GI 和植物组织保存指数 TPI。Marchioni 和 Kalkreuth(1989)和 Kalkreuth 等(1991)随后也提出了一些用煤岩指数判断成煤环境的方法。

凝胶化指数(GI)、植物组织保存指数(TPI)、地下水流动指数(GWI)和植被指数(VI)可以很好地反映泥炭聚积期间的成煤植物、沼泽介质条件和沉积环境等信息(姜尧发,1994)。这 4 个煤相的计算公式如下:

$$GI = \frac{镜质体 + 粗粒体}{半丝质体 + 丝质体 + 碎屑惰质体} \quad (7-1)$$

$$TPI = \frac{结构镜质体 + 均质镜质体 + 丝质体 + 半丝质体}{基质镜质体 + 碎屑镜质体 + 胶质镜质体 + 团块镜质体 + 碎屑惰质体 + 粗粒体} \quad (7-2)$$

$$GWI = \frac{胶质镜质体 + 团块镜质体 + 黏土矿物 + 石英 + 碎屑镜质体}{结构镜质体 + 均质镜质体 + 基质镜质体} \quad (7-3)$$

$$VI = \frac{结构镜质体 + 均质镜质体 + 丝质体 + 半丝质体 + 菌类体 + 分泌体 + 树脂体}{基质镜质体 + 碎屑惰质体 + 藻类体 + 碎屑壳质体 + 角质体} \quad (7-4)$$

GI 主要表示泥炭沼泽的潮湿程度及其持续时间，GI 值高表示森林泥炭地相对潮湿，低值则表示相对干燥。TPI 表示植物组织的降解程度和原始成煤植物中木本植物所占的比例。极端潮湿或高燥均导致 TPI 值低。GWI 主要用来表示地下水对泥炭沼泽的控制程度、地下水位的变化和矿物含量；VI 主要用来反映成煤植被及其保存程度（代世峰等，2007）。

泥炭堆积过程中沼泽环境主要通过 GI 值和 TPI 值反映。把煤层形成环境分为陆地、山麓沉积、干燥森林沼泽、上三角洲平原、潮湿森林沼泽、湖泊和下三角洲平原。下三角洲平原煤以高 GI 值、低 TPI 值为特征。山麓冲积平原煤和辫状河平原煤两值均高，上三角洲两值居中（姚素平和金奎励，1995）。

根据 GWI-VI 关系，可以把沼泽古环境分为开放水体草沼、树沼和藓沼等。把水动力条件分为低位泥炭沼泽、中位泥炭沼泽和高位泥炭沼泽。

根据以上计算公式计算出的官板乌素矿 6 号煤层煤相指数见表 7-12。

表 7-12 官板乌素矿 6 号煤层的煤相指数

煤相指数	GI	TPI	GWI	VI
A1	1.51	0.67	0.51	0.72
A2	1.18	0.76	0.44	0.88
A3	0.94	0.89	0.81	1.14
A4	1.47	0.6	0.21	0.65
A5	0.9	1.07	0.23	1.08
A6	0.96	0.67	0.49	0.8
A7	1.72	0.36	0.35	0.39
A8	0.99	0.78	1.02	0.86
A9	1.19	0.55	0.19	0.59
A10	2.68	0.29	0.11	0.3
A11	1.07	0.76	0.11	0.81
A12	1.07	0.48	0.36	0.56
A13	1.5	0.6	0.58	0.73
A14	0.61	1.09	0.28	1.19
A15	0.46	2.09	0.38	2.28
A16	1.08	0.67	0.16	0.72
A17	1.02	0.76	0.56	0.85
A18	1.2	0.84	0.09	0.87
B1	3.74	0.14	0.19	0.14

续表

煤相指数	GI	TPI	GWI	VI
B2	3.88	0.41	0.25	0.47
B3	0.64	0.88	0.74	1.04
B4	1	0.94	0.38	0.99
B5	0.9	1	0.18	1.02
B6	1.11	0.31	0.64	0.42
B7	1.92	0.44	0.33	0.48
B8	1.19	0.66	0.68	0.72
B9	0.95	0.37	0.63	0.47
B10	0.81	0.76	0.62	0.92
B11	0.62	0.74	0.4	0.77
B12	1.66	0.42	0.17	0.46
B13	2.03	0.49	0.12	0.51
B14	4.44	0.14	0.15	0.15
B15	1.14	0.79	0.14	0.8
B16	0.86	1.12	0.54	1.31
B17	1.83	0.4	0.08	0.41
B18	0.67	0.66	0.57	0.73

从表 7-13 可以看出，GI 值偏高，TPI 值较低，表明官板乌素矿 6 号煤层沉积环境为三角洲平原，整个煤层经历了由上三角洲平原到下三角洲平原的演变(刘焕杰等,1991)。

官板乌素 6 号煤由于地表水供给充分，带入了沼泽中充分的氧，丝炭化作用强烈，导致本煤层中惰质组分明显富集(图 7-35，图 7-36)。官板乌素 6 号煤的各种显微组分有明显被氧化的痕迹(图 7-37，图 7-38)，如丝质体和半丝质体膨化现象严重，甚至演化为粗粒体。

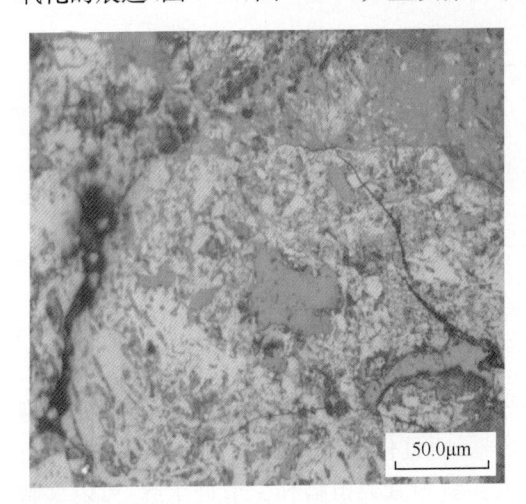

图 7-35 样品 GB3 各种显微组分混杂堆积（反射单偏光）

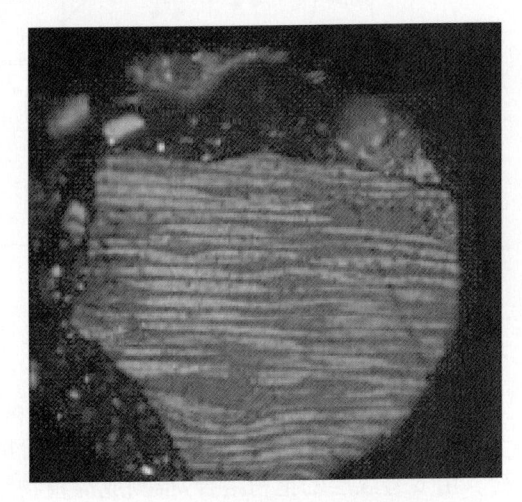

图 7-36 GB24 微粒体(反射单偏光)

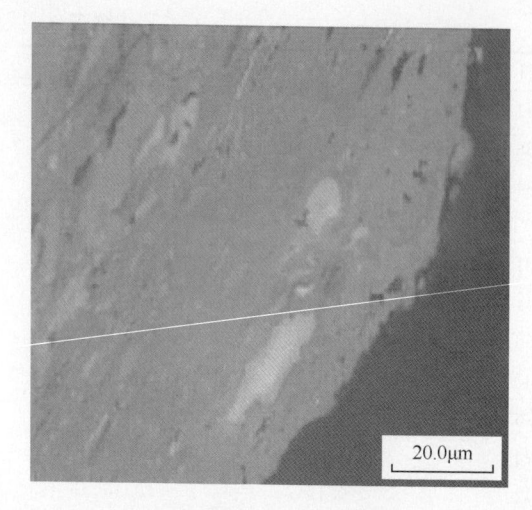

图 7-37　样品 GB32 氧化树脂体 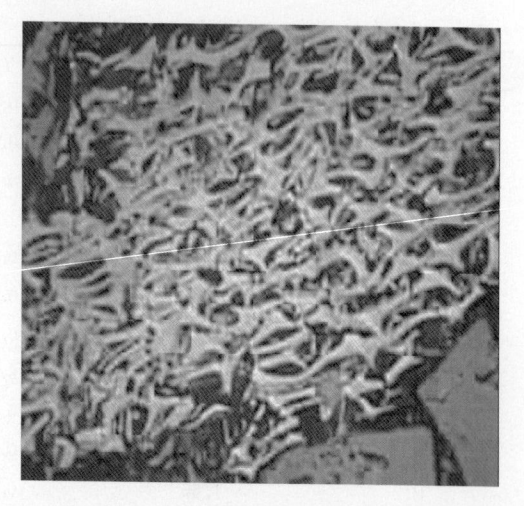　　　　图 7-38　样品 GB37 丝质体

(1) 从图 7-39 可以看出,准格尔官板乌素矿 6 号煤层沉积环境为三角洲平原,沉积序列由上三角洲平原逐渐向下三角洲平原演变。煤层形成初期 A17、A18、B18 为下三角洲平原沉积,至 A14、B16 转变为过渡沉积,其中 A15 受氧化强烈,惰质组含量很高,占 62.4%,植物保存较差。之后演变为下三角洲沉积。6 号煤整体上是由干燥森林沼泽向潮湿森林沼泽演变的过程。

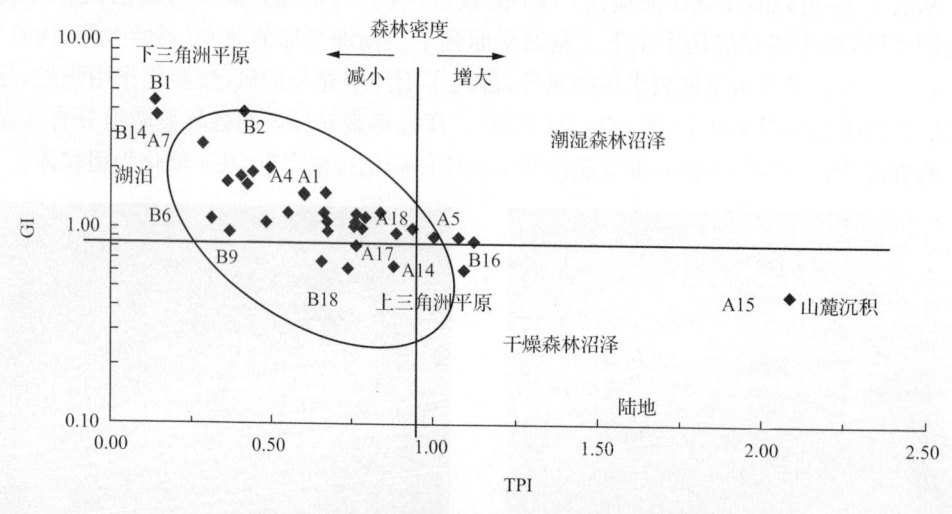

图 7-39　官板乌素矿 6 号煤层 GI-TPI 关系图

(2) 代世峰等(2007)研究准格尔孢粉发现,6 号煤层中化石孢粉组合以蕨类植物孢子为主,约占组合的 94%;裸子植物占组合的 6%,而且仅见无缝单囊类,未见双囊类花粉。由 6 号煤层的孢粉组合,推测成煤植物绝大多数为蕨类植物和少量种子蕨,可以反映当时较湿热的气候特征。

(3) 与黑岱沟矿类似,官板乌素矿 6 号煤层由于地表水供给充分,带入了沼泽充分的氧,丝炭化作用进行强烈,导致本煤层中惰质组分明显富集。有的显微组分有被明显氧化的痕迹,如丝质体(图7-38)、树脂体(图7-37)。并且微粒体的含量比较高也说明煤层形成时环境偏氧化,微粒体可能是次生细胞壁或细分散的腐殖碎屑在泥炭化作用早期经过氧化作用形成。基质镜质体中有石膏,属于氧化环境的产物(代世峰等,2007)。

(4)泥炭沼泽演化至顶部时,覆水达到最深,GI值达到最高值,凝胶化作用强烈,地下水流动指数非常低,水动力条件较弱,说明当时水体非常稳定,从而形成了镜质组分高达65.3%的光亮煤。同时GWI和VI都很低,整个沼泽处于潮湿森林沼泽中。

(5)由图7-40可以看出,泥炭沼泽演化至分层A3、A8、B3时,地下水流动指数很高,水动力条件较强,植物保存程度差。其中,显微组分堆积杂乱(图7-35)。结合GI-TPI关系图,这些分层显微组分中过渡组分含量非常高,而镜质组整体含量少。可能其中镜质组分先由于环境覆水降低遭受氧化作用而丝炭化为丝质体、半丝质体和粗粒体,然后由于地下水流动加速,水环境比较动荡,致使煤层中显微组分被破碎,并且与这几个分层中和下部被卷起的夹矸中黏土共同沉积而成。

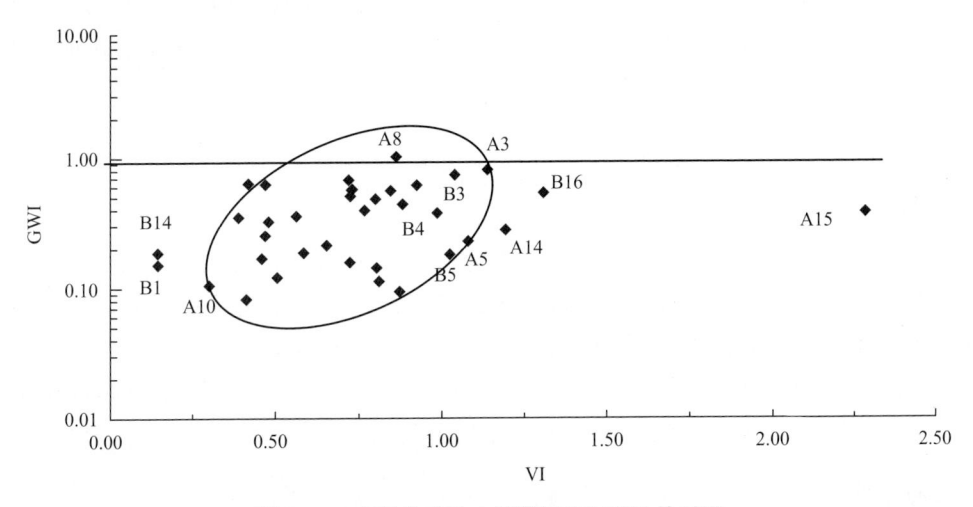

图7-40 官板乌素矿6号煤层VI-GWI关系图

根据煤相指数TPI-GI关系,显微组分组合关系推断出6号煤沉积环境为上三角洲平原、过渡带及下三角洲平原。由干燥森林沼泽向潮湿森林沼泽演变的过程。成煤植物主要为木本植物,植物群以蕨类植物门的石松纲、科达纲为主(刘焕杰等,1991)。

需要特别指出的是,有些学者对利用煤岩指数判断成煤环境提出质疑(Crosdale,1993;Scott,2002;Moore and Shearer,2003;Amijaya and Littke,2005)。尤其是对古近纪褐煤的研究过程中,对煤岩组分的形成环境提出不同看法。

准格尔煤田6号煤层与宁武煤田平朔矿区9号煤层都属于中二叠统山西组,形成于同一时期的泥炭沼泽。两层煤中共同的特点是惰质组含量很高。早期的研究认为,惰质组形成于氧化环境(Hunt and Smyth,1989),随后的研究表明,惰质组也可以通过森林大火形成(Bustin,1997)。目前一般认为,所有惰质组均通过森林大火形成(Scott and Glasspool,2006)。因此,准格尔煤田6号煤层与宁武煤田平朔矿区9号煤层高惰质组含量说明中二叠统山西组存在广泛的森林大火。

第八章　高铝煤的有机地球化学特征

有机地球化学在地质学中的应用越来越广泛,通过研究沉积物中的生物标志化合物,在确定古环境的演变、烃源岩和原油的形成、对沉积环境的指示作用等方面取得了很大的突破。生物标志化合物(Biomarker)继承与保存了原始沉积有机质化合物的结构骨架,在有机质演化的过程中具有一定的稳定性,没有或很少发生变化,记载了原始生物母质特殊分子结构信息的有机化合物。由于生物标志化合物蕴涵着丰富的地球化学信息,已经成为有机地球化学中重要的研究对象。

本章通过对煤中可溶有机质进行抽提和分离,采用色谱(GC)及色谱和质谱联用技术(GC-MS)重点分析煤中的饱和烃及芳香烃,依据生物标志化合物特征揭示有机地球化学特征,分析其成煤环境条件。

第一节　抽提物与饱和烃

通过研究煤中有机质可以判断成煤植物的来源、类型及保存条件,有机质中的生物标志化合物,可用于判断沉积物的物质来源,区分沉积物属于海相成因或陆相成因,推断沉积物沉积期和早期成岩阶段的物理化学环境(如氧化-还原条件),以及成岩作用的强度等。通过煤中微量元素的含量特征,选取样品进行有机抽提和分离,用色谱和质谱联用技术对分离出的饱和烃及芳香烃组分进行定性和定量分析。

一、准格尔煤田

(一) 串草圪旦煤矿

1. 煤中抽提物特征

从煤中抽提出的有机物一般称为氯仿沥青"A",氯仿沥青"A"由饱和烃、芳香烃、非烃和沥青质组成。从表8-1可以看出,煤中芳香烃含量均高于饱和烃,饱/芳值均小于1,表明4号煤和6号煤呈腐殖型成烃母质特征。

表8-1　串草圪旦4号煤和6号煤层有机抽提物含量分布

样品编号	氯仿沥青"A"/(mg/g)	饱和烃/%	芳香烃/%	非烃+沥青质/%	总烃/%	饱/芳
4-6	5.51	0.10	0.29	0.61	0.39	0.32
4-10	5.55	0.08	0.37	0.55	0.45	0.21
6-2	6.98	0.08	0.39	0.53	0.47	0.19
6-6	6.95	0.12	0.37	0.50	0.50	0.33

2. 饱和烃特征

饱和烃又名正烷烃,属甲烷系碳氢化合物,具有 C_nH_{2n+1} 通式。饱和烃是沉积有机质中非常重要的有机化合物,主要来源于动、植物体内的类脂化合物。由于沉积物质的来源不同,所以饱和烃的组成特征也有很大差异,来源于浮游生物和藻类脂肪酸的低碳数饱和烃,碳数分布范围小于 C_{20};来源于高等植物蜡质的高碳数饱和烃,碳数分为范围以 C_{25}^+ 为主(李守军,1999)。饱和烃的碳数分布、碳奇偶优势 OEP 值、$\sum C_{21}^-/\sum C_{22}^+$ 值等参数可以很好地反映煤中有机质的生源类型和成熟度。

饱和烃在植物体以及其他生物体中分布广泛,也是生物标志化合物中研究的最广泛的一种(梁斌等,2006)。本章研究主要通过碳数分布范围、主碳峰数、峰型奇偶优势(OPE)、CPI、轻重比参数($\sum C_{21}^-/\sum C_{22}^+$)、$(C_{21}+C_{22})/(C_{28}+C_{29})$ 这些参数对饱和烃的特征进行分析(表 8-2,图 8-1~图 8-4)。

表 8-2 饱和烃色谱参数

样品编号	碳数范围	主碳峰数	CPI	$\sum C_{21}^-/\sum C_{22}^+$	$\dfrac{C_{21}+C_{22}}{C_{28}+C_{29}}$	Pr/Ph
4-6	$C_{13}\sim C_{31}$	C_{27}	2.60	0.34	1.37	3.08
4-10	$C_{12}\sim C_{34}$	C_{27}	1.99	0.33	0.91	4.28
6-2	$C_{14}\sim C_{31}$	C_{25}	1.34	0.43	0.91	2.71
6-6	$C_{12}\sim C_{31}$	C_{27}	1.56	0.77	2.59	3.75

注:CPI=[$(C_{25}+C_{27}+C_{29}+C_{31}+C_{33})/(C_{26}+C_{28}+C_{30}+C_{32}+C_{34})+(C_{25}+C_{27}+C_{29}+C_{31}+C_{33})/(C_{24}+C_{26}+C_{28}+C_{30}+C_{32})$]/2。

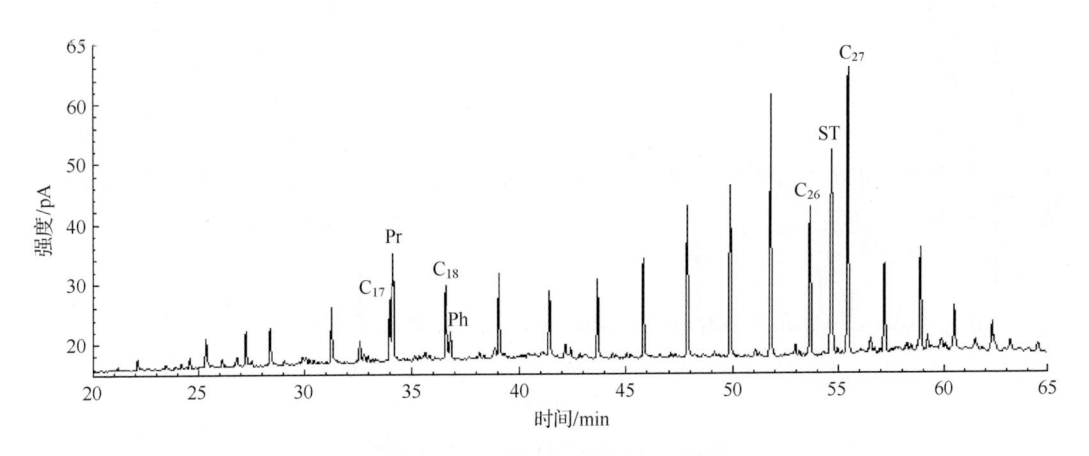

图 8-1 样品 4-6 饱和烃气相色谱图

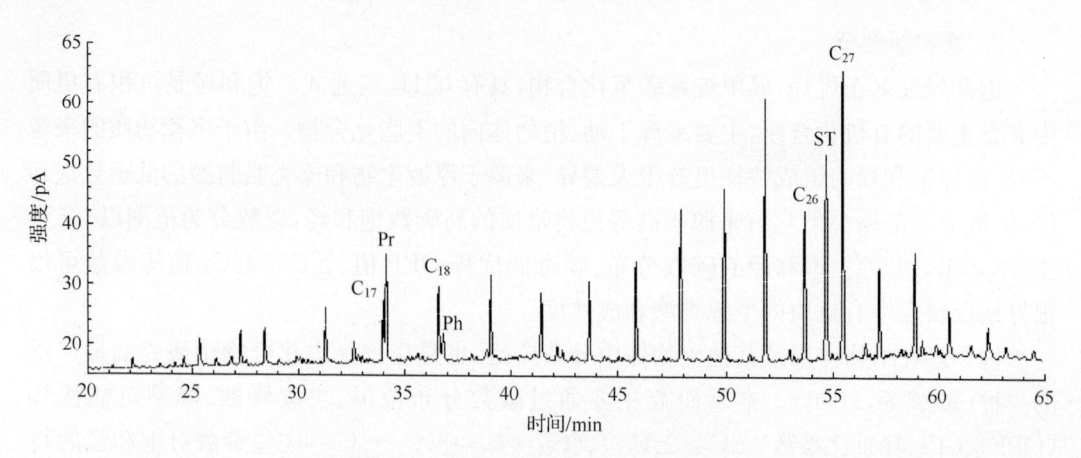

图 8-2　样品 4-10 饱和烃气相色谱图

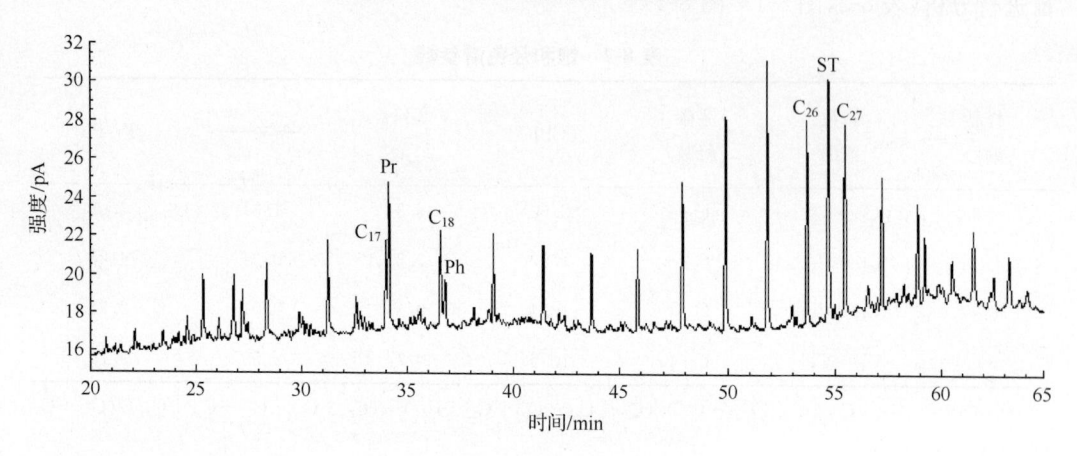

图 8-3　样品 6-2 饱和烃气相色谱图

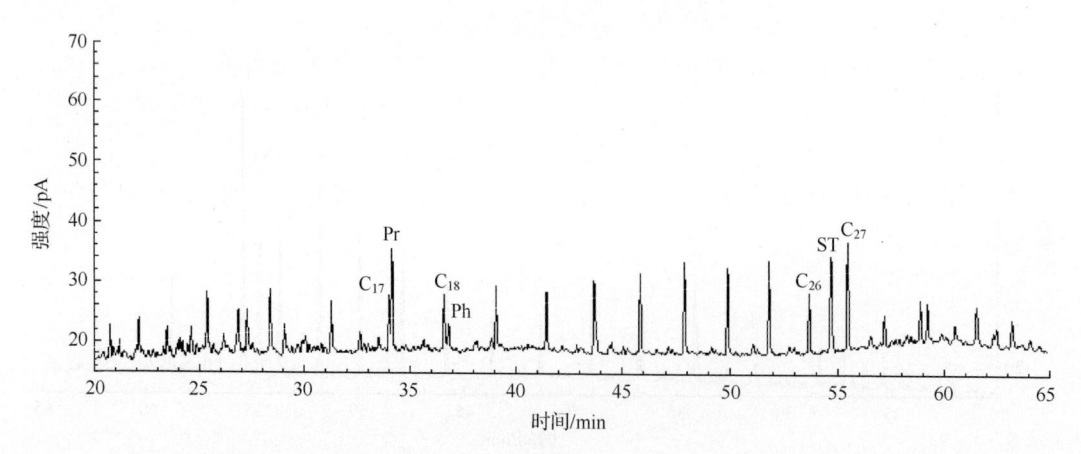

图 8-4　样品 6-6 饱和烃气相色谱图

1) 数分布范围、主碳峰数

正烷烃广泛分布于古代沉积岩、现代沉积物与生物体中。不同碳数的正烷烃相对丰度可以反映沉积物中有机质的来源。一般来说，饱和烃碳数分布范围在 C_{20} 之前的饱和烃来源于藻类脂肪酸和浮游生物,饱和烃如果碳数分布范围为 $C_{25} \sim C_{35}$,则多来源于高等植物蜡。由色谱图可知,串草圪旦 4 号煤和 6 号煤碳数分布范围为 12～34,主峰碳为 C_{25} 或 C_{27},呈后峰高碳数群分布,由此可以推断 4 号煤和 6 号煤中的饱和烃来源于植物中的类脂物,生源为水生或陆生生物。

2) 优势指数(CPI)

CPI 可确定有机质的生源组合特征、指示沉积环境和沉积物的成熟度。源于海相低等生物的沉积有机质中有较低的 CPI 值,而陆源高等植物母质沉积形成的有机质有十分高的 CPI 值。4 号煤和 6 号煤的 CPI 值均大于 1,呈明显的奇碳优势。表明饱和烃的主要来源为植物中的类脂物,因此判断生源输入主要为陆源高等植物。

3) 重比参数 $\sum C_{21}^-/\sum C_{22}^+$ 和 $(C_{21}+C_{22})/(C_{28}+C_{29})$

$\sum C_{21}^-/\sum C_{22}^+$ 和 $(C_{21}+C_{22})/(C_{28}+C_{29})$ 是指低碳数分子与高碳数分子含量的比值,4 煤和 6 煤的 $\sum C_{21}^-/\sum C_{22}^+$ 均小于 1,说明高碳分子数占优势。$(C_{21}+C_{22})/(C_{28}+C_{29})$ 除 4-6 和 6-6 外均小于 1,表明原始生物组合中除了陆源高等植物外还有藻类等浮游生物输入。

4) Pr/Ph、Pr/nC_{17} 和 Ph/nC_{18}

姥鲛烷和植烷之比(Pr/Ph)可以用来表示母源沉积的氧化-还原环境(王铁冠,1990)。姥鲛烷和植烷均是由可进行光合作用的生物中的叶绿素的植基侧链生成。在缺氧的沉积条件下,植基侧链断裂产生植醇,植醇经过还原反应生成二氢植醇,然后再被还原为植烷。而在氧化条件下,植醇被氧化成植酸,植酸脱羧形成姥鲛烯,姥鲛烯经还原作用生成姥鲛烷。因此,高的 Pr/Ph 值表明有机质形成于氧化环境,低的 Pr/Ph 值表明有机质形成于还原环境。通常用 $Pr/Ph>3$ 指示氧化条件下陆源有机质输入,$1<Pr/Ph<3$ 指示弱氧化-还原环境。另外,$Pr/Ph<1$ 还说明沉积环境为超盐还原环境。4 号煤中 Pr/Ph 值范围为 1.82～4.28,6 号煤中 Pr/Ph 值范围为 2.71～3.75。表明 4 号煤和 6 号煤形成于弱还原-氧化环境,成煤母质为陆源植物。

类异戊二烯烃指标除了解释沉积环境(王铁冠,1990),还可用于研究有机质性质和成熟度(范善发和徐芬芳,1986)。Pr/nC_{17} 和 Ph/nC_{18} 值反映有机质成熟度的大小,两者皆随成熟度的增加而减小。$Pr/nC_{17}<0.5$,表明成煤母质为海相来源的有机质。$Pr/nC_{17}>1.0$,反映泥炭沼泽沉积环境,植源为陆相高等植物;Pr/nC_{17} 值为 0.5～1.0,反映沼泽与开阔水域的交替环境;$Pr/nC_{17}<0.5$ 反映开阔水域环境。4 号煤和 6 号煤的 Pr/nC_{17} 均大于 1,指示成煤环境为泥炭沼泽,生源输入为陆生高等植物。Ph/nC_{18} 值均小于 1。由此 4 号煤和 6 号煤的正烷烃主要呈后峰型奇碳优势的特点。正烷烃分布曲线明显偏向高碳数一侧,主峰碳多为 nC_{25} 或者 nC_{27}。以高碳数烷烃占优势,nC_{21}^-/nC_{22}^+ 值一般小于 1,表明有机质的低成熟度较低,CPI>1,呈明显的奇碳优势,由此可以判断 4 号煤和 6 号煤的成煤植物中陆源高等植物含量较高。

(二) 官板乌素煤矿

通过对 6 号煤中抽提物组分(饱和烃及芳香烃)进行 GC-MS 分析,对各个有机组分进行定量和定性统计。前面已经讨论了微量元素与煤岩组分、矿物关系,本节重点研究有机质与微量元素的关系。通过对比不同样品中有机质的组成、含量特征,来确定有机质在生产及演化过程中与微量元素的关系。

为了更加详细地说明问题,以煤中 Li 元素含量作为参考选取。选取了含量较高的 GB45(565.55μg/g)、含量较少的 GB26(307.29μg/g)和底板样品 GB46(1592.0μg/g)。

1. 有机抽提物特征分析

样品抽提物的含量及各个组分所占的百分比列于表 8-3,GB26 中氯仿沥青"A"含量最高,为 6.49 mg/g,GB46 中有机质含量最低,为 0.28 mg/g。GB46 属于底板泥岩样品,虽然有机质含量很低,但是饱和烃的比例很高,占 14.63%。

表 8-3 有机抽提物特征

样品	氯仿沥青"A"/(mg/g)	饱和烃/%	芳烃/%	非烃+沥青质/%
GB26	6.49	4.46	21.02	74.52
GB45	4.37	1.15	36.54	62.31
GB46	0.28	14.63	42.68	42.69

2. 饱和烃分布特征

烷烃组分是煤中普遍含有的稳定成分之一,它的组成特点与原始有机质的性质密切相关,并随有机质的成熟演化而明显地呈现规律性变化。目前,饱和烃色谱技术已经得到很大的发展,称为有机地球化学研究中最基本的手段。

从样品中饱和烃的分布特征及含量可以看出(表 8-4,图 8-5～图 8-7):都呈双峰态分布,样品 GB26 奇偶优势不明显,GB45 和 GB46 前峰呈偶碳优势,后峰奇偶优势不明显。前峰主峰碳以 $nC_{14} \sim nC_{16}$ 为主,后峰主峰碳以 $nC_{27} \sim nC_{29}$ 为主,双峰态分布表明 6 号煤中有机质演化成熟度较低。

表 8-4 样品中检测出饱和烃的分布特征

饱和烃	GB26/(μg/g)	GB45/(μg/g)	GB46/(μg/g)
C_{10}	0.00	0.00	0.00
C_{11}	0.00	0.00	0.00
C_{12}	1.87	2.87	11.79
C_{13}	4.27	0.82	1.35
C_{14}	5.83	5.69	14.99
C_{15}	7.13	2.26	6.30
C_{16}	7.66	4.06	15.59
C_{17}	6.31	2.33	10.80
Pr	8.47	0.93	6.51
C_{18}	6.04	2.19	8.88
Ph	2.14	0.61	6.96
C_{19}	6.43	2.11	7.81
C_{20}	4.73	2.15	6.91
C_{21}	5.25	1.99	9.65
C_{22}	6.42	2.80	16.70

续表

饱和烃	GB26/(μg/g)	GB45/(μg/g)	GB46/(μg/g)
C_{23}	7.65	3.69	21.40
C_{24}	7.71	3.01	16.63
C_{25}	10.98	3.23	16.76
C_{26}	7.43	2.62	3.36
C_{27}	16.52	3.67	12.69
C_{28}	8.12	3.27	8.62
C_{29}	12.17	4.06	10.09
C_{30}	8.88	3.10	6.32
C_{31}	10.50	3.15	6.33
C_{32}	7.38	2.23	0.00
C_{33}	7.70	1.97	0.00
C_{34}	4.44	0.00	0.00

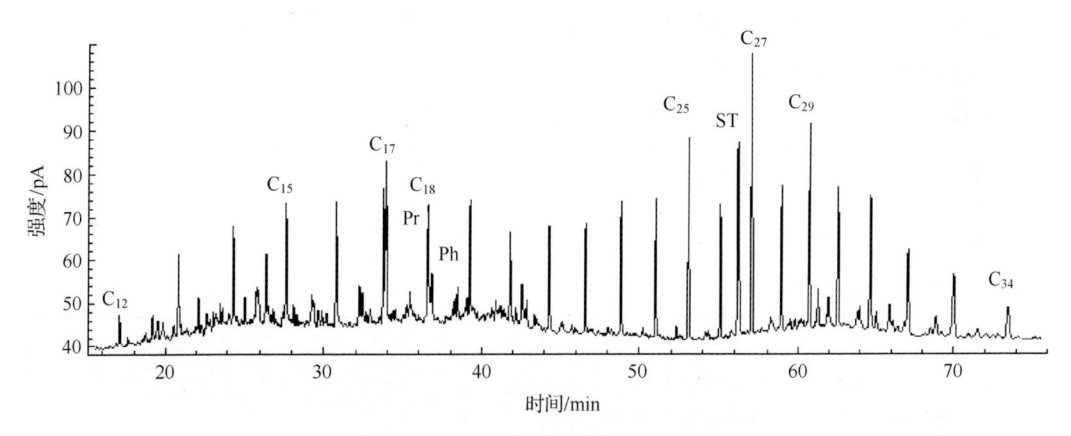

图 8-5 样品 GB26 饱和烃气相色谱图

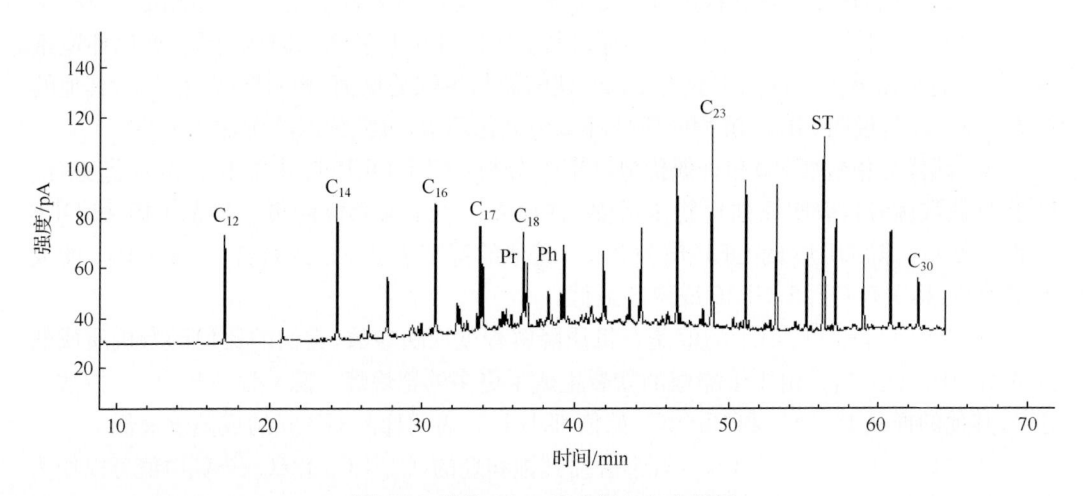

图 8-6 样品 GB46 饱和烃气相色谱图

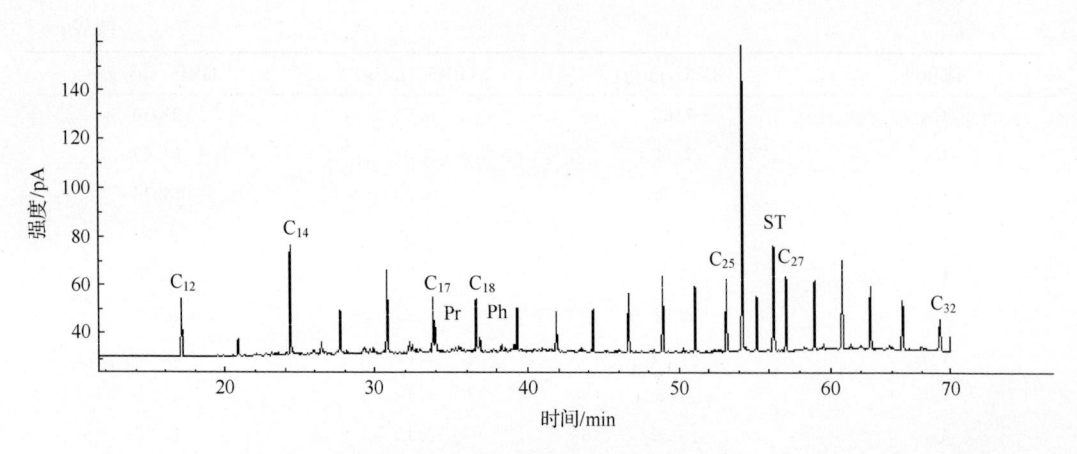

图 8-7　样品 GB45 饱和烃气相色谱图

GB26 和 GB45 长链饱和烃保存较好,短链烃演化至 nC_{12}。GB46 长链饱和烃演化至 nC_{30},短链饱和烃保存较好。

官板乌素矿 6 号煤中饱和烃相关指数见表 8-5。对其进行了分析,并探讨 6 号煤的成煤植物、沉积环境、成熟度等内容,具体体现在以下几个方面。

表 8-5　饱和烃相关参数

样品	Pr/Ph	Pr/nC_{17}	Ph/nC_{18}	$C_{21}+C_{22}/C_{28}+C_{29}$	CPI	OEP
GB26	3.95	1.34	0.35	0.58	1.53	1.97
GB45	1.51	0.4	0.28	0.65	1.28	1.24
GB46	0.94	0.6	0.78	1.41	1.91	2.15

注:CPI=[$(C_{25}+C_{27}+C_{29}+C_{31}+C_{33})/(C_{26}+C_{28}+C_{30}+C_{32}+C_{34})+(C_{25}+C_{27}+C_{29}+C_{31}+C_{33})/(C_{24}+C_{26}+C_{28}+C_{30}+C_{32})$]/2;
OPE=$(C_{25}+6C_{27}+C_{29})/(4C_{26}+4C_{28})$。

(1) 姥鲛烷与植烷的比值(Pr/Ph)是反映古环境的重要参数之一。当姥鲛烷与植烷的比值(Pr/Ph)低于 0.8 时为厌氧/还原环境;当 Pr/Ph 大于 2.5 时为好氧/氧化环境条件下陆源有机质输入。样品中只有 GB26 姥鲛烷与植烷的比值(Pr/Ph)大于 2.5,其他的处于 0.8~2.5,说明 GB26 沉积时所处环境为氧化环境,沉积物以陆源输入为主。

(2) 碳优势指数(CPI)和奇偶优势(OEP)分析:CPI、OEP 明显高于 1(奇数优势)或低于 1(偶数优势),表明煤抽提物未成熟,越远离 1 表示成熟度越低。样品 CPI 和 OEP 指数均大于 1,除 GB46 的 OEP 值为 2.15,其他的都小于 2。相比而言,样品 GB45 的成熟度最高,其次有 GB26,GB46 成熟度最低。

(3) Pr/nC_{17} 和 Ph/nC_{18} 的值是有机质降解程度反映参数,它们的比值随有机质成熟度的增加而减小,这是由于干酪根的断裂生成了更多的正烷烃。除 GB26 Pr/nC_{17} 指数大于 1,其他的样品 Pr/nC_{17} 和 Ph/nC_{18} 的值都小于 1,表明样品 GB26 的成熟度最低。

(4) $(C_{21}+C_{22})/(C_{28}+C_{29})$:有学者提到饱和烃的 $(C_{21}+C_{22})/(C_{28}+C_{29})$ 值可以作为判断有机质来源的重要参数,他们认为因为海生物有机质中的正烷烃检测结果以 C_{21}

和 C_{22} 为主,而陆源植物有机质中的正烷烃则以 C_{28} 和 C_{29} 居多,所以其比值高低可以说明为海相沉积或陆相沉积环境。

官板乌素矿 6 号煤层底板样品 GB46 饱和烃指数 $(C_{21}+C_{22})/(C_{28}+C_{29})$ 为 1.41,说明有机质来源于海相植物。GB26 和 GB45 的值都小于 1,说明有机质来源于陆相植物。分析 6 号煤层聚煤前为海相,海退后发育三角洲平原,在河控三角洲平原沉积了 6 号煤层,为陆相沉积环境。

(三)哈尔乌素煤矿

通过有机抽提实验,并对抽提物进行族组分分离,采用色谱(GC)及色谱和质谱联用(GC-MS)技术分析煤中的饱和烃与芳香烃特征,进而讨论 6 号煤的成煤古环境。本节选取 11 个煤样进行说明。

1. 有机抽提物特征

煤是在一定的沉积环境下形成的时空产物,其中有机质的组成与分布非常复杂。哈尔乌素煤矿 6 号煤的可溶有机质组分特征参数见表 8-6。

表 8-6 哈尔乌素煤矿 6 号煤中有机抽提物含量分布

样品号	原煤重 /mg	氯仿沥青"A" /(mg/g)	抽提率 /%	饱和烃 /%	芳香烃 /%	非烃+沥青质 /%	总烃/%	饱/芳
6-1-1	10360.0	70.7	0.68	15.81	37.67	40.00	53.49	0.42
6-2-1	10844.4	74.1	0.68	13.56	36.16	42.37	49.72	0.37
6-3-4	10480.0	86.6	0.83	14.02	20.56	58.88	34.58	0.68
6-3-6 矸	48563.9	42.9	0.09	19.86	33.56	43.84	53.42	0.59
6-4-3	12493.9	19.1	0.15	16.04	55.66	25.47	71.70	0.29
6-5-6	10533.9	40.8	0.39	10.14	46.62	33.78	56.76	0.22
6-5-8	10420.0	53.2	0.51	26.53	65.31	6.12	91.84	0.41
6-5-9	10394.5	76.9	0.74	8.42	47.02	37.54	55.44	0.18
6-5-10 矸	45964.0	16.4	0.04	23.58	36.59	38.21	60.16	0.64
6-6-5	10438.3	67.1	0.64	13.22	49.59	31.40	62.81	0.27
6-7-3	12801.1	85.6	0.67	13.81	41.90	36.67	55.71	0.33

从表 8-6 可以看出,研究区样品的族组分中饱和烃含量相对较低,为 8.42%～26.53%;芳香烃含量较高,为 20.56%～65.31%。

通常认为芳香烃和沥青质在高等植物中的含量较高,在低等浮游植物(菌藻类)中饱和烃和非烃较高,而饱和烃与芳香烃的比值可以作为判别成煤母质的标志,比值小于 1,代表成煤植物为高等植物。6 号煤的饱/芳值为 0.18～0.68,比值均小于 1,说明煤样中芳香烃馏分占优势,成煤植物为高等植物。

2. 饱和烃

表 8-7 为 6 号煤中饱和烃的色谱参数。

表 8-7　哈尔乌素 6 号煤中饱和烃色谱参数

样品号	峰型	碳数分布	主峰碳数	OEP	$\sum C_{21}^- / \sum C_{22}^+$	$(C_{21}+C_{22})/(C_{28}+C_{29})$	Pr/Ph	Pr/C_{17}	Ph/C_{18}
6-1-1	单峰	$C_{14} \sim C_{31}$	C_{29}	1.20	0.39	0.39	3.57	2.80	0.67
6-2-1	单峰	$C_{15} \sim C_{31}$	C_{25}	1.49	0.31	0.84	2.26	1.23	0.42
6-3-4	单峰	$C_{16} \sim C_{31}$	C_{27}	2.14	0.35	1.17	2.47	2.80	0.84
6-3-6 矸	单峰	$C_{15} \sim C_{31}$	C_{17}	1.17	0.63	1.17	2.24	0.96	0.44
6-4-3	单峰	$C_{15} \sim C_{31}$	C_{17}	1.02	1.09	1.98	1.41	0.81	0.64
6-5-6	单峰	$C_{14} \sim C_{31}$	C_{21}	0.98	1.43	1.55	1.25	0.52	0.51
6-5-8	单峰	$C_{16} \sim C_{31}$	C_{27}	1.24	0.75	1.59	1.93	1.04	0.55
6-5-9	单峰	$C_{15} \sim C_{31}$	C_{27}	3.48	0.37	3.76	2.57	0.74	0.20
6-5-10 矸	单峰	$C_{15} \sim C_{31}$	C_{23}	1.16	0.55	0.85	2.86	1.32	0.54
6-6-5	单峰	$C_{17} \sim C_{31}$	C_{19}	1.59	0.49	0.83	3.17	0.95	0.30
6-7-3	双峰	$C_{14} \sim C_{31}$	C_{21}, C_{29}	1.11	0.80	5.44	1.09	0.59	0.47
均值				1.51	0.65	1.78	2.26	1.25	0.51

根据表 8-6 和表 8-7 中的各参数信息，可以得出 6 号煤中的饱和烃具有以下几个特点。

(1) 碳数分布范围及峰型：哈尔乌素矿区 6 号煤中的饱和烃碳数分布范围一般为 $C_{15} \sim C_{31}$，分布曲线特征明显偏向高碳数一侧，主峰碳以高碳数烷烃为主，而 6-3-6、6-4-3 和 6-6-5 样品的主峰碳相对偏向低碳数一侧，主峰碳为 C_{17}、C_{19}。各样品的饱和烃气相色谱图大部分表现为单峰型，且为后峰型奇偶优势单峰型，只有 6-7-3 样品表现为双峰特征(图 8-8)，说明饱和烃的来源比较单一，主要来源于植物中的类脂物，因此推断其原始有机质陆源组分含量较高，而后峰型奇偶优势正烷烃一般指示内陆湖泊三角洲平原沼泽相或湖沼相(李守军，1999)。

(2) 主峰碳：6 号煤中的饱和烃主峰碳主要范围为 $C_{21} \sim C_{29}$，多数大于 C_{20}，而陆源植物中类脂物的主峰碳多分布在 $C_{20} \sim C_{34}$，海相沉积物中类脂体的主峰碳一般分布在 C_{16} 和 C_{18}。说明 6 号煤中的饱和烃大多来源于陆源植物，而个别煤层主峰碳为 C_{17} 或 C_{19}，表明原始沉积物中可能有水生生物输入。

(3) 奇偶优势 OEP：生物体内的正烷烃中奇数碳高于偶数碳，存在明显的奇偶优势，而有机质在演化过程中大分子变成小分子，结构复杂的分子变成结构简单的分子，正烷烃奇数优势消失(王磊磊等，2012)。含煤岩系的 OEP 值普遍在 1.5~2.4，奇偶优势在高等植物中表现的比较明显，数值较高，在低等植物中则数值较低。6 号煤的 OEP 值范围为 0.98~3.45，均值为 1.51，变化范围较大，说明样品总体的奇偶优势明显，有机质成熟度较低，成煤物质主要来源于陆生高等植物。

(4) $\sum C_{21}^- / \sum C_{22}^+$ 值：Philppi(1974)提出 $\sum C_{21}^- / \sum C_{22}^+$ 和 $(C_{21}+C_{22})/(C_{28}+C_{29})$ 两个参数用于判断成煤环境。C_{21} 以前的正烷烃主要来自脂肪酸，C_{22} 以后的正烷烃主要来自植物蜡。两者的比值即饱和烃轻组分与重组分之比。6 号煤的轻重比 $\sum C_{21}^- / \sum C_{22}^+$ 分布在

0.31~1.43,大部分小于1,只有6-4-3和6-5-6样品轻重比大于1。整体上高碳数正烷烃大于低碳数正烷烃,重烃组分占明显优势,说明烃源岩以陆源高等植物输入为主,同时有低等水生生物输入(图8-8)。

(5) $(C_{21}+C_{22})/(C_{28}+C_{29})$值:海生生物有机质中的正烷烃以$(C_{21}+C_{22})$烃类为主,陆相植物有机质中的正烷烃则以$(C_{28}+C_{29})$居多。所以其比值可用来判别沉积环境。6号煤的$(C_{21}+C_{22})/(C_{28}+C_{29})$值为0.39~3.76,多数值为0~2,结合$\sum C_{21}^-/\sum C_{22}^+$值,可以看出沉积环境为海陆交互相。

(6) 姥鲛烷与植烷比值(Pr/Ph):Pr/Ph是用来判断沉积环境的参数,比值通常随热变质程度的升高而升高。沉积物在缺氧的条件下,植醇(叶绿素)被还原成植烷;另外,在弱氧化条件下,植醇被氧化为植酸,植酸脱羧减少一个碳形成姥鲛烷。Peters和Moldowan在1991年提出Pr/Ph>3指示氧化条件,Pr/Ph<1指示偏还原环境,通常是高盐度的环境,比值为1~3指示弱氧化-还原条件。6号煤的Pr/Ph为1.09~3.57,均值为2.26,其中样品6-1-1和6-6-5的Pr/Ph大于3,其余样品的Pr/Ph均为1~3,植烷含量相对较低,说明6号煤中沉积环境以弱氧化-还原条件为主,个别煤层的氧化程度较高(图8-8)。

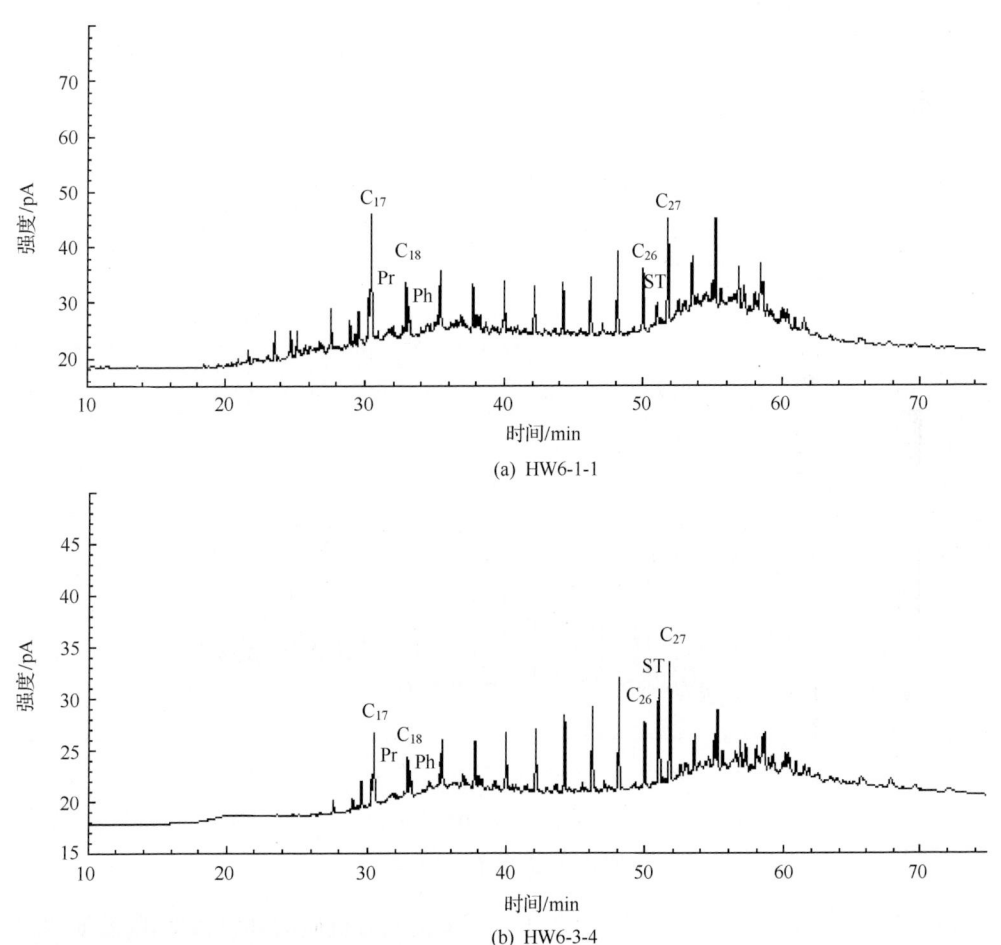

(a) HW6-1-1

(b) HW6-3-4

图 8-8 饱和烃气相色谱

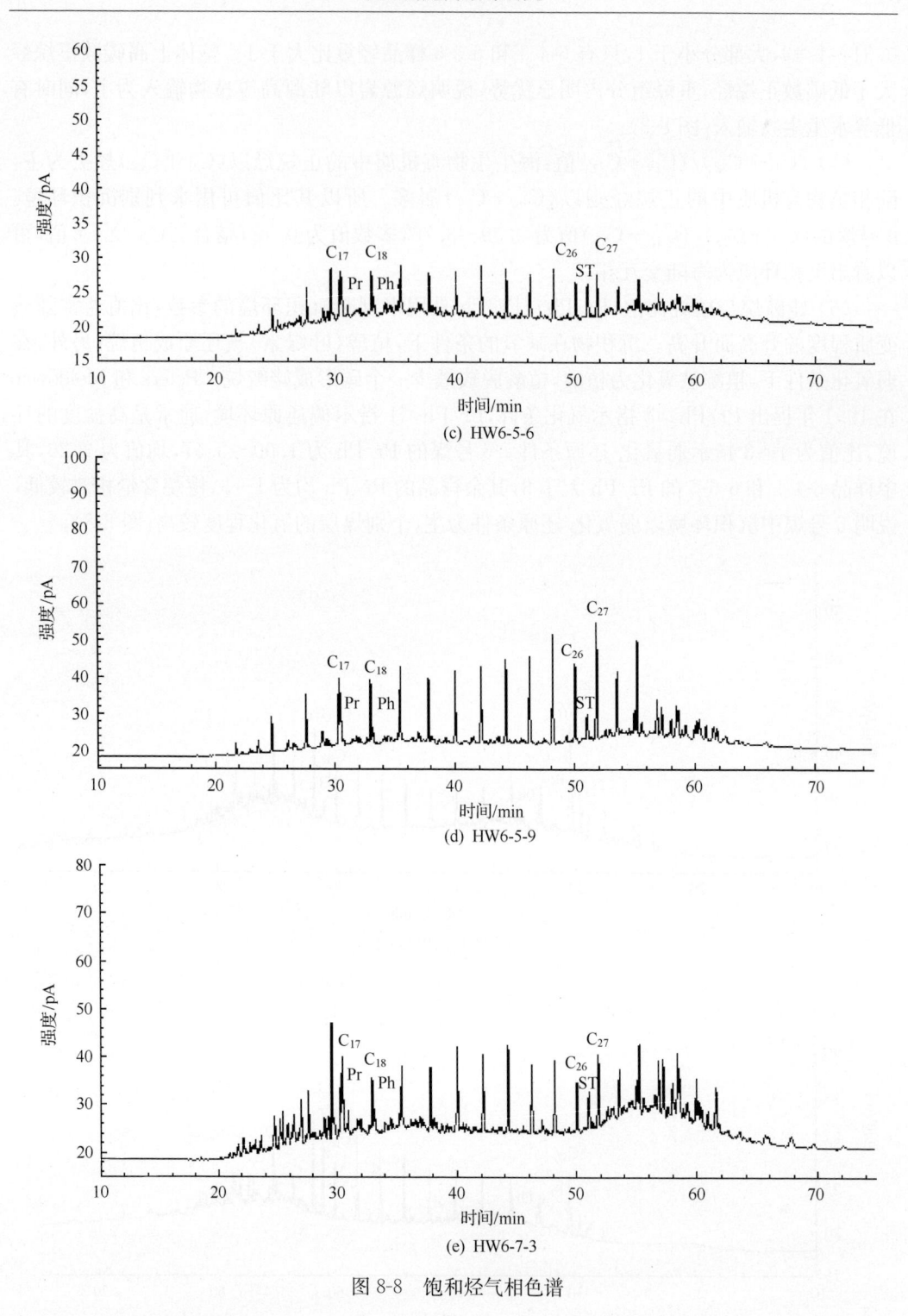

(7) Pr/nC_{17} 和 Ph/nC_{18}:这两个参数主要用来说明有机质的降解程度,随着演化程度的加深,这两个比值均逐步变小,一般认为海相来源的有机质 Pr/nC_{17} 低,小于 0.5;陆相

高等植物的 Pr/nC_{17} 高,大于 1。6 号煤的 Pr/nC_{17} 变化范围为 0.52~2.80,均值为 1.25;Ph/nC_{18} 变化范围为 0.20~0.84,均值为 0.51,体现了 6 号煤的过渡相沉积特点,主要的物质来源为高等植物,同时也含有低等生物类脂物。

综上所述,可以看出 6 号煤的高碳数饱和烃相对占优势,说明成煤植物以陆源高等植物为主。泥炭沼泽在沉积过程中,可能受过海水的影响,使沉积物有机质中出现低等水生生物的沉积,泥炭沼泽的沉积环境为弱氧化-还原条件,具有三角洲海陆交互相的沉积特点。

二、宁武煤田

(一)煤中有机质特征

宁武煤田平朔煤层中有机抽提物的含量,见表 8-8,芳香烃和饱和烃含量较低,说明有机质成熟度较低,其中芳香烃与饱和烃的比值均大于 1,说明平朔煤属于腐殖型母质的煤质特征。

表 8-8 样品可溶有机质组成

样品号	氯仿沥青"A" /(mg/g)	抽提率 /%	饱和烃/%	芳香烃/%	非烃+沥青质/%	饱/芳
ATB-9-F-6	31.1	0.94	5.67	31.67	62.67	0.18
ATB-JG1-9-4	31	0.93	3.16	24.89	71.95	0.13
AJL-9-M-23	30.5	0.89	5.28	29.45	65.28	0.18
AJL-9-4	30	0.75	2.00	18.33	79.67	0.11
ATB-9-6	30.6	0.91	2.73	18.09	79.18	0.15
ATB-9-2	31.6	0.95	1.33	13.51	85.16	0.10
ATB-11-A-1	3.81	0.86	2.3	28.0	69.7	0.08
ATB-11-A-4	6.23	0.79	1.3	23.0	75.7	0.06

(二)饱和烃

正构烷烃是烃源岩和原油饱和烃馏分的主要化学组分,正构烷烃系列的分布与组成特征可提供沉积环境、演化程度、母质类型、有机质类型及成熟度的信息。正构烷烃的主峰碳可作为判识成熟度指标,主峰碳较高的正构烷烃成熟度较低。如果碳数范围大于 25,说明正构烷烃主要来源于高等植物蜡质的高碳数正烷烃。正构烷烃有三种分布类型:一种特征类型为双峰型的色谱曲线,表明除水生生物的有机质外,也有占有重要比例的陆源高等植物的有机质输入作用,说明双峰型属于混合型有机质的来源;一种为前锋型,说明以藻类或浮游等低等生物为主要来源;另一种为后峰型,可能以陆生植物与高等的水生为主的母质来源。

正烷烃成熟指数是表示正烷烃分布特征和奇、偶数碳原子的相对丰度的指标,由菲力皮(Philippi,1965)提出的碳优势指数 CPI1 值,反映了中低碳数部分正构烷烃来源与差别,见式(8-1)。由史密斯和斯凯兰(Scalan and Smith,1970)提出的奇偶优势 OEP 值,利用正构烷烃奇偶数碳优势来判别有机质成熟度的参数,如下所示:

$$\text{CPI1} = \frac{1}{2}\left[\frac{\sum \text{奇数饱和烃浓度 } C_{15} \sim C_{23}}{\sum \text{偶数饱和烃浓度 } C_{14} \sim C_{22}} + \frac{\sum \text{偶数饱和烃浓度 } C_{15} \sim C_{23}}{\sum \text{奇数饱和烃浓度 } C_{16} \sim C_{24}}\right] \tag{8-1}$$

$$\text{OEP} = \frac{1}{2}\left[\frac{C_i + 6C_{i+2} + C_{i+4}}{4C_{i+1} + 4C_{i+3}}\right]^{(-1)^{i+1}} \tag{8-2}$$

正烷烃的姥鲛烷与异戊二烯类的烷烃的植烷比值的大小(Pr/Ph)与当时沉积环境特征有关,常用来确定沉积环境氧化还原程度的地球化学指标。植烷易生成在开阔、氧化、亲氧细菌活跃的环境;姥鲛烷易生成在闭塞、还原、厌氧细菌活跃的环境,但是在还原反应过程中优先形成植烷。Pr/Ph 值若小于 1,指示沉积环境为偏还原环境;反之,则为氧化环境。

姥鲛烷与相邻饱和烃的比值(Pr/nC_{17})和植烷与其相邻饱和烃的比值(Ph/nC_{18})常被用来反映热成熟度、成煤植物来源和沉积环境。若姥鲛烷或植烷值大于其相邻正构烷烃时说明成煤植物主要来源于低等的水生生物,若 Pr/nC_{17} 值大于 1.0,来源于泥炭沼泽沉积环境;若 Pr/nC_{17} 值为 0.5~1.0,说明沼泽与开阔水域交替的环境中;若 Pr/nC_{17} 值小于 0.5,说明开阔水域环境。

根据统计结果(表 8-9),利用这些数据分析指标在沉积环境中的指示作用。从图 8-9 可以看出,碳数范围一般为 $C_{11} \sim C_{30}$,主峰碳较高,说明成熟度较低,主峰碳大多在 $C_{15} \sim C_{18}$ 这一范围,并且总碳数大于 20,成煤植物既有高等植物又有低等水生生物,说明饱和烃物源的多样性。

表 8-9 饱和烃参数

样品号	碳数范围	主峰碳数	Pr/Ph	Pr/nC_{17}	Ph/nC_{18}	OEP	$\sum C_{20}^- / \sum C_{20}^+$
ATB-9-F-6	$C_{12} \sim C_{30}$	C_{15}	4.58	3.98	0.81	1.19	1.30
ATB-JG1-9-4	$C_{12} \sim C_{30}$	C_{18}	3.50	2.33	0.54	1.35	1.82
AJL-9-M-23	$C_{13} \sim C_{31}$	C_{21}	3.20	2.67	0.84	1.26	0.77
AJL-9-4	$C_{12} \sim C_{26}$	C_{16}	1.58	0.81	0.60	0.98	1.64
ATB-9-6	$C_{11} \sim C_{30}$	C_{15}	3.85	2.21	0.62	1.35	1.44
ATB-9-2	$C_{11} \sim C_{30}$	C_{16}	3.20	1.35	0.45	2.18	1.21
ATB-11-A-1	$C_{11} \sim C_{25}$	C_{13}/C_{23}	1.52	0.78	0.63	0.96	1.79
ATB-11-A-4	$C_{12} \sim C_{29}$	C_{17}/C_{22}	1.27	0.62	0.57	0.93	1.20

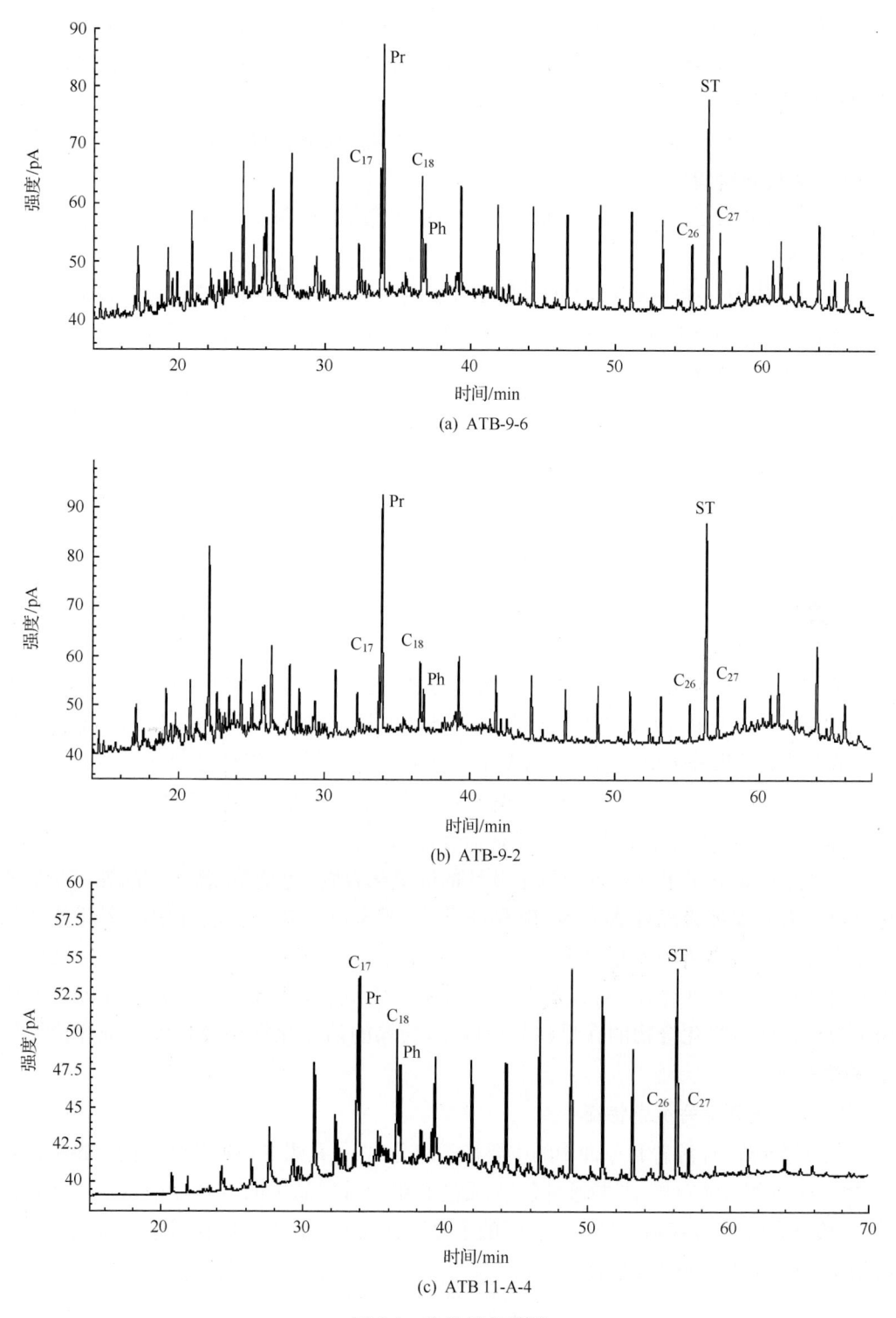

第八章 高铝煤的有机地球化学特征

(a) ATB-9-6

(b) ATB-9-2

(c) ATB 11-A-4

图 8-9　饱和烃色谱图

轻重比参数$\sum C_{20}^-/\sum C_{20}^+$值多数大于1,说明低碳数正烷烃占主要优势,成煤植物多为藻类或浮游等低等生物;也有比值小于1的,说明成煤植物中不仅有低等水生植物,还有陆源的高等植物。

煤层的CPI在1左右,OEP为0.93~2.18,说明存在微弱的奇偶优势的特点,表明有机质处于未成熟阶段。

Pr/Ph值为1.27~4.58,平均值为2.84,说明当时的沉积环境为弱氧化-还原的海陆过渡相环境。

Pr/nC_{17}值为0.62~3.98,表明煤层主要形成在泥炭沼泽环境,部分时期形成于沼泽与开阔水域交替的过渡环境。Ph/nC_{18}值均小于1.0,说明成煤植物多为低等水生植物,也有陆源的高等植物。

第二节 芳 香 烃

一、准格尔煤田

(一)串草圪旦煤矿

芳香族化合物是指所有具有芳香性质的化合物,包括苯系芳香烃及其衍生物、非苯系芳香烃及其衍生物和杂环芳香化合物。所谓芳香烃就是具有芳香性质烃类的总称,芳香烃也可指一类分子中含有符合休克尔规则的碳环的烃,芳烃包括苯系芳烃和非苯芳烃两种。苯系芳烃是指分子中含有一个或多个苯环的烃类,而非苯芳烃是指分子中不含苯环但具有芳香性质的烃类。芳香烃根据结构的不同可分为三类:①单环芳香烃,如苯的同系物;②稠环芳香烃,如萘、蒽、菲等;③多环芳香烃,如联苯、三苯甲烷。

多环芳烃是分子中含有两个以上苯环的碳氢化合物,包括萘、蒽、菲、芘等150余种化合物。有些多环芳烃还含有氮、硫和环戊烷(傅家谟,1990)。大气中的多环芳烃化合物大部分来自煤炭的燃烧和利用。目前多环芳烃化合物被国内外许多研究机构确定具有致癌和致突变作用,对人类健康造成重大的危害,并且严重污染了环境。因此研究煤中多环芳烃化合物的含量和分布规律,为煤的洁净化利用及环境污染评价提供了参考依据。

1. 煤中芳香烃的组成特征

芳香烃是煤、烃源岩和原油中的主要烃类组分之一,是煤中研究比较多的生物标记化合物(王传远等,2007a)。本书通过色谱-质谱联用法对样品中的芳香烃进行定性和定量分析,检测表明,4号煤和6号煤芳香烃的主要组分为苯、萘、菲、芴、芘等多环芳烃和烷基类衍生物(图8-10~图8-13,表8-10)。

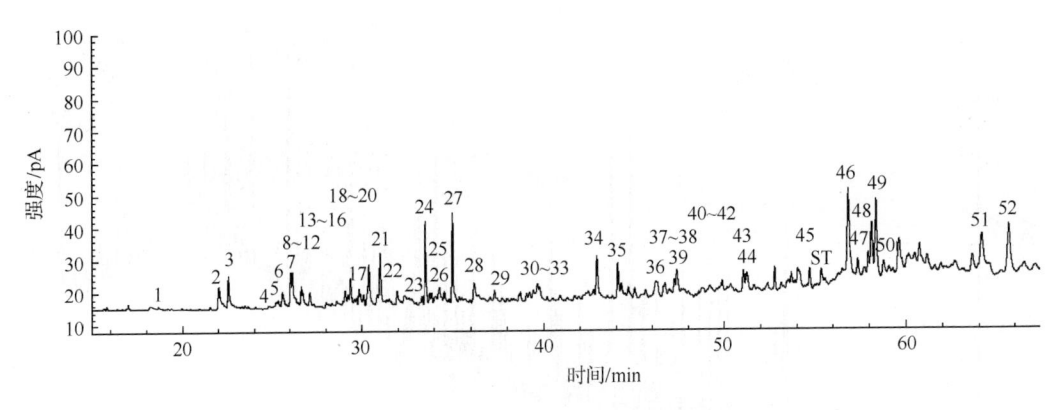

图 8-10　样品 4-6 芳香烃气相色谱图

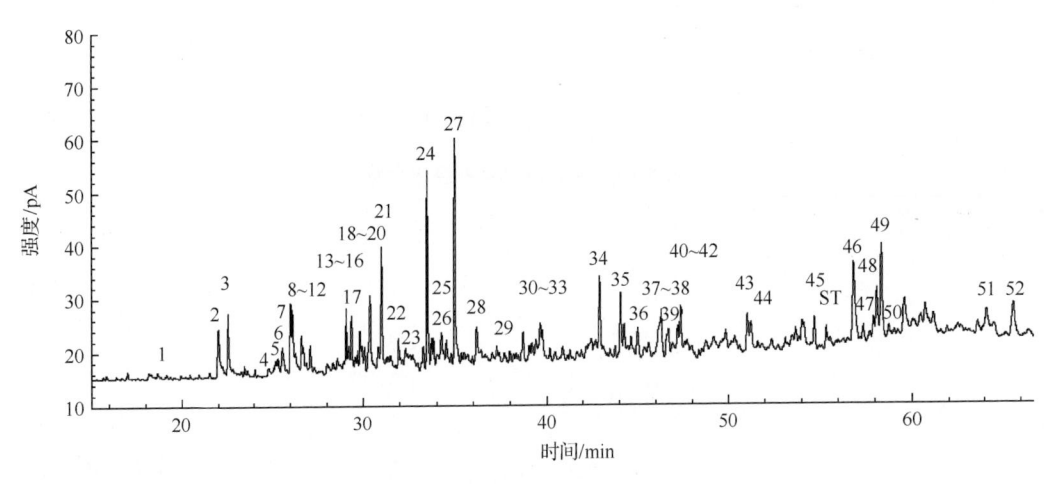

图 8-11　样品 4-10 芳香烃气相色谱图

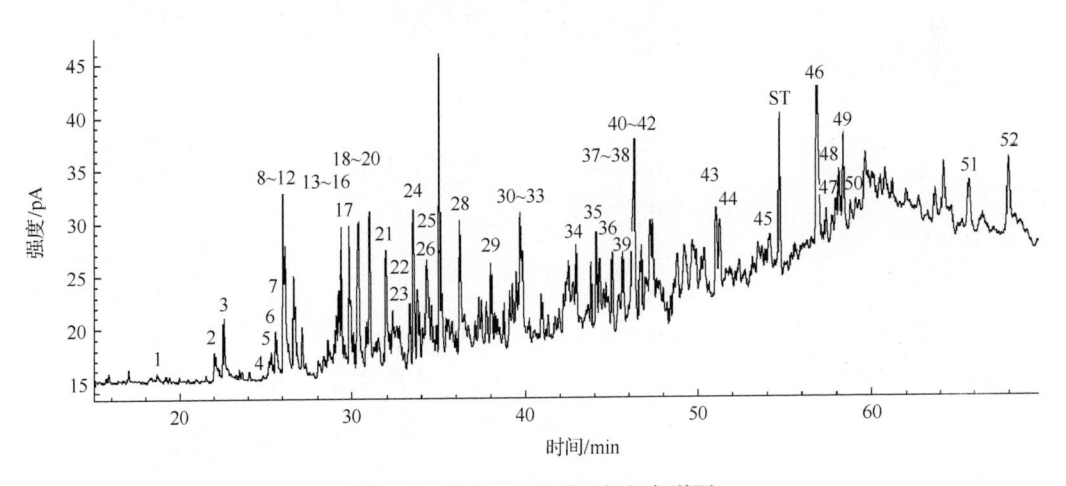

图 8-12　样品 6-2 芳香烃气相色谱图

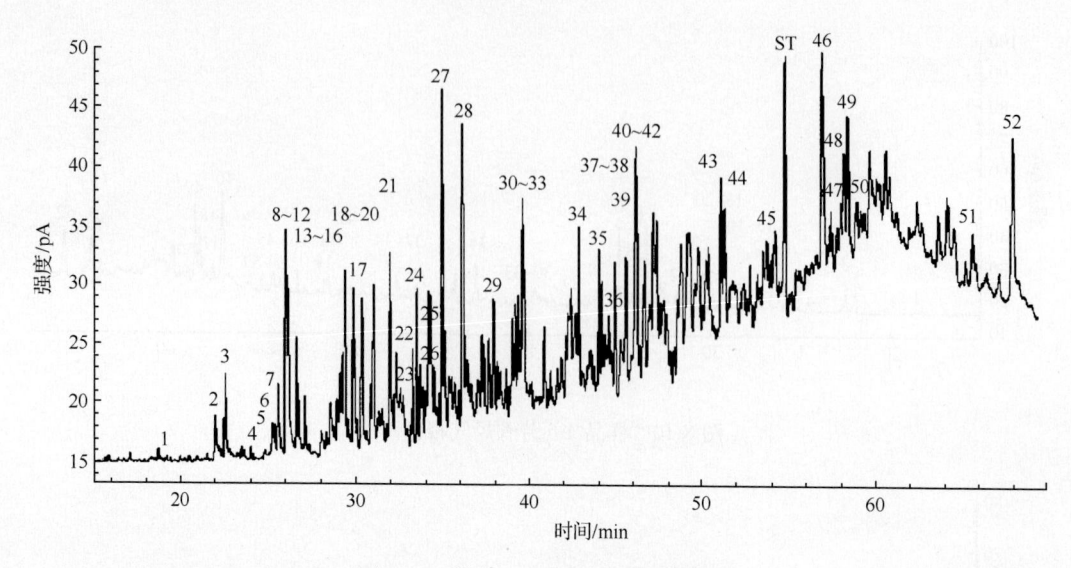

图 8-13　样品 6-6 芳香烃气相色谱图

表 8-10　可识别的芳香烃化合物

峰号	分子式	分子量	化合物
1	$C_{10}H_8$	128	萘
2	$C_{11}H_{10}$	142	2-甲基萘
3	$C_{11}H_{10}$	142	1-甲基萘
4	$C_{12}H_{12}$	156	二甲基萘
5	$C_{12}H_{12}$	156	二甲基萘
6	$C_{12}H_{12}$	156	二甲基萘
7	$C_{12}H_{12}$	156	二甲基萘
8-12	$C_{12}H_{12}$	156	二甲基萘
13-16	$C_{13}H_{14}$	168	三甲基萘
17	$C_{14}H_{16}$	184	卡达烯
18-20	$C_{13}H_{14}$	168	三甲基萘
21	$C_{13}H_{14}$	170	三甲基萘
22	$C_{13}H_{10}$	166	芴
23	$C_{13}H_{10}O$	182	4-甲基二苯并呋喃
24	$C_{14}H_{16}$	182	四甲基萘
25	$C_{14}H_{13}$	180	甲基芴
26	$C_{14}H_{13}$	180	甲基芴
27	$C_{14}H_{10}$	178	菲
28			甲基二苯并噻吩
29			甲基二苯并噻吩
30	$C_{15}H_{12}$	192	3-甲基菲

续表

峰号	分子式	分子量	化合物
31	$C_{15}H_{12}$	192	2-甲基菲
32	$C_{15}H_{12}$	192	9-甲基菲
33	$C_{15}H_{12}$	192	1-甲基菲
34	$C_{16}H_{14}$	216	二甲基菲
35	$C_{16}H_{10}$	202	芘
36	$C_{16}H_{14}$	216	二甲基菲
37-38	$C_{16}H_{10}O$	218	苯并萘-2,3-呋喃
39	$C_{17}H_{16}$	220	三甲基菲
40-42	$C_{17}H_{12}$	216	甲基荧蒽
43	$C_{18}H_{12}$	228	苯并荧蒽
44	$C_{18}H_{12}$	228	苯并菲
45	$C_{20}H_{14}$	254	联二萘
46	$C_{20}H_{12}$	252	苯并(a)芘
47	$C_{20}H_{12}$	252	苯并(e)芘
48	$C_{20}H_{12}$	252	芘
49	$C_{20}H_{12}$	252	芘
50	$C_{20}H_{12}$	252	芘
51	$C_{22}H_{12}$	276	茚并(1,2,3-cd)芘
52	$C_{22}H_{12}$	276	苯并(g,h,i)芘

(1) 萘系列：样品中检测到的萘系列有萘、甲基萘、二甲基萘、三甲基萘和四甲基萘，4号煤和6号煤中萘系列含量范围分别为41.30%～49.90%和36.72%～30.60%。

(2) 菲系列：样品中检测到的菲系列芳烃主要有菲(P)、甲基菲(MP)。其中，MP包括4个同分异构体1-MP、2-MP、3-MP、9-MP。4号煤和6号煤中菲系列含量范围分别为11.74%～12.67%和21.56%～25.70%。

(3) 芴系列：样品中检测到的芴系列包括芴和氧芴。4号煤和6号煤中芴系列含量范围分别为4.66%～6.21%和8.29%～8.35%。

(4) 其他芳烃：4号煤和6号煤中其他芳香烃含量较少，如芘系列、联苯系列、荧蒽、苯并菲、屈系列。

2. 芳香烃对环境的指示意义

芳香烃可以提供煤的沉积环境、有机质来源、成熟度等信息(Peters and Molclowan，1993；王传远等，2007a)。由于芳香烃显示的成熟度参数比饱和烃甾萜烷异构化率有更宽的化学动力学范围，因而在有机质成熟度评价中显出其特有的优越性。

1) 芳香烃可以指示有机质的来源及沉积环境

萘系列化合物的分布特征可以反映有机质类型与沉积环境。4号煤和6号煤中萘系列化合物含有较丰富的1,2,5-三甲基萘和1,2,5,6-四甲基萘化合物，这两种化合物可以由五环三萜类经降解和重排转变而来，其先质在高等植物中含量很高。因此可以证明

4号煤和6号煤成煤母质为高等植物。

三芴系列化合物包括芴、氧芴、硫芴,它们可能来源于相同的先质。在一般还原环境中,芴系列较为丰富;在弱氧化和弱还原的环境中氧芴含量较高;在强还原环境中以硫芴占优势。煤系泥岩和湖相泥岩含丰富的芴和硫芴,而氧芴含量低。对4号煤和6号煤三芴化合物含量和组成特征研究发现氧芴含量比芴含量稍高,证明沉积环境为弱氧化-还原环境。

2)成熟度评价

菲系列化合物是目前应用最广用于研究有机物成熟度的组分。菲系列甲基化、甲基重排以及脱甲基化作用主要受热力学控制(沈忠民等,2009)。甲基菲有5种同分异构体,其中4-MP在自然界的含量不多,一般只能检测到3-,2-,9和1-MP这4种异构体。Radke等(1982)提出的甲基菲指数[MPI=1.5(2-MP+3-MP)/(P+1-MP+9-MP)]。在煤岩从未成熟到成熟的演化过程中,MPI随热演化程度的增加逐渐增大,当热演化程度达到最大值,即煤进入高成熟阶段时,MPI会逐渐降低(王传远等,2007b)。4号煤和6号煤的甲基菲指数分别为0.398和0.394,表明变质程度较低。

(二)官板乌素煤矿

芳烃化合物是煤中有机质的重要组成部分。目前,已有100多种芳烃化合物被鉴定出来。煤中的芳烃主要来源于生物体内,经过成煤作用的复杂生物化学反应,芳烃的类型变得复杂多样。

芳香烃的分布如图8-14～图8-16所示,通过色谱分析,鉴定出样品中芳香烃种类主要有萘和萘的系列物、联苯、呋喃、菲、荧蒽、芘、䓛、苯并荧蒽、苯并(a)芘、二萘嵌苯等。选择了几种芳烃类型列于表8-11。

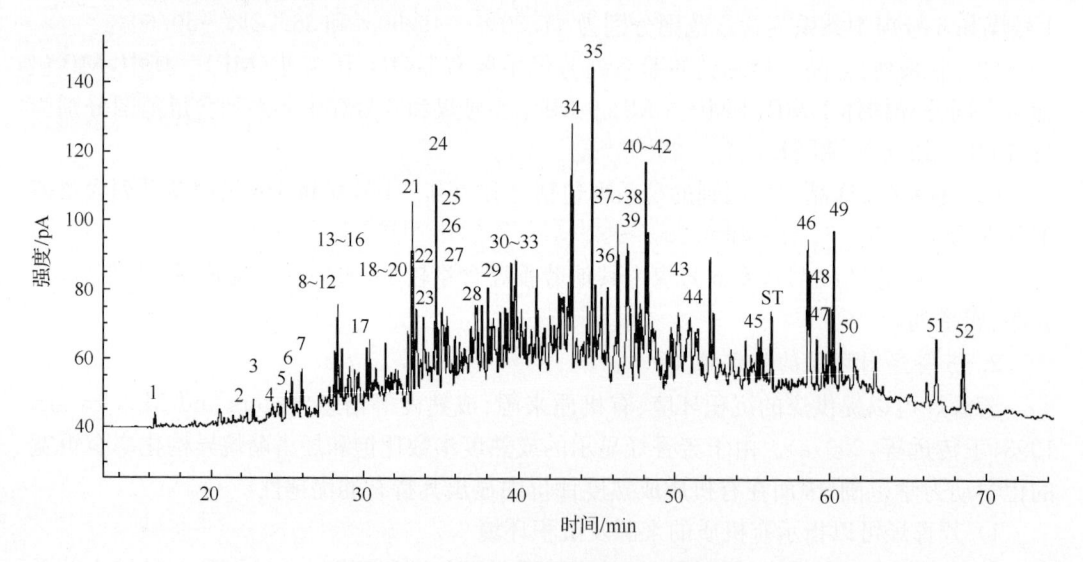

图8-14 样品GB26芳香烃气相色谱

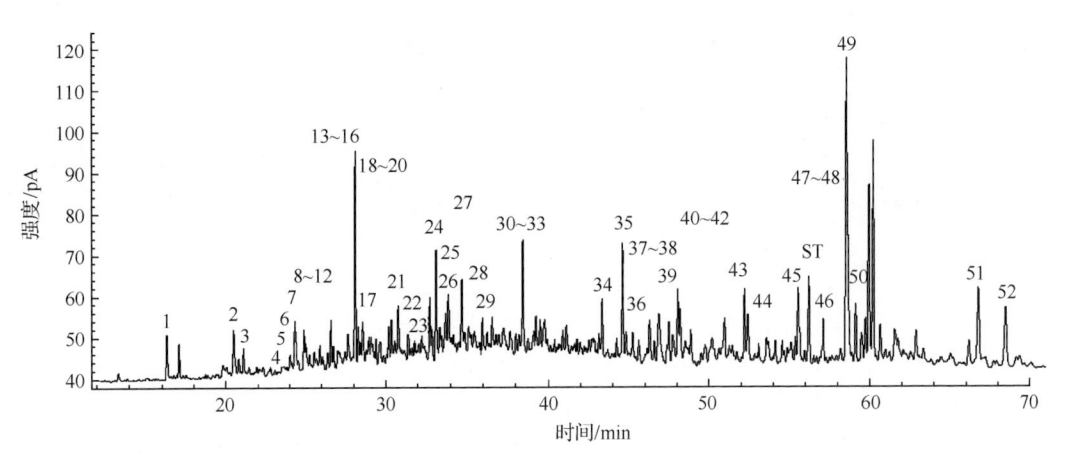

图 8-15　样品 GB45 芳香烃气相色谱

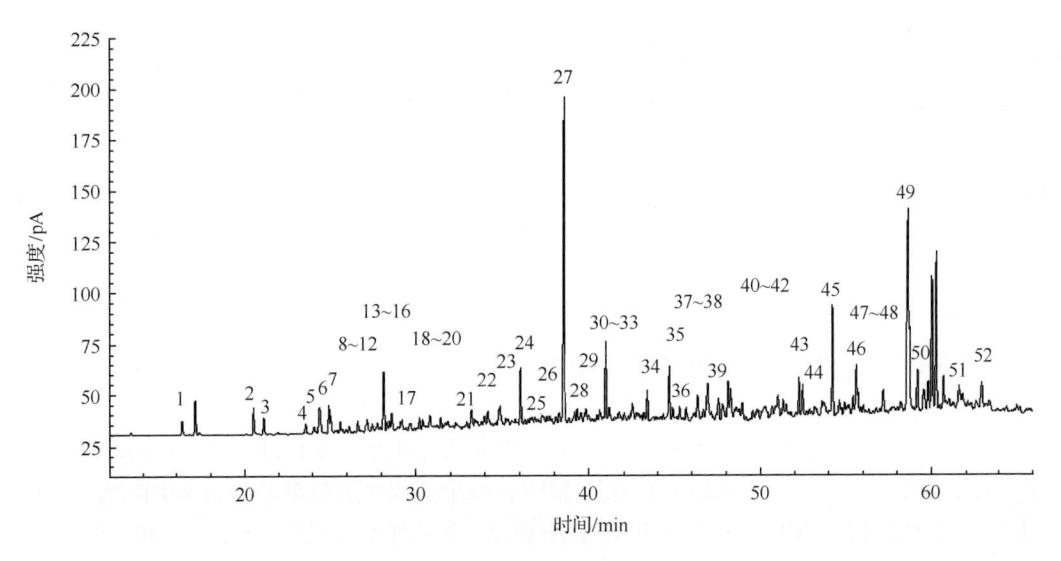

图 8-16　样 GB46 芳香烃气相色谱

表 8-11　官板乌素煤中芳香烃的含量

芳香烃	GB26/(μg/g)	GB45/(μg/g)	GB46/(μg/g)
萘	0.22	0.87	0.70
咔菲烯	2.82	1.95	0.00
菲	1.16	0.57	2.38
3-甲基菲	0.55	0.34	0.37
2-甲基菲	0.55	0.47	0.47
9-甲基菲	1.21	0.45	0.40
1-甲基菲	2.10	0.75	0.72
荧蒽	3.22	1.00	1.34

续表

芳香烃	GB26/(μg/g)	GB45/(μg/g)	GB46/(μg/g)
芘	4.16	2.12	2.22
䓛	1.50	1.16	1.70
苯并荧蒽	2.30	4.02	7.16
苯并芘	0.90	0.81	4.96
二萘嵌苯	1.42	2.13	0.00
MPI1	0.37	0.69	0.36
MPI2	0.37	0.79	0.4

与饱和烃不同的是，芳香烃最大的不同不是芳香烃化合物的种类，而是某些芳烃化合物的含量。GB46样品芳烃化合物中萘系列含量高，菲系列含量低。样品中荧蒽、芘和䓛的含量比较高，而且其系列物含量也较高。GB26和GB45样品中出现了六个环的二萘嵌苯。

通过表8-11的芳烃化合物，计算出样品中的MPI1和MPI2(甲基菲指数)，其计算公式为

$$\text{MPI1} = \frac{1.5 \times (2\text{-MP} + 3\text{-MP})}{(P + 1\text{-MP} + 9\text{-MP})} \tag{8-3}$$

$$\text{MPI2} = 3 \times \left[\frac{2\text{-MP}}{(P + 1\text{-MP} + 9\text{-MP})}\right] \tag{8-4}$$

式中，2-MP为2-甲基菲；3-MP为3-甲基菲；1-MP为1-甲基菲；9-MP为9-甲基菲；P为菲(Radke et al.,1982)。

利用式(8-3)计算MPI1，得出样品GB26的甲基菲指数MPI1为0.37，GB46的甲基菲指数MPI1为0.36。利用式(8-4)计算MPI2，得出GB26的甲基菲指数MPI2为0.37，GB46的甲基菲指数MPI2为0.4，甲基菲指数高，表示样品的成熟度高。可知官板乌素矿的样品成熟度整体上很低。

根据Radke等提出的方程式：

$$R^\circ = 0.60 \times \text{MPI1} + 0.4 \tag{8-5}$$

可以计算出GB26的最大镜质体反射率为0.622%，GB46的最大镜质体反射率为0.616%，官板乌素矿6号煤的镜质体反射率为0.59%，可以看出，实测值略小于用公式计算的镜质体反射率。

(三) 哈尔乌素煤矿

芳香烃是岩石和原油中重要的组成部分之一，它们由不同的化合物组成，具有丰富的地球化学信息。煤中的芳香烃主要来源于生物体内的有机成分，经过复杂的成煤作用，其类型也复杂多样。不同的沉积环境，芳香烃的特征也不同，通过常规检测的芳烃可被用作物源的标志物，同时也具有对沉积环境的指示作用。例如，卡达烯、䓛烯和芘一般作为高

等植物输入的标志;三芴(芴、氧芴、硫芴)的相对百分含量是一种与沉积环境有关的指标;等等。

通过色谱和质谱联用的检测,哈尔乌素煤矿6号煤中共鉴定出47种芳烃种类,包括萘系列、苊系列、联苯系列、芴系列、菲系列、蒽系列、荧蒽系列、芘系列、䓛系列等常见芳烃化合物(表8-12),并统计出各芳烃组分丰度(表8-13),以便分析说明(图8-17)。

表8-12 哈尔乌素煤中可识别的芳香烃化合物

编号	基峰	分子式	名称	编号	基峰	分子式	名称
1	142	$C_{11}H_{10}$	2-甲基萘	25	206	$C_{16}H_{14}$	2,3-二乙基蒽
2	142	$C_{11}H_{10}$	1-甲基萘	26	206	$C_{16}H_{14}$	2,7-二甲基菲
3	156	$C_{12}H_{12}$	2-乙基萘	27	206	$C_{16}H_{14}$	3,6-二甲基菲
4	156	$C_{12}H_{12}$	1,7-二甲基萘	28	206	$C_{16}H_{14}$	2,7-二甲基菲
5	156	$C_{12}H_{12}$	2,3-二甲基萘	29	202	$C_{16}H_{10}$	荧蒽
6	156	$C_{12}H_{12}$	1,5-二甲基萘	30	202	$C_{16}H_{10}$	芘
7	156	$C_{12}H_{12}$	1,4-二甲基萘	31	202	$C_{16}H_{10}$	苯并(b)萘并(2,1-d)呋喃
8	156	$C_{12}H_{12}$	1,2-二甲基萘	32	218	$C_{16}H_{10}O$	苯并(b)萘并(2,3-d)呋喃
9	168	$C_{12}H_{8}O$	氧芴	33	218	$C_{16}H_{10}O$	苯并(b)萘并(2,3-d)呋喃
10	170	$C_{13}H_{14}$	1,4,6-三甲基萘	34	216	$C_{17}H_{12}$	2-甲基荧蒽
11	170	$C_{13}H_{14}$	1,4,5-三甲基萘	35	216	$C_{17}H_{12}$	1-甲基芘
12	170	$C_{13}H_{14}$	1,6,7-三甲基萘	36	216	$C_{17}H_{12}$	1-甲基芘
13	166	$C_{13}H_{10}$	芴	37	234	$C_{18}H_{18}$	2,4,5,7-四甲基菲
14	170	$C_{13}H_{14}$	1,4,5-三甲基萘	38	216	$C_{17}H_{12}$	2-甲基芘
15	182	$C_{13}H_{10}O$	4-甲基二苯并呋喃	39	216	$C_{17}H_{12}$	2-甲基芘
16	182	$C_{13}H_{10}O$	4-甲基二苯并呋喃	40	228	$C_{18}H_{12}$	䓛
17	182	$C_{13}H_{10}O$	4-甲基二苯并呋喃	41	242	$C_{19}H_{14}$	3-甲基䓛
18	184	$C_{14}H_{16}$	1,2,3,4-四甲基萘	42	242	$C_{19}H_{14}$	1-甲基䓛
19	184	$C_{14}H_{16}$	1,2,3,4-四甲基萘	43	252	$C_{20}H_{12}$	苯并(k)荧蒽
20	178	$C_{14}H_{10}$	菲	44	252	$C_{20}H_{12}$	苯并(e)芘
21	192	$C_{15}H_{12}$	2-甲基菲	45	252	$C_{20}H_{12}$	苯并(e)芘
22	192	$C_{15}H_{12}$	1-甲基菲	46	226	$C_{18}H_{10}$	苯并(ghi)荧蒽
23	192	$C_{15}H_{12}$	4-甲基菲	47	276	$C_{22}H_{12}$	茚并(1,2,3-CD)芘
24	204	$C_{16}H_{12}$	2-苯基萘				

表8-13 哈尔乌素矿区6号煤层芳香烃相对含量(%)

芳香烃	6-1-1	6-2-1	6-3-4	6-3-6矸	6-5-6	6-5-8	6-5-9	6-5-10矸	6-6-5	6-7-3	均值
萘系列	25.00	7.02	7.20	13.54	20.85	15.47	9.17	16.29	13.63	9.37	13.75
甲基萘	0.46	0.00	0.00	0.05	0.90	0.42	0.00	0.11	0.11	0.07	0.21
乙基萘	0.34	0.00	0.00	0.08	0.16	0.16	0.00	0.07	0.08	0.08	0.10
二甲基萘	3.75	0.00	0.45	0.89	3.82	2.19	0.00	1.35	1.53	1.08	1.51

续表

芳香烃	6-1-1	6-2-1	6-3-4	6-3-6矸	6-5-6	6-5-8	6-5-9	6-5-10矸	6-6-5	6-7-3	均值
三甲基萘	10.66	1.42	1.80	5.06	7.58	6.34	2.78	6.15	5.44	4.27	5.15
四甲基萘	7.75	4.06	3.25	5.50	6.26	5.13	5.38	6.74	4.42	3.88	5.24
苯基萘	2.04	1.54	1.69	1.97	2.14	1.23	2.04	0.67	0.43	0.00	1.37
芴系列	0.92	0.00	0.22	0.99	1.06	0.61	0.49	2.21	0.67	0.32	0.75
氧芴系列	5.02	1.53	2.21	2.84	5.75	3.00	2.07	4.03	4.15	1.97	3.26
氧芴	0.57	0.00	0.52	0.22	1.28	0.46	0.00	0.67	0.43	0.18	0.43
甲基氧芴	4.45	0.00	1.69	2.61	4.48	2.55	2.07	3.36	3.72	1.78	2.67
菲系列	13.62	10.91	9.69	11.29	15.62	12.16	20.00	17.10	12.28	10.61	13.33
菲	1.22	0.67	1.86	1.11	2.91	2.09	2.39	2.21	2.59	1.01	1.81
甲基菲	7.31	4.95	3.75	5.73	7.66	6.11	12.57	9.82	6.93	5.70	7.05
二甲基菲	2.97	2.48	2.08	2.54	2.56	2.65	3.40	3.32	2.30	2.47	2.68
三甲基菲	2.12	2.81	1.99	1.91	2.49	1.30	1.65	1.74	0.45	1.43	1.79
四甲基菲	2.60	2.04	1.60	2.42	2.53	1.23	6.25	1.85	1.37	5.05	2.70
蒽系列	1.45	0.71	0.99	1.43	1.58	0.30	0.00	1.01	0.53	0.60	0.86
甲基蒽	1.16	1.33	0.60	0.99	0.96	0.93	0.79	0.84	0.84	1.02	0.95
乙基蒽	5.37	5.72	4.56	5.34	6.04	5.98	5.93	5.38	4.61	5.82	5.47
荧蒽系列	4.12	4.58	3.67	4.13	4.78	4.76	4.60	4.08	3.64	4.45	4.28
荧蒽	1.25	1.14	0.89	1.21	1.26	1.22	1.34	1.30	0.97	1.37	1.19
甲基荧蒽	12.58	14.26	10.89	13.42	13.14	12.59	17.22	14.47	13.15	15.08	13.68
芘系列	3.23	4.00	2.95	3.51	3.25	3.91	3.35	2.86	2.95	3.39	3.34
芘	9.36	10.26	7.93	9.92	9.89	8.68	13.86	11.61	10.20	11.69	10.34
甲基芘	5.09	18.32	30.99	7.39	7.12	9.50	11.65	6.99	10.44	10.29	11.78
屈系列	2.76	3.94	2.87	3.45	3.58	4.01	3.60	2.71	3.21	4.68	3.48
屈	2.33	14.38	28.12	3.94	3.54	5.49	8.05	4.28	7.23	5.61	8.30
甲基屈	7.55	8.68	5.68	7.44	8.10	7.01	10.55	8.32	7.07	8.92	7.93
苯并萘并噻吩	6.39	7.46	7.50	11.83	7.80	11.51	8.56	7.03	8.35	12.41	8.88
苯并荧蒽	8.96	11.05	10.40	15.26	8.40	13.87	6.04	9.88	11.95	14.01	10.68
苯并芘	3.89	9.99	6.08	5.78	3.58	4.08	3.50	5.10	9.35	6.58	5.79
茚并芘	0.53	0.69	0.45	0.73	0.39	1.04	1.27	1.17	0.46	0.96	0.77
MPI	0.52	0.61	0.47	0.64	0.43	0.72	0.76	0.50	0.47	0.58	0.57

(a) HW6-1-1

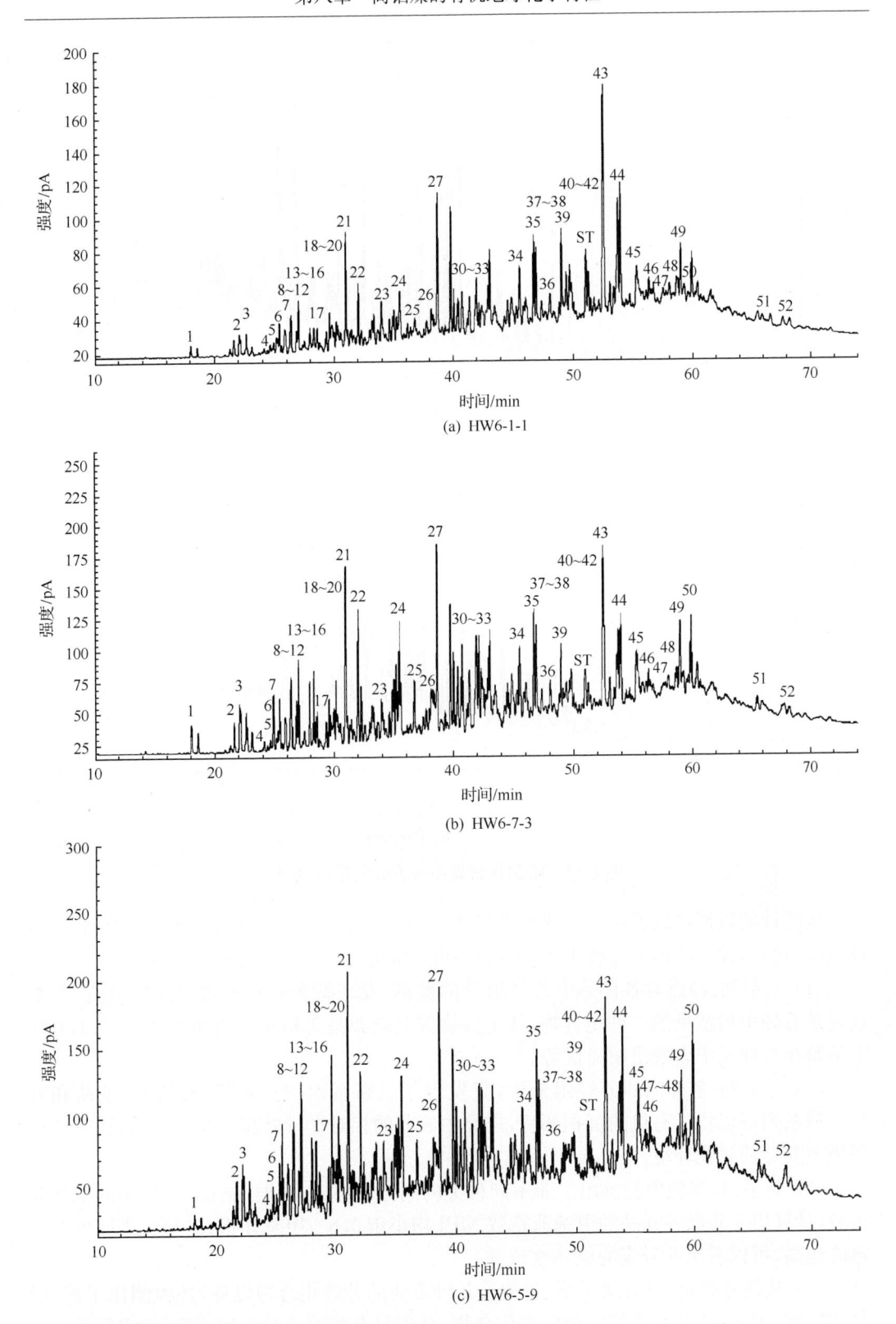

(b) HW6-7-3

(c) HW6-5-9

(d) HW6-5-6

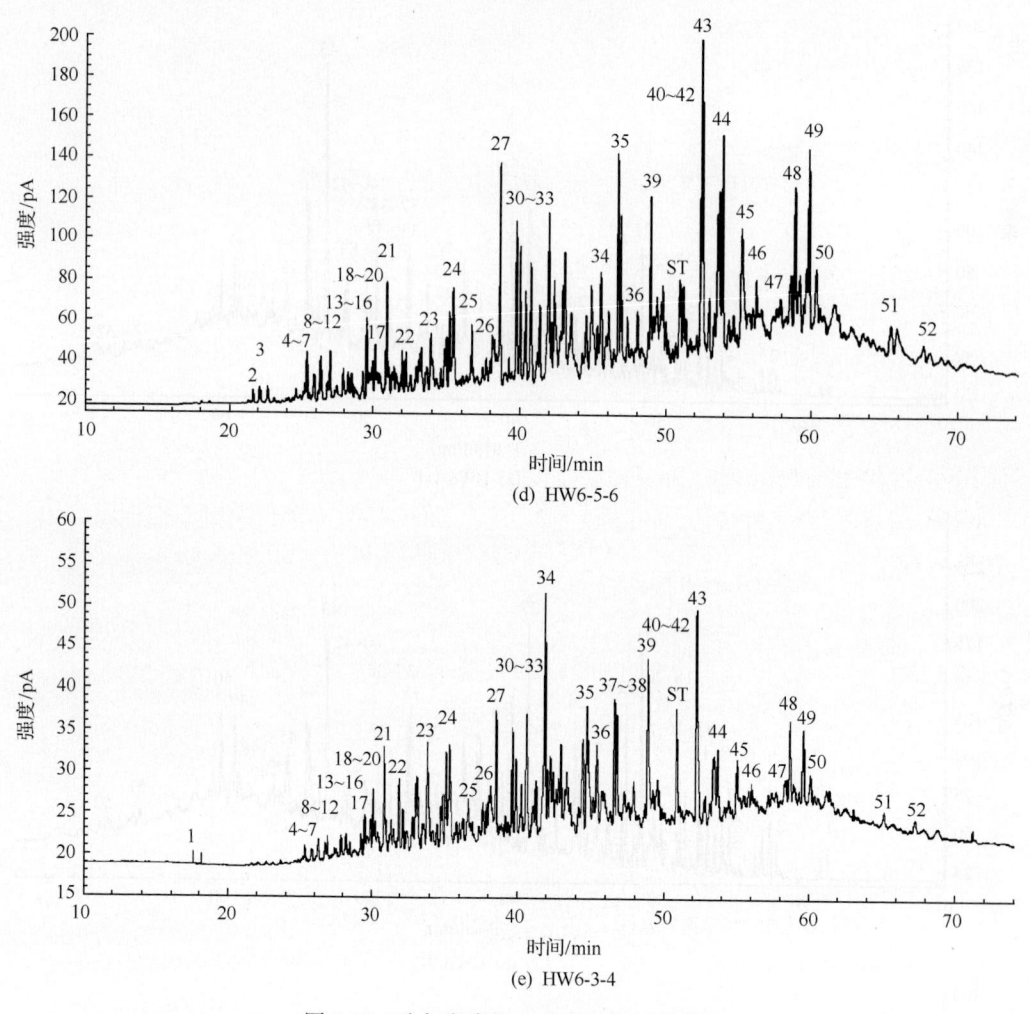

(e) HW6-3-4

图 8-17 哈尔乌素煤中芳香烃气相色谱图

从统计的数据可以看出 6 号煤的芳烃主要包括萘系列、芴系列、菲系列、蒽系列、芘系列、䓛系列等,并总结出 6 号煤中芳烃的以下几个特点。

(1)萘系列:经过对各样品中芳烃组分的鉴别,发现萘系列所占含量比例最高,而萘系列是芳烃中最常见的一种化合物,其主要物源是陆源高等植物。萘系列中 1,2,3,4-四甲基萘在各样品中表现出明显优势。

(2)芴系列:各样品的芳烃组分中,只发现了三芴系列(芴、氧芴、硫芴)中的芴和氧芴。芴系列可以指示有机的沉积环境,样品中氧芴的相对含量要高于芴的含量,说明沉积环境主要是弱氧化环境。

(3)菲系列:实验中检测出了菲不同种类的同分异构体,根据 Radke 等提出的甲基菲指数,计算出 6 号煤各样品的甲基菲指数 MPI 均小于 0.6。甲基菲指数越高,表明煤的成熟度越高,可以看出 6 号煤的成熟度较低。

(4)其他芳烃化合物:除了萘、菲和芴几种重要的芳烃化合物以外,还检测出了蒽、荧蒽、芘、䓛、苯并芘、茚并芘等生物标志化合物,其中只有蒽的相对含量较低,而它们都标志着沉积物中高等植物的输入。

二、宁武煤田

多环芳烃类化合物（PAHs），是一种具有潜在危害的有机有毒污染物，广泛存在于环境中，对人类身体具有强烈的致突变、致畸、致癌作用（Sun et al.，2009）。PAHs能以气态或颗粒态形式存在于大气、水、植物、土壤中。无论在任何介质中，PAHs都会发生生物降解、光解等反应，但由于其具有持久性，可以长时间地停留在环境中并在不同介质之间相互迁移转化。当前国内外普遍受到了PAHs污染，多环芳烃污染源很多，主要由各种矿物燃料（如煤、天然气、石油等）、木材、纸及其他含碳氢化合物不完全燃烧或在还原条件下热解形成。

利用色谱和质谱联用的方法来鉴定芳香烃，进行定性、定量分析。宁武煤田平朔矿区煤中共鉴定出43种多环芳香烃，其中包括萘、烷基萘、菲、烷基菲、芴、荧蒽和芘等常见的芳香烃类化合物（图8-18，表8-10），并根据芳香烃气象色谱图峰面积，计算出相对含量（表8-14）。

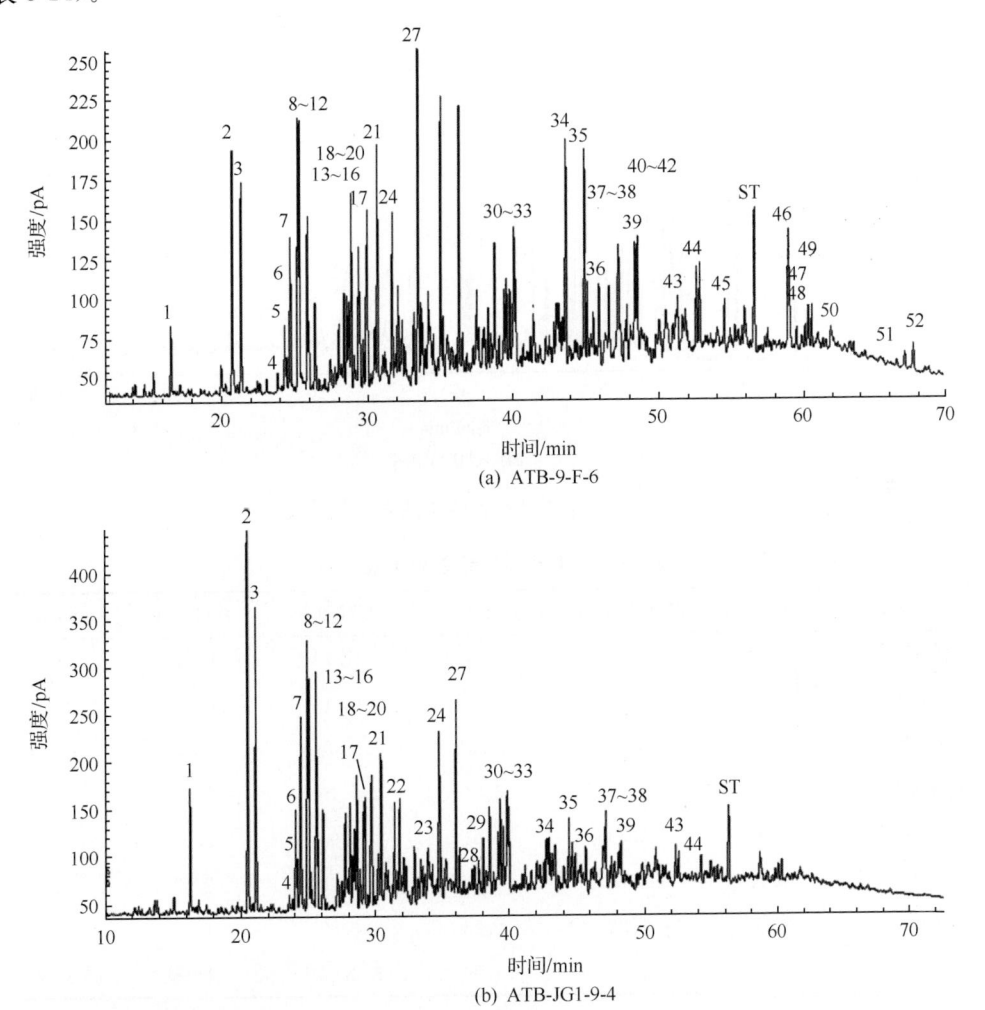

(a) ATB-9-F-6

(b) ATB-JG1-9-4

(c) AJL-9-M-23

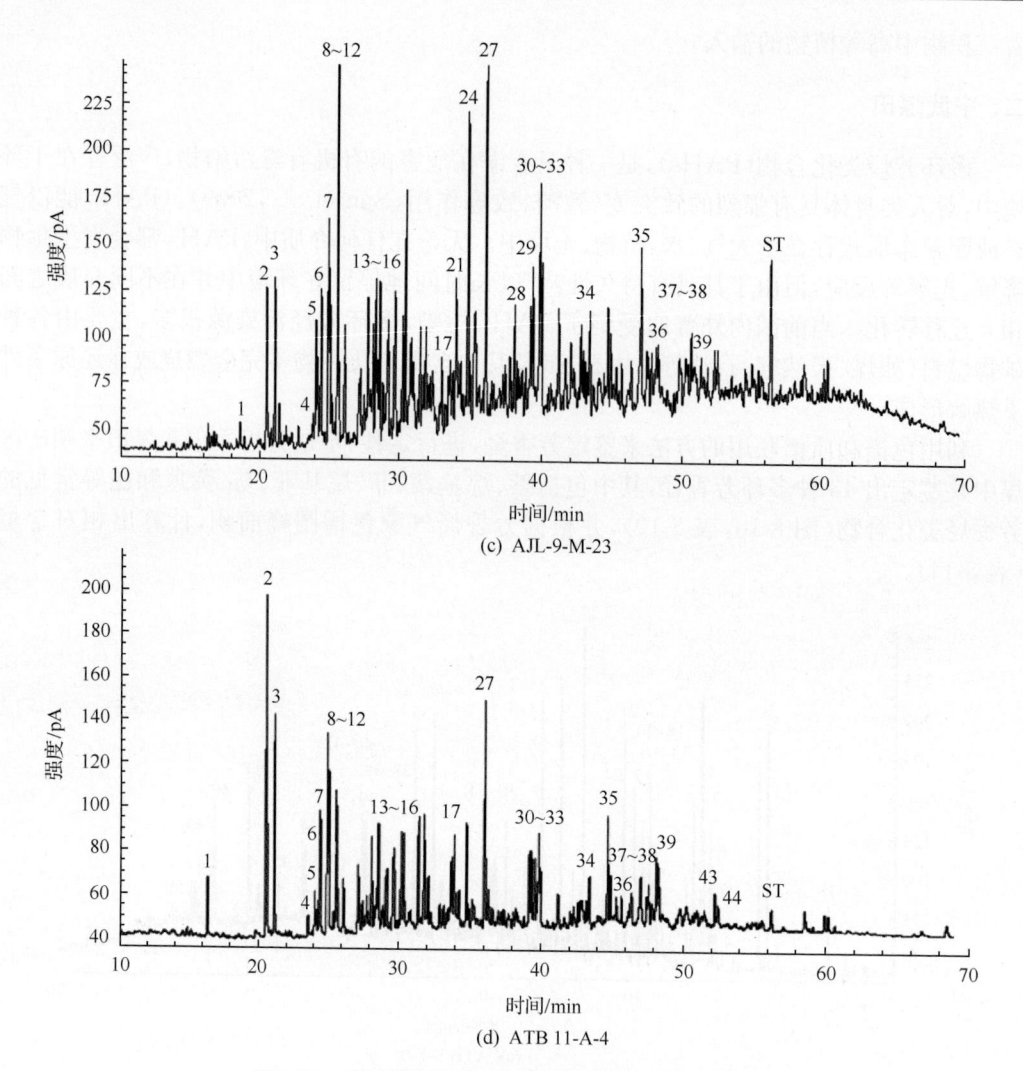

(d) ATB 11-A-4

图 8-18　宁武煤田平朔矿区煤中芳香烃气相色谱图

表 8-14　平朔煤层芳香烃组成（%）

芳香烃组成	ATB-9-F-6	ATB-JG1-9-4	AJL-9-M-23	ATB-9-6	ATB-9-2	B-4
萘系列	39.24	55.22	36.55	57.18	48.84	38.89
菲系列	15.57	15.41	22.08	13.17	15.80	15.54
芴系列	10.37	11.98	10.31	12.64	10.95	21.96
联苯系列	0.91	1.54	3.34	1.19	1.37	3.65
芘系列	4.39	4.73	6.91	3.94	6.73	12.65
荧蒽	13.15	3.70	11.58	6.09	8.53	0.30
屈系列	2.17	1.22	2.28	0.87	1.56	0.37
苯并菲	2.67	1.15	1.89	0.96	1.78	0.38

萘系列:共检测出的萘系列芳烃包括萘、甲基萘、乙基萘、二甲基萘、三甲基萘、四甲基萘。萘系列范围为36.55%~57.18%,所占比例最高。经研究表明,萘系列的来源主要为陆源高等植物。

菲系列:本次共鉴定出样品中菲系列芳烃包括菲和甲基菲,菲系列范围为13.17%~22.08%。Radke等提出了甲基菲指数:MPI=1.5(2-MP+3-MP)/(P+1-MP+9-MP),其中甲基菲(MP)包括四个同分异构体:1-MP、2-MP、3-MP和9-MP。此指数是用来判断演化成熟度,菲与甲基菲负相关,甲基菲指数随演化程度的不同而变化,呈由低到高再降低的趋势。本次测试样品的MPI值为0.53,反映出煤的变质程度比较低。根据R^o与MPI的关系,推算的平朔煤中镜质体反射率与分光光度计测出的值相比略偏大,但都说明平朔煤的变质程度不高。

芴系列:共检测出的芴系列芳烃包括芴和氧芴,芴系列范围为10.31%~21.96%。在氧化-弱氧化的沼泽或滨浅湖环境氧芴丰富;在弱氧化-弱还原以氧化作用为主的环境中,氧芴含量可能较高;在正常的还原环境芴较高(孟江辉,2008)。测定的样品氧芴含量稍高于芴,说明成煤环境为弱氧化-还原环境。

其他多环芳烃:在平朔煤中还检测出少量的芘系列(3.94%~12.65%)、䓛系列(0.37%~2.28%)、荧蒽(0.30%~11.58%)、联苯系列(0.91%~3.65%)、苯并菲(0.38%~2.67%)等。它们主要来源于陆源的高等植物,这些和陆源植物有关的芳香烃化合物与菲的比值,常用来作为判断陆源植物的参数。例如,芘/菲、䓛/菲、苯并芘/菲、荧蒽/菲和蒽/菲等,比值都大于1,反映平朔煤中的成煤植物有来自陆源的高等植物。

第三节 可溶有机质与微量元素的关系

煤中的微量元素在富集过程中,可溶有机质起到了非常重要的作用。植物残骸在沼泽内的分解过程对元素的富集和迁移具有突出的作用。煤中微量元素的富集主要是化学和物理的吸附作用,成煤物质分解时形成的腐殖质和腐植酸具有很强的吸附能力,有利于成煤初期阶段微量元素的富集,此外,络合作用也可以改变一些微量元素的迁移和富集能力。腐植质等具有吸附作用,为元素迁移、富集的基本方式。不同的元素与可溶性有机质的亲和性不同,一些资料表明,Be、Ge、U、Ga、V、Mn、Cr、Se、Br等元素的有机亲和能力较强。本节以串草圪旦4号煤和6号煤为例,研究可溶有机质与微量元素的关系。

表 8-15 串草圪旦煤矿 4 号煤和 6 号煤中微量元素与可溶有机质含量关系

样品号	微量元素总量 /ppm	有机物总量 /(mg/g)	饱和烃 /(mg/g)	芳香烃 /(mg/g)	非烃+沥青质 /(mg/g)
4-6	647	5.51	0.551	1.598	3.361
4-10	868	5.55	0.444	2.054	3.053
6-2	386	6.98	0.558	2.722	3.699
6-6	1133	6.95	0.834	2.572	3.475

通过分析微量元素含量及可溶有机质中各成分含量特征可以发现,4号煤和6号煤中微量元素与可溶有机质存在以下关系。

(1) 由表 8-15 可知,4 号煤中微量元素与有机质成正相关,6 号煤中微量元素与有机质成负相关,由此可以推断,4 号煤中微量元素的赋存与有机质关系不大,6 号煤中微量元素的赋存状态与有机质关系密切。

(2) 通过分析微量元素总量与饱和烃和芳香烃的含量,4 号煤中微量元素随饱和烃丰度增加而降低,随芳香烃丰度增加而增加,6 号煤中微量元素随饱和烃丰度增加而增加,随芳香烃丰度增加而降低,说明 4 号煤中微量元素与饱和烃呈负相关,与芳香烃呈成正相关,6 号煤微量元素与饱和烃呈正相关,与芳香烃呈成负相关。

第九章　高铝煤中的伴生矿产

为了突出煤中伴生有益元素的重要性,本书把常量元素和微量元素中高度富集的具有潜在经济价值的元素单独作为一章论述。

第一节　世界煤中的伴生矿产

一、煤中铝

粉煤灰主要是由煤中矿物质在燃烧过程中经过复杂的物理化学变化而形成的,国外文献中称为"飞灰"或者"磨细燃料灰"。粉煤灰的化学成分主要是二氧化硅、三氧化二铝、三氧化二铁、二氧化钛、氧化镁、氧化钙以及其他碱金属氧化物和稀有元素。其中,三氧化二铝含量较高的粉煤灰被称为高铝粉煤灰,具有很高的开发利用价值。依据目前技术水平,含三氧化二铝30%以上的就可视为高铝粉煤灰(王程之,2013)。粉煤灰中含有很多有用的物质可以回收利用,其中 Al_2O_3 在粉煤灰中质量分数可达 15%~50%,最高可达 50%左右,可代替铝土矿成为制备 Al_2O_3 的一种很好的资源。粉煤灰中铝(Al)含量很高,如能通过一定的处理工艺,提取粉煤灰中的铝,不仅可解决大量粉煤灰堆积带来的污染问题,同时避免了粉煤灰资源的浪费(李文飞等,2011)。

据资料统计:美国粉煤灰中 Al_2O_3 的含量范围为 3%~39%,算术平均值为 23%;美国伊利诺伊州粉煤灰中 Al_2O_3 的含量范围为 17%~23%,算术平均值为 20%;澳大利亚粉煤灰中 Al_2O_3 的含量范围是 15%~28%,算术平均值是 24%;英国粉煤灰中 Al_2O_3 的含量范围为 24%~34%,算术平均值为 27%;日本粉煤灰中 Al_2O_3 平均含量为 25.86%,美国为 20.81%,英国为 26.99%,德国为 24.93%,只有波兰高达 32.39%(王程之,2013)。

自 20 世纪 50 年代,波兰 Grzymek 教授以高铝煤矸石或高铝粉煤灰($Al_2O_3>30$%)为主要原料从中提取 Al_2O_3 并利用其残渣生产水泥以来,国内外许多学者对粉煤灰提铝技术做了大量研究。从粉煤灰中提取 Al_2O_3[$Al(OH)_3$]或铝盐工艺有很多,但主要有碱法烧结和酸浸法两类,且大部分工艺还处于实验室研究阶段,工业化应用很少。目前,国内外许多学者正对碱法烧结粉煤灰提铝技术进行深入研究。在考虑对废渣、废气及废液进行利用,推行清洁生产的同时,还应在选择合适助熔剂降低烧结温度、熟料自粉化、铝硅分离、高品质铝产品、硅钙渣精利用等技术方面加大研究力度,进一步降低能耗和产品成本、提高产品质量、增强市场竞争力。我国从粉煤灰中提取 Al_2O_3 的研究可追溯到 20 世纪 50 年代,山东铝厂曾考虑过从粉煤灰中提取 Al_2O_3,以后湖南、浙江等省也有单位进行过此类研究,至 1980 年,安徽省冶金研究所和合肥水泥研究院在进行提取氧化铝和制造水泥的实验室规模的试验后,提出用石灰烧结、碳酸钠溶出工艺从粉煤灰中提取氧化铝,其硅钙渣作水泥的工艺路线。经过滤后得铝酸钠溶液粗液,再经脱硅、碳分、过滤工艺得到 Al(OH)$_3$，最后煅烧工艺得 Al$_2$O$_3$ 产品。此工艺能耗较高，但可提供 CO$_2$ 循环利用（刘瑛瑛等，2006）。国内主要研究酸溶法，但 Al$_2$O$_3$ 的溶出率一般只有 20%～30%，最高不超过 40%，资源利用率低。

二、煤中锗

Goldschmidt 于 1930 年首先发现煤中含有锗。1933 年他和 Petes 从英国达勒姆矿区的烟煤煤灰中检测到锗含量高达 1.1%，这就使从煤灰中提炼锗成为可能。在 20 世纪 50 年代，英国、美国、澳大利亚、日本、苏联等各国都重视对其调查研究。我国也在 20 世纪 50 年代末到 60 年代初展开过煤中锗资源调查。1963～1965 年，学术刊物上开始研讨有关煤中锗的理论问题。至今，锗是研究得最早和最多的煤中可利用伴生元素（黄文辉和赵继尧，2002）。

锗是一种典型的稀有分散元素，极少见到单矿物，多与其他矿床共生，其地壳丰度约为 1.25μg/g。据有关资料统计，目前已探明的锗资源总量为 8600t，其中我国已探明的锗资源总量为 4097～6154t，储量居世界首位（朱雪莉，2009）。

自然界所有煤中都含有锗。只有在特殊地质条件下锗才有可能富集于煤中，达到可被回收利用的品位。绝大多数煤中的锗含量很低。锗在煤层内的分布很不稳定。且不说锗含量在平面上的变化大，即使在一个矿区的不同煤层之间，在一个煤层的不同分层之间，在煤层内不同煤岩类型之间，锗含量的差异可达几十或几百倍。一般认为，煤系地层底部的煤层往往富锗；薄煤层中含锗常多于厚煤层；在煤层内的顶部（有时还有底部）分层含锗量较大；镜煤和光亮煤含锗量多于其他煤岩类型。因此研究煤中锗要特别注意样品的代表性，切不可凭一两个样品的分析数据作出判断，也不可不加分析地取平均值作为评价依据（黄文辉和赵继尧，2002）。

国内外对煤中锗的赋存状态研究较详，比较一致的意见是：与有机质结合是锗在煤中的主要赋存状态（崔毅琦等，2005）。多数研究者认为，二者以某种化学结合的方式成为腐殖酸锗络合物及锗有机化合物为主。锗易富集在侧链与官能团发育的、有序度低的低煤级煤中，已发现的有工业价值的富锗煤几乎都属褐煤。煤中以吸附态赋存的锗，既可被有机质吸附，也可被黏土矿物吸附。此外，在硫化物和硅酸盐矿物中也有可能检测到极少量的锗。

煤中锗一般品位为 1～10μg/g，平均值为 5μg/g 左右，当达到 20μg/g 时，则可回收。苏联检测到世界上煤中锗含量的最高值是 6000μg/g；而美国煤中的锗的含量范围为 0.01～220μg/g，算术平均值为 5.24μg/g（6189 个样品中总结获取）；英国煤中的锗的含量范围为 0.3～13μg/g，算术平均值为 4.4μg/g。在我国的云南临沧锗矿、胜利煤田乌兰图嘎锗矿是中国近年发现的具有独立工业开采价值的超大型矿床规模的锗矿床。

以往研究均表明富锗煤形成需具备两个条件：①要有含锗丰富的岩石背景；②要有适宜的热液活动和局限还原的成煤沼泽。

研究表明，煤田内富锗煤的形成也具备这些地质因素。在煤田富锗矿床带的西部附近发现有二长花岗岩和闪长岩存在，经采样化验，锗含量在 15μg/g 以上，这些岩石中的锗如遇岩浆热液作用，会迅速氧化分解并释放出来，以锗酸溶液的形式溶于水中，并随水运移到成煤盆地中由有机质吸附而最终富集成矿。

成煤沼泽虽然具备从溶液中富集锗的能力,但富锗溶液的水力学特点将直接影响锗最终在煤层中的分带富集。由于沼泽中的腐殖质具备超强的吸附能力,从母岩释放出来并进入溶液中的锗总体上还达不到饱和,有机质可以及时吸附由溶液带来的锗,如果溶液中锗含量少,那么煤层富集到的锗也就少。帮卖盆地周围被花岗岩环绕,汇水面积比盆地盖层面积大四倍,汇水区既是蚀源区又是地下水补给区,因此含锗溶液能较好地汇入盆地。在胜利煤田,这样的富锗溶液只是在成煤盆地的一端存在,西部方向控制盆地格局的同生断层不但影响煤层厚度,而且最终影响了煤-锗矿床的空间和平面分布(Huang et al.,2008)。胜利煤田煤-锗矿床煤样中常量元素、微量元素和稀土元素的分析,在一定程度上可以反映煤-锗矿床的地球化学性质及成矿的地质背景,并可追溯其物源。

研究发现,锗矿露采坑煤中锗含量与碱性元素 K、Na、Mg、Ca、Al 等的含量呈正比关系,说明有利于煤-锗成矿的环境为偏碱性还原环境,比较平静停滞的水文沼泽条件提供了充足的时间,更有利于含锗溶液在沼泽中被有机质充分吸附,从而更有利于锗在泥炭中聚集。

数据表明,锗的含量与煤灰分指数呈负相关关系。许多研究者认为这种现象主要是因为锗具有强烈的有机亲和性,但这只是部分原因,成煤期注入成煤沼泽中的水流强度变化才是最重要的原因。水流强,带进来的矿物质就多,同时水中锗的含量也相应较低,也就是说冲积进来的富含矿物质的水流起到了稀释的作用,因为沼泽中的腐殖物质对锗的吸附能力始终是充足有余的,注入沼泽的溶液中锗的原始含量对锗的富集起到控制作用。水流较弱条件下,溶液中锗浓度高,沼泽中的腐殖物质在还原碱性条件下充分吸附溶液中的锗而在有机组分中富集(Huang et al.,2008)。

三、煤中镓

镓是典型的稀散元素,很少形成独立矿物,目前仅发现两个镓的独立矿物——Gallite($CuGaS_2$)和 Soehngeite[$Ga(OH)_3$],它们仅有矿物学的意义(苏毅等,2003)。世界上镓资源的主要来源为铝土矿和铅锌矿床,分别占 50% 和 40%,其他占 10%。涂光炽等(2004)指出我国的探明储量也仅为 10 万 t,其中 50% 以上为铝土矿中的伴生镓,其次为铅锌矿和其他矿床中伴生的镓。镓易与铝共生,存在于铝土矿中,贵州铝土矿中含镓70~143μg/g,豫西铝土矿中含镓 50~250μg/g(刘平,1995)。

白向飞等根据全国 26 个省、126 个矿区、504 个煤矿中 1123 个样品的数据给出中国煤中 Ga 的含量为 6.84μg/g;唐修义和黄文辉等根据 3407 个煤样统计中国煤中 Ga 的含量均值为 9μg/g;任德贻等根据 2334 个不同聚煤期的样品并引进储量权重计算出中国煤中 Ga 的含量均值为 6.52μg/g;Dai 等根据 2451 个样品的数据得出中国煤中 Ga 的含量均值为 6.55μg/g;Ketris 和 Yudovich 统计的世界煤中 Ga 的含量为 5.8μg/g。在煤燃烧后产生的飞灰中 Ga 的含量达到 100~500μg/g(Kler et al.,1987)。含镓 50~300μg/g 的陆生碎屑岩和火山灰黏土层在中国西南部的一些煤盆地的基底和母岩中被发现(Dai et al.,2010a,2010b)。煤中伴生的超常镓引起越来越多的关注:Seredin 和 Finkelman(2008)对世界各地"多金属煤"进行了详细的描述,主要是煤中富集高浓度的稀有金属元素(Ge、Ga、REE、PGE 等)。Dai 等(2006)认为 Ga 在勃姆石中富集程度较高,同时镓与煤中有机质的吸附也有一定关系,并在准格尔煤田黑岱沟地区发现超大型镓矿床。吴国代等(2009)和王文峰等(2011)认为准格尔煤田煤中 Ga 的载体主要为勃姆石,其次为高岭石,并且与硫酸盐硫具有成因联系,古气候、沉积环境、母岩成分、后生淋滤作用和地下水活动均是造成 Ga 富集的因素。

镓(Ga)与铜(Cu)、硒(Se)、铟(In)四种元素构成最佳比例的黄铜结晶薄膜太阳能电池,是组成电池板的关键技术。而且,镓还特别应用于逐步代替传统光源的 LED 的生产制作中(Vulcan, 2009)。Ga 在未来清洁汽车储氢集群中起着重要作用,在 Ga 氢化物材料发现氢化物储氢产生重大影响(Fahlquist et al., 2011)。

约 90% 的 Ga 是以铝土矿的副产品或提取 Zn 的残留物中得到。铝土矿或锌矿石中的 Ga 含量为 30~80μg/g(平均为 50μg/g),2011 年,预计世界 Ga 产量达 216t(Jaskula, 2012);此外从副产品中可以提取约 100t。

内蒙古准格尔发现的超大型煤-镓(铝)矿(Dai et al., 2006, 2008, 2012b)。6 号煤是准格尔煤田的主采煤层,煤厚达 15m(官板乌素矿)~28m(黑岱沟矿和哈尔乌素矿)。煤中镓的富集既发生在低煤阶煤中(油浸镜质体反射率均值 $R_{o,ran}=0.58\%$,黑岱沟矿;$R_{o,ran}=0.56\%$,官板乌素矿),也发生在高煤阶煤中($R_{o,ran}=1.58\%$,阿刀亥矿)。粉煤灰中镓的含量为 45~135μg/g(平均为 88μg/g)。此外,准格尔 6 号煤粉煤灰中 Al_2O_3 含量为 44%~62%(平均为 55%)是高铝煤。数据表明,准格尔 6 号煤的粉煤灰中 Al_2O_3 和 Ga 的含量与传统铝土矿中的 Al_2O_3 和 Ga 的含量非常接近(30%~55% Al_2O_3;30~80μg/g Ga)。仅在黑岱沟矿煤中 Ga 的保有资源量约有 4.9 万 t,Al_2O_3 保有资源量约 1.5 亿 t(Seredin et al., 2012)。

在煤中镓的利用评价方面,我国国家标准把煤中镓的工业品位定为 30μg/g,实际开发利用中还要考虑粉煤灰中的含量。由于煤中镓的提取来源是煤的燃烧产物粉煤灰,如果煤的灰分产率较高,粉煤灰镓的含量不一定高;相反,当煤的灰分产率低,镓的含量也较低的情况下,粉煤灰中镓的含量不一定低。如果煤层厚度较薄,即使煤中镓的含量较高,但矿体规模小,也不能达到开发利用的程度。因此,在考虑煤层厚度和煤的灰分产率的同时,以煤灰中的镓含量评价其开发利用,更具有合理性;同时也需要考虑多种有益金属元素的共同提取利用。

四、煤中锂

锂(Li)为稀碱元素之一,是自然界中最轻的金属,也是一种重要的能源金属。在高能锂电池、受控热核反应中得到广泛应用,使其成为解决人类长期能源供给的重要原料。1927 年 Ramage 在研究英国 Nowich 煤气工厂的烟尘时首次将发射光谱用于煤的研究,在煤中发现了锂元素。1980 年,在美国地球化学委员会组织编写的《与环境质量与健康有关的煤中微量元素地球化学》一书中就列出了煤中锂含量的世界平均值为 15.6μg/g(US,1980)。此后,一些国外研究者统计了煤中锂丰度的世界平均值(表 9-1)。苏联学者在《煤中杂质元素》一书中列出锂等 38 种元素在褐煤和烟煤中含量的世界平均值。Tewalt 等(2010)根据美国地质调查所国家煤炭资源数据库的资料总结了美国煤中包括锂在内的 52 种微量元素的含量值。可以看出,自然界中绝大多数煤中锂的含量很低并且分布极不均匀,虽然世界不同地区煤中锂的含量变化很大,但都没有达到独立锂矿或伴生锂矿的工业品位,多数煤中锂的含量平均值小于 20μg/g,世界煤中锂的平均值为 14μg/g,美国煤中锂的算术平均值为 16μg/g,澳大利亚出口煤中锂的算术平均值为 12μg/g,原苏联煤中锂的平均值仅为 6μg/g(Zhao et al.,2002)。

表 9-1 煤中锂含量统计表

地区	时代	样品数目	最大值/(μg/g)	最小值/(μg/g)	算术均值/(μg/g)
世界范围(Sun,2010a)			80	1	14
美国(Finkelman,1993)		7848	370		16
土耳其(Kara-Gulbay and Korkmaz,2009)	J	15	2.2	0.1	0.71
土耳其(Karayigit et al.,2006)	N	48			46
英国(Xu,2003)		23			20
澳大利亚(Xu,2003)		231			20
苏联(Zhao et al.,2002)					6
挪威(Lucyna et al.,2009)		9	5		1.74
朝鲜(Hu et al.,2006)			190	2	
中国煤(Sun et al.,2010a)		1274	152	0.1	32
中国煤(Sun et al.,2010b)					31.8
中国煤(赵继尧等,2002)	C—N	354	231	0.5	14
中国华北(赵继尧等,2002)	C—P	43	87	6	14
中国华北(代世峰等,2003a)	Pz_2	96	96.7	4.6	43.91

中国煤中锂的含量在不同地区和不同时代的煤中差别较大,算术平均值高于世界煤中锂的平均值,可达 32μg/g,北方煤中锂的含量较高,达到 44μg/g(表 9-1)。从表 9-1 数据可以看出,自然界中绝大多数煤中锂的含量很低并且分布极不均匀,虽然世界不同地区煤中锂的含量变化很大,但都没有达到独立锂矿或伴生锂矿的工业品位,多数煤中锂的含量平均值小于 20μg/g,世界煤中锂的平均值为 14μg/g,美国煤中锂的算术平均值为 16μg/g,澳大利亚煤中锂的算术平均值为 12μg/g,苏联煤中锂的平均值仅为 6μg/g。

Sun 等(2013b)在山西宁武煤田平朔矿区和准格尔煤田发现两个超大型煤中伴生锂矿。这是世界上首次在煤中发现伴生锂矿,并提出了煤中锂的富集机理、分布规律、主控因素和成矿模式(Qin et al.,2015)。同时首次提出了煤中伴生锂矿的综合利用品位。煤中伴生锂矿是一种新型成矿类型,引起广泛关注(Lin et al.,2013)。国家地质调查局 2012 年对平朔矿区煤伴生锂镓资源立项调查,并组织专家鉴定,认为平朔矿区煤中伴生锂镓已经达到超大型矿床规模(Sun,2015)。国土资源部 2013 年资源公报中予以公布。

五、煤中伴生铀

早在 1875 年,Berthoud 从美国丹佛附近的煤中检测出铀。1956 年 Vine 报道了美国煤中含铀的情况，指出在南达科他、北达科他、怀俄明、蒙大拿、科罗拉多、新墨西哥等地都发现了富含铀的煤。在英国的沃里克郡、德国的巴伐利亚、巴西南部、匈牙利的 Xj-ka、中国的西北侏罗纪煤田、云南古近纪煤田以及苏联及其他一些国家都发现富含铀的煤（黄文辉和唐修义，2002）。1955年和1958年，在日内瓦召开的第一、二届和平利用原子能会议上，众多研究者报告了煤和其他含有机质的岩石中赋存铀的研究成果。此期间是人们研究煤中铀的高潮期。我国煤田地质系统也于1960年前后开展了煤中铀的普查。这些工作都是为勘查资源专门调查研究异常富集铀的煤。自然界大多数煤中含铀量是比较低的。

关于富铀煤中铀的富集问题，北京铀矿选冶研究所张仁里提出，铀-煤共生矿有三种成因类型：同生沉积类型，铀是在泥炭化阶段进入沼泽；后生沉积类型，铀是在煤化阶段进入煤层；多次矿化富集类型。我国西北部某侏罗纪煤田中的富铀煤都是经历多次矿化富集而成。因为腐殖物质在富集铀中起了重要作用，所以富铀煤都属低煤级的褐煤和亚烟煤，而且还往往在灰分高和薄的煤层内（黄文辉和唐修义，2002）。

至于煤中铀的工业品位和放射防护标准，张仁里（1982，1984）、张仁里等（1987）主张，在没有制订正式标准前，可先以煤灰中铀含量对照铀矿石的工业品位进行评价。铀矿石的工业品位为0.05%，伴生铀矿工业品位可降到0.02%；当铀含量超过0.021%，应作为放射性废物处理。

综合国内外研究者提出的意见，铀在一般煤中的赋存状态有以下三种。

（1）与有机质结合。

（2）呈类质同象赋存在锆石、磷灰石、金红石、独居石、碳酸盐矿物、磷酸盐矿物、稀土磷酸盐矿物内。

（3）被黏土矿物吸附。

在极富铀的煤中发现独立的铀矿物，据外国文献报道，已经从煤中检测出的含铀矿物有晶质铀矿、水硅铀矿、钙铀云母、铜铀云母、钒钾铀矿。据张仁里（1982）报道，在我国的煤中检测到铀黑、晶质铀矿、板菱铀矿、钒钙铀矿。

张仁里（1984）还研究了富铀煤中铀的两种加工类型。按他的意见，评价铀-煤共矿要综合考虑铀和煤的利用价值。他提出"铀-煤矿"和"含铀煤"两种加工类型。

（1）铀-煤矿：若煤中铀可产生的能量大于有机质可产生的能量，而且煤灰中铀含量高于铀的工业品位，这种煤可称为"铀-煤矿"。其加工处理应以提取铀为主，附带利用煤的热能。我国西北某侏罗纪煤田就有这种"铀-煤矿"，其煤中的含铀量可高达0.1%，煤灰中含铀量达0.5%以上，而这种煤的热值为15500～23800J/g。

（2）含铀煤：若煤中铀可产生的能量虽大于有机质可产生的能量，可是煤灰中的铀含量低于铀工业品位，但高于放射性防护规定。这种煤称为"含铀煤"。

例如，我国某地志留系下统石煤含铀0.018%，煤灰含铀0.03%，煤的热值很低，只有9660J/g。还有一种煤也可称"含铀煤"，其煤灰中铀含量接近工业品位，但是煤中有机质产生的能量大于铀可产生的能量，高于放射防护规定。例如，我国某地晚二叠世煤，含铀量为0.0014%，煤灰含铀量为0.011%，煤的热值比较高，为32000J/g。这两种"含铀煤"煤灰中的铀虽具有利用的可能性，至今尚无利用的先例。

自然界的"铀-煤矿"甚为罕见,矿体规模也小,而"含铀煤"的分布比较广泛。值得注意的是,含铀煤的煤灰含铀量若超过放射防护规定,应作为放射性废物处理。至于煤中铀的工业品位和放射防护标准,张仁里(1984)主张,在没有制订正式标准前,可先以煤灰中铀含量对照铀矿石的工业品位进行评价。铀矿石的工业品位为0.05%,伴生铀矿工业品位可降到0.02%;当铀含量超过0.0021%,应作为放射性废物处理。

我国广西合山煤中铀含量的算术平均值达到71.72μg/g,四川安县煤中铀含量的算术平均值为55.6μg/g,贵州贵定煤中铀含量的算术平均值为92.75μg/g,云南砚山干河煤中铀含量的算术平均值达178μg/g,伊犁煤田煤中铀含量达到7207μg/g(Dai et al.,2015b),其中,除广西合山外,均为小型煤矿,储量有限,硫分很高,属不应开采之列。

山西晋城矿区,有一个采样点的铀含量为42.40μg/g。河南平顶山矿区、湖南涟邵矿区、重庆松藻矿区、新疆伊宁矿区,以及云南干河、蒙自、建水、临沧矿区局部煤样中铀含量高达25~90μg/g,个别超过100μg/g(黄文辉和唐修义,2002)。伊犁盆地洪海沟ZK0161井褐煤中铀及其他元素的地球化学研究中也发现该井中下侏罗统11号、12号煤层中铀含量极高:11号煤中铀含量的加权平均值为78.525μg/g,12号煤中铀含量的加权平均值高达599.07μg/g(杨建业等,2011)。

六、煤中铌、钽、锆、铪

在神奇的稀有金属王国里,一些金属元素由于镧系收缩效应,电子结构和物理化学性质相似,具有"元素对"的矿物特征,常常成对出现在矿物中,如钽和铌、锆和铪。

铌是英国科学家查理斯·哈契特在1801年发现的新金属。铌是一种难熔的稀有金属,为闪亮的银白色金属,具有耐腐蚀、抗疲劳、抗变形、热电传导性能好,在高温下具有极好的电子发生性能、热中子俘获截面小、超导性能极佳等特点(刘霏,2013)。

在自然状态中,铌元素一般存在于铌矿、铌-钽矿、烧绿石和黑稀金矿中。铌和钽长期以来被认为是地球化学"同卵双胞胎"。世界铌矿分布有着鲜明的特点,主要集中在巴西、加拿大,在埃塞俄比亚、尼日利亚、俄罗斯、美国、中国等地区也有分布(刘霏,2013)。20世纪60年代以前,主要来自含铌铁的花岗岩及其砂矿,自从挪威首次从烧绿石中提取铌获得成功,碳酸盐岩烧绿石矿床成为铌的主要来源,占世界总储量的90%以上,其次则为含铌铁矿、钽铁矿的花岗岩、花岗伟晶岩矿床。

在自然界中,铌钽矿床主要存在于四种类型中,分别是伟晶岩矿床、气-热型液矿床、接触交代矿床、表生矿床。花岗伟晶岩是最重要的工业铌钽矿床。中国的铌钽矿床大部分位于华南地区,在四川攀西地区、新疆北部及内蒙古也有零星分布。高浓度的Nb、Ta在含煤地层可以找到但不常见。

锆和铪在自然界中共生,一般锆矿物中的铪只占锆铪总质量的1%~2%,也有少量含铪高的矿物可达到5%以上(熊炳昆,2005a)。锆在地壳中的含量丰富,较常用金属铜、铪、锌要多。锆在地壳中的质量分数为20×10^{-3}。锆、铪被称为稀有金属的主要原因是提取工艺复杂。我国锆、铪资源居世界中等水平。我国近年出版的《矿产资源综合利用手册》,对我国锆、铪资源储量作了阐述。手册中指出我国已发现锆、铪矿床近百处,1995年末中国ZrO_2保有储量为3.728×10^6t,锆英石保有储量为2.0592×10^6t,其中98%集中在广东、海南、广西、云南和内蒙古（熊炳昆，2005b）。已发现的矿床分岩矿和砂矿两大类，分别占总储量的30%和70%。岩矿储量几乎全部集中在内蒙古孔鲁特矿，该矿为碱性花岗岩矿床，含锆、铪矿物主要为锆石，有铌、铍、金、稀土多种有用元素伴生。但此矿由于选矿困难，暂未开采和利用。我国具有工业意义的锆矿分布在东南沿海的砂矿，包括滨海沉积砂矿、河流冲积砂矿、沉积砂矿和风化壳砂矿。锆砂多为钛铁矿、金红石、铌铁矿、独居石和磷忆矿的伴生矿物。矿石的品位为0.04%。目前开发利用的含锆、铪的矿物主要有广东南山独居石矿，以及海南甲子锆矿、沙笼钛矿、清澜钦矿和南岗钛矿等。锆砂在选钛矿过程中回收。

如果以锆砂含铪1%计，中国的铪资源总计为$5\times10^4\sim8\times10^4$t。已探明储量的铪矿有4处，集中在广西和山东，共有铪1800t，为资源总量的2.2%，均为锆砂矿床（熊炳昆，2004）。目前，主要开采和应用的锆、铪矿物原料主要是锆英石（$ZrSiO_4$）和斜锆石（ZrO_2）。锆英石主要从砂矿特别是海滨砂矿中开采，主要产地在沿海诸国，如澳大利亚、巴西、美国、印度。斜锆石主要从岩矿中采选，主要产地在南非。而锆英石又常与钛铁矿、金红石和独居石共生，因此，锆英石往往是作为钛铁矿采选时的副产品。锆英石作为制取金属锆、铪和锆化学制品的原料产量不断增加。

Dai等（2010b）在云南东部地区发现了富集Nb(Ta)、Zr(Hf)、REE、Ga的多金属矿化层。过去多认为该矿化层属正常沉积的泥岩、粉砂岩或粉砂质泥岩，而代世峰等的研究结果表明其属火山碎屑成因。该矿化层赋存在滇东晚二叠世主要的含煤地层——宣威组的底部，大部分厚2~5m，在自然伽马曲线上有明显的正异常，可能是高含量的放射性元素Th和U含量所致。矿化层中某些稀有金属氧化物的含量已超过相关工业开采品位：如$(Nb,Ta)_2O_5$的含量为302~627μg/g，超过风化壳型铌钽矿床的最低工业开采品位；$(Zr,Hf)O_2$的总和为3805~8468μg/g，超过了滨海砂矿型锆矿床的工业品位，部分地区的含量甚至超过了风化壳型锆矿床的工业开采品位；稀土氧化物（镧系元素+钇的氧化物总和）为1216~1358μg/g，其中轻稀土的含量达到或超过了风化壳型稀土矿的边界/工业品位；至于Ga，其含量则为52.4~81.3μg/g，也超过铝土矿中镓的工业开采品位。

相比宣威组正常的沉积泥岩，该矿化层具有较高的Nb/Ta和Zr/Hf值，表明该矿化层是由碱性火山灰蚀变而来的。虽然含有较高的稀有金属含量，但显微镜和X射线衍射分析结果没有常见的含铌、锆、稀土、镓的矿物，因此这些元素可能是以离子吸附态赋存的。矿化层中的矿物主要有石英、伊/蒙混层、高岭石、磁绿泥石及钠长石。

七、煤中稀土

稀土元素就是化学元素周期表中镧系元素——镧(La)、铈(Ce)、镨(Pr)、钕(Nd)、钷(Pm)、钐(Sm)、铕(Eu)、钆(Gd)、铽(Tb)、镝(Dy)、钬(Ho)、铒(Er)、铥(Tm)、镱(Yb)、镥(Lu)，以及与镧系15个元素密切相关的两个元素——钪(Sc)和钇(Y)共17种元素，简称稀土(REE)。可分为轻稀土元素(LREE)：La、Ce、Pr、Nd、Sm、Eu；重稀土元素(HREE)：Gd、Tb、Dy、Ho、Er、Tm、Yb、Lu（张文毓，2004）。

煤的稀土元素研究有两方面的意义，一个是地质成因方面上的，由于稀土元素在地质学研究中具有示踪剂的作用，其地球化学特征可以提供许多可靠的成因与环境信息，包括聚煤期泥炭沼泽的介质环境和物源区的地质背景情况以及成煤后的其他地质作用影响过程(黄文辉等,1999)。另一个是资源经济利用方面的,如在俄罗斯远东新生代煤、库兹涅茨的二叠纪煤中发现有高含量稀土元素的煤,其含量局部可达 300～1000μg/g,有望作为 REE 的新资源得以利用。但世界其他地区一般煤的 REE 含量偏低,难于利用,如 Valkovic(1983)计算世界煤的 REE 含量平均值为 46.3μg/g,由 Finkelman(1993)提供的美国煤总的 REE 数值是 62.1μg/g。Birk 和 White(1991)对加拿大悉尼盆地煤测定的总 REE 是 30μg/g。但煤灰中稀有元素和稀土元素丰度要高得多,特别是富含这些元素的煤灰常具有经济价值,根据 Finkelman(1993)对美国所作的计算煤和煤灰可以保证该国每年对大多数稀有元素和稀土元素不少于一半的需求量。我国学者专门对煤中稀土元素的系统研究虽然不多,但也有一些有见地的报道,如陈冰如等(1985a,1985b)、孙景信和 Jervis(1986)、赵志根等(1998)、王运泉等(1997)和庄新国等(1998)均对我国不同地区的煤作了稀土元素的测定和成因研究。

赵志根等(2000)研究煤中稀土元素发现,煤中稀土元素与灰分(Si、Al、Fe 等)呈正相关性,表示煤中稀土元素主要赋存于硅酸盐矿物中。因为具有稳定的地球化学性质,不易受到地质作用的影响,在含煤岩系中容易被保存。根据各稀土元素不同的分布情况和赋存状态,在一定程度上可以反映煤层的形成条件,是研究煤层地质成因和物质来源的重要参数;当煤中稀土元素含量达到富集时,则可作为稀土矿产的新来源进行工业开采。

稀土元素也属于微量元素,稀土元素的一些特殊地球化学性能,如它的化学性能稳定,均一化程度高,不易受到变质作用影响,一旦"记录"在含煤岩系中,就容易被保存下来,是研究煤地质成因的地球化学指示剂。

稀土元素包括镧系元素和钇(REY,或 REE+Y)。煤中稀土元素的评价,不仅要考虑稀土元素的含量总和,而且还要考虑单个稀土元素含量在总稀土元素中所占的比例。从地球化学角度,煤中稀土元素可以分为轻稀土元素(LREY:La、Ce、Pr、Nd 和 Sm)、中稀土元素(MREY:Eu、Gd、Tb、Dy 和 Y)和重稀土元素(HREY:Ho、Er、Tm、Yb 和 Lu),相应地,煤中稀土元素的富集有三种类型,即轻稀土元素富集型($La_N/Lu_N>1$)、中稀土元素富集型($La_N/Sm_N<1$ 并且 $Gd_N/Lu_N>1$)和重稀土元素富集型($La_N/Lu_N<1$)。煤型稀土矿床一般以某个富集类型为主,个别煤层也同时属于两种富集类型。

从稀土元素经济利用价值的角度,煤中稀土元素可以分为紧要的(Nd、Eu、Tb、Dy、Y 和 Er)、不紧要的(La、Pr、Sm 和 Gd)和过多的(Ce、Ho、Tm、Yb 和 Lu)三组。除了稀土元素的总含量因素,对煤型稀土矿床的评价,还需用"前景系数"(outlook coefficient)来表示,即总稀土元素中的紧要元素和总稀土元素中的过多元素的比值;根据前景系数,可以将煤中稀土元素划分为三组:没有开发前景的(unpromising)、具有开发前景的(promising)和非常具有开发前景的(highly promising)。

当总稀土元素($\Sigma La-Lu$)的氧化物在煤灰中的含量大于 800μg/g 或者钇的氧化物在煤灰中的含量大于 300μg/g 时,并且根据前景系数的评价"具有开发前景"或"非常具有开发前景"时,就可以考虑煤中稀土元素的开发利用。煤中稀土元素的富集成矿主要在俄罗斯、美国和中国有发现,在保加利亚和加拿大也有富集稀土元素煤层的报道。

煤-稀土矿床富集成因主要有火山灰作用、热液流体(出渗型和入渗型)、沉积源区供给三种类型。酸性和碱性火山灰可以导致煤型稀土矿床的形成。碱性火山灰成因的煤-稀土矿床往往也高度富集铌(钽)、锆(铪)和镓。稀土元素、镓、锆和铌的氧化物在煤-稀土矿床的煤灰中,其含量可以高到 2%～3%。因此,这种火山灰成因类型的矿床往往是多种稀有金属共富集的矿床。热液成因的煤-稀土矿床在新生代煤盆地(如俄罗斯滨海边区)和中生代煤盆地(如俄罗斯的外贝加尔和中西伯利亚的通古斯卡盆地)有发现,稀土元素在这些矿床煤灰中一般为 1%～2%。

四川华蓥山煤-稀土矿床(K_1 煤层)中稀土元素的富集是碱性流纹岩和热液流体共同作用的结果。该矿区主采 K_1 煤层中 3 层夹矸是由碱性流纹岩蚀变形成的(碱性 Tonstein),高度富集稀土元素、铌、锆等稀有金属元素。煤和夹矸中还富集热液流体作用形成的稀土元素矿物水磷镧石 $Ce_{0.75}La_{0.25} \cdot (H_2O)$ 或含硅的水磷镧石。煤灰中包括锆(铪)、铌(钽)和稀土元素的氧化物的含量达到 0.573%,具有重要的潜在价值。

热液流体不仅可以提供稀有金属元素的来源,同时对煤和夹矸中的稀有金属元素起到了再分配作用。例如,Zr/Hf、Nb/Ta、Yb/La、U/Th 的值在华蓥山煤-稀土矿床煤层的夹矸中明显低于其下覆的煤分层,主要是因为 Zr、Nb、Yb 和 U 在热液的作用下,分别表现出比 Hf、Ta、La、Th 更为活泼的性质,被淋溶到下伏的有机质中,继而被有机质吸附所致。该现象在内蒙古准格尔、广西扶绥等矿区,以及美国肯塔基煤田、犹他埃默里煤田也普遍存在。在我国内蒙古准格尔和大青山煤田的煤-镓矿床中也高度富集稀土元素,高度富集的稀土元素主要来源于沉积源区本溪组风化壳铝土矿和夹矸经过长期地下水淋溶作用,形成了特有的 Al-Ga-REE 稀有金属元素富集组合。

煤-稀土矿床中稀土元素的赋存状态一般有如下几种:①同生阶段来自沉积源区的碎屑矿物或来自火山碎屑矿物(如独居石或磷钇矿)或以类质同象形式存在于陆源碎屑矿物或火山碎屑矿物中(如锆石或磷灰石);②成岩或后生阶段的自生矿物(如含稀土元素铝的磷酸盐或硫酸盐矿物;含水的磷酸盐矿物,如水磷镧石或含硅的水磷镧石;碳酸盐矿物或含氟的碳酸盐矿物,如氟碳钙铈矿);③赋存在有机质中;④以离子吸附存在。含轻稀土元素矿物在一些以重稀土元素富集型的煤-稀土矿床中富集,但没有含重稀土元素的矿物,重稀土可能以有机质或以离子吸附形式存在。

八、煤中硒

由于硒具有独特的光敏特性,自然界很少有单独的硒矿床产出。全部的硒都来自于生产开采和加工贱金属(铜、铅、镍)所产生的副产品中。近 90% 的世界硒来源于有色金属冶铜过程中,从阳极泥中进行提取到的硒等,提取过程复杂,各国都在研究处理阳极泥的新工艺。2011 年,世界硒产量估计为 2000t。

世界煤中硒的丰度较低,仅为 1.3μg/g,在粉煤灰中硒的丰度为 8.8μg/g(Ketris and Yudovich,2009),这些都远远高于地壳中硒的平均浓度(0.09μg/g)(Rudnick and Gao,2003)。哈萨克斯坦的 Kol'dzhatsk 煤矿及围岩中、蒙古的 Aduunchulun 煤矿均有煤中伴生硒(Kislyakov and Shchetochkin,2000;Arbuzov and Mashen'kin,2007;Seredin et al.,2012)。但煤中伴生高浓度硒仅在煤-铀矿床中有发现(Kislyakov and Shchetochkin,2000)。此外,一些低浓度硒富集在煤中硫化物矿物中(Dai et al.,2008)。由于硒

的高挥发性及易于捕获灰颗粒的气相性,富集在飞灰中硒的浓度是原煤中硒的浓度的20~100倍。

煤中硒可以以有机结合态和无机态存在。一般而言,煤中大部分硒存在于黄铁矿中,有时以硒铅矿、白硒铁矿、自然硒、硫化物结合态(黄铜矿、毒砂、方铅矿等)等的形式存在(Finkelman,1980;Hower and Robertson,2003;Maksimova and Shmariovich,1993;Kislyakov and Shchetochkin,2000)。有时煤中硒主要存在于白铁矿中(Dai et al.,2003),有时以煤中有机硒化物的形式存在(Yudovich and Ketris,2005)。

煤中硒的富集有两种成因模式:一种富集模式是由于氧化性的地下水沿含煤岩系顺层运移到煤层中,Se 与 Mo、U 及 Re 在煤层的氧化带中富集。在粗粒度的围岩中,往往呈现出半月形的高硒低铀矿体。第二种硒的富集与含煤盆地内上升的富硫酸根的热液矿化水有关。这种硒的富集存在于海相碳酸盐台地。这种煤往往为高有机硫煤,硒的富集往往伴随高含量的 V、Mo 和 U(Dai et al.,2008)。

煤中伴生硒的富集,对于缺少硒而发展太阳能及其光伏产业的国家是重要潜在的资源。煤-铀矿不仅在煤中富集,也在围岩中富集。而硒可以通过原地浸出法直接从粗粒沉积物铀中进行提取(Laverov,1998)。

九、煤中贵金属

金(Au)呈黄色,具强金属光泽,属铜族元素。金是很不活泼的金属,密度为 $19.32g/cm^3$(20℃时),熔点 1064.43℃,沸点 2807℃,硬度 2.2,维斯显微硬度值为 $50~55kg/mm^2$。金的电导率仅次于银和铜,热导率为银的 74%。

金的化学性质十分稳定,无论从空气中到水中,还是从室温到高温,一般均不与氧或硫发生化学反应。金不溶于一般的酸和碱,但可溶于王水中,也可溶于碱金属氰化物中。金能够在酸性的硫脲溶液、溴的溶液、沸腾着的氯化铁溶液,或有氧存在的钾、钠、钙、镁的硫代硫酸盐等溶液中很好地溶解。土壤中的腐殖酸和某些细菌的代谢物也能溶解微量金。金与汞易形成汞齐,它是汞金之间机械混合、浸润和表面反应的结果。混汞法提金即以此特性为根据。金具有亲硫性、亲铁性和亲铜性。金常与亲硫的银、铜等金属,亲铁的铂族金属形成金属互化物。

金作为贵重金属,主要作为国家的硬通货储备和制作装饰品。目前,黄金仍是国际货币结算手段和货币信用基础。随着科学技术的发展,特别是尖端技术的发展,黄金及其合金在电子、电气、医疗、化工设备、宇航和国防尖端工业中具有特殊用途。

目前已发现金矿物和含金矿物 98 种,但常见的只有 47 种,而工业矿物仅 20 余种。金的赋存状态可分为金矿物、含金矿物和载金矿物。具体分为:①自然元素、天然合金和金属互化物;②硫化物;③硒化物;④碲化物;⑤锑化物,最常见的是金的自然元素和碲化物,主要是自然金(含金大于 80%和含金 50%的银金矿)。在自然界中,金常与银共生,并与黄铁矿、方铅矿、毒砂、闪锌矿、黄铜矿、黝铜矿、辉钼矿等矿物关系密切,常和它们连生在一起。

Wang 等(2015)对贵州煤中、顶底板围岩的 234 个样品进行分析。Wang 等认为贵州省早二叠世煤中金含量为 6.92ng/g,均高于中国煤中金(3ng/g)及世界煤中金含量

(3.7ng/g);围岩及顶底板煤中金含量为59.73ng/g,明显高于煤中金含量(3ng/g)及沉积岩中克拉克值金含量(6ng/g)。由于金以有机质、硫化物、碳酸盐为主要载体,在煤灰化过程中,具有很高的挥发性,只有以铝硅酸盐为载体的Au灰化后,存在于粉煤灰中。并首次提出煤中金边界品位为200ng/g。

Seredin(2007)将煤中金富集成因分为四类:分散的自然金、热液硫化物矿床富集、胶态Au吸附在黏土矿物富集、有机质对金的多种富集作用(包括络合作用、表面吸附和阳离子交换作用)。通过相关性分析,由于金燃烧过程中的挥发性,煤中金与灰分相关性不大;而与黄铁矿、Sb、As有明显的正相关性,表明煤中金主要存在于黄铁矿中,尤其是富含Sb、As的黄铁矿中。

十、煤中铷、铯

铷(Rb)是一种稀有金属,为银白色轻金属,质软,熔点很低(39℃),沸点688℃。铷在空气中能自燃,遇水激烈燃烧,甚至爆炸。铷是制造电子器件、分光光度计、自动控制、光谱测定、彩色电视、雷达、激光器以及玻璃、陶瓷、电子钟的重要原料。在空间技术方面,离子推进器和热离子能转换器需要大量的铷;铷的氢化物和硼化物可以作为高能固体燃料;还可用于矿物测年等。自然界没有独立的铷矿物,其常分散在锂云母、铁锂云母、铯榴石、盐矿层和矿泉中。铷还呈钾的类质同象产于钾矿矿物中。目前,铷主要是从锂云母(Rb_2O 1.5%~4%)、铁锂云母(Rb_2O 1%~2%)和光卤石(Rb_2O 0.01%~0.03%)中提取的。铷无独立的矿床,主要赋存于其他有用矿物中,其相关矿床类型有:①锂云母钠长石花岗岩矿床,铷主要赋存于锂云母中;②花岗岩伟晶矿床,铷主要含在微斜长石和云母中;③花岗岩体中钨、锡矿脉周围云英岩化作用所形成的白云母及锂云母中;④盐类矿床,特别是钾盐矿床中。据统计,世界铷保有储量达1995t,储量基础2268t,其中的65%的铷是从花岗伟晶岩中开采的,25%采自光卤石和盐类矿床。Seredin(2003)指出煤中Rb的含量为5~21μg/g;唐修义等(2004)统计的中国煤中Rb的含量为8μg/g;Dai等(2012a,2012b,2012c)根据1212个样品的数据,得出中国煤中Rb的平均值为9.25μg/g;Ketris和Yudovich(2009)统计的世界煤中Rb的含量为14μg/g。

煤中Rb的含量远比煤层围岩含量要低。Gluskoter等(1977)、Eskenazi和Mincheva(1989)、Swaine(1990)等发现煤中的Rb与灰分关系紧密,说明Rb在煤中主要以矿物态存在;Filby等(1977)、Yudovich等(1985)、Eskenazi和Mincheva(1989)发现煤中的Rb和Cs元素与K关系密切,推测煤中富K矿物(伊利石、蒙脱石)是Rb和Cs的载体。Seredin在俄罗斯Pavlovka褐煤-Ge矿床中发现了异常富集的Rb和Cs,其中Rb的含量达到了43.7μg/g,Rb的高度富集与火山成因的富Ge循环流体相关。Rb主要是以黏土矿物吸附态存在,而Cs既有黏土矿物吸附态亦有有机质吸附态。

铯(Cs)是稀有金属,为银白色,与铷相似,熔点28.5℃,密度固态20℃时为1.90g/cm^3,液态40℃时为1.827g/cm^3,具有延展性。

铯的用途除与铷相同外,铯的氯化物亦可作为高能固体燃料,铯可制造人工铯离子云、铯离子加速器以及反作用系统与焰火制作材料。铯是制造原子钟和全球卫星定位系统不可缺少的材料。用铯的化合物制成的红外辐射灯可发现夜间的信号。铯还用于与跟踪、阻截和摧毁空中飞行敌机的"瞄准"弹。放射性铯用于辐射化学、医学、食品和药品的照射。铯还是化学催化剂、特种玻璃的原料。

自然界中铯有三个独立矿物：铯沸石、铯锰星叶石、铯硼锂矿。氟硼钾石、氟硼钾石有时含氧化铯(Cs_2O)也较高。此外铯绝大多数分散在锂辉石、锂云母、铁锂云母中。在钾长石、天河石、钾盐和光卤是等矿物中与钾、钠、锂呈类质同象。

铯未见独立矿床类型，其相关的矿床类型有：①锂云母钠长石花岗岩矿床，铯含于锂云母中。②伟晶岩矿床，最具实际意义的是含锂伟晶岩，铯含于铯沸石、钾长石、云母以及绿柱石中。③钨、锡矿脉及云英岩中的白云母及铁锂云母等矿物中的铯，有时可达工业要求。④钾盐矿床，铯主要含于光卤石中。⑤盐湖型铯矿，铯含于卤水中。⑥现代温泉中被硅华吸附沉淀。铯的重要产地有加拿大马尼托省和蒙特加里、津巴布韦比基塔、中国新疆富蕴可可托海、中国四川康定基卡。

Sun 等（2015）和刘帮军（2015）研究了鱼卡煤田中的"三稀金属"元素（稀有、稀散和稀土金属元素），发现鱼卡煤田北山 6 号煤中的 Cs 元素富集系数超过 10，达到了高度富集；Rb 元素的富集系数则超过 5，达到了富集程度。7 号煤中的 Cs 和 Rb 元素的富集系数则超过了 5，呈富集态。两层煤中的 Cs 和 Rb 在矸石中的含量更加富集，富集系数均超过 10，均达到了高度富集的状态。鱼卡北山 6 号煤中的 Rb 和 Cs 与灰分的相关系数 Rash 为 0.7~1.0；7 号煤中的 Rb 与灰分的相关系数 Rash 为 0.69。这些元素与灰分的高相关性表明其可能具有无机亲和性而赋存在煤矿物中。鱼卡北山两层煤中 Rb 和 Cs 与 K_2O、灰分、Al_2O_3、SiO_2 均表现出高度相关，Rb 与有机质均呈高度负相关，Cs 与有机质均呈轻微负相关，表明 Rb 和 Cs 可能主要赋存于富钾矿物白云母中，但 Cs 可能同时受到有机质的影响。

许多学者对煤中 Rb 和 Cs 进行了研究（Basharkevich et al.，1977；Yudovich et al.，1985；Kler et al.，1987；Arbuzov et al.，2000；Swaine，1990；Finkelman，1993；Ren et al.，1999），Seredin（2003）综合认为煤中 Rb 的含量为 5~21μg/g；煤中 Cs 的含量为 0.4~2.2μg/g。参照地壳岩石中 Rb 和 Ce 的平均含量为 112μg/g 和 3.7μg/g（Taylor and McLennan，1985），以煤中 Rb 和 Ce 的平均含量 15μg/g 和 1.2μg/g 为参考标准，地壳岩石中的 Rb 和 Ce 是煤中 Rb 和 Ce 含量的近 7.5 倍和 3 倍。

对煤中 Rb 和 Ce 的地球化学特征进行研究，主要规律表现为以下几个方面。

(1) Pavlovka 煤矿中褐煤中的 Rb 和 Cs 的含量低于无烟煤中的 Rb 和 Cs 的含量。苏联褐煤和无烟煤中的 Rb 的平均含量分别为 8μg/g 和 17μg/g；Cs 的平均含量为 1μg/g 和 1.4μg/g（Basharkevich et al.，1977）。世界煤中褐煤和无烟煤中的 Rb 的平均含量分别为 6μg/g 和 16μg/g（Yudovich et al.，1985）。Eskenazi 和 Mincheva（1989）通过对保加利亚煤中 Rb 和 Cs 的研究认为，煤中 Rb 和 Cs 的含量与煤阶有正相关性。

(2) 煤中 Rb/Cs 值比地壳中其他岩石中 Rb/Cs 的值低（Kler et al.，1987）。依据 Reimann 和 Caritat（1998）估算，花岗岩及闪长岩中 Rb/Cs 的值为 30；砂岩中 Rb/Cs 的值为 40；页岩中 Rb/Cs 的值为 28。Taylor 和 McLennan（1985）估算地壳中 Rb/Cs 的值为 30.3。

(3) 煤中 Rb 和 Cs 的含量明显低于围岩中 Rb 和 Cs 的含量。煤中 Rb 和 Cs 的含量与灰分的正相关性表明有矿物作为载体，使得 Rb 和 Cs 在煤中进行富集（Gluskoter

et al., 1977; Eskenazi and Mincheva, 1989; Swaine, 1990; Arbuzov et al., 2000)。Filby等(1977)、Yudovich等(1985)、Eskenazi和Mincheva(1989)发现煤中的Rb和Cs与K关系密切,推测煤中富K矿物(伊利石、蒙脱石)是Rb和Cs的载体。

有报道的世界褐煤中最高含量的Rb和Cs分别为266μg/g和17μg/g(Bouška and Pešek, 1999);美国煤中最高含量的Rb和Cs分别为140μg/g和15μg/g(Finkelman, 1993);Kuzbass无烟煤中最高含量的Rb和Cs分别为326μg/g和16μg/g(Arbuzov et al., 2000);Ren等(1999)发现中国煤中Rb含量达408μg/g,煤中Cs含量为33μg/g,但是具体细节没有进一步的公布。

第二节 高铝煤中伴生矿产

关于煤中伴生矿产的提法,一些学者有不同意见,认为还没有制定工业品位、没有开发利用的伴生元素不应称为矿产。为了引起社会和专业人员的关注,本书仍然沿用伴生矿产的概念。本书中伴生矿产是指那些已经被学者称为矿产,或者已经有企业尝试开发利用的伴生元素。

一、高铝煤中的铝

(一)准格尔煤田

1. 准格尔盆地高铝煤的资源特性

1)高铝煤中的氧化铝含量变化规律

准格尔矿区中各主要矿井中煤样煤灰的主要组分为SiO_2和Al_2O_3,Fe_2O_3、TiO_2、CaO和MgO等组分的含量极少(伍泽广等,2013)。准格尔盆地6号煤的煤灰中Al_2O_3含量为28.54%~64.9%,平均为40.76%。6号煤层在准格尔盆地中部黑岱沟矿区南部、牛连沟矿区的西南部和东平矿区内煤中Al_2O_3含量最高,分布范围最大;煤田东部煤中Al_2O_3含量高于西部区域,北部高于南部。高铝煤炭品质较高的优势矿区依次为:黑岱沟、东坪、牛连沟、哈尔乌素、圪柳沟、龙王沟、酸刺沟、孔兑沟、西蒙蒙达、魏家峁。除了酸刺沟煤矿煤样中煤灰Al_2O_3的含量最低为38.52%外,其余矿井的煤灰Al_2O_3含量均超过了40%,其中黑岱沟露天矿、牛连沟煤矿、哈尔乌素露天矿以及黄玉川煤矿的煤灰中Al_2O_3含量较高,黑岱沟露天煤矿煤灰中Al_2O_3含量最高达到了70.01%。

准格尔盆地9号煤层煤灰中Al_2O_3含量为4%~69.47%,平均为38.76%。该煤层在煤田北部的孔兑沟矿区中煤灰中Al_2O_3的含量最高,向南逐渐降低。煤灰中Al_2O_3含量大于40%的区域分布较零散,在孔兑沟、牛连沟、圪柳沟、龙王沟、黑岱沟、西蒙蒙达等矿区内均有分布,其他矿区内煤中Al_2O_3含量略低,一般小于40%(伍泽广等,2013)。

根据《铝土矿、冶镁菱镁矿地质勘查规范》(DZ/T0202—2002),Al_2O_3的含量大于40%为铝土矿的边界品位。在准格尔煤田,煤灰中Al_2O_3平均含量达45.6%,已经超过铝土矿的边界品位。6号煤层底板的本溪铝土矿主要由铝矾土、砂岩、泥岩和粉砂岩组成。据张复新、王立社认为6号煤层下伏本溪组高铝沉积岩是准格尔盆地高铝的主要物

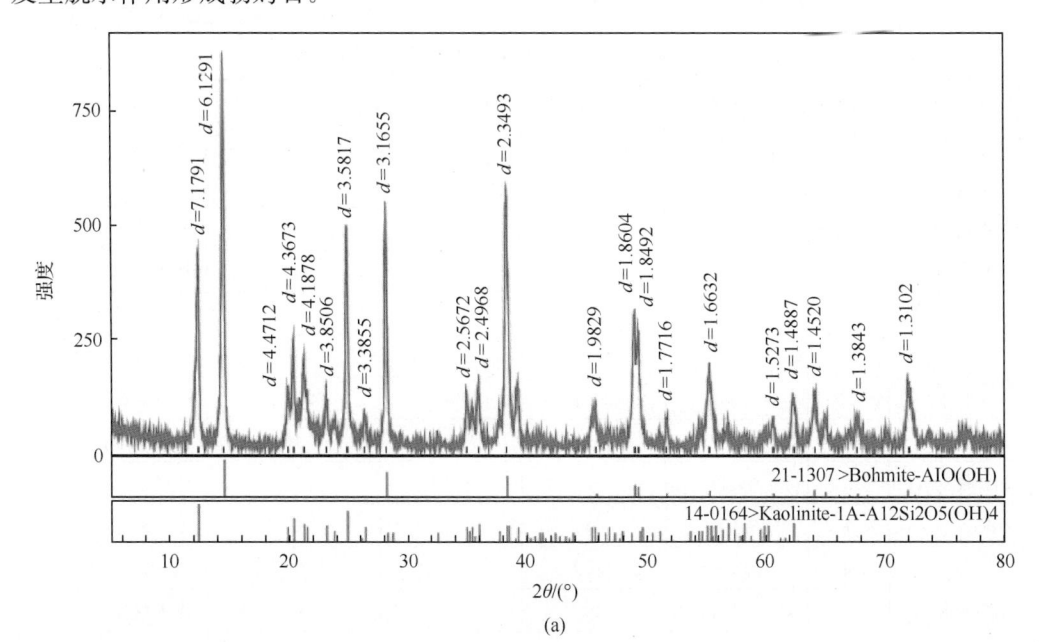

源。准格尔煤田 6 号煤层中 Al_2O_3 主要来源于下部的铝土矿。由此,高岭石、勃姆石和绿泥石族矿物或者来源于阴山古陆的钾长花岗岩,或者来源于下伏本溪组的铝土矿中。

2) 准格尔盆地高铝煤中富铝矿物成因探讨

准格尔盆地煤层中 Al_2O_3 含量较高,主要源于煤中富含富铝矿物,如高岭石和勃姆石等。这些富铝矿物的存在主要取决于准格尔盆地泥炭堆积时期陆源碎屑物质输入、物质组成、搬运方式及沉积成岩作用等。富铝矿物主要来自于阴山古陆和本溪组风化壳。内蒙古洋壳的消减和俯冲作用使得华北板块北部隆升形成阴山古陆,成为华北盆地的主要物源区。晚石炭世晚期,这种隆升作用不断加强,使得整个华北板块发生跷跷板式的升降移位,由南隆北倾机制转变为南倾北隆机制。在准格尔盆地 6 号煤形成初期,准格尔盆地的北偏西方向地势高,而南偏东方向地势低,陆源碎屑物质主要来自北西方向的阴山古陆广泛分布的中元古代钾长花岗岩。在煤层形成中期,煤田的北东部开始隆起,并有本溪组铝土矿出露,煤田处于北偏西的阴山古陆和北偏东本溪组隆起的低洼地区,聚煤作用持续进行,水流方向为北偏东,表明陆源碎屑主要来自于北偏东的本溪组隆起,晚石炭世的热带湿热气候有利于本溪组风化壳三水铝石的形成,三水铝石及少量的黏土矿物在水流的作用下以胶体的形式经过短距离的搬运到准格尔泥炭沼泽中。在煤层形成晚期,北偏东方向的本溪组隆起下降,陆源碎屑的供给又转为北偏西方向的阴山古陆的中元古代花岗岩。煤中高含量的 Al 主要是由于煤中独特的矿物组合形成的,煤中高含量的高岭石和勃姆石是含铝的主要矿物(图 9-1)。代世峰等(2006c)已对勃姆石的成因进行了详尽地探讨,认为煤层中的勃姆石是胶体成因的,泥炭堆积时期陆源碎屑主要来自于北西方向阴山古陆的中元古代钾长花岗岩和北偏东方向的本溪组铝土矿。三水铝石及少量黏土矿物在水流作用下以胶体形式被短距离搬运到泥炭沼泽中,然后在上覆沉积物的压实作用下,发生脱水作用形成勃姆石。

(a)

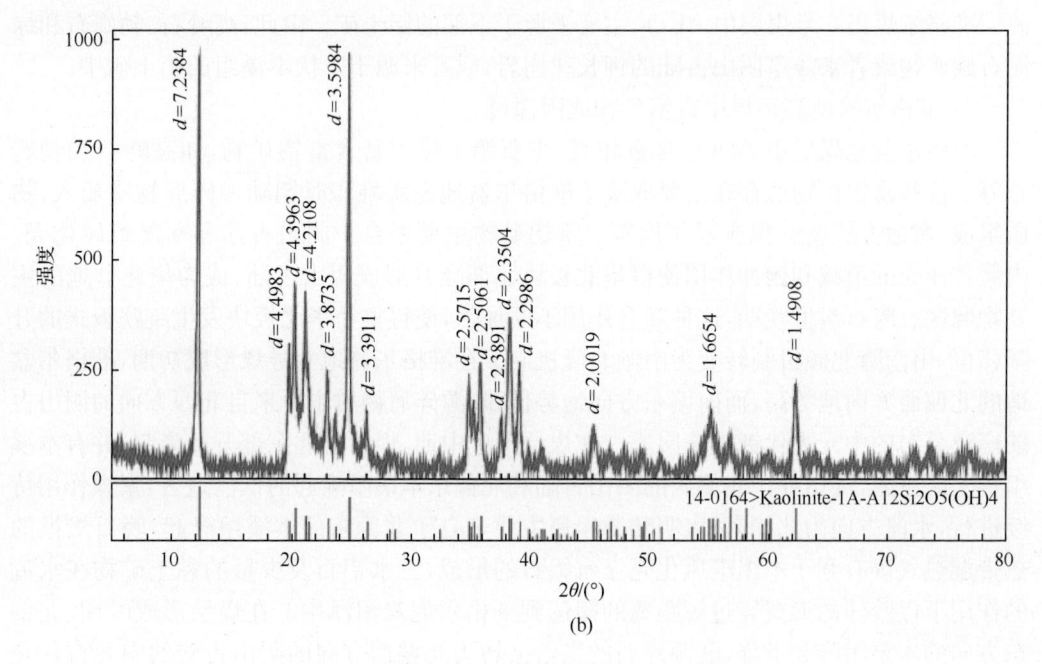

图 9-1 准格尔煤田 6 号煤典型 LTA-XRD 图谱

2. Al₂O₃ 的分布规律

系统收集前人研究资料结合本次测试结果对准格尔煤田煤中铝的分布做了分析(表 9-2)。共统计分析 663 个样品(钻孔样、煤层混合样和分层刻槽样),准格尔煤 Al_2O_3 均值为 46.2%(灰基),其中官板乌素煤中 Al_2O_3 的含量最高为 62%(灰基),南部勘探区煤中 Al_2O_3 含量最低仅为 31%(灰基)。

表 9-2 准格尔煤田煤中氧化铝和稀有金属元素含量

位置	样品数	Li/(μg/g)	Ga/(μg/g)	REY/(μg/g)	Al₂O₃/(%,灰基)	数据来源
整个煤田		147	24.3	196	51	Dai et al.,2010a
小鱼沟	9	94.6	8.9	216.2	44	作者数据
东孔兑	192		18.7		43	王文峰等,2011
孙家壕	5	35.5	8.6	52.2	46	作者数据
牛连沟	31		17.4		50	王文峰等,2011
唐公塔	65		17.4		41	王文峰等,2011
	11	403.1	21.1	166.6	38	作者数据
龙王沟	66		20.1		46	王文峰等,2011
厅子壕	6	34.9	6	58.4	44	作者数据
窑沟	1		18		47	王文峰等,2011
官板乌素	38	135	12.9	154	62	Dai et al.,2012a
	36	263.6	15		41	作者数据
	19	229	16.5	178	43	作者数据

续表

位置	样品数	Li/(μg/g)	Ga/(μg/g)	REY/(μg/g)	Al₂O₃/(%,灰基)	数据来源
黑岱沟	7	37.8	45	214	53	Dai et al., 2006
	32	138			52	作者数据
	54		20.5		54	王文峰等, 2011
哈尔乌素	34	116	11.8	189	53	Dai et al., 2008
	55	126				作者数据
南部勘探区	30		13.7		31	王文峰等, 2011
罐子沟	14	177.2	23.8	166.2	44	作者数据
串草圪旦	22	61.3	31.1	276.7	41	作者数据

根据数据,绘制了 Al_2O_3 的平面分布图(图 9-2)。从图中可以看出,高含量的 Al_2O_3(≥50%,灰基)分布在准格尔煤田的中部,如黑岱沟露天矿和哈尔乌素露天矿;在煤田的北部和南部,如小鱼沟煤矿、东孔兑煤矿、南部勘探区、串草圪旦煤矿煤中,Al_2O_3 的含量偏低。对比分析 Al_2O_3 含量与灰分的关系可以看出煤层厚度较大、灰分产率较低的地区,如黑岱沟、哈尔乌素、东坪、牛连沟及魏家峁,Al_2O_3 含量则较高;在煤层厚度较薄、灰分较高的地区煤灰中 Al_2O_3 含量则较低。

由于准格尔煤田 6 号煤形成于河流三角洲沉积环境,在河流两侧低洼地带通常聚煤条件优越易形成厚煤带。因此,煤中铝的富集受古地理环境控制,在河流两侧低洼地带较为聚集。

(二) 宁武煤田

1. 平朔矿区煤中铝的含量

宁武煤田平朔矿区 9 号煤灰分中 Al_2O_3 的质量分数均值为 40.70%(表 9-3)。安家岭 9 号煤灰分中含量最高,各矿均值达到了 42.32%。最低的为井工二矿,均值为 38.64%,但是总体相差不大。因此,平朔矿区 9 号煤的煤灰属于高铝粉煤灰(表 9-3)。2013 年孙玉壮等利用酸法和碱法进行综合提取煤灰中铝、镓、锂的研究,根据富镓、富锂高铝粉煤灰的物理化学特点,研究开发出一套实验室。从此类粉煤灰中综合提取铝、镓、锂和稀土的工艺技术。平朔集团开发出从粉煤灰中提取白炭黑的专利技术。除此之外,国内外还没有关于从粉煤灰中提锂技术,也没有发现从粉煤灰中综合提取铝、镓、锂工艺技术的报道。

2. 平朔矿区煤中铝的储量

9 号煤:通过对已有数据的整理分析,平朔矿区 9 号煤中锂的分布大致特征为整个矿区中煤中铝的分布比较均匀,较低的区域出现在井工四矿附近(图 9-3)。据地质资料显示,平朔矿区 9 号煤地质储量约为 36.7×10^8 t,9 号煤的灰分约为 25%。据此计算,9 号煤中 Al_2O_3 的储量约为 3.7×10^8 t。

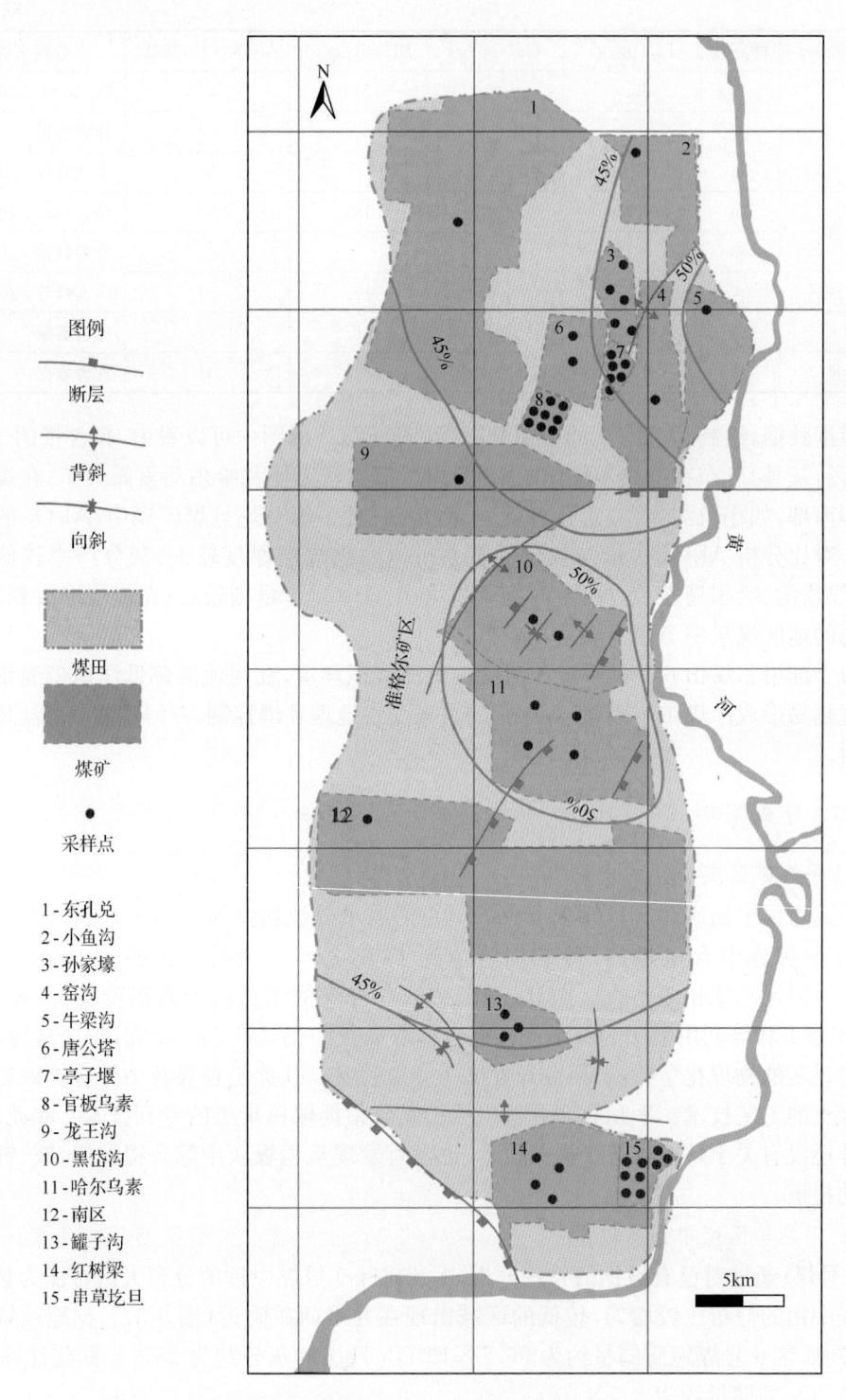

图 9-2 准格尔煤田 6 号煤中 Al$_2$O$_3$ 分布图(灰基)(Sun et al.,2016)

表 9-3 平朔矿区 9 号煤灰分中 Al_2O_3 的含量

安家岭		安太堡		井工一矿		井工二矿		井工三矿	
剖面号	Al_2O_3/%	剖面号	Al_2O_3/%	剖面号	Al_2O_3/%	剖面号	Al_2O_3/%	剖面号	Al_2O_3/%
AJL-A	42.53	ATB-A	42.01	JG1-1	40.47	JG2-1	40.28	JG3-1	38.79
AJL-D	43.93	ATB-B	37.99			JG2-2	37.54	JG3-2	40.95
AJL-E	41.08	ATB-C	42.05			JG2-3	38.09		
AJL-F	38.96	ATB-D	42.82						
AJL-G	37.37	ATB-E	37.37						
AJL-H	45.58	ATB-F	40.76						
AJL-I	38.88	ATB-G	41.39						
AJL-J	46.01	ATB-H	43.31						
AJL-K	44.46	ATB-I	41.65						
AJL-L	42.67	ATB-J	37.02						
AJL-M	41.13	ATB-K	44.09						
AJL-N	45.22	ATB-L	36.36						
		ATB-M	56.45						
		ATB-N	47.64						
各矿均值/%	42.32		42.21		40.47		38.64		39.87
平朔矿区均值/%					40.70				

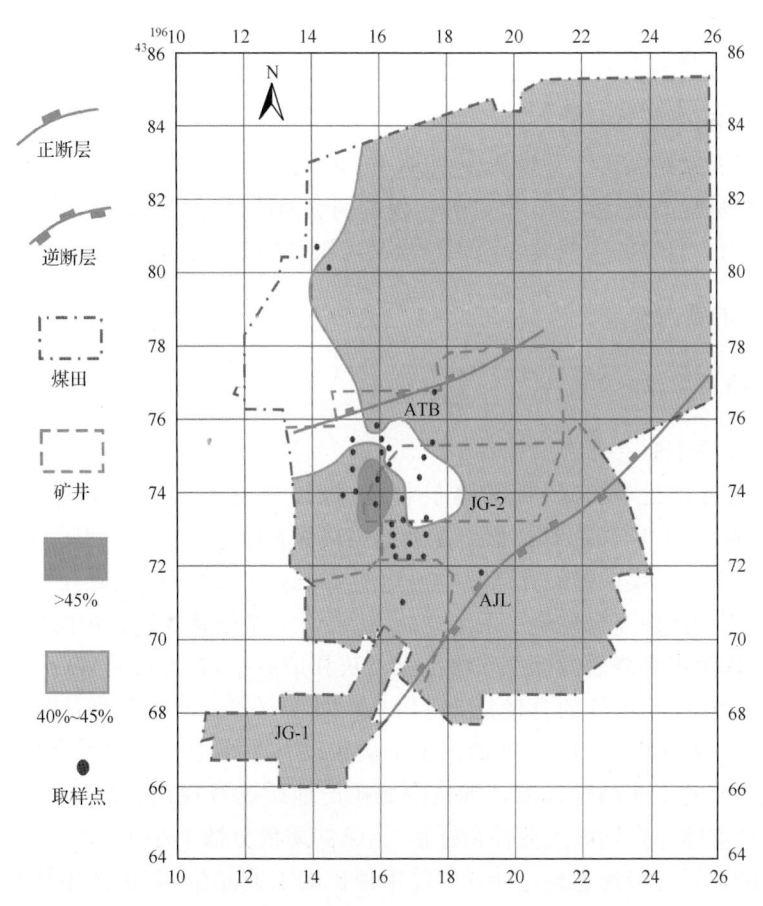

图 9-3 平朔矿区 9 号煤灰分中 Al_2O_3 含量等值线图

(三) 大同煤田

大同煤田样品经过马弗炉加热燃烧,测定灰分中 Al_2O_3 的含量列于表 9-4。

表 9-4　大同矿区 5 号煤中煤灰分中 Al_2O_3 含量

样品编号	Al_2O_3/%	样品编号	Al_2O_3/%	样品编号	Al_2O_3/%	样品编号	Al_2O_3/%
NYP-1	28.39	NYP-8	33.47	WJW5-9	43.92	WJW5-5	44.34
NYP-2	43.81	NYP-9	44.43	WJW5-10	42.92	WJW5-6	41.53
NYP-3	40.53	NYP-10	39.01	WJW5-11	41.83		
NYP-4	46.11	NYP-11	44.96	WJW5-2	46.27		
NYP-5	45.60	NYP-12	44.41	WJW5-3	41.52		
NYP-6	45.00	NYP-13	46.44	WJW5-4	43.98		
NYP-XGS	44.05	NYP-14	46.29	WJW-HHG	44.24		
NYP-ZH1	45.46	NYP-ZH2	45.95	WJW5-1	45.25		
NYP-TZNY	46.21	NYP-ZH3	46.52	WJW5-7	45.04		
NYP-SGS	43.38			WJW5-8	42.77		
南阳坡煤矿	均值		42.97	五家湾煤矿	均值		43.63

注:NYP:南阳坡煤矿;WJW:五家湾煤矿。

大同煤田五家湾煤矿 5 号煤灰分中 Al_2O_3 的质量分数均值为 43.63%。南阳坡矿 5 号煤灰分中含量最高值达到了 46.52%。仅个别点偏低,均值为 42.97%,总体相差不大。据此,大同煤田 5 号煤的煤灰属于高铝粉煤灰,其含量高于平朔矿区。

二、高铝煤中的锂

(一) 准格尔煤田

1. 煤中锂的含量

准格尔盆地地处鄂尔多斯盆地东北缘,煤田南北长 65km,东西宽 26km,面积 1700km², 截至 1996 年年底,该矿区已探明的煤炭保有储量为 2.51×10^{10} t。

官板乌素矿 6 号煤中锂的几何平均值达到 229μg/g。为了研究煤在燃烧过程中锂的存在情况,利用马弗炉充分燃烧了两个样品,结果证实锂在燃烧过程中的损失率在 1% 以内,这样可以认为煤燃烧后锂全部残留在煤飞灰和炉渣中,按此计算,灰分中锂的含量可达 3771μg/g,换算成 Li_2O 的含量是 8082μg/g,即 0.802%,已经达到伟晶岩独立锂矿的工业品位(0.8%,DZ/T 0203—2002)。由于从来没有在煤中发现锂的富集,世界上还没有煤中伴生锂矿的工业品位标准,《稀有金属矿产地质勘查规范》(DZ/T 0203—2002)给出的伟晶岩伴生锂综合回收工业性指标是 Li_2O 的质量分数不小于 0.2%。可见,煤飞灰和炉渣中锂的含量已经远远超过伟晶岩伴生锂矿的工业品位,并达到伟晶岩独立锂矿的工业品位。照此计算,黑岱沟、哈尔乌素煤矿煤中锂的含量也超过伴生锂综合回收工业性指标(表 9-5)。

表 9-5 准格尔煤田部分煤矿煤中锂的含量

官板乌素	Li/(μg/g)	官板乌素夹矸	Li/(μg/g)	黑岱沟	Li/(μg/g)	哈尔乌素	Li/(μg/g)
GB1-1	41	Roof clay A	542	HD-A1	151	HW6(1)-1	76
GB1-2	15	Parting A1	435	HD-A2	124	HW6(1)-2	30
GB1-3	89	Parting PA2	409	HD-A3	23	HW6(1)-3	203
GB1-4	109	Parting PA3	443	HD-A4	13	HW6(2)-1	34
GB1-5	110	Parting PA4	526	HD-A5	226	HW6(2)-2	26
GB1-6	76	Parting PA5	369	HD-A6	292	HW6(2)-3	20
GB1-7	496	Floor clay A	1418	HD-A7	197	HW6(2)-4	17
GB1-8	676	Roof clay B	528	HD-B1	121	HW6(2)-5	16
GB2-1	96	Parting PB1	410	HD-B2	22	HW6(2)-6	99
GB2-2	53	Parting PB2	558	HD-B3	312	HW6(3)-1	45
GB2-3	64	Parting PB3	564	HD-B4	115	HW6(3)-2	10
GB2-4	162	Parting PB4	728	HD-B5	15	HW6(3)-3	101
GB2-5	46	Parting PB5	1592	HD-B6	264	HW6(3)-4	34
GB2-6	91	Floor clay B	635	HD-B7	277	HW6(3)-5	13
GB2-7	14			HD-B8	311	HW6(3)-6	115
GB-seam1	177			HD-B9	1	HW3-4-0	202
GB-seam2	204			HD-C1	161	HW6(4)-1	106
GB-seam3	128			HD-C2	32	HW6(4)-2	100
GB-seam4	126			HD-C3	17	HW6(4)-3	172
GB-seam5	331			HD-C4	95	HW6(4)-4	54
GB-seam6	339			HD-C5	379	HW6(4)-5	120
GB-A1	267			HD-C6	157	HW6(5)-1	60
GB-A2	348			HD-C7	89	HW6(5)-2	24
GB-A3	273			HD-C8	115	HW6(5)-3	35
GB-A4	265			HD-C9	108	HW6(5)-4	78
GB-A5	426			HD-C10	107	HW6(5)-5	80
GB-A6	251					HW6(5)-6	172
GB-A7	145					HW6(5)-7	9
GB-A8	282					HW6(5)-8	464
GB-A9	85					HW6(5)-9	383
GB-A10	162					HW6(5)-10	498
GB-A11	101					HW6(6)-1	88

续表

官板乌素	Li/(μg/g)	官板乌素夹矸	Li/(μg/g)	黑岱沟	Li/(μg/g)	哈尔乌素	Li/(μg/g)
GB-A12	563					HW6(6)-2	49
GB-A13	525					HW6(6)-3	177
GB-A14	183					HW6(6)-4	41
GB-A15	88					HW6(6)-5	187
GB-A16	81					HW6(7)-1	19
GB-A17	710					HW6(7)-2	94
GB-A18	361					HW6(7)-3	215
GB-B1	135					HW6(7)-4	27
GB-B2	236					HW-D1	135
GB-B3	224					HW-D2	86
GB-B4	464					HW-D3	224
GB-B5	363					HW-D4	124
GB-B6	342					HW-D5	163
GB-B7	114					HW-D6	342
GB-B8	442					HW-D7	74
GB-B9	80					HW-D8	412
GB-B10	165					HW-D9	80
GB-B11	307					HW-D10	165
GB-B12	198					HW-D11	37
GB-B13	211					HW-D12	198
GB-B14	88					HW-D13	41
GB-B15	252					HW-D14	88
GB-B16	166					HW-D15	58
GB-B17	123						
GB-B18	566						
算术均值	229		654		143		119
加权平均值			234		138		126

数据来源:Sun 等(2012a).

2. 锂的分布

结合本次测试结果对准格尔煤田煤中锂的分布做了分析(表 9-4)。共计统计分析 279 个样品(煤层混合样和分层刻槽样),准格尔煤锂均值为 141.4μg/g,是中国煤中锂均值 (31.8μg/g)的 4.5 倍,是世界煤中锂含量均值(12μg/g)的 11.8 倍。其中,唐公塔煤中锂的含量最高,平均值达到了 403.1μg/g。从平面分布来看,锂在准格尔煤田的西北部(图 9-4)。

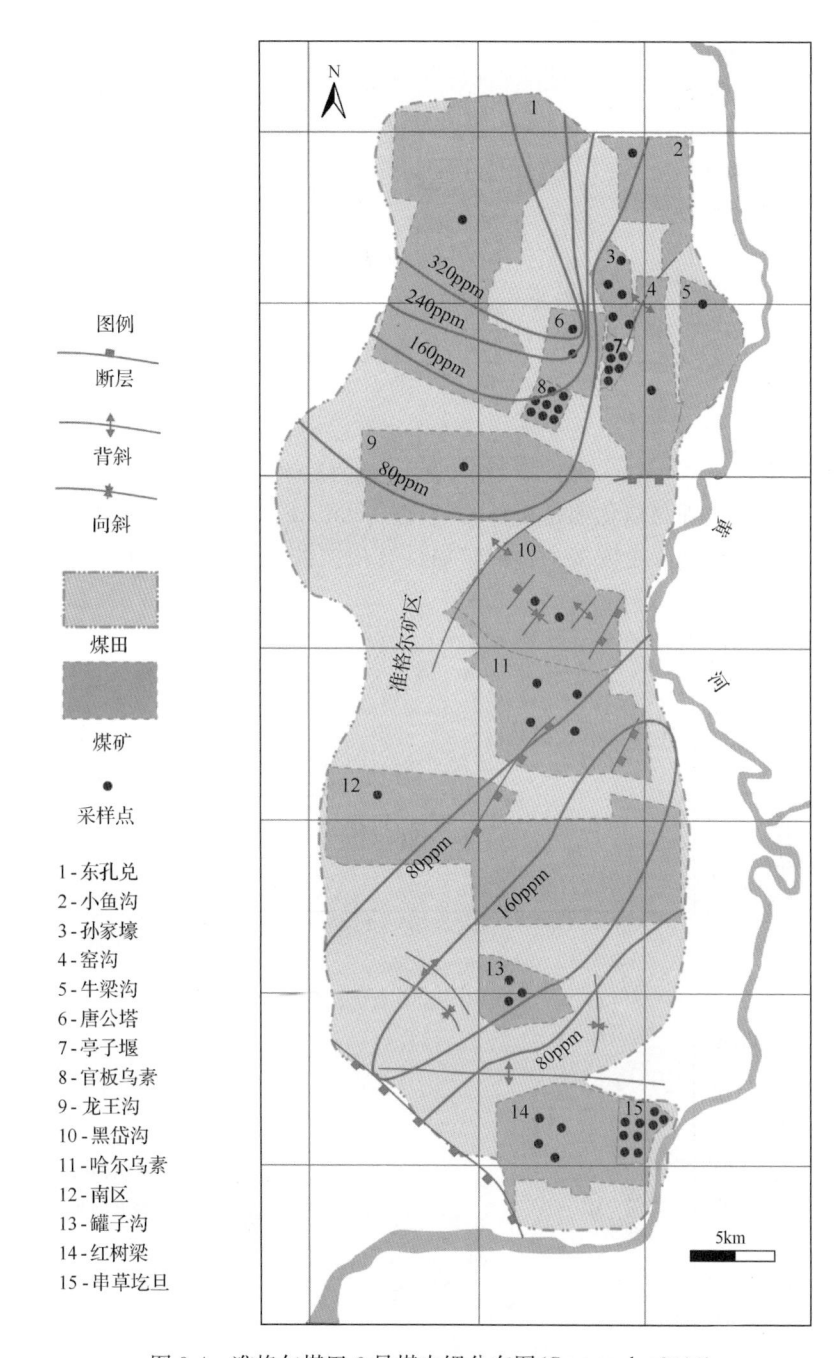

图 9-4　准格尔煤田 6 号煤中锂分布图（Sun et al.，2016）

3. 锂和常量元素的关系

从图 9-5 可以看出，锂与灰分含量呈现正相关，因此推断，锂主要存在于无机矿物中。这种现象可能表明锂在煤的沉积阶段富集。2011 年孙玉壮等提出的使用六步连续的化学萃取过程，证实了这个观点，其结果显示仅有 4% 的锂与有机物质有关。据此，高岭石、勃姆石、绿泥石族矿物吸附锂主要形成在煤沉积阶段。

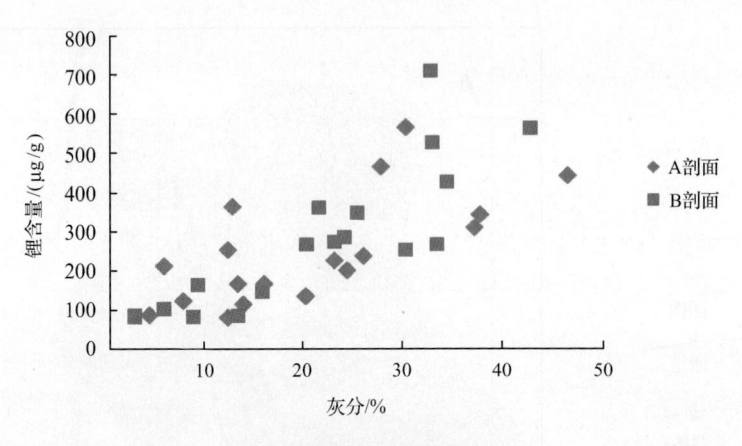

图 9-5　锂与灰分之间的关系

图 9-6(a)显示出锂与氧化铝是正相的,但锂与 Si/Al 则表现出很强的负相关性[图 9-6(b)],这表明锂可能与一个或多个含铝矿物具有相关性。本区高岭石、勃姆石和绿泥石族矿物都是含锂矿物。

(a) 锂含量与灰分中Al_2O_3含量的关系

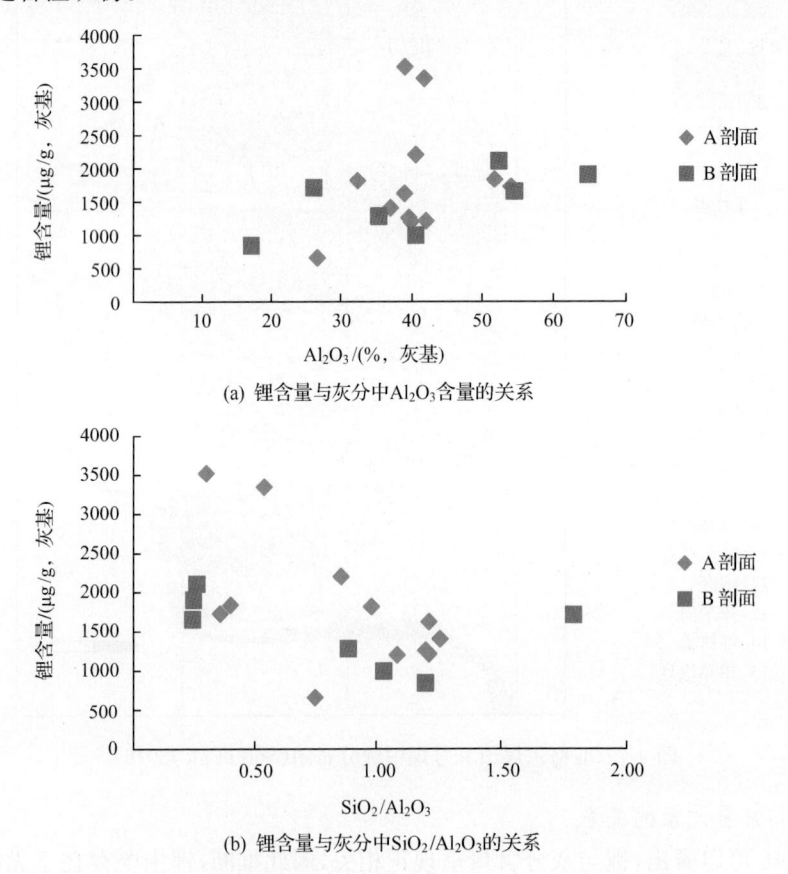

(b) 锂含量与灰分中SiO_2/Al_2O_3的关系

图 9-6　锂含量与灰分中 Al_2O_3 和 SiO_2/Al_2O_3 之间的关系

4. 准格尔煤田煤中锂的形成机制

2008年,代世峰等针对准格尔煤田哈尔乌素煤矿6号煤层中锂含量较高进行研究,认为中元古代阴山古陆是钾长花岗岩石的主要物源区。而官板乌素煤矿在哈尔乌素煤矿的北部,更接近于阴山古陆,且官板乌素煤层中锂含量,比哈尔乌素煤矿煤层中的锂含量还要高,因此可以推断,官板乌素煤矿煤层中锂的主要物源区也是阴山古陆。另外,6号煤层下伏本溪组铝土矿中锂含量高达412μg/g(作者未发表的数据),Al_2O_3 为23%~77%,这也可能是6号煤层中锂含量较高的另外一个原因。

(二) 宁武煤田

1. 平朔矿区煤中锂的含量

平朔矿区9号各剖面煤中锂的含量列于表9-6,可以看出,9号煤中锂的含量均值为152.14μg/g,是中国煤中锂含量平均值的7倍,世界煤中锂含量平均值的11倍。最大值为346.76μg/g(AJL-H剖面),最小值为33.67μg/g(JG2-3剖面)。各矿含量差别较大,安家岭露天矿9号煤中锂平均含量最高,达到了206.44μg/g,接下来依次为井工二矿(175.93μg/g)、安太堡露天矿(143.85μg/g)、井工一矿(138.88μg/g)和井工三矿(95.58μg/g)。

表9-6 平朔矿区9号煤中锂的含量　　　　(单位:μg/g)

安家岭		安太堡		井工一矿		井工二矿		井工三矿	
剖面号	Li含量	剖面号	Li含量	剖面号	Li含量	剖面号	Li含量	剖面号	Li含量
AJL-A	87.83	ATB-A	60.67	1剖面	92.78	JG2-1	163.65	JG3-1	71.10
AJL-D	263.07	ATB-B	81.44	AJL-JG1-9-A	146.72	JG2-2	164.42	JG3-2	120.06
AJL-E	219.24	ATB-C	59.56	AJL-JG1-9-B	155.23	JG2-3	33.67		
AJL-F	206.85	ATB-D	191.77	AJL-JG1-9-C	198.25	JG2-9-A	169.04		
AJL-G	216.33	ATB-E	140.79	AJL-JG1-9-D	101.40	JG2-9-B	281.80		
AJL-H	346.76	ATB-F	216.89			JG2-9-D	218.88		
AJL-I	248.90	ATB-G	176.74			JG2-9-E	153.70		
AJL-J	216.17	ATB-H	68.93			JG2-9-G	222.27		
AJL-K	112.68	ATB-I	140.20						
AJL-L	140.15	ATB-J	57.60						
AJL-M	248.46	ATB-K	252.49						
AJL-N	170.87	ATB-L	300.57						
		ATB-M	176.21						
		ATB-N	90.07						
各矿均值	206.44		143.85		138.88		175.93		95.58
平朔矿区均值					152.14				

如上所述,参照《稀有金属矿产地质勘查规范》(DZ/T 0203—2002)给出的伟晶岩伴

生锂综合回收工业性指标是 Li$_2$O 的质量分数不小于 0.2%。实验室利用马弗炉燃烧实验结果证实锂在燃烧过程中的损失率在 1% 以内,这样可以认为煤燃烧后锂全部残留在煤飞灰和炉渣中。根据 9 号煤的工业分析结果,9 号煤的精煤灰分在 9% 左右,煤灰和炉渣中 Li$_2$O 的质量分数为 0.35%,已经达到了伴生矿产的水平。若按照 0.2% 的含量为边界,折算出 9 号煤中锂的含量达到 80μg/g 即为煤中伴生锂的边界品位。陈平和柴东浩(1998)、赵运发等(2004)提出伴生 Li$_2$O 综合利用边界品位为 w(Li$_2$O)=0.05%。平朔矿区粉煤灰中 Li$_2$O 含量远远大于这一指标。

对平朔矿区 11 号煤的 16 处剖面各煤层样品分析(表 9-7),11 号煤中锂的平均含量为 364.35μg/g,最大值为 960.63μg/g。远远超过了上述学者提出的伴生锂矿的综合利用指标。

表 9-7 平朔矿区 11 号煤中锂的含量 (单位:μg/g)

安家岭		安太堡		井工二矿	
剖面号	Li 含量	剖面号	Li 含量	剖面号	Li 含量
AJL-11-A	320.02	1 剖面	222.79	JG2-11-A	158.26
AJL-11-B	238.99	2 剖面	67.28	JG2-11-B	960.63
AJL-11-C	306.88	ATB-11-A	246.67	JG2-11-C	299.35
AJL-11-D	206.46	ATB-11-B	439.68	JG2-11-D	913.74
AJL-11-E	403.67	ATB-11-C	184.88	JG2-11-E	564.20
		ATB-11-D	150.42		
各矿均值	295.2		218.62		579.24
平朔矿区均值			364.35		

对平朔矿区 4 号煤的 23 处剖面各煤层样品分析(表 9-8),4 号煤中锂的平均含量为 120.93μg/g,最大值为 211.28μg/g。同样超过了上述学者提出的伴生锂矿的综合利用指标。

表 9-8 平朔矿区 4 号煤中锂的含量 (单位:μg/g)

安家岭		安太堡		井工一矿		井工二矿	
剖面号	Li 含量	剖面号	Li 含量	剖面号	Li 含量	剖面号	Li 含量
AJL-4-A	122.97	ATB-4-A	141.79	AJL-JG1-4-A	190.71	JG2-4-A	171.06
AJL-4-B	195.59	ATB-4-B	93.03	AJL-JG1-4-B	129.00	JG2-4-B	89.00
AJL-4-C	159.80	ATB-4-C	113.17	AJL-JG1-4-C	104.03	JG2-4-C	211.28
AJL-4-D	109.37	ATB-4-D	141.23	AJL-JG1-4-D	85.97	JG2-4-D	82.83
AJL-4-E	61.47	ATB-4-E	131.30	AJL-JG1-4-E	134.60	JG2-4-E	12.94
AJL-4-F	42.37	ATB-4-F	65.85	AJL-JG1-4-F	199.44		
各矿均值	115.26		114.40		140.63		113.42
平朔矿区均值				120.93			

2. 平朔矿区煤中锂的分布特征

9号煤：平朔矿区9号煤中锂的分布大致特征为在安太堡露天矿东南部及安家岭露天矿的中部偏西部，即在整个矿区的中南部区域锂的含量较高，在矿区北部的井工三矿锂的含量较低。锂含量最高值出现在AJL-H处剖面(346.76μg/g)(图9-7)。

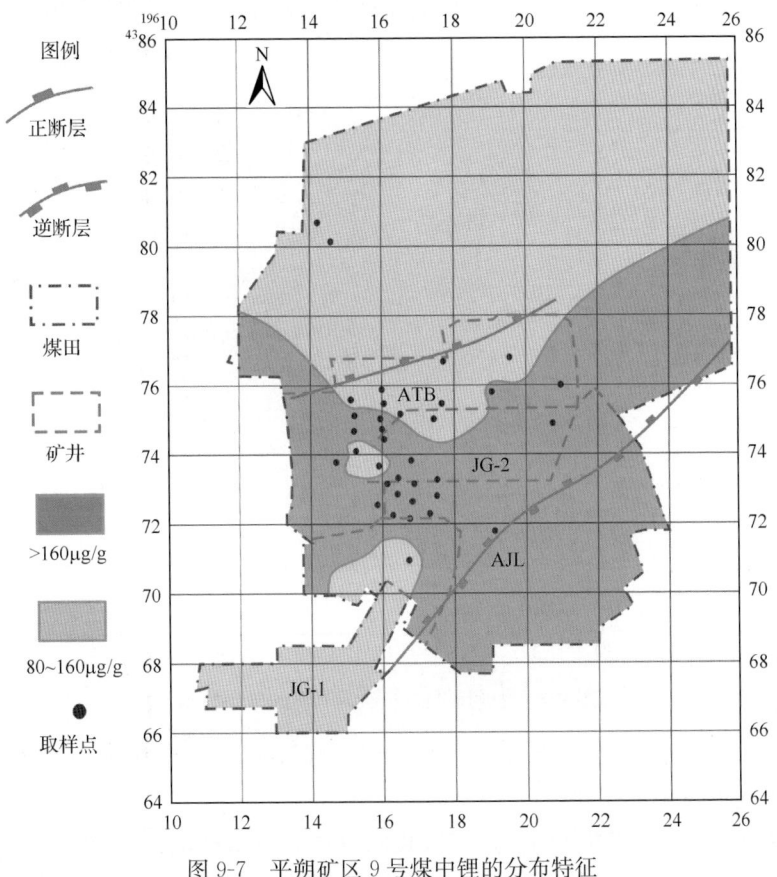

图 9-7 平朔矿区9号煤中锂的分布特征

11号煤：平朔矿区11号煤中锂的分布大致特征为整体含量较高，控制区锂含量基本上都在90μg/g以上，在控制区内的边缘部锂的含量较高，而中部含量较低，最高点位于矿区东部的井工二矿东缘(图9-8)。

4号煤：平朔矿区4号煤中锂的分布大致特征为在安太堡露天矿南部、安家岭露天矿的北部及井工二矿的中部含量较低，而在整个矿区的边缘部区域锂的含量较高，最高点位于矿区东部的井工二矿东缘(图9-9)。

3. 平朔矿区煤中伴生锂矿的储量

按照煤灰中Li_2O的含量0.2%为边界品位，折算出平朔矿区9号煤中锂的含量达到80μg/g，即煤中伴生锂的边界品位。4号煤和11号煤中锂的含量达到90μg/g即为煤中伴生矿的边界品位。照此标准，平朔矿区4号煤、9号煤和11号煤中伴生的锂矿均达到了煤中伴生矿产的要求。平朔矿区4号煤层储量约为$27.1×10^8$t，9号煤层储量约为$36.7×10^8$t，11号煤储量约为$10.5×10^8$t，可以算出4号煤中伴生锂矿储量约为32.77×

图 9-8 平朔矿区 11 号煤中锂的分布特征

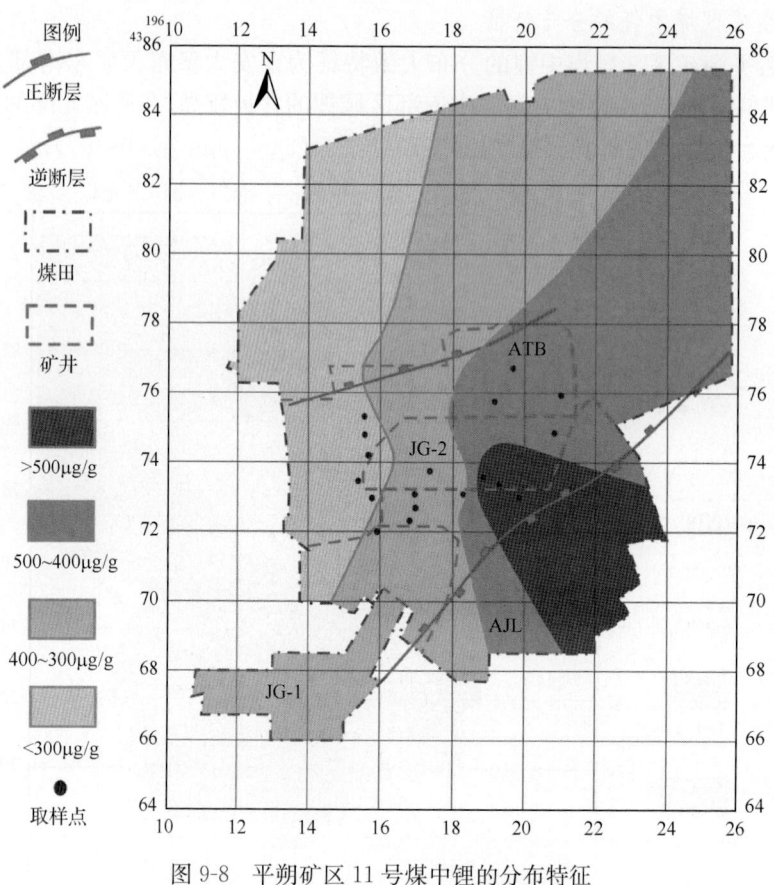

10^4t,9 号煤中伴生锂矿储量约为 $55.84×10^4$t,11 号煤中伴生锂矿储量约为 $39.35×10^4$t,为一超大型煤中伴生锂矿。

为了更精确地计算煤中伴生的锂矿,我们只计算有采样剖面控制范围内的煤层。9 号煤把 80μg/g 作为边界品位,把 160μg/g 作为富矿品位。以此为边界,用地质块段法圈定锂的储量。

锂含量为 80~160μg/g 的 9 号煤的分布面积约为 $4.0×10^7 m^2$,根据地质报告,9 号煤平均厚度约为 13.5m,视密度为 1.42g/cm^3,锂的含量取均值 120μg/g。据此计算出锂的储量为 47588t;锂含量超过 160μg/g 的 9 号煤的分布面积约为 $1.2×10^7 m^2$,锂的含量取均值 200μg/g。据此计算出锂的储量为 204053t。

9 号煤通过剖面控制锂的储量有 252641t。根据《稀有金属矿产地质勘查规范》(DZ/T 0203—2002)附录 B 的关于"稀有金属矿产资源/储量规模划分"的规定,平朔矿区煤中伴生的锂矿为一超大型锂矿。

4 号煤和 11 号煤以 90μg/g 作为边界品位,以此为边界,用地质块段法圈定锂的储量。通过剖面控制锂的储量分别为 102044t 和 48923.3t。

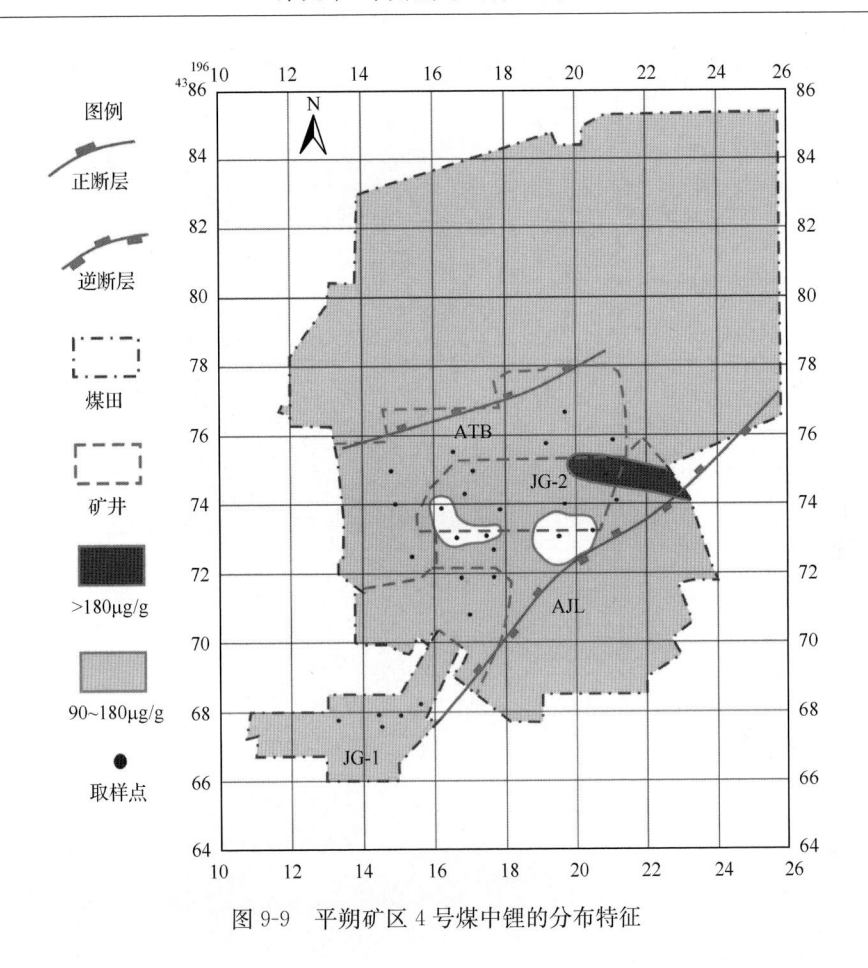

图 9-9 平朔矿区 4 号煤中锂的分布特征

三、高铝煤中的镓

（一）准格尔煤田

准格尔煤田 6 号煤中超常富集的镓已被众多学者研究（Dai et al.，2002b）。本节侧重点放在镓在整个矿区的分布。在系统统计前人研究的成果的基础上，结合本次分析测试的数据，共计 800 余块样品（表 9-4）得出整个准格尔煤田 6 号煤中镓的含量均值为 19μg/g，是中国煤中镓均值（6.55μg/g）的近 3 倍。从矿区来看，最大值出现在黑岱沟露天矿（45μg/g），最小值出现在厅子堰煤矿（6μg/g）。

从镓的平面分布图（图 9-10）可以看出，镓在准格尔煤田有 4 个富集区（镓含量超过 20μg/g）。

(1) 位于准格尔煤田的西北部，主要包括东孔兑矿区南部、龙王沟矿区北部等区域。王双明等指出阴山古陆是 6 号煤聚集的物源区，在煤层形成的初期准格尔煤田的北西向地势高而南东向地势低，陆源碎屑物质主要来自北西方向的阴山古陆广泛分布的中元古代花岗岩。钟长汀等研究了阴山南麓分布的中元古代强过铝（SP）花岗岩，其特征表现为高铝（Al_2O_3 含量为 13.3%～18.10%），这一物源区导致准格尔煤田西北部 Al_2O_3 和 Ga

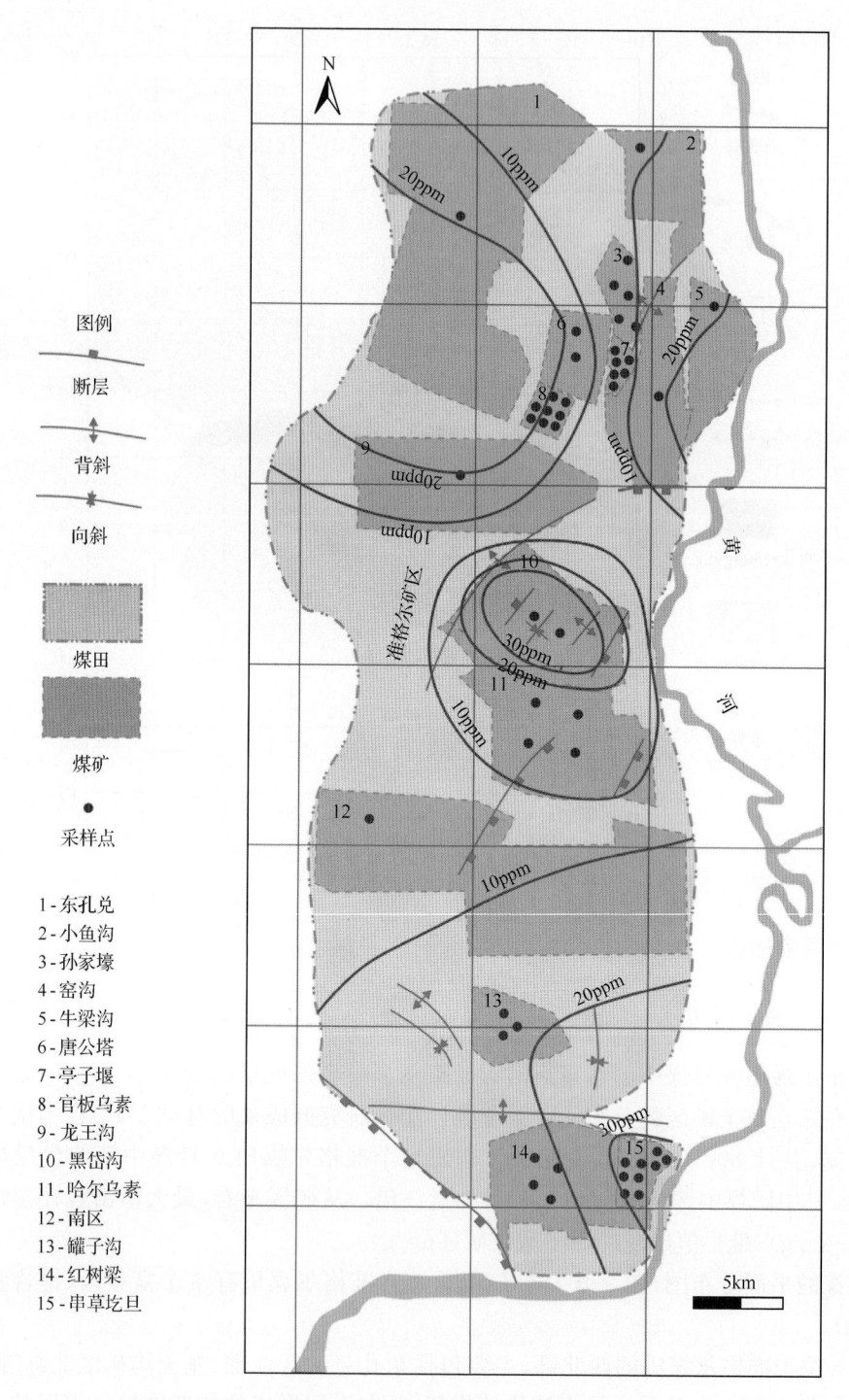

图 9-10　准格尔煤田 6 号煤中镓平面分布图(Sun et al.,2016)

出现了富集区。

(2) 位于准格尔煤田的东北缘,如牛连沟矿区和窑沟矿区。王双明(1996)指出在 6

号煤层形成的中期,煤田的东北部开始隆起,使本溪组铝土矿暴露出地表,古河流方向为北偏东(图2-1),本溪组的铝土矿成了此时的主要物源。铝土矿富含丰富的铝和镓,导致此区煤中 Al_2O_3 和 Ga 的富集。

(3) 位于准格尔煤田的聚煤中心,如黑岱沟矿区和哈尔乌素矿区,良好的聚煤条件形成了巨厚煤层。同时,在中部矿区构造发育(图9-10),这也是造成 Ga 在此区富集的原因之一(王文锋等,2011)。

(4) 位于准格尔煤田的东南缘,如串草圪旦矿区和红树梁矿区。该地区靠近吕梁古陆,其高含量的 Al_2O_3 和 Ga 可能来自吕梁山花岗岩(李宏建等,2002)。

镓矿床中镓主要存在于勃姆石(AlOOH)中,部分存在于高岭石中。与黑岱沟矿煤中镓的载体不同,官板乌素矿煤中镓的主要载体为磷锶铝石。阿刀亥矿煤中镓的主要载体是黏土矿物和硬水铝石,其中硬水铝石是三水铝石受到岩浆入侵后发生脱水而形成的产物。由于煤层富集勃姆石和硬水铝石,该煤-镓矿床亦高度富集铝,该煤的燃烧产物(主要是飞灰)中 Al_2O_3 的含量大于50%,属于高铝粉煤灰。在煤的燃烧产物中,有含量较高的特征矿物刚玉存在,不同粒度级别中刚玉的含量差别很大,在粒径小于25μm级别的飞灰中,刚玉含量为10.5%,而在大于125μm级别的飞灰中,刚玉含量仅为1.1%。

根据 Dai 等(2006,2012b)和石松林(2014)的研究,准格尔黑岱沟煤中镓、铝及其载体勃姆石属于沉积成因,来源于盆地北偏东隆起的本溪组风化壳铝土矿。在泥炭聚积期间,盆地北部隆起的本溪组风化壳铝土矿的三水铝石胶体溶液被短距离带入泥炭沼泽中,在泥炭聚积阶段和成岩作用早期经压实脱水凝聚而形成。在准格尔北部的大青山煤田阿刀亥煤中,铝的主要载体是硬水铝石,与黑岱沟和官板乌素矿的煤相比,阿刀亥煤的变质程度较高($R_{o,ran}$=1.58%),主要与岩浆热液导致的接触变质作用有关。阿刀亥煤中富集的硬水铝石可能是勃姆石经过岩浆烘烤作用的转变而形成的。

(二) 宁武矿区

1. 平朔矿区煤中镓的含量与分布
1) 平朔矿区 9 号煤

平朔矿区 9 号煤中镓的含量列于表9-9中。可以看出,9 号煤中镓的含量均值为22μg/g,约是中国煤中镓含量平均值的3倍。最大值为70.89μg/g(JG2-9-D 剖面),最小值为8.27μg/g(AJL-K 剖面)。

井工二矿 9 号煤中镓平均含量最高,达到了29.72μg/g,接下来依次为安家岭露天矿(22.56μg/g)、井工一矿(21.9μg/g)、安太堡露天矿(20.30μg/g)、井工三矿(15.54μg/g)。

虽然目前煤层中镓的含量较低,但是考虑到综合提取加工的过程中,镓会在粉煤灰和炉渣中进一步富集,在提取液中的浓度进一步浓缩,会达到其工业利用标准。从目前的数据看,9 号煤中镓的含量均值为22μg/g,由于镓在煤层中的分布是不均匀的,往往集中于煤层的某一部位。研究发现,在 9 号煤层的上部约 5m 厚的分层里,如 AJL-A 剖面、ATB-C 剖面、ATB-L 剖面和 JG2-2 剖面等(表9-10),镓的含量超过其工业品位,达到了煤中伴生镓矿的标准。

表 9-9 平朔矿区 9 号煤中镓的含量　　　　　　　　　　（单位：μg/g）

安家岭		安太堡		井工一矿		井工二矿		井工三矿	
剖面号	Ga 含量	剖面号	Ga 含量	剖面号	Ga 含量	剖面号	Ga 含量	剖面号	Ga 含量
AJL-A	24.80	ATB-A	20.57	1 剖面	16.21	JG2-1	17.98	JG3-1	17.82
AJL-D	28.34	ATB-B	12.60	AJL-JG1-9-A	24.75	JG2-2	31.82	JG3-2	13.25
AJL-E	16.65	ATB-C	32.35	AJL-JG1-9-B	24.78	JG2-3	9.75		
AJL-F	28.91	ATB-D	21.14	AJL-JG1-9-C	25.67	JG2-9-A	31.01		
AJL-G	14.26	ATB-E	14.09	AJL-JG1-9-D	18.11	JG2-9-B	26.36		
AJL-H	9.02	ATB-F	28.47			JG2-9-D	70.89		
AJL-I	14.23	ATB-G	22.76			JG2-9-E	15.43		
AJL-J	28.21	ATB-H	11.20			JG2-9-G	34.49		
AJL-K	8.27	ATB-I	20.92						
AJL-L	13.73	ATB-J	22.68						
AJL-M	26.09	ATB-K	24.00						
AJL-N	30.83	ATB-L	30.00						
		ATB-M	11.47						
		ATB-N	11.96						
各矿均值	22.56		20.30		21.9		29.72		15.54
平朔矿区均值				22.00					

表 9-10 部分镓含量超过 30μg/g 煤层样品统计　　　　　　（单位：μg/g）

AJL-A 剖面		ATB-C 剖面	
样品编号	Ga 含量	样品编号	Ga 含量
AJL-A-0	31.30	ATB-C-1	22.05
AJL-A-1	59.10	ATB-C-2	10.71
AJL-A-2	45.90	ATB-C-3	46.79
AJL-A-3	41.60	ATB-C-4	26.35
AJL-A-4	82.80	ATB-C-5	29.40
		ATB-C-6	58.78
均值	52.14		32.35

9 号煤中镓的含量在矿区的西部偏低，东部较高，若以 30μg/g 做一界线，矿区的东部区域 9 号煤的含量达到了伴生镓矿的标准，控制区内镓含量最高点位于矿区东部的井工二矿东缘。在纵向上来看，9 号煤的上部 5m 金属镓含量较高，部分区域也达到了伴生镓矿的标准（图 9-11）。

2) 平朔矿区 11 号煤

对平朔矿区 11 号煤的 16 个剖面各煤层样品进行分析，11 号煤中镓的平均含量为 38.99μg/g，最大值为 57.64μg/g，远远超过了伴生镓矿的品位（表 9-11）。平朔矿区 11 号

图 9-11　平朔矿区 9 号煤镓分布图

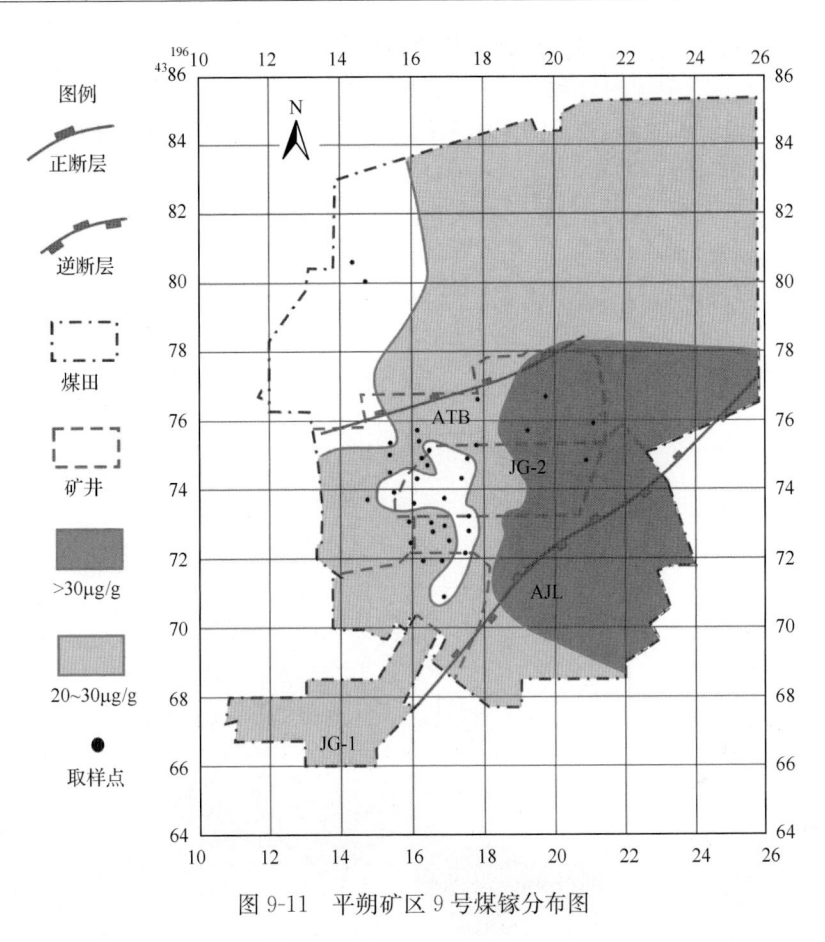

煤中镓的分布大致特征为：整体含量较高，达到综合利用的要求，仅在控制区内北部一带（安太堡露天矿东部、井工二矿西部）含量较低。呈现出东南高、西北低的特点（图 9-12）。

表 9-11　平朔矿区 11 号煤中镓的含量　　　　　（单位：μg/g）

安家岭		安太堡		井工二矿	
剖面号	Ga 含量	剖面号	Ga 含量	剖面号	Ga 含量
AJL-11-A	57.64	1 剖面	24.02	JG2-11-A	24.88
AJL-11-B	40.57	2 剖面	15.15	JG2-11-B	54.33
AJL-11-C	50.10	ATB-11-A	33.56	JG2-11-C	37.37
AJL-11-D	37.54	ATB-11-B	32.21	JG2-11-D	50.37
AJL-11-E	49.74	ATB-11-C	39.53	JG2-11-E	36.56
		ATB-11-D	30.39		
各矿均值	47.12		29.14		40.7
平朔矿区均值			38.99		

3）平朔矿区 4 号煤

对平朔矿区 4 号煤的两处剖面煤层样品进行分析，4 号煤中镓的平均含量为

$35.7\mu g/g$,最大值为 $68.22\mu g/g$,达到了伴生镓矿的品位(表 9-12)。

平朔矿区 4 号煤中镓的分布大致特征为:整体含量较高,达到综合利用的要求,控制区中部(安家岭露天矿中部、井工二矿中东部)含量较低。控制区内镓含量最高点位于矿区东部的井工二矿(图 9-13)。

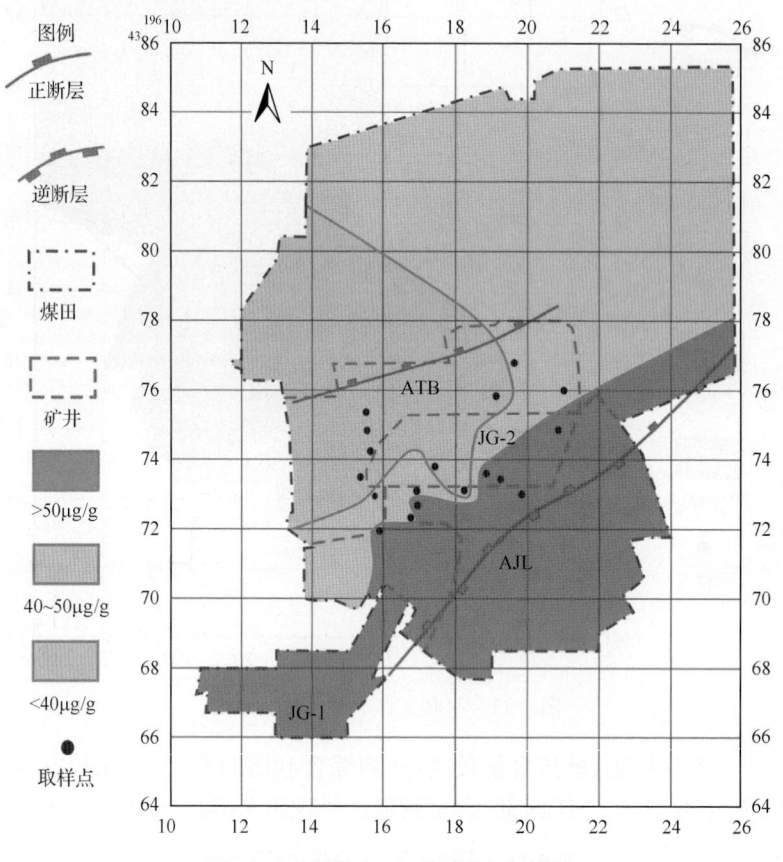

图 9-12 平朔矿区 11 号煤镓分布图

表 9-12 平朔矿区 4 号煤中镓的含量 　　　　　　　　(单位:$\mu g/g$)

安家岭		安太堡		井工一矿		井工二矿	
剖面号	Ga 含量	剖面号	Ga 含量	剖面号	Ga 含量	剖面号	Ga 含量
AJL-4-A	34.41	ATB-4-A	35.52	AJL-JG1-4-A	57.34	JG2-4-A	68.22
AJL-4-B	45.05	ATB-4-B	42.23	AJL-JG1-4-B	38.56	JG2-4-B	26.74
AJL-4-C	38.02	ATB-4-C	33.76	AJL-JG1-4-C	28.52	JG2-4-C	43.76
AJL-4-D	41.51	ATB-4-D	51.86	AJL-JG1-4-D	21.29	JG2-4-D	29.93
AJL-4-E	35.76	ATB-4-E	27.37	AJL-JG1-4-E	35.56	JG2-4-E	8.27
AJL-4-F	14.15	ATB-4-F	37.76	AJL-JG1-4-F	25.77		
各矿均值	34.82		38.08		34.51		35.38
平朔矿区均值					35.7		

图 9-13 平朔矿区 4 号煤镓分布图

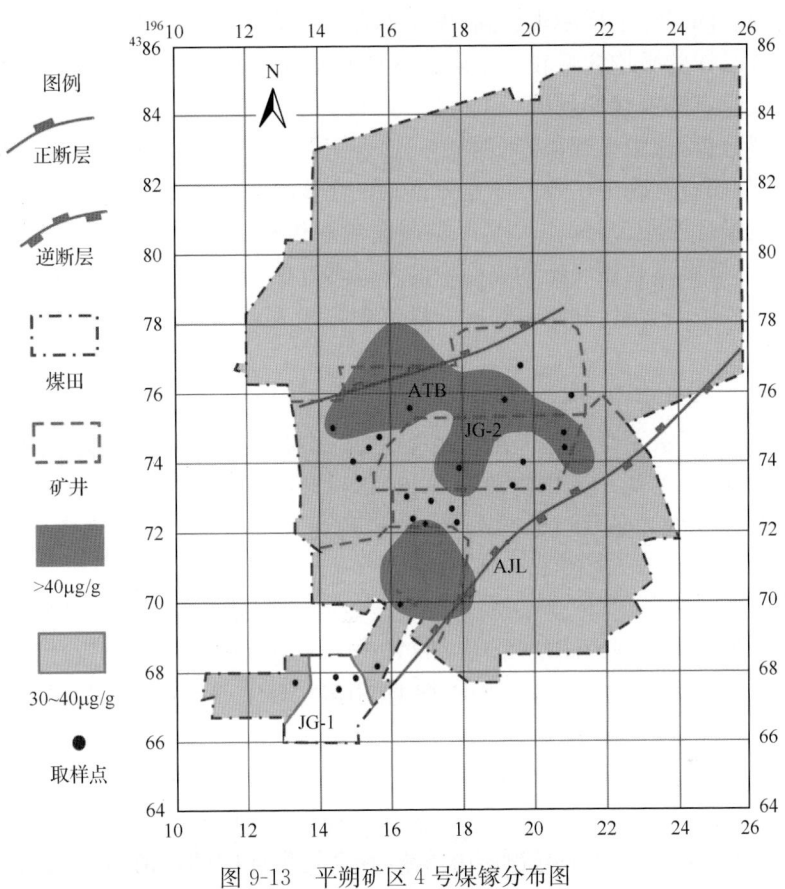

2. 平朔矿区煤中镓的赋存状态

目前,关于煤中镓的赋存状态的研究还很少,研究深度也有待于进一步加强。煤中超常富集的镓究竟受何种因素影响,其赋存状态是受有机质控制,还是与无机矿物有关,或者受两者共同作用,均需要进一步研究。吴国代等(2009)对准格尔部分超常富集镓的煤层进行了分析,认为煤中镓与灰分呈正相关,与全硫呈正相关,黏土矿物勃姆石与高岭石等均可能是镓的载体。黄文辉和赵继尧(2002)提出煤中镓受无机组分影响更大,可能置换黏土矿物中部分铝元素,造成黏土矿物中镓含量增加,并随着沉积作用进入煤层中。张军营等(1999b)在黔西南晚石炭世—二叠纪煤中发现,黄铁矿和方解石中镓平均含量分别为 1.8μg/g、3.26μg/g,均较该时期煤中镓含量水平低,而在顶底板和夹矸中发现镓平均含量达到 20.61μg/g,镓在黏土类矿物较多的样品中富集程度明显较高。代世峰等(2006c)发现内蒙古准格尔盆地 6 号煤中镓元素平均含量达 44.8μg/g,且认为镓超常富集的载体为勃姆石。张复新和王立社(2009)认为内蒙古准格尔黑岱沟煤中镓的超常富集与镓的亲铝性有关,可能是由陆源碎屑中黏土矿物随煤层沉积,而且镓由于其特殊性质被逐级保存下来,造成了镓的超常富集。易同生等对贵州凯里下二叠统梁山组煤层柱状剖面上镓的分布状况、赋存状态和地质成因进行了研究,认为镓主要地质载体为硬水铝石。Sun 等(2013c)在研究时发现,平朔矿区部分煤层中镓元素整体含量水平较高。超常富集状态明显。同时在采样中观察到,煤层中有多层薄层夹矸存在,分层明显,与夹矸和底板接触的样品镓的平均含量较高。研究中发现煤中很多细胞腔被黏土矿物充填。在镜下还发现了大量有蠕虫状的勃姆石。

通过上述分析,认为平朔矿区石炭纪—二叠纪煤中镓元素的超常富集与黏土矿物关系密切,煤中勃姆石等黏土矿物可能是镓富集的主要载体。这其中的主要原因是由于镓和铝的地球化学性质相似,镓主要是以类质同象取代铝而赋存在含铝的矿物中,如高岭石、勃姆石等。煤层及其顶底板和夹矸中的含量具有如下规律:煤层顶底板及夹矸中的含量一般高于煤层中的含量,并且有在同一煤层中含量表现出中间低,靠近顶底板高的"接触富集"现象。

3. 平朔矿区煤中伴生镓矿的储量

依据现有资料,镓主要存在于黏土矿物中,那么灰分和炉渣中会进一步富集镓,达到开发利用的标准。9号煤中镓的均值为 $22\mu g/g$,以此计算9号煤中镓的储量约为 $8.07\times 10^4 t$。11号煤中镓的均值为 $38.99\mu g/g$,储量约为 $4.23\times 10^4 t$。4号煤中镓的均值为 $35.7\mu g/g$,储量约为 $9.67\times 10^4 t$。

根据镓含量的分布图,把含量超过 $30\mu g/g$ 这一工业品位作为边界,圈定9号煤控制区东部范围伴生镓矿范围内储量约为 $0.93\times 10^4 t$。4号煤和11号煤通过剖面控制锂的储量分别为 $3.22\times 10^4 t$ 和 $0.48\times 10^4 t$。根据《中国主要工业类型矿床规模划分标准》,可以判断这是一超大型的镓矿床。

四、高铝煤中的稀土

稀土元素在准格尔煤田6号煤层中富集,在全层煤样中的均值为 $255\mu g/g$,在 ZG6-3 分层煤样中的含量高达 $715.1\mu g/g$。而我国华北晚古生代煤中的均值为 $111.2\mu g/g$,中国大多数煤中稀土元素总量为 $137.9\mu g/g$,美国煤中稀土元素总量为 $62.1\mu g/g$,Valkovic 估算的世界大多数煤中稀土元素的总量为 $46.3\mu g/g$。全层样品灰化产物中稀土元素的总量为 $763.81\mu g/g$,在 ZG6-3 分层煤样灰化产物中的含量高达 $2586.03\mu g/g$。稀土元素在电厂燃煤产物飞灰中的总量为 $508.92\mu g/g$,在底灰中的总量为 $206.36\mu g/g$。电厂燃煤产物中高含量的稀土元素,亦表明稀土元素在整个矿区主采6号煤层中普遍富集。煤、煤的灰化产物和电厂燃煤产物中稀土元素的分配具有类似特征,δEu 和 δCe 一般小于1(ZG6-7 煤分层中的 δCe 为 1.10),表现出 Eu 和 Ce 的负异常;轻重稀土元素之比(L/H)较高,明显富集轻稀土元素(代世峰等,2006a)。Yudovich 和 Ketris 提出煤中稀土元素的含量达到 $300\mu g/g$ 可以作为伴生矿产开发利用。因此,准格尔煤田煤中高含量的稀土元素也是可利用资源。

我国煤中稀土元素富集的报道很多,但是,样品数量不足以证明已经达到伴生矿产的要求,需要进一步开展研究工作。

关于准格尔煤田6号煤中稀土元素的赋存状态和富集机理,许多学者已经做了论述。Dai 等认为6号煤中高含量的稀土元素属于陆源富集型,稀土元素在煤中主要存在于矿物中,也有一部分存在于有机质中(Dai et al.,2012a)。

本节根据这些成果以及此次分析的数据对准格尔煤田6号煤中稀土元素的分布规律

做了系统研究。通过统计 156 个样品的数据,发现准格尔煤田 6 号煤中稀土元素的含量均值为 170μg/g,高于中国煤中稀土元素的均值 136μg/g,更是远远高于世界煤中稀土元素的均值 68.5μg/g。从矿区分布来看(图 9-14),最高值出现在准格尔煤田的东南缘的串

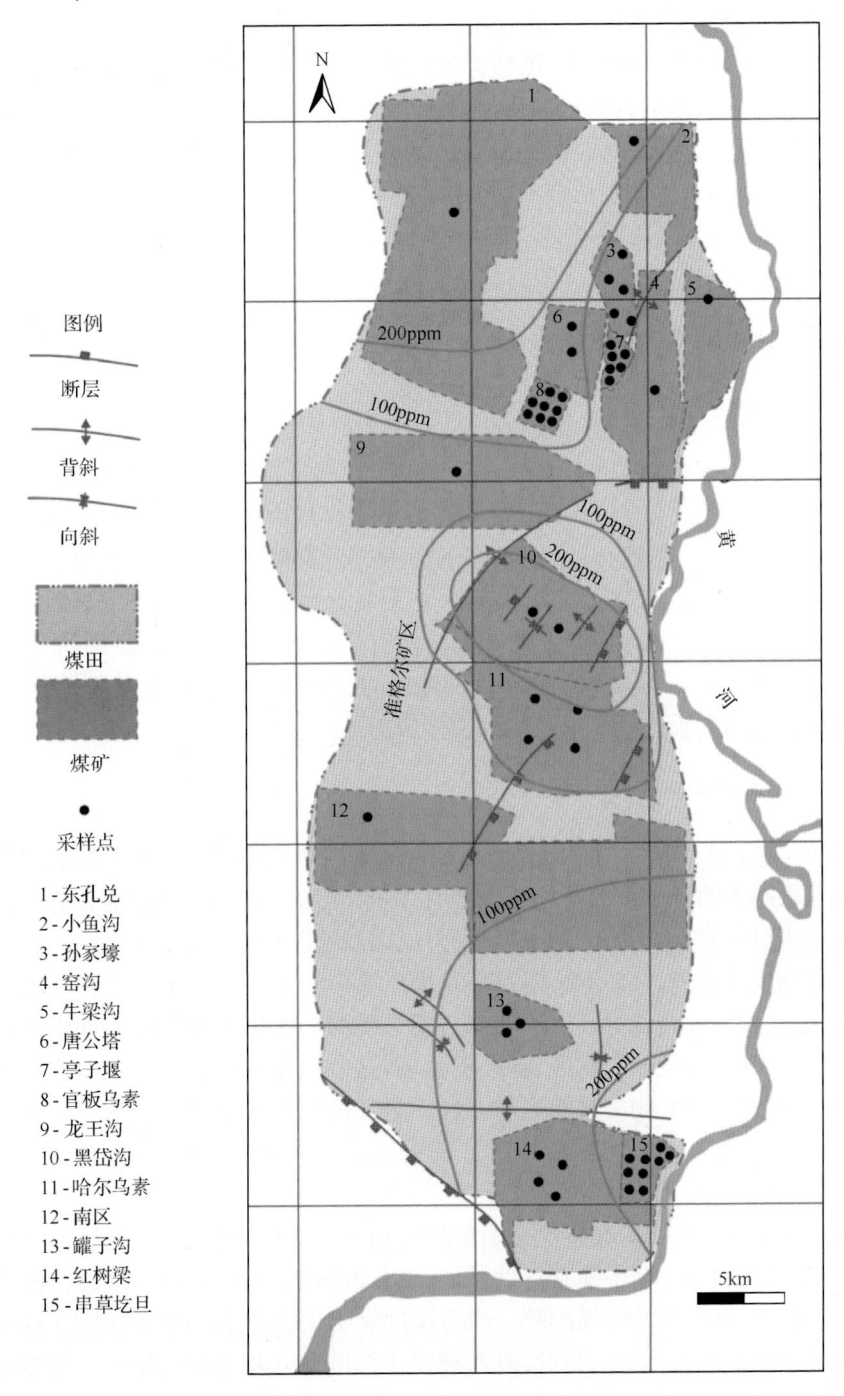

图 9-14　准格尔煤田 6 号煤中 REY 分布图(Sun et al.,2016)

草垛旦煤矿（276.7μg/g），最低值出现在煤田北部的孙家壕矿区（52.2μg/g）。REY 在整个煤田的分布从分布图上可以识别出三个富集区。

（1）位于准格尔煤田的西北部，此区离物源区（阴山古陆）近，物源区的强过铝花岗岩中稀土元素含量高，导致 REY 的富集。

（2）位于准格尔煤田的中部，黑岱沟矿区和哈尔乌素矿区，此区构造发育，从图上可以看出煤田中部有一系列的断层和褶皱；Dai 等（2012a）、Seredin 等（2012）指出地下水的淋滤作用可以是煤层夹矸中的稀土元素进入煤层，在煤层中富集。可以推断，由于本区构造活动强烈，地下水的淋滤是造成 REY 富集的原因。

（3）位于准格尔煤田的东南缘（串草垛旦矿区），距吕梁古陆近，导致稀土元素的富集（李宏建等，2002）。

五、高铝煤中伴生矿产成因类型

（一）黑岱沟超大型镓矿

2006 年，代世峰等在准格尔煤田 6 号煤中发现超常富集的勃姆石是镓的主要载体，镓在勃姆石中的含量均值为 0.09%，勃姆石在全层煤样中的含量为 6.1%，在主采分层中的含量均值为 7.5%。勃姆石是泥炭聚积期间盆地北部隆起的本溪组风化壳铝土矿的三水铝石胶体溶液被短距离带入泥炭沼泽中，在泥炭聚积阶段和成岩作用早期经压实脱水凝聚而形成。初步估算表明，该镓矿床镓的保有储量为 6.3×10^4 t，预测储量为 8.57×10^5 t，为超大型镓矿床。准格尔煤田所处的特殊的古地理位置和煤中镓的特殊地质载体，决定了该矿床是目前为止世界上独特的镓矿床类型。

（二）超大型锂矿

2013 年，孙玉壮等在山西宁武煤田平朔矿区和准格尔煤田发现两个超大型煤中伴生锂矿。研究资料表明煤中锂的富集状态既有无机结合态，也存在有机结合态。锂在煤中的富集按成因分主要有三类：生物成因、吸附成因和陆源富集。多数学者认为煤中锂的富集主要与矿物成分有关。Lucyna 等（2009）指出煤中与有机质相关的锂属于生物成因和吸附成因，与矿物相关密切的锂属于陆源富集。平朔矿区煤中含锂的矿物主要是多硅锂云母、硅锂钠石、磷酸锂铁矿、铁锂云母、锂云母，这些矿物主要形成于高温岩浆岩中。在成煤沼泽中，这些含锂矿物经过搬运与泥炭一起沉积下来，在沉积阶段发生富集。

（三）成矿模式

平朔矿区地处广阔的华北聚煤拗陷秦岭大别古陆北缘西段，自中奥陶世之后隆起成陆，长期遭受风化剥蚀。至中晚石炭世，因地壳下沉海侵而成为滨海环境，在侵蚀盆地的基础上，接受了一套石炭系含煤沉积。晚石炭世晚期，仅在局部低洼处沉积了薄而零星的本溪组泥岩及铝质泥岩。早二叠世，普遍接受了海陆交互相含煤沉积——太原组。由于地壳升降缓慢，幅度小，整体性强，故岩性、岩相稳定，旋回结构清晰。而南部及西部地势较高，地层有向西超覆的现象，形成了东北厚、西南薄的沉积特点。

对于造山作用,自中奥陶世华北整体持续隆升处于强烈风化剥蚀环境,马家沟组及其下伏巨厚的碳酸盐岩系不乏夹互泥质层,泥质大多原地保留并分解,使古风化壳上本溪组按成分划分为底部含菱铁矿结核或条带的铁铝质黏土层,中部为铝质层,上部为碳泥质层,自然获得铝、镓与稀土的相当富集。

晚石炭世早期,地壳缓慢下沉,东部隆起两侧,接受了滨海三角洲相、潟湖相及滨海湖泊相的第一旋回沉积,并在局部地区发展成沼泽,接受了北部和西部为阴山古陆的风化产物,形成了一次沉积矿产。其余大部分地区仍处于剥蚀状态。

晚石炭世中期,发生了两次最大的海侵,海水几乎淹没了全区,大部分区域接受了稳定的碳酸盐沉积。当时海水自东而西侵入,后又向东退去,海水在东部停留时间比西部稍长,所以东部石灰岩厚度大、质地纯、化石完整,西部厚度小、杂质多、化石破碎,至西南部成为含碎片化石的泥灰岩。

据以上研究,高铝煤中铝、镓、锂等伴生矿产可能有以下来源。

(1) 平朔矿区煤层超常富集铝、镓和锂,与西、北部阴山造山带古老岩系及海西期花岗岩系列的岩石地球化学有关。造山带古老岩系源源不断供给基底上覆的陆源沉积层,特别在沉积间断面上部沉积建造中富集。该物源较早,可能先经浅海潟湖的海相沉积,隆升后又转为陆相再聚集,已遭多次破坏和转移。

(2) 平朔矿区周缘由于造山作用,自中奥陶世华北整体持续隆升处于强烈风化剥蚀环境,马家沟组及其下伏巨厚的碳酸盐岩系不乏夹互泥质层,泥质大多原地保留并分解,使古风化壳上本溪组按成分划分为底部含菱铁矿结核或条带的铁铝质黏土层,中部为铝质层,上部为碳泥质层,自然获得铝、镓与稀土的相当富集。

(3) 据岩相古地理研究,由于矿区边缘与内部边缘地区的差异构造沉降活动,相当部分的物源是由当时处于海陆交互的斜坡沉积带的上石炭统作为陆源区提供的。晚石炭世中期古沉积环境温湿、植被繁盛、生物发育,具有强烈的分解与去硅-钾能力,将富含铝、镓、锂及稀土元素的陆源物质进而黏土矿化、铝土矿化,从而使铝、镓、稀土元素原地聚集保留。

第十章 高铝煤中的有害元素

为了引起人们对煤中有害元素的重视,本书把常量元素和微量元素中发现的对人类和生态具有潜在危害的元素单独列为一章论述。

第一节 煤中有害元素研究历史

一、国外对煤中有害微量元素研究概况

1848年,Richardson首先在苏格兰的烟煤煤灰中发现了2%的锌和1.2%的镉,揭开了人类历史上煤中微量元素研究的序幕。在20世纪40~80年代,国外学者不仅研究微量元素在煤中的丰度,而且逐渐重视对煤中微量元素的赋存状态及其地质成因方面的研究。一些发达国家还十分重视煤中有害微量元素对人类生存环境的影响,分析化学中的许多先进技术被用于直接分析煤的样品。

20世纪90年代,随着全球性环境研究的深入,各个国家越来越重视煤中有害微量元素对环境的影响。许多国家系统调查了本国主要煤田煤中及燃烧产物中微量元素的分布状况。1999年,国际煤地质学杂志发表了《煤的地球化学及其对环境和人类健康的》,报道了中国、英国、俄罗斯、乌克兰、捷克、加拿大和印度等国的煤中伴生元素分布和地质成因,基本上反映了90年代煤地球化学的研究成果。到2000年,美国仅联邦地质调查所已积累各州有代表性的煤层煤样数据1万个以上。近年来,美国、澳大利亚、加拿大、西班牙、俄罗斯、土耳其、新西兰、保加利亚、印度、希腊、巴西、伊朗等国,对煤中伴生元素分布开展了系列研究。煤的地球化学研究,已成为当前国际上煤田地质学领域的前沿课题之一。

20世纪70~80年代,国外许多学者研究了燃煤过程中微量元素的迁移转化规律及其对环境的影响。Valkovic(1983)对煤中有害微量元素在其燃烧过程中迁移释放规律进行研究;Hansen等(1981)在对粉煤灰中有害微量元素的迁移释放规律的研究中指出,有害微量元素迁移释放到环境中的难易程度不仅与其含量有关,更与其赋存状态有密切关系。

20世纪90年代,国外学者对煤中微量元素的研究内容主要集中在对环境的影响及迁移控制措施方面,并将微量元素按其挥发的不同程度分类。环境方面:1990年,美国国会通过了《洁净空气修正案》(Clean Air Art Amendments,CAAA),其中列出了包括Co、Cr、As、Be、Mn、Ni、Cd、Hg、Se、Pb、Sb 11种微量元素和两种放射性元素U、Th在内的189种污染元素。自此之后,煤中微量元素的研究步入了一个新的台阶。微量元素的挥发程度:Clarke和Sloss(1992)对煤炭气化燃烧排放的微量元素提出了研究报告,并根据微量元素在煤燃烧过程中表现的不同的挥发特性,将微量元素分为三大类,第一类为极易

挥发的元素,如 Hg、F 等,它们极易以气态形式进入大气,随着空气中温度的降低而凝结在灰表面的部分相当少;第二类为较易挥发或半挥发的元素,代表元素主要有 Pb、Cd、Se 等,这部分元素一部分挥发到大气中(以气体挥发到大气中或者吸附在飞灰表面,随飞灰释放到大气中),一部分残留在底灰中;第三类为难挥发或不易挥发的元素,代表性元素有 Mn、Y 等,表现为此类元素的绝大部分保留在底灰中,只有一小部分以气体形式挥发并在温度降低时吸附在飞灰表面,随飞灰逸散到大气中。虽然已对煤中的微量元素进行分类,但对于不同煤中的微量元素,这种分类并不是绝对的,极易挥发的元素与半挥发的元素、半挥发的元素与难挥发的元素之间有重叠的现象。Dale 和 Lavrencic(1993)在其文章中提出,除了 U(铀)和 Th(钍)这两种放射性元素,可能对环境产生直接或潜在危害的微量元素有 22 种,按影响程度可分为三类,见表 10-1。污染元素随飞灰释放到大气或者直接以气体形式逸散到大气都会给环境造成污染,如何控制污染元素最低程度的扩散成为学者们关心的研究领域,Ho 和 Lee(1994)在分析硫化矿床燃煤中的各种技术种类时,提出了使用某种金属捕获剂控制重金属的迁移,这就在一定程度上减少了重金属释放到大气中的量,降低了可能对环境产生污染的程度,也为其他学者在控制污染元素迁移的研究方面提供了新思路。

表 10-1 可能对环境产生影响的微量元素

影响程度大	影响程度中等	影响程度小
Pb、As、B、Cd、Hg、Mo、Se	Zn、Cr、Cu、F、Ni、V	Ba、Br、Cl、Co、Ge、Sb、Sr、Li、Mn

资料来源:Dale 和 Lavrencic,1993。

进入 21 世纪以后,国外对煤炭燃烧的研究更加深入。在微量元素对环境的影响方面,Swaine(2000)认为具有环境意义的微量元素有 26 种,并将其按照对环境的危害程度分为三类,Ⅰ类是对环境危害严重的,Ⅱ类是对环境危害一般的,Ⅲ类是对环境影响较弱或几乎没有副作用的,具体分类见表 10-2。Wagner 和 Hlatshwayo(2005)提出煤中的微量元素虽然含量很少,仅为百万分之几,但是煤炭每年庞大的消耗量会导致更多的微量元素在煤燃烧过程中分布到大气、土壤及周围环境中,对人体健康及环境造成巨大的潜在危害。因此掌握微量元素的迁移富集规律才有可能有针对性地对微量元素加以控制,减少污染。微量元素的迁移规律与其在煤中的赋存状态关系密切。Goodarize(2002)通过加拿大原煤样本的实验研究,提出了矿物元素的组成及原煤元素赋存状态。Lucyna 等(2009)对原煤、不同煤岩显微组分和原煤溶剂抽提物、大分子组分进行研究,总结了有害微量元素在煤中的赋存状态及煤燃烧过程中的富集规律。Gülbin(2011)对土耳其古近纪的煤进行了深入研究,主要选取 81 种高硫煤,并将煤按其灰分不同分为不同等级,分析了微量元素在煤中的赋存状态和有机亲和性,并探讨了灰分与元素的赋存状态及有机亲和性的关系。微量元素的控制:Yamada 等(2000)通过再生烟气燃烧等方法,顺利捕获 NO_x 和 SO_2 有毒气体,并达到污染防治的目的。Portzer 等(2004)通过实验研究对比得出煤炭燃烧过程中用于控制汞元素的新型吸附剂。

表 10-2　煤中具有环境意义的微量元素

I	II	III
As、Cd、Cr、Hg、Pb、Se	B、Cl、F、Mn、Mo、Zn、Ni、Be、Cu、P、Th、U、V	Ba、Co、Sb、Sn、Tl、I、Ra

资料来源：Swaine，2000。

二、中国煤中有害微量元素研究状况

我国煤炭资源丰富，时空分布广，各地区煤田的地质、地球化学背景复杂，煤中微量元素富集的成因类型多样，有些煤矿区实例十分特殊，为国际所少见，具有明显的地域特色和优势。由于科学技术和国民经济发展状况，决定了我国对煤中有害元素研究起步较晚。1956 年起，我国开始对煤中的微量元素进行调查和研究，而且仅限于镓、锗、铀、钒等可被利用的元素，并探查出一批富锗和富铀的煤层和煤矿区。20 世纪 60 年代和 70 年代，我国部分学者对煤中锗等微量元素开始进行地质成因研究，并成功地从石煤中回收钒。80 年代后，我国进一步开始重视煤中微量元素的研究，陆续出现一些有关煤及其燃烧产物中有害微量元素的环境影响研究的报道。90 年代以来，随着我国国民经济的快速发展和人民生活水平的不断提高，对生存环境逐步重视，加强了煤及其燃烧产物中有害微量元素的研究，尤其是有国家自然科学基金等大力资助，在煤及其燃烧产物中有害元素的分布、赋存状态及砷、硒等元素的环境影响等方面研究取得了明显进展。自 2000 年以来，我国煤中微量元素的研究在广度和深度上又达到了一个新的水平，黄文辉等研究了淮南二叠纪煤中微量元素的亲和性；代世峰等对华北地区、内蒙古乌达矿区、贵州织金矿区晚古生代煤中微量元素富集的地质因素进行了典型实例解剖。一些学者对煤中某些元素研究也取得了显著的成果（雒昆利等，2000；冯新斌等，2001；丁振华等，2003）。通过我国广大煤地球化学专家的努力，对我国主要煤田的煤中微量元素的分布特征、一些发电厂和燃煤锅炉排放物中有害元素的情况，有了不同程度的研究，发表了很多论著。我国西南地区、华北、东北个别煤田煤中微量元素的分布概况初步得以揭示。

综合国内外研究现状可知，对煤中微量元素的研究在基础理论上主要集中研究煤中微量元素的分布、赋存状态及其迁移、富集规律；而应用上一方面是研究煤中微量元素的工业利用价值及回收途径，另一方面是研究煤中有害微量元素对环境的影响及人类健康的危害。煤中微量元素的研究主要有三个方面：①煤中有害微量元素的含量、赋存状态和富集机理，包括泥炭聚积、煤化作用各阶段微量元素的富集，或煤层形成后由于后生作用微量元素侵入煤层的机制等；②煤炭在开采、运输、堆放、洗选加工、燃烧等过程中有害元素侵入环境的机制和规律；③脱除或降低煤中有害微量元素的技术，从而达到控制和预防煤中有害微量元素对环境和人类身体健康的危害（李生盛，2006）。

直到 20 世纪 50 年代，我国学者才开始关注煤中微量元素并作了初步研究。50 年代初，相关学者开始研究煤中微量元素但仅停留在初级阶段，研究范围小，只对 Ga 等个别元素进行分析。

20 世纪 60 年代末，我国地矿和煤炭部门专门组织地质勘探，对煤中 Ga、U 和 Ge 等有用的伴生元素进行调查研究，初步探明我国煤中某些伴生元素的含量范围，明确 Ge、

Ga 和 U 等元素在一些矿区煤层中富集的工业品位或综合利用品位。

20 世纪 70 年代初至 80 年代末,我国学者主要关注煤中微量元素含量、分布规律及赋存状态,但已经对燃煤产物中的微量元素进行了初步探讨。原煤中微量元素的研究:李炳林等(1983)利用火花源质谱法对煤中微量元素进行测定,并指出同位素稀释和内标法相结合的新方法。周义平(1983)对云南晚二叠世及古近纪煤中的砷的含量、分布特征进行了探讨,并把煤分为两个类别,一种煤中 As 的含量与煤中含硫总量有关系,这种煤可能以硫化物的形式赋存在黄铁矿中,另一种煤中的 As 的含量与总硫量无关,不管煤中的硫量是多少都不会影响到 As 的含量。杨亦男等(1984)对中国 100 个煤矿中的 29 种微量元素的分布规律及相关性进行了分析,在研究中指出元素的相关性随着相关系数的增大逐渐加强,相关性好的元素具有相似的地球化学性质。煤燃烧过程中微量元素的研究:孙景信和 Jervis(1986)已经开始深入地研究 16 种中国煤样和 5 种加拿大煤样中微量元素的分布特征及其在燃烧过程中的分布规律,并指出在燃烧过程中,绝大多数的微量元素近乎全部残留在灰中,且都为亲岩元素,并指出对这些燃煤产生的固体废物应引起足够的重视,否则会对环境形成潜在的危害。

20 世纪 90 年代,随着先进精密仪器和设备的引入,人们对煤中微量元素的研究更加深入和广泛,对煤燃烧产物中微量元素含量、分布特征及迁移规律的研究也越来越多,并开始关注燃煤产物对环境的影响。灰中微量元素的测定:黄振华和易玉萍(1992)介绍了粉煤灰样品的溶解方法,利用不同测定方法对元素 Cr、Zn、Pb、Mn、Cu、Ni、As、Cd 进行测定;白英彬(1999)用 ICP-AES 分析了飞灰中的主要元素 Fe、Al、Ca、Mg、Si 对微量元素测定时的干扰程度,并指出在测定元素含量时,主要元素 Al 对 Pb、Ba,Fe 对 Cd 的干扰是不可忽略的。燃煤过程中微量元素迁移规律的相关研究:樊金串和张振桴(1995)为了研究燃煤过程中微量元素的迁移动态,对煤样进行了模拟燃烧。王起超等(1996)在研究微量元素在燃煤产物——飞灰和底灰中的分配时,发现粒径越小的灰,其中的微量元素含量越高。王运泉等(1996a,1996b)为更好地研究煤燃烧产物中微量元素对环境的影响,对原煤及飞灰、底灰等作了淋滤实验,并指出元素的淋滤程度与煤中微量元素自身的化学性质、赋存状态关系密切。微量元素对环境的影响程度:赵峰华(1997)通过对国内外水、大气中有害微量元素最高浓度标准进行对比,指出当前环保部门关心的微量元素有 19 种,分别为 Zn、Cl、F、Sb、Se、As、Cr、Pb、Cu、Mo、Co、V、Mn、Ni、Hg、Cd、Ba、Ag、Be。放射性元素 U、Th 和 Tl 也存在于煤中,所以赵峰华认为煤中有害微量元素限定为 22 种,并指出这 22 种元素中包含有毒元素 Hg、Pb、Tl、Se、Cd 5 种,致癌元素 As、Be、Ni、Pb、Cd、Cr 6 种。

进入 21 世纪后,我国大力提倡节能环保,燃煤过程中微量元素对人类赖以生存的环境的污染情况受到学者们的高度重视。出于对环境的保护,多数学者开始研究煤中的微量元素在其燃烧过程中迁移富集规律及影响元素迁移的因素。燃煤过程中微量元素迁移的相关研究:2003 年,白向飞(2003)运用浮沉实验、煤岩分析方法研究了煤中的微量元素的煤岩特征,进而分析了微量元素的赋存状态,通过管式炉干馏试验和煤焦反应性测试装置,分析了微量元素在煤及其燃烧产物中的分布情况,总结了微量元素的迁移规律,并讨论了影响微量元素迁移的因素,并在 2007 年白向飞(2007)对中国煤中微量元素的研究中指出煤层是多种微量元素富集的地质体,同时提出中国煤中微量元素的平均含量与世界煤中微量元素的含量在同一水平线上。马晶晶(2008)也对有害微量元素 As、Cd、Hg、Cr 在煤焦化过程的迁移规律进行了研究,并对其进行了水样及气样的评估。冯立品(2009)开始关注易挥发性元素 Hg 在选煤过程中的迁移规律。李扬(2011)、麻银娟(2011)、金肇岩(2011)、杨慧(2011)等都对煤炭燃烧气化的过程中微量元素的迁移转化规律进行了深入研究。影响微量元素迁移的因素的研究:王云鹤等(2007)研究了重金属元素 As、Hg、Cd、Cr 和 Pb 在煤热解过程中的分布和迁移规律,通过实验发现元素在燃烧产物中的含量与燃烧工况和锅炉温度有关。张晶(2009)挑选了淮南市的两个电厂,对电厂中的煤及燃煤产物中的微量元素的迁移规律进行了研究,发现随着锅炉的容量与负荷的改变,微量元素在灰中的浓度含量也会改变,并总结了处置粉煤灰过程中有害微量元素向环境迁移的影响因素,包括灰的粒径及元素的赋存状态。粉煤灰对环境的影响:刘培陶等(2008)研究了粉煤灰堆放场内及周边的土壤环境,发现微量元素 Hg、Cu、Pb、Se、Mo 的浓度明显比其他地区高,表现了较强的迁移性。

三、煤中有害元素的环境危害

煤中含有许多潜在有害微量元素,这些元素虽然在煤中含量甚微,但在特殊的地质条件下可能在煤中富集,或在煤炭的燃烧、加工利用(如洗选)过程中,会使一些在煤中含量较低的元素释放出来并且得以富集,从而对环境和人类身体健康造成危害。煤中有害常量元素 S 和 N 对环境造成的危害,已众所周知,然而对煤中有害微量元素的认识,即哪几种元素对环境与人类健康造成危害,目前还没有统一的认识。Swaine 和 Goodarzi(1995)将 24 种微量元素确定为煤中有害微量元素,并按照对环境影响程度的大小,将煤中有害微量元素分为四类(表10-3):Ⅰ类元素明显有害,如砷、镉、铬、汞、硒等,虽然它们在煤中含量甚少,但对环境的影响不可低估,特别是砷、硒元素;Ⅱ类元素,如硼、氯、氟、锰、钼、镍、铅等,其中硼、锰、钼为可淋滤元素,氯、氟可引起设备腐蚀和增加大气酸度;Ⅲ类元素,

表10-3　煤中微量元素环境危害程度分类

方案	Ⅰ	Ⅱ	Ⅲ	Ⅳ	Ⅴ	Ⅵ
美国科学院(NBC,1980)	As,B,Cd,Hg,Mo,Pb,Se,S	Cr,Cu,F,Ni,Sb,V,Zn	Al,Ge,Mn	Po,Ra,Rn,Th,U	Ag,Be,Sn,Tl	上述元素之外
PECH,1980	As,B,Cd,Hg,Mo,Pb,Se	Cr,Cu,F,Ni,V,Zn	Ba,Br,Cl,Co,Ge,Li,Mn,Sr	Po,Ra,Rn,Th,Ba,U	Ag,Be,Sn,Tl	上述元素之外
赵峰华,1997		Ag,As,Ba,Be,Cd,Cl,Co,Cr,Cu,F,Hg,Mn,Mo,Ni,Pb,Se,Sb,V,Zn,Tl,Th,U				上述元素之外
Finkelman,1995		Ag,As,B,Ba,Be,Cd,Cl,Co,Cr,Cu,F,Hg,Mn,Mo,Ni,P,Pb,Sb,Se,Sn,Th,Tl,U,V,Zn				上述元素之外
Swaine and Goodarzi,2000	As,Cd,Cr,Hg,Pb,Se	B,Cl,F,Mn,Mo,Ni,Be,Cu,P,Th,U,V,Zn			Ba,Co,I,Ra,Sb,Sn,Tl	上述元素之外

注:从Ⅰ类到Ⅴ类危害程度降低,Ⅵ为无害元素;美国科学院分类、PECH 分类分别转引 Finkelman 等(1999)和 Swaine(1990)。

如铍、铜、磷、钍、铀、钒、锌等,其中铀、钍具有放射性;Ⅲ类是有负效应的元素,如钡、钴、锑、锡、铊等。煤中有害元素引起的生物中毒和环境污染在许多用煤国家都已发生,如美国大气硒污染主要来源是燃煤,燃煤引起的大气硒排放量占总量的62%。煤烟是大气中砷的主要来源。捷克燃煤电厂排放的铅、砷已造成附近儿童骨骼生长延缓。美国燃煤过程向大气中排汞量占了人为总量的1/3,成为大气中汞的最大单独污染源。Finkelman(1995)认为煤中有26种微量元素对生态环境有害,即Ag、As、B、Ba、Be、Br、Cd、Cl、Co、Cr、Cu、F、Hg、Mn、Mo、Ni、P、Pb、Sb、Se、Sn、Th、Tl、U、V及Zn。此外,Br元素被美国国家研究委员会(NRC)列为三类污染物,并对锅炉的腐蚀有较大影响。

我国在煤炭开采、加工和利用过程中,个别地区,由于落后的生产、生活方式,有害微量元素造成危害的严重性远远超过国外,如湖北恩施高硒区,由于居民广泛用含硒量极高的煤作燃料,发生人畜硒中毒现象;贵州部分地区由于高砷煤的使用,已经造成3000多例砷中毒事件。医学界把"煤烟型砷中毒"、"煤烟型氟中毒"、"煤烟型硒中毒"等,定为一个地区流行的地方病。

煤中有害元素可能通过多种途径,即所谓的环境地球化学食物链对环境和人类健康造成影响。尽管我国大多数煤田和矿区煤中有害微量元素含量并不高,砷、氟、硒、铀、汞、镉等元素在多数煤中含量很低,但在特殊的地质条件下可能在煤中富集。此外,我国煤田地质条件复杂,煤中的有害微量元素分布不均,从我国一些地区检测到的砷、氟、硒的特高含量值世界罕见。因此,研究我国煤中有害微量元素在什么样的地质条件下可能形成局部的异常富集及其对环境和人体健康的影响,具有重要的实际价值。

氟是煤中潜在的有毒微量元素(Sun et al.,2005;Dai and Ren,2006)。中国有超过4000万氟斑牙患者和260万氟骨病患者,氟中毒患者比任何一个国家都多,这可能源于富氟煤和石煤的燃烧(Finkelman et al.,1998)。据估计,中国石炭-二叠系煤中氟的平均质量浓度为149.4μg/g(Dai and Ren,2006)。

煤中氟对农业的危害多次发生。2008年7月,邢台先于村在使用邢东煤矿矿井水灌溉农田后造成60hm^{2}玉米作物受灾。导致40hm^{2}玉米减产和20hm^{2}完全没有产量。玉米变得非常小甚至一些玉米完全没有颗粒。2008年10月,该受灾区种植小麦,麦苗受到影响并且叶面变黄(Sun et al.,2014)。

四、煤中有害微量元素的赋存状态

煤中常见有害元素的赋存状态如下。

Ag:Ag为亲铜元素,自然界中除了形成自然银外,常呈硫化物出现,银还常富集在硒化物中。庄新国等(1998)研究安太堡9号煤时发现银与硒显著正相关。Finkelman(1995)认为煤中Ag主要以硫化银的形式存在。Ag还与Fe的关系密切,Ag主要以类质同象的形式存在于Fe的硫化物中。此外,1956年Leutwein认为Ag还与有机质有联系(王文峰等,2003)。

As:As是两性元素,也是亲铜元素,有铜型离子的电子构型$3d^{10}4s^{24}p^3$,趋于与硫形成共键化合物。Belkin等(1997)发现As以7种不同方式存在于煤中。赵峰华(1997)研究贵州高砷(3.2%)煤时认为,As以非晶体的形式存在于有机显微组分中,还能形成砷酸盐或亚砷酸盐,并与有机硫正相关。Minkin 和 Chao(1979)研究认为大量的砷以黄铁矿的形式存在于煤中,一般都在后期裂隙充填的黄铁矿中。White 等(1989)用同步辐射 X 射线荧光探针研究英国煤时,在硫化物中都探测到 As,最高含量达 3.4%,并基于黄铁矿的光学反射率推论 As 是以固溶体的形式存在的。Huggins 和 Huffman(1996)用 X 射线吸收精细结构谱分析 Pittsburgh 煤样时,认为 As 以砷黄铁矿的形式存在。丁振华等研究贵州高砷煤发现砷以黄铁矿、毒砂、雄黄、铁砷氧化物、含砷的磷酸铁、臭葱石等矿物存在,在低煤级煤中砷还存在于有机质中。

Ba:Ba 与 Sr 的化学性质十分相似,而煤中 Ba 则较多地与 K 产生类质同象,因而多分布在黏土矿物中。Ba 与硅酸盐矿物有关,还与 Ca 的联系亲密。据文献报道(张军等,1999),从英国煤的研究发现富碳酸钙的烟煤中 Ba 的含量特高(3000μg/g 以上),而对美国烟煤的研究也显示出高 Ca 必高 Ba。另外,Ba 还以毒重石($BaCO_3$)、重晶石($BaSO_4$)、纤磷钙铝石及部分以有机相存在煤中。

Be:Be 的离子半径小,并有较高的离子电位及电负性,有较强的主极化力。Be 易被黏土矿物吸附,也可以置换黏土矿物中的 Al,因而部分 Be 分布在黏土矿物中。Be^{2+} 和 $(Be_2O)^{2+}$ 具有与腐殖酸及其官能团—COOH、—OH、CO=结合的趋势,因此在富含腐殖酸的低煤级煤中,Be 赋存在有机组分中。Finkelman(1994)认为很少有别的元素像 Be 那样,在实验室的浮沉实验中总是存在漂浮(比重轻)的颗粒中,此外,铍的含量一般与灰分成反比关系,表明煤中的 Be 主要与有机质有联系。

B:众多的研究显示 B 存在于煤的有机质中,并认为与有机质相联系的 B 为煤化过程中从黏土吸附的 B 转化而来。也有的研究认为 B 以矿物质(黏土矿物、石英及电气石)存在。

Br:Br 在富含有机质的还原条件下利于富集。许多研究认为煤中 Br 主要存在有机质中。Lynos 等(1989)研究富镜质体的煤时认为 Br 存在于有机组分中。基于 24 个英国煤样的分析,Spears 和 Zheng(1999)发现 Br、Cl 与 Na 之间的相关关系密切,认为它们主要存在于孔隙水中。Raask(1985)认为存在有机质中的 Br 与 Cl 一起以卤化物形式存在,因此推知 Br 也以无机形式存在。

Cd:Cd 为亲石元素,也是亲硫元素,因其高度的分散性,故不易形成独立矿物,大多数情况下以类质同象置换其他离子(如 Zn)而存在。Gluskoter 等(1977)通过对美国 Illinois 煤的研究,发现 Cd 与 Zn 一起存在,并确认 Cd 置换了闪锌矿中的 Zn。而 Godbeer 和 Swaine(1979)在研究低 Cd 含量的澳大利亚煤时发现两者不存在任何的联系。Kirsh 等(1980)在研究德国煤时发现 Cd 与黏土、碳酸盐有联系。Swaine(1990)认为黄铁矿中也包含一些 Cd。Mukhopadhyay 等(1998)研究 Sydney 煤时认为 Cd 与硫化物有关。Cd 还与有机质有联系。

Cl:煤中 Cl 既有有机态,又有无机态。无机态的 Cl 主要是含氯的矿物、煤孔隙水中的氯、离子吸附的氯、类质同象进入矿物晶格中的氯。有些研究显示,Br 与 Cl 之间关系密切主要存在于孔隙水中。通过对 Herrin 煤的研究,Cox 等(1984)认为 83% 的 Cl 是以无机盐形式存在的,17% 是以离子交换态存在的。Huggins 和 Huffman(1996)对美国 Illinois 州高 Cl 煤进行 X 射线吸收精细结构谱研究表明,高 Cl 煤中氯有两种赋存状态,其中主要是以氯离子形式存在于与显微组分共生的水中,这种水化的氯离子通过极性含氮官能团与显微组分存在强烈的相互作用,过剩的氯离子与钠离子在极性含氧官能团上结合。氯与有机质具体的结合形式还不清楚,赵峰华研究平朔煤时认为 Cl 以水溶态为主,有机态次之。许琪认为 Cl 与壳质组、黏土矿物显著正相关。

Co:煤中的 Co 一般存在于硫化物中,主要是细颗粒黄铁矿中,此外,Co 赋存在黏土中或在低煤级煤中与有机质有联系都是可能的。1944 年,Goldschmdit 认为 Co 容易进入黄铁矿的结构中,在高温下更易进入。Cambel 和 Jarkovský(1967)在研究 Czechoslovakian 煤发现 30~50μg/g 的 Co 存在于黄铁矿中。Finkelman 等(1990)研究 10 个煤样时,认为煤中 Co 能被盐酸淋滤出 7%~58%,低煤级的煤中此值更高,被盐酸淋滤出的一些 Co 在煤中以络合物的形式存在,实际上 Co 不能被氢氟酸淋滤出,说明它与硅酸盐没有联系,多于 20% 的 Co 能被硝酸淋滤出,可能与黄铁矿有联系。

Cu:Cu 具有强亲硫性,众多的研究认为 Cu 与黄铁矿有关。Pires 等(1997)在英国煤中发现黄铜矿($CuFeS_2$)的存在。许琪等(1990)认为煤中 Cu 与黏土矿物呈正相关关系。张军营(1999)认为 Cu 能以碳酸盐矿物存在于煤中。1954 年,Otte 发现铜与烟煤的有机显微组分有关,可溶腐殖酸的高分子易与 Cu 形成鳌和物。Finkelman(1978)认为铜存在于煤的有机质中。王运泉等(1996b)认为无烟煤中 Cu 主要与有机质结合。

Cr:Ruppert 等(1992)在富 Cr(>500μg/g)煤中发现 $FeCrO_4$ 矿物。Huggins 和 Huffman(1996)用 X 射线吸收精细结构谱分析 30 个美国煤样时,发现 Cr 基本上以+3 价的氧化物形式存在,并认为 Cr 与有机质有联系,但缺乏 Cr 的有机赋存的直接证据。Hatch 等(1984)认为煤中 Cr 与黄铁矿有关。赵峰华(1997)对 6 个煤样的研究认为,Cr 全部进入矿物晶格或单矿物。任德贻等(1999a)研究沈北煤田时认为 Cr 除了与黏土矿物有关外,还与硫化物、有机质有关。Mukhopadhyay 等(1998)认为 Cr 与黏土矿物有关。Cr 在浮沉实验中的行为表明其与有机质及黏土有联系,或存在于与 Cr 有关的细颗粒矿物(包括硫酸铬)中。

F:F 为电负性最强的元素,主要以离子或络阴离子存在,沉积作用中蒙脱石、云母等矿物的含量决定了氟的含量。因此,煤中氟主要分布在黏土矿物中。鲁百合(1996)认为煤中氟以阴离子形态与金属形成化合物、以类质同象存在于黏土矿物的晶格中、以游离的阴离子形式存在于孔隙水中及以有机态赋存。

Lessing(1934)研究认为煤中 F 与 Cl 有关。但 Crossley(1944)的研究并未证实此关系,而是显示 F 与 P 有关,表明氟磷灰石的存在。Finkelman(1994)采用电子探针的研究认为煤中大多数 F 存在于角闪石中。许琪认为当植物成煤后,就会出现 F 与 Cl 互补的现象。

Hg:Finkelman(1994)在美国煤中发现了少量微米级含汞的硫化物和硒化物,而更多的 Hg 则以固溶体的形式分布于黄铁矿中,尤其是后期成因的黄铁矿中,后期的黄铁矿中比早期(同期)的黄铁矿(莓球状)中 Hg 的含量要高。王文峰等在研究忻州窑 9 号煤时也发现 Hg 与后期成因的黄铁矿有关。Dvornikov 和 Tikhonenkova(1973)发现他所研究的煤中汞含量高达 20μg/g,认为煤中汞以三种形式(辰砂、金属汞和有机汞化合物)存在。1981 年,Cahill 等在 Illinois 州煤中发现方铅矿中含汞。Finkelman(1994)认为无论是在煤的分布还是在煤的洗选过程中，Hg 和 As 有类似的行为，然而 Hg 的脱除率比 As 低，也许是因为 Hg 赋存在很难脱除的微米级的硫化物和硒化物中。赵峰华(1997)研究阳泉无烟煤时认为 Hg 主要为水溶态和可交换态，其次为有机态，而另一煤样中 Hg 还存在碳酸盐态。

Mn：Finkelman(1981)认为 Mn 赋存在碳酸盐矿物中，少量的 Mn 也可能与黏土、黄铁矿、有机质有联系。Swaine(1990)认为低煤级的煤中 Mn 与有机羧酸官能团结合。庄新国等(2001)研究贵州煤时认为高 Ca 煤中 Mn 的含量也高，说明 Mn 与方解石伴生。煤中、特别是烟煤中大部分 Mn 赋存在碳酸盐(菱铁矿、铁白云石)的固溶体中，在低煤级煤、木质褐煤、褐煤中 Mn 与有机质有联系，此外，通过 SEM-EDX 分析，发现有的煤中 Mn 还存在于菱铁矿、铁白云石中。

Mo：Mo 可以在强还原条件下富集于富含有机质和硫化铁的沉积物中。Almassy 和 Szalay(1956)发现 Mo 与硫相关，在硫含量小于 2% 的煤中很少有 Mo，而在黄铁矿含量高的煤中 Mo 含量可达 $10\mu g/g$，说明与黄铁矿有联系。秦勇(1994)对由硫化铁包围的基质镜质体进行了 X 射线能谱微区分析，发现硫化铁相中 Mo 的含量显著增高，认为 Mo 可能以类质同象进入硫化铁矿物晶格。任德贻等(1999b)认为 Mo 与黏土矿物有关，是由黏土矿物强烈吸附造成的。此外，Mo 也可能存在于有机质中。

Ni：Swaine(1990)认为 Ni 与有机质联系明显，但缺乏这种联系的直接证据，却有直接证据认为 Ni 与无机质有联系。据报道煤中已发现几种 Ni 的硫化物矿物[NiS、NiSbS、$(Co,Ni)_3S_4$]，此外，在方铅矿、闪锌矿、黄铁矿以及硒铅矿等矿物中均发现有 Ni。Ruppert 等(1992)在研究 Kosovo 盆地、Yugoslavia 等地的煤时发现有 10% 的 Ni 是与有机质结合的，大部分的 Ni 存在于尖晶石中。赵峰华(1997)认为煤中 Ni 主要进入黏土矿物和煤大分子结构，还与碳酸盐、硅酸盐有关。

P：尽管 P 与有机质有高度的亲和性，但煤中 P 主要存在于磷酸盐矿物中。有文献报道，从美国煤分离的矿物中确定了两种磷的矿物质(核磷铝酸矿、银星矿)，此外，煤中还发现磷灰石和氟磷灰石(张军等,1999)。许琪认为煤中 P 虽包括有机和无机两部分，然而更多的是无机磷，大多数含于氟磷灰石中，与方解石也有密切的共生关系。

Pb：Finkelman(1994)认为 Pb 主要存在于硫化物或与硫化物有联系的矿物中，方铅矿(PbS)是其最通常的赋存物，但方铅矿有几种不同的结构关系，它能以比较大的后生矿物晶体颗粒存在于裂隙中，也存在于细小颗粒黄铁矿中，或者以微米级的颗粒分散在有机基质中，硒铅矿(PbSe)在煤中也相当普遍，而其他 Pb 的矿物或含 Pb 的矿物在煤中是非常稀少的。Brown 和 Swaine(1964)研究澳大利亚煤时在黄铁矿中发现多于 1% 的 Pb，他们认为 Pb 要么以硫化物的形式存在，要么与之有联系。Cambel 和 Jarkovský(1967)研究 Czechoslovakian 煤时也发现 Pb 存在于黄铁矿中。在大多数浮沉实验的研究中，Pb 集中在比重大的颗粒中，显示强烈的无机来源。赵峰华(1997)认为当煤中不含 Pb 的硫化物时，Pb 主要是进入煤的有机质及黏土矿物晶格中。

Sb：自然界中碳酸盐中 Sb 的含量极低，但 Finkelman(1994)报道 Spencer 在研究英国煤时，通过扫描电子显微镜(SEM)在碳酸盐的结核中发现 NiSbS 的晶体。许琪等(1990)也认为 Sb 与方解石有一定的正相关性。Finkelman(1994)通过电子探针(EMP)，在被抛光的煤块中发现非常稀少的、微米级与 Sb 有关的矿物（一般为硫化物）。Minkin 和 Chao(1979)研究 Upper Fereport 煤时发现闪锌矿中有少量的 Sb。Sb 可能存在于黄铁矿的固溶体中以及分散在有机基质少量的硫化物中（辉锑矿，Sb_2S_3），一些可能与有机质有关。

Se：Finkelman(1994)研究 10 个煤样时发现在 550℃时大部分 Se 挥发掉，还认为 Se 在 5 种不同的溶剂中是不相溶的，并认为 Se 的淋滤、燃烧行为说明其与有机质有联系。在许多硫化物中 Se 能取代硫，因而煤中 Se 一般赋存在黄铁矿中，还普遍赋存在微米级硒铅矿的晶体颗粒中，Se 还以其他硫化物（一般是方铅矿）或以其他矿物的形式赋存。1992 年 Dreher 等对 Powder River 盆地的高 Se 煤作了详细的研究，认为煤中 Se 的含量为 2.8 $\mu g/g$，有 7 种不同的存在方式，并以有机相为主，占 70%～80%，5%～10% 的 Se 与黄铁矿有联系，1%～5% 的 Se 赋存在其他硫化物和硒化物中，约 10% 的 Se 为水溶态和离子交换态。

Sn：Sn 具有亲氧、亲铁、亲硫的三重性，1999 年任德贻等认为煤中 Sn 主要与黏土矿物有关，2001 年，庄新国等认为煤中 Sn 以硫锑相存在，部分与硅铝酸盐有亲和性。Finkelman 等认为 Sn 主要以氧化物和硫化物的形式存在于煤中。但也有许多资料显示 Sn 以非硫化物的形式存在于煤中。煤灰中 Sn 的含量高达 500$\mu g/g$，植物中 Sn 的平均含量为 5$\mu g/g$，在各类沉积岩中，以有机质丰富的页岩中含量最高。说明煤中 Sn 也可能与有机质有联系。

Th：自然界中 Th 绝大部分是以氧化物或含氧酸盐的形式存在，明显地表现为亲石性质。2001 年，庄新国等认为 Th 与硅铝酸盐有亲和性，与稀土元素有较好的相关性。王运泉认为 Th 存在于黏土矿物中。王文峰等研究英国煤时认为 Th 主要与伊利石有关。

Tl：Tl 为亲铜元素。刘英俊等(1984)认为煤中 Tl 的含量可达 1000$\mu g/g$，硫化物中含 Tl 比煤本身高，是由于在 H_2S 引起的还原条件下 Tl 易于聚集在煤中，因此 Tl 以硫化物的形式存在。Spears 和 Zheng(1999)发现煤中 Tl 主要存在于黄铁矿中。煤中的 Tl 还与黏土矿物有关。庄新国等研究安太堡 9 号煤时发现，Tl 与 Ta 有比较好的相关性，可能是被黏土矿物吸附所致。

U：任德贻等(1999b)认为腐殖酸及棕腐酸能强烈络合 U 等金属，形成铀酰有机络合物，并认为某些低等藻类形成的煤中 U 相当富集。许多研究显示，在低煤级煤中，U 主要以有机金属化物存在。Querol 和 Chenery(1995)发现 U 与黏土矿物有关。王运泉等认为煤中 U 除了与黏土矿物有关外，还与黄铁矿有关。但 U 的硫化物在地壳中并无所见，因此张军等推论可能是黄铁矿吸附 U 的结果。黄文辉等(1999)认为成岩早期形成的细粒、莓粒状黄铁矿及镜质组中侵染状黄铁矿所含 U 较高，且高硫煤中 U 的含量较高，说明 U 的赋存与硫化物有关。

V：V 是强亲石性元素。Querol 和 Chenery(1995)认为 V 与黏土矿物有关。王运泉等认为 V 除了与黏土矿物有关还与黄铁矿有联系。据文献报道（张军等，1999），V 与 Ti、Ni 和 Fe 一起与煤的有机质有联系，V 还常与 U 一起存在于燃料沉积层中，并以钒钾铀矿（$K_2O \cdot 2UO_3 \cdot V_2O_5 \cdot 3H_2O$）的形式存在。

Zn：Zn 具有铜型离子结构特点，有强烈的亲硫性。许多资料显示 Zn 主要以闪锌矿

(ZnS)存在于煤中。但有研究认为部分锌以有机相存在。张军营等(1999a)认为有机质及黏土矿物也可吸附锌,特别是多水高岭石吸附性最强。许琪等(1990)认为,在沼泽的还原条件下,Zn 可以以硫化物的形式与含有机质的黏土矿物共同沉淀。赵峰华(1997)认为煤中 Zn 主要与碳酸盐和铁锰氧化物态结合,碳酸盐中常伴生 Fe、Mn,而 Zn 能与 Fe、Mn 类质同象替代,其次,Zn 进入煤有机大分子及黏土矿物。

综上所述,煤中微量元素的赋存状态是复杂而多元的,但或多或少都与无机质、有机质有联系,只是联系程度不同。有些在地壳中被认为彼此关系不大的元素,在煤中却密切相关,如 U 的硫化物在地壳中并无所见,但许多资料显示其在煤中与黄铁矿有关;自然界中碳酸盐中 Sb 的含量极低,但在煤中一些资料显示其与碳酸盐矿物有关。总体而言,大多数煤中 B、Be、Br 等主要与有机质有关;其他有害微量元素一般与矿物有关,其中与黏土矿物有关的有 Cr、F、V、Mo、Ni、Sn、Tl、Th、Zn 等;与碳酸盐矿物有关的有 Mn、Zn、Co、Ba 等;与硫化物矿物有关的有 Cu、Pb、Zn、Co、Ni、AS、sb、Se、Mo、Hg、Ag、Sn、Tl、Mn 等;与硫酸盐矿物有关的有 Ba、Cr、Cu 等;与磷酸盐矿物有关的有 P、F、Cl、Cu、Sr、Ba 等;与氧化物矿物有关的有 Mn、Cr、V、Pb、Zn、Sn 等。

五、煤中有害微量元素的研究趋势

当前,煤中微量元素的研究趋势:一是开始研究全球煤中有害元素分布规律,如捷克著名学者 Bouška 和 Pešek(1999)总结了全球 31 个国家褐煤中硫及微量元素含量的分布,主要有害元素的样品都在千个以上;二是研究煤中有害物质对人类健康的影响,如 Orem 等(1999)对巴尔干半岛上褐煤淋出的有害有机化合物对地方性肾脏病的影响等;三是一些学者开始注重低温热液流体作用下煤中微量元素的地球化学行为,把流体动力学的原理应用于煤中物质,特别是有害微量元素的迁移、转化和富集规律的研究,近年来低温地球化学的快速发展,为此项研究提供了新的思路和可靠的理论参考。

(1) 研究的强度和力度方面。我国学者对煤中微量有害元素的研究很不均衡,研究程度较高的有华北的东部和中部、云南、贵州、四川以及东北个别煤田,部分学者也对西部地区的部分矿区煤中的微量元素进行了研究,积累了不少煤中有害元素分布的基础数据,掌握了一些有害元素的局部富集规律。但总体而言,全国积累的系统研究数据较少,并且多数集中于煤中微量元素高异常区,也容易使人产生误解,认为中国煤中有害元素普遍偏高。因此,要全面评价我国煤炭资源及其环境效应,充分合理地利用我国丰富的煤炭资源,已有的研究成果和数据显然不足。全面准确地评价我国的煤中微量元素含量及其对环境的影响,必须既有针对性又要全面地开展研究工作。对中西部地区,特别是新疆、甘肃、陕西、内蒙古、宁夏、山西等丰富的煤炭资源应进行深入研究。

(2) 煤中有害微量元素富集机理的研究方面。对煤中有害微量元素的来源和富集机理的研究显得十分薄弱,特别是在有机质聚积、成岩、各种变质作用、热液作用过程中煤中有害微量元素的富集机理及其地质背景探讨等方面显得尤为不足。我国黔西、滇东、湘南等地,岩浆、构造热液作用是导致局部地区煤中有害元素富集的主要因素,华北地区区域岩浆热变质作用是决定煤级分布的主因,但对煤中有害微量元素富集的影响研究甚少,有待对原岩、围岩、岩浆热液活动产物的地球化学进行深入研究。所以,从含煤盆地(煤产地)所处的区域地质、地球化学背景和地质发展史等角度进行理论总结,归纳出煤中有害元素富集的成因类型或地质模式,尚须深入研讨。

(3) 煤中有害微量元素的赋存状态研究方面。由于煤中微量元素成因的多样性导致它赋存状态的复杂性,对煤中有害元素的赋存状态研究难度大,主要是因为测试手段还不够先进和完善,尚未采用国际上先进的离子探针质谱仪、质子探针、微区同位素分析等技术,以至对一些微量元素的赋存状态及其成因难以深入论证。在赋存状态的研究中,应注意加强对煤的微矿物学研究。煤中矿物是有害微量元素的主要载体,并对煤的性质和品质起到了控制作用。煤中微矿物的来源及其所反映的地质地球化学背景比较复杂,值得深入研究。低温热液流体运移对煤中物质,特别是煤中微量元素的影响及其作用尚不明确,对流体动力学的模拟和示踪技术,以及对侵入煤层中的不同性质的低温热液流体的来源,尚需深入探讨。

(4) 煤中有害微量元素的环境评估方面。如何正确评价煤中潜在有害微量元素的环境效应是一个前瞻性研究课题。煤中潜在有害微量元素到底富集到什么程度才能对环境造成危害;煤中有害微量元素的含量相同,如果赋存状态不同,对环境是否会造成相同的影响;在含量和赋存状态方面,煤中有害微量元素对环境的影响孰轻孰重,以上这些问题都值得进一步探讨和研究。对煤及其燃烧产物中有害微量元素在土壤、水域中的迁移转化机理及其环境容量、对人体造成危害的病毒机理等研究不够,影响到人类生存环境和健康的全面、正确评价。中国煤中砷和氟的地球化学特征及其对人体健康危害的研究尤其值得关注,Zheng 等(1999)对贵州西部砷和氟进行了研究工作,认为贵州煤为高砷煤和高氟煤,高砷和高氟导致了严重的地方性砷中毒和氟中毒。根据这些报道,中国所特有的、由煤中高含量的砷和氟引起的地方性砷中毒和氟中毒,在国际上产生了重要影响。然而,一些学者后续的研究成果表明,对贵州煤为高氟煤和高砷煤给予了否定,认为贵州煤为低氟煤,高砷煤的分布极其局限,总体上讲贵州煤中砷处于正常范围内。氟中毒的氟源不在于煤本身,而在于一种用作煤燃烧的黏合剂的黏土,并提出使用高氟黏土所导致的地方性氟中毒是一种普遍现象,真正的氟源得以揭示,这些研究成果为预防地方性氟中毒做出了重大贡献。以前对氟中毒的氟源的错误认识,持续了几十年时间,究其原因,就是未能充分发挥地球化学研究的作用,未正确区分地球化学研究的对象,把煤、黏土、煤-黏土混合燃料混为一谈,或简单地称为煤样,这种研究方法是不严谨的。

从地球化学角度,研究微量元素在煤中潜在有害微量元素的赋存特征、富集机理及其在表生环境中的迁移规律,不仅对预防有害元素对环境和人类健康的影响,对保护生态和人类生存环境,而且对研发新型矿产资源类型,对建立保证国家资源安全体系,具有理论和现实意义。煤是一种特殊的有机岩石,具有还原障和吸附障的性能,在特定的地质条件下,可以富集镓、锗、铀、钒等贵重金属元素,并达到可资源利用的规模,是实现经济良性循环发展的重要途径。煤中微量元素地球化学的研究已成为能源、环境科学和新型资源研究的热点,是国际上的前沿课题之一,也是 21 世纪实现环境保护与可持续发展的必然要求(李生盛,2006)。

元素的赋存状态是指元素在煤中是怎样的化学联系及物理分布,它决定了该元素在煤炭加工利用和燃烧时的迁移行为及其向环境释放的难易程度。弄清元素在煤中的赋存状态,对于准确评价元素的工艺性能、环境影响、作为副产品的可能性以及在地质意义上都是非常重要的。因此,对煤中元素赋存状态的研究长期以来一直被人们重视。但由于煤物质结构的复杂性,微量元素赋存状态测试方法的局限性,煤中绝大部分微量元素的赋存状态还不确切,且各学者研究各地的煤得出的结果不尽相同。因而有必要对煤中微量元素,特别是有害微量元素的赋存状态作系统性总结,这对预防煤中有害微量元素的环境影响,保护人类生存环境具有重要的理论指导意义和现实意义(王文峰等,2003)。

第二节 高铝煤中的有害元素

一、高铝煤中有害微量元素的含量

本书选择宁武煤田平朔矿区高铝煤为代表,从安太堡和安家岭煤矿的9号与11号煤中采集283块样品,研究其有害元素含量、分布规律和聚集机理。高铝煤中主要含有Cd、Cr、Pb、Be、Mn、Zn、Ag、Co、Ni、Cu、Ba和U这12种有害微量元素(表10-4)。

表10-4 平朔矿区煤中有害微量元素的含量与中国煤含量对比

微量元素	样品数	含量范围/(μg/g)	算术平均值/(μg/g)	中国煤中含量范围/(μg/g)	中国煤中算术平均值/(μg/g)	R值	水平
Cd	283	0.09~0.24	0.15	0.01~3	0.2	0.75	N
Cr	283	6.59~28.73	17.39	2~50	12	1.45	N
Pb	283	4.80~25.25	11.98	10~47	13	0.92	N
Be	283	0.41~1.69	0.86	0.1~6	2	0.43	N
Mn	265	3.04~99.67	22.51	4~109	77	0.29	N
Zn	283	9.06~95.94	21.57	2~106	35	0.62	N
Ag	265	0.23~4.01	1.08	0.02~2.0	0.03	36.00	H
Co	283	0.42~4.33	1.33	1~20	6	0.22	L
Ni	283	1.39~45.51	13.86	2~65	14	0.98	N
Cu	283	5.50~23.94	13.41	1~50	13	1.03	N
Ba	283	12.46~320.59	88.59	13~400	82	1.08	N
U	283	0.54~7.18	1.96	0.5~10	3	0.65	N

注:R值为系煤中平均含量与世界煤中均值的比值;H为高;L为低;N为相当。

表10-4显示,大多数元素为正常质量分数水平;Ag为高质量分数水平;Co为低质量分数水平。安太堡11号煤层中Ag的平均含量超过世界煤中该元素的平均值,是世界煤中该元素平均值的36倍;Cr、Cu、Ba、Cd、Pb和Ni的平均含量与世界煤中该元素的平均值接近,是世界煤中该元素平均值的1.45~0.75倍;Co的含量远低于世界煤中该元素的平均值,是世界煤中该元素平均值的0.22倍,Be、Mn、Zn和U含量远低于世界煤中均值。

根据有害微量元素的含量,分析平朔煤与地壳克拉克值、中国华北石炭纪—二叠纪值、全国算术均值、美国值、世界值的对比情况以及富集系数,见表10-5。

表 10-5 平朔煤中微量元素与地壳、华北、美国、世界、中国值对比

微量元素	地壳克拉克值 /(μg/g)	华北煤中算术平均值/(μg/g)	美国煤中算术平均值/(μg/g)	世界煤中算术平均值/(μg/g)	EF_1	EF_2
Cd	5.40	0.11	0.47	2.1	0.03	0.12
Cr	100.00	14.98	15	10	0.17	0.74
Pb	12.00	18.32	11	25	1.00	4.25
Be	2.80	2.05	2.2	0.3	0.31	1.31
Mn	950		43	70	0.02	0.10
Zn	70.00	25	53	15	0.31	1.31
Ag	0.07	0.03		0.50	15.43	65.65
Co	25.00	4.06	6.1	5	0.05	0.23
Ni	75.00	6.65	14	36	0.18	0.78
Cu	55.00	10.58	16	15	0.24	1.04
Ba	425.00	121.59	170	200	0.21	0.89
U	2.70	3.26	2.1	2	0.73	3.09

煤中微量元素的分散富集程度常用富集系数 EF 来表示,本书利用 Taylor(1964)提出的 EF_1 计算公式和 Valkovic 提出了另一种计算煤中微量元素 EF_2 的公式对平朔煤中微量元素进行了计算。

$$EF_1 = \frac{煤中元素含量}{地壳克拉克值} \tag{10-1}$$

$$EF_2 = \frac{煤中某种元素含量 / 煤中钪的平均含量}{地壳中某种元素含量 / 地壳中钪的平均含量} \tag{10-2}$$

Gluskoter 等(1977)认为:EF_1 大于 0.67 表示元素在煤中富集,反之则分散;Filippidis 等(1996)认为:EF_1 大于 2 表示元素在煤中富集,EF_1 小于 0.5 表示元素在煤中分散。

Valkovic(1983)认为:EF_2 大于 5 表示元素在煤中富集,EF_2 小于 5 表示元素在煤中分散。

如表 10-5 所示,根据 Gluskoter 等(1977)的判断标准,Pb(1.00)、Ag(15.43)和 U(0.73)在煤中富集;Cd(0.03)、Cr(0.17)、Be(0.31)、Mn(0.02)、Zn(0.31)、Co(0.05)、Ni(0.18)、Cu(0.24)和 Ba(0.21)在煤中分散。根据 Filippidis 等(1996)的判断标准,煤中大多数微量元素都是分散的,除 Ag(15.43)在煤中是富集的,Pb(1.00)、U(0.73)、Cd(0.03)、Cr(0.17)、Be(0.31)、Mn(0.02)、Zn(0.31)、Co(0.05)、Ni(0.18)、Cu(0.24)和 Ba(0.21)在煤中都是分散的。

根据 Lyon 等(1989)的富集系数计算公式及其判断标准,Pb(4.25)、Ag(65.65)和 U(3.09)在煤中富集;Cd(0.12)、Cr(0.74)、Be(1.31)、Mn(0.10)、Zn(1.31)、Co(0.23)、Ni(0.78)、Cu(1.04)和 Ba(0.89)在煤中分散。

与代世峰(2002)统计的华北晚古生代煤的算术平均值相比,Cd(0.15,0.11)、Cr(17.39,14.98)、Ag(1.08,0.03)、Ni(13.69,6.65)和Cu(13.41,10.58)等微量元素的含量超过华北晚古生代煤的算术平均值;而微量元素Pb(11.98,18.32)、Be(0.86,2.05)、Zn(21.57,25)、Co(1.33,4.06)、Ba(88.59,121.59)和U(1.96,3.26)在平朔矿区煤中的含量低于华北晚古生代煤中该元素的算术平均值。

与1983年Valkovic统计的世界算术平均值相比,Cr(17.39,10)、Be(0.86,0.3)、Zn(21.57,15)和Ag(1.08,0.50)等微量元素的含量超过世界煤中的算术平均值;而微量元素Cd(0.15,2.1)、Pb(11.98,25)、Co(1.33,5)、Ba(88.59,200)、U(1.96,2)、Ni(13.69,6.65)和Cu(13.41,10.58)在平朔矿区煤中的含量低于世界煤中的该元素的算术平均值。

二、高铝煤中有害元素的分布特征

很多原因都会影响微量元素的分布,如在形成泥炭沼泽时,水的化学条件、岩浆热液在煤化时候产生的作用、海水的侵入作用、顶底板岩石与煤的物质交换作用等。各阶段不同地质因素综合的作用影响着煤的形成,导致煤中微量元素的分布特征不尽相同,赋存状态也是很复杂的,不同的位置、聚煤区、煤层与层位,煤中微量元素分布特征各异,甚至在不同煤中,同一元素的赋存状态也会有很大差别。

在平朔矿区9号煤和11号煤的煤样中,有害微量元素在这四个矿样中的含量不同,分布规律上也有很大差异。

利用ICP-MS测出Pb、U、Co、Ba、Mn、Zn、Ni、Cu、Cr、Cd、Be和Ag 12种有害元素的含量,根据含量的多少,运用SURFFER软件绘制出12种有害微量元素在矿区中的平面分布示意图(图10-1)。

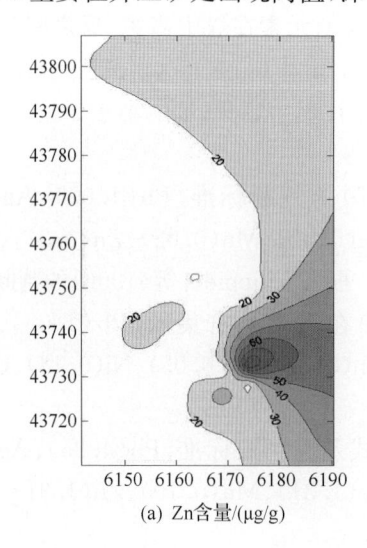

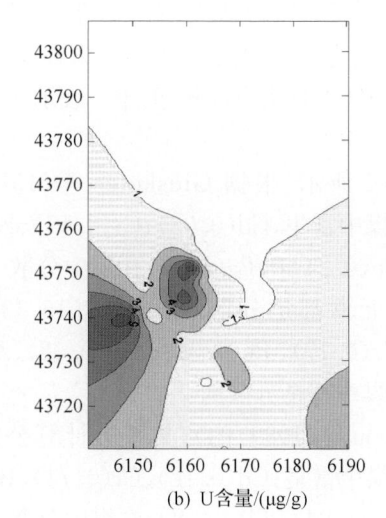

由图10-1可以更直观地看出12种有害微量元素在平朔矿区中平面的分布情况,Cd的含量除安太堡露天煤矿出现高值,其余全部小于华北值、全国值和美国值;Cr的含量除白色区域外全部大于华北值、全国值和美国值;Zn、Ni、Cu的含量在安家岭煤中个别样品出现高值,Pb主要在井工矿处出现高值,深色区域高于华北值、美国值但是全部小于世界

(a) Zn含量/(μg/g)　　(b) U含量/(μg/g)

(c) Pb含量/(μg/g)

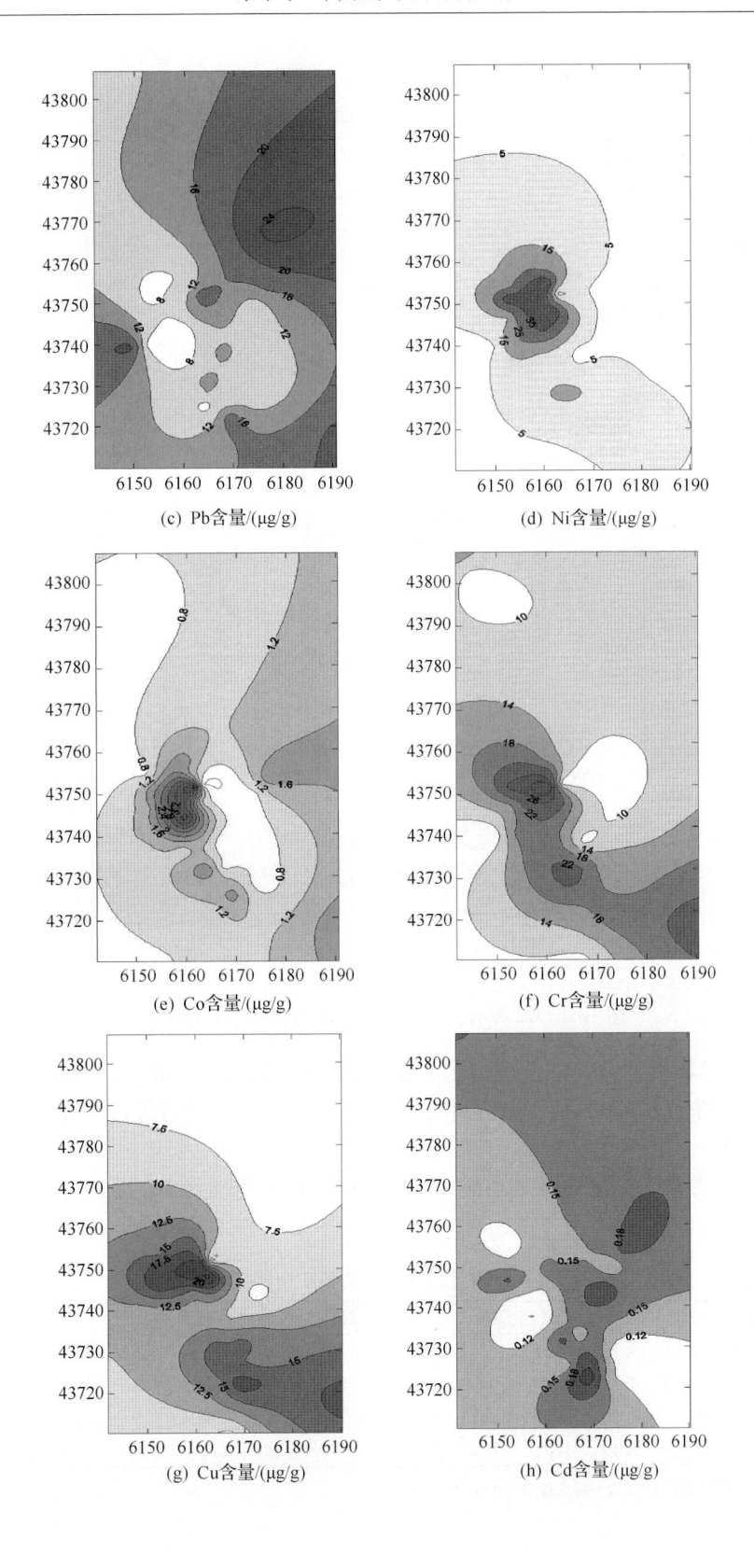

(d) Ni含量/(μg/g)

(e) Co含量/(μg/g)

(f) Cr含量/(μg/g)

(g) Cu含量/(μg/g)

(h) Cd含量/(μg/g)

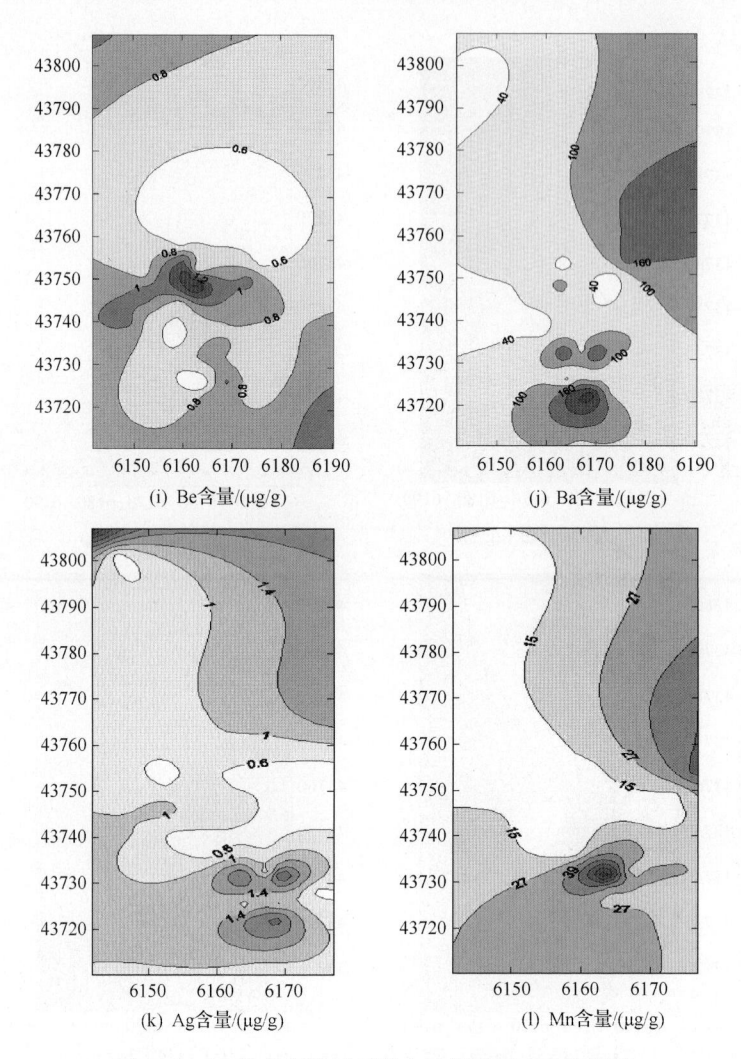

图 10-1　12 种有害微量元素在平朔矿区中分布模式

值；U、Co、Ba、Mn 几乎全部小于华北值、美国值和世界值；Be 大部分区域高于世界煤值，其余全部小于华北值、美国值；Ag 在井工矿和安太堡矿处出现高值，普遍高于华北值、全国值和美国值。

计算出有害微量元素在平朔各矿中的含量及总和，见表 10-6，以及这些元素含量的对比图（图 10-2，图 10-3）。

表 10-6　有害微量元素在平朔各矿中的含量及总和　　　　　　　（单位：μg/g）

编号	Cr	Pb	Cd	Be	Mn	Zn	Ag	Co	Ni	Cu	Ba	U	总和
AJL9	19.91	12.06	0.16	0.82	32.82	30.44	1.51	1.23	10.59	15.9	134.87	1.82	229.18
ATB9	18.33	12.14	0.14	0.87	16.59	17.22	0.75	1.7	21.16	13.97	67.27	2.55	141.21
JG9	10.15	12.1	0.16	0.91	19.23	16.67	1.08	0.72	2.69	6.9	54.29	0.86	102.44
ATB11	9.12	10.09	0.19	1.41	6.26	12.02	1.19	0.38	1.8	8.93	8.73	1.35	40.66

注：AJL＝安家岭矿；ATB＝安太堡矿；JG＝井工矿。

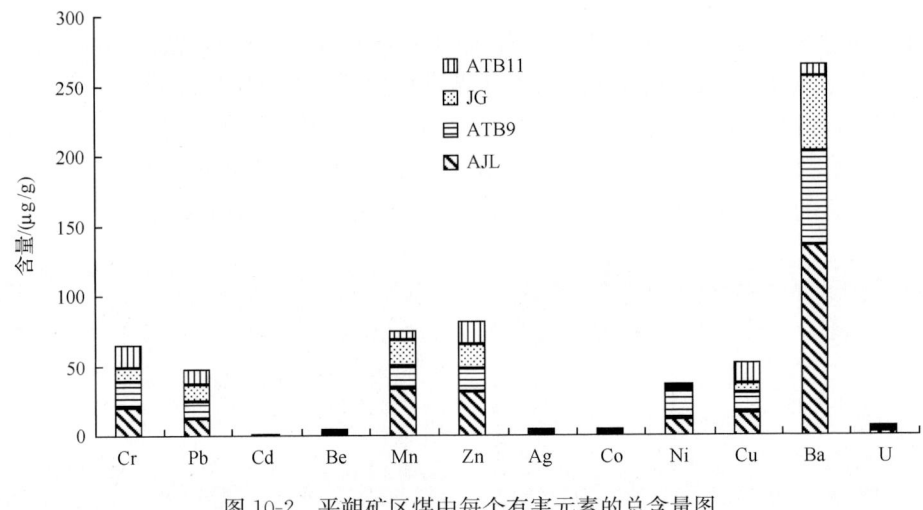

图 10-2 平朔矿区煤中每个有害元素的总含量图

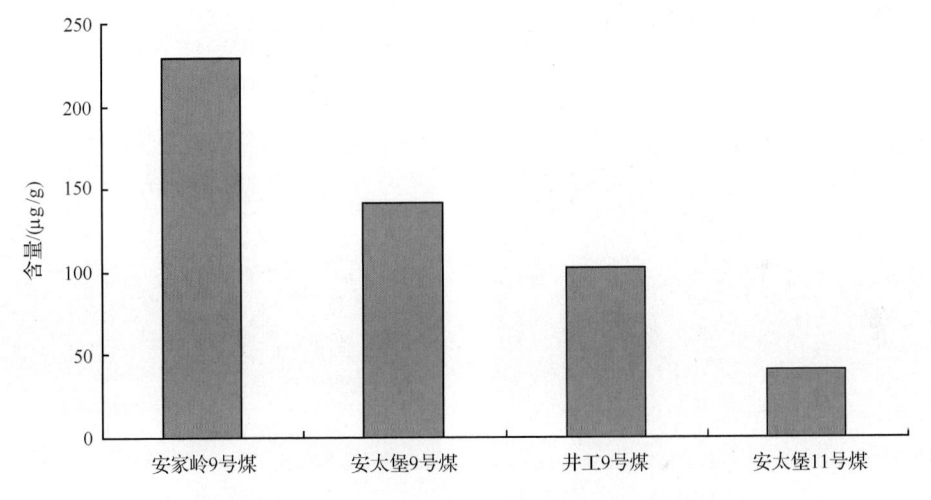

图 10-3 平朔矿区各煤层有害微量元素之和对比图

由图 10-2 可以看出,在平朔煤中有害微量元素的总含量依次为 Ba、Zn、Mn、Cr、Cu、Pb、Ni、Ag、Co、Be、Cd。由图 10-3 可以看出,安家岭 9 号煤层中有害微量元素的总含量最高,安太堡 11 号煤层有害微量元素总含量最低。因此在存放或利用原煤时,尤其对安家岭 9 号煤加以重视,对其进行相应处理。

三、高铝煤中有害元素赋存状态

煤中有害微量元素的赋存状态是复杂多元化的,都会与有机质、无机质有着不同程度的联系。平朔煤中有害微量元素一般赋存在黏土矿物、硫化物矿物、碳酸盐类矿物和有机质中。

利用 SEM-EDS 进一步测定矿物颗粒的化学成分,进而识别煤中矿物的种类。经测定得出平朔矿区煤中矿物常见有黏土矿物、硫化物矿物如黄铁矿,以及碳酸盐矿物如方解石等。

煤样通过 SEM-EDS 检测分析可得出：图 10-4(a) 中的矿物为黄铁矿，并且测得有少量的 Cu、Ag、Zn 及 Co 有害微量元素存在于黄铁矿中；图 10-4(b)、(c) 中的矿物经检测得出是方解石，测得少量的 Zn、Mn 和 Ni 存在于方解石中；图 10-4(d) 为细胞腔中充填了黏土矿物，并测得少量的 Ba、Co、Zn 和 Be 存在于黏土矿物中。SEM-EDS 定性地测得矿物，所以具有一定的局限性，可作为对有害微量元素赋存状态的辅助参考。

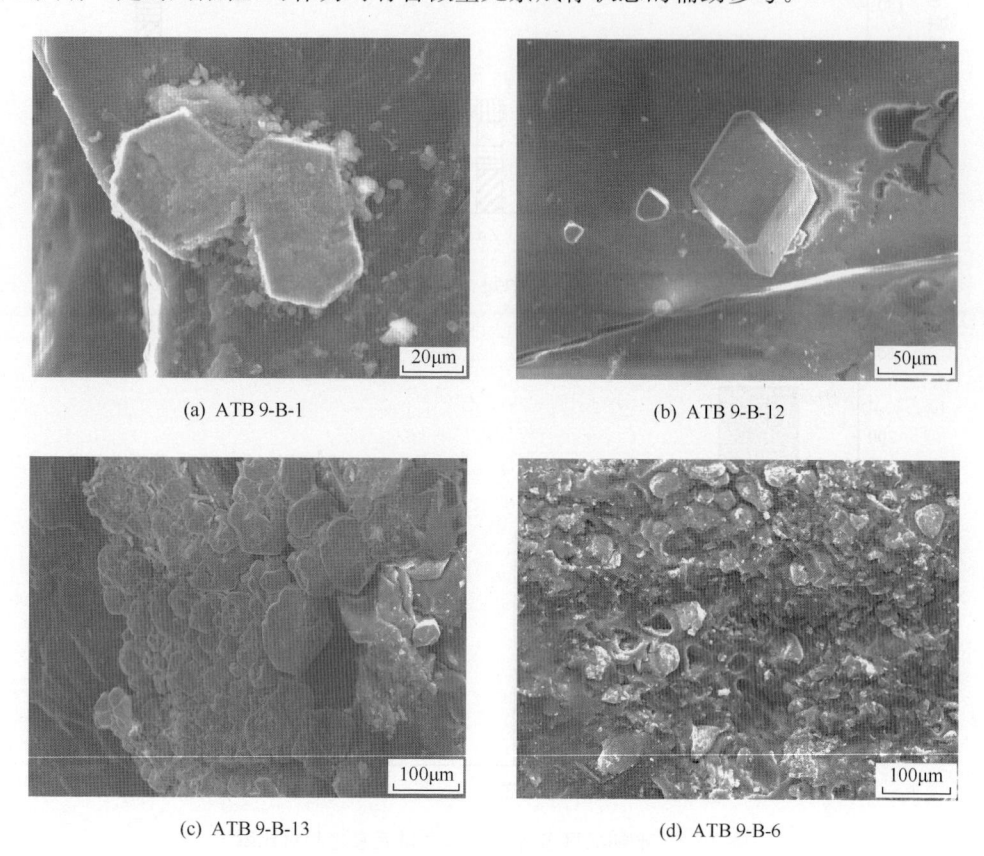

(a) ATB 9-B-1

(b) ATB 9-B-12

(c) ATB 9-B-13

(d) ATB 9-B-6

图 10-4　安太堡矿煤中 SEM 下的矿物

第三节　高铝煤中有害元素的聚类分析

对煤层中有害微量元素的原始数据标准化处理，得出相关矩阵（$n=12$），见表 10-7。可以看出 Zn 与 Ni、Cu 与 Ag、Co 与 Ni、Cr 与 Ni、Cr 与 Cu、Cu 与 Zn、Ni 与 Cu 有正相关性。

表 10-7 平朔煤中微量元素的相关系数矩阵

	Be	Cr	Mn	Co	Ni	Cu	Zn	Ag	Cd	Ba	Pb	U
Be	1.00											
Cr	0.09	1.00										
Mn	−0.35	0.24	1.00									
Co	−0.49	0.29	0.36	1.00								
Ni	−0.23	0.54	0.34	0.66	1.00							
Cu	−0.03	0.60	0.28	0.41	0.59	1.00						
Zn	−0.20	0.47	0.42	0.47	0.66	0.57	1.00					
Ag	0.12	0.34	0.11	0.21	0.37	0.65	0.37	1.00				
Cd	0.35	0.04	−0.06	0.08	0.04	0.47	0.16	0.35	1.00			
Ba	−0.40	−0.01	0.49	0.24	0.20	−0.03	0.31	−0.11	−0.27	1.00		
Pb	0.39	0.13	0.17	0.00	−0.03	0.26	−0.01	0.29	0.46	−0.12	1.00	
U	0.48	−0.19	−0.38	−0.36	−0.36	0.03	−0.37	0.30	0.48	−0.43	0.41	1.00

根据平朔煤中有害微量元素之间的相关性,对其进行聚类分析,如图 10-5 所示。

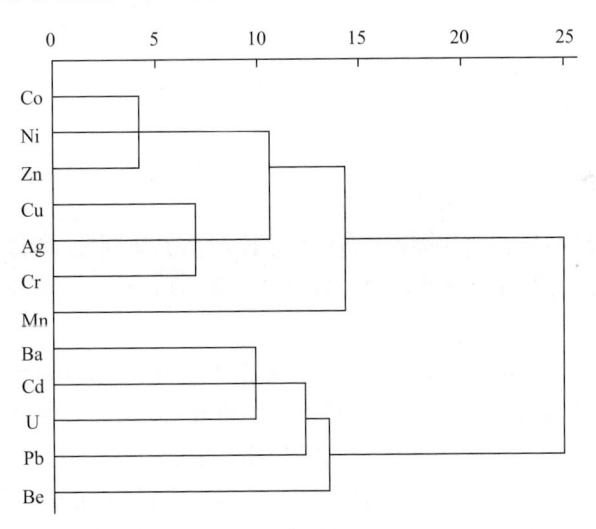

图 10-5 平朔矿区煤中微量元素 R 型聚类分析图

由图 10-5 可以看出,微量元素总体上可分为五个群。

(1) 第一个群包括 Co、Ni、Zn、Cu、Ag 和 Cr。

Co:代世峰等(2003a)用逐级化学提取的方法,研究河北峰峰矿区煤中有害微量元素赋存状态,得出 Co 是以硫化物或硅铝化合物的结合态为主。Finkelman 等(1990)研究认为煤中的 Co 可能与黄铁矿有联系。Co 与 Ni 共生,地球化学参数相近,具有亲硫亲铁的双重性,以亲硫性为主。

Ni:Ni 有强烈的亲硫性,赵峰华已从煤中发现了 Ni 的硫化物[NiS,NiSbS,(Co,Ni)$_3$S$_4$]。此外在闪锌矿、黄铁矿、硒铅矿以及方铅矿等矿物中均发现了 Ni,并认为 Ni 主要进入黏土矿物中,并与硅酸盐、碳酸盐有关。

Zn:Zn具有有强烈的亲硫性。根据资料显示锌主要以闪锌矿(ZnS)存在于煤中。许琪认为,在还原的条件下,含有有机质的黏土矿物会与Zn的硫化物共沉淀。张军营认为黏土矿物及有机质也可吸附锌。赵峰华等(1997)认为,煤中Zn与铁锰氧化物态和碳酸盐相结合,碳酸盐中常会伴生Fe和Mn,Zn与Fe、Mn是类质同象关系,Zn可替代Fe、Mn。

Cu:Finkelman(1995)研究得出Cu有强亲硫性,很多学者认为Cu是与黄铁矿有关。

Ag:Finkelman(1995)研究认为煤中的Ag主要以硫化银的形式存在。Ag与Fe的关系十分密切,它主要是以类质同象的形式在Fe的硫化物中存在。

Cr:Swaine认为黄铁矿中也含有Cr。Mukhopadhyay等(1998)认为Cr与硫化物有联系,赵峰华(1997)应用逐级化学提取的方法,得出黄铁矿中含Cr。任德贻等(1999a)在黏土矿物中测出少量Cr,但是在黏土中只有当S的质量分数较高才会含有Cr,而S质量分数较低时未检测出Cr,所以更能说明Cr与硫化物有关。

所以第一个群表现为亲硫性,主要与硫化物矿物有关,但是也与黏土矿物、碳酸盐类矿物有少许联系。说明硫化物是它们的主要载体。

(2) 第二个群为Mn。

Mn:庄新国等(2001)研究认为高Ca煤中Mn的含量很高,说明Mn与方解石伴生,尤其在烟煤中,大部分Mn在碳酸盐类矿物(菱铁矿、铁白云石)的固溶体中赋存,在褐煤、木质褐煤、低煤级煤中Mn与有机质有联系。另外,利用SEM-EDX分析,发现有的煤中Mn还存在于铁白云石、菱铁矿中。

第二个群中的Mn元素主要赋存在碳酸盐类矿物中,Mn与有机质也有一定联系。

(3) 第三个群包括Ba、Cd和U。

Ba:刘英俊等(1984)研究认为煤中Ba会与K产生类质同象,所以在黏土矿物中分布赋存。樊金串等研究河西煤认为Ba为弱有机群元素,在煤中主要以无机态存在,Ba主要赋存于黏土矿中。

Cd:Mukhopadhyay等(1998)认为Cd与黏土矿物有关。Finkelman(1994)利用浮沉实验的方法,发现Cd与有机质及黏土有联系。代世峰等(2003a)通过逐级化学提取的实验方法,发现Cd主要存在于硅铝化合物的结合形态中。

U:Querol和Chenery(1995)等发现煤中U与黏土矿物有关。Fyfe和VanderFlier研究发现在有机质和黏土矿物中U的含量较高,得出在强还原性的环境下利于U的富集。王运泉等(1996a)认为,U除了与黏土矿物有联系外,还会与黄铁矿有关系。

所以说明第三个群的这些元素与黏土矿物有关,黏土矿物是其主要载体。但也会与硫化物矿物、碳酸盐类矿物有联系。

(4) 第四个群为Pb。

Pb:Finkelman(1994)认为Pb主要存在于与硫化物相关的矿物中,方铅矿(PbS)是Pb最普遍的赋存物。赵峰华等(1997)认为,当煤中不含有Pb的硫化物时,Pb主要进入有机质和黏土矿物的晶格中。

(5) 第五个群为Be。

Be易被黏土矿物吸附,也可以置换黏土矿物中的Al,因而部分Be分布在黏土矿物中。

说明 Pb 与硫化物和黏土矿物都有联系，Be 可能与黏土矿物或是与其他矿物有联系。

对煤中有害微量元素全硫含量($S_{t,d}$)与灰分产率(A_d)之间存在的相关性分析，见表 10-8。

表 10-8 煤中微量元素与灰分产率(A_d)、全硫含量($S_{t,d}$)之间相关系数

组分	Cd	Cr	Pb	Be	Mn	Zn	Ag	Co	Ni	Cu	Ba	U
$S_{t,d}$	−0.36	0.58	0.14	−0.02	0.23	0.61	0.63	0.37	0.43	0.68	−0.21	0.18
A_d	0.53	0.03	0.25	0.19	−0.15	0.30	−0.34	−0.10	−0.17	0.16	0.57	0.37

结果表明，煤中 Zn、Ag 和 Cu 与 $S_{t,d}$ 相关性显著（$R>0.50$），Cr、Co 和 Ni 与 $S_{t,d}$ 之间相关系数也较高。这表明，煤中这些元素主要与硫化物有关。煤中 Cd、Ba 和 U 与 A_d 之间相关系数较高、相关性较强，这些元素在煤中主要分布于黏土矿物中。Mn、Pb 和 Be 等元素与 $S_{t,d}$、A_d 相关性较弱，与其他元素相比，这些元素可能在其他矿物或有机组分中富集程度较高。其中类似 Cr、Pb、Zn 等元素含量同时与 $S_{t,d}$ 和 A_d 有一定的相关性。总之，这些元素在硫含量、灰分产率相关分析结果与微量元素间的相关系数富集系数的结果可以相互印证，表明煤中元素的赋存状态和岩石矿物、土壤的地球化学有一定的联系，有机质在还原性的沉积环境和黏土矿物的吸附性等共同作用下，影响着有害微量元素在煤层中的富集。说明有害微量元素同时受到陆源和海水的共同作用，反映海陆过渡相这一特点。

第四节 成煤环境与有害微量元素的关系

由 GI-TPI 煤相图（图 10-6）可知，平朔矿区煤层的各分层可划分为干燥沼泽、低位沼泽和潮湿沼泽环境三种泥炭沼泽类型。具体分类见表 10-9。

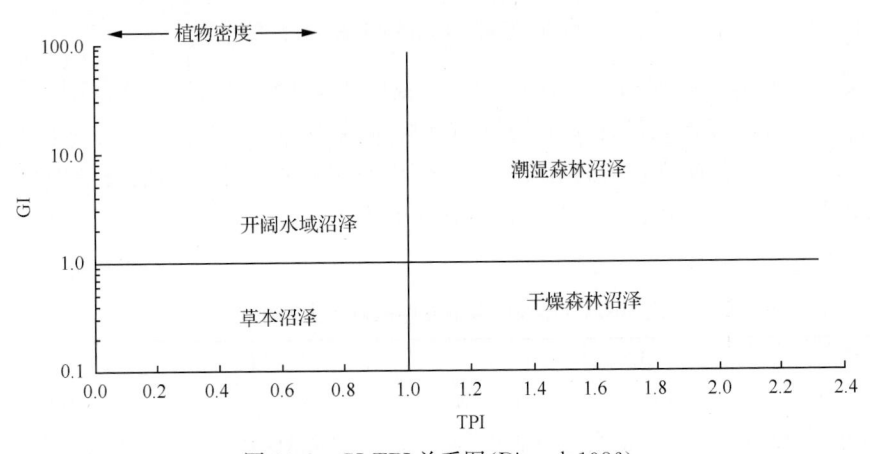

图 10-6 GI-TPI 关系图（Diessel，1986）

表 10-9　平朔矿区煤层泥炭沼泽类型表

沼泽类型	所属样品
干燥沼泽	ATB-9-B-4
低位沼泽	AJL-9-1,9-5,9-7,9-12 ATB-11-C-1,11-C-8,11-C-9,11-C-10,11-C-11
潮湿沼泽	除此以外的样品

统计不同成煤环境中的微量元素含量,其具体数据见表 10-10。

表 10-10　不同成煤环境微量元素含量统计表

微量元素	[1]微量元素含量/(μg/g)	[2]微量元素含量/(μg/g)	[3]微量元素含量/(μg/g)	EF_1	EF_2	EF_3	EF	EF_1/EF	EF_2/EF	EF_3/EF
Cr	6.38	26.09	7.83	0.06	0.26	0.08	0.03	2.13	8.70	2.61
Pb	3.98	16.06	16.19	0.32	1.29	1.30	0.17	1.87	7.56	7.62
Cd	0.066	0.13	0.82	0.33	0.63	4.10	1.00	0.33	0.63	4.10
Be	0.48	1.36	0.90	0.17	0.49	0.32	0.31	0.56	1.57	1.04
Mn	13.98	5.86	10.21	0.01	0.01	0.01	0.02	0.73	0.31	0.54
Zn	10.27	21.04	10.32	0.15	0.30	0.15	0.31	0.47	0.97	0.48
Ag	0.12	10.94	3.03	1.74	156.25	43.35	15.43	0.11	10.13	2.81
Co	0.22	1.00	0.43	0.01	0.04	0.02	0.05	0.17	0.80	0.34
Ni	1.05	3.12	1.56	0.01	0.04	0.02	0.18	0.08	0.23	0.12
Cu	4.58	16.71	10.35	0.08	0.30	0.19	0.24	0.35	1.27	0.78
Ba	9.50	37.91	15.03	0.02	0.09	0.04	0.21	0.11	0.42	0.17
U	0.62	2.13	1.33	0.23	0.79	0.49	0.73	0.31	1.08	0.68

注: EF_1. 干燥沼泽中微量元素平均值/地壳克拉克值; EF_2. 低位沼泽中微量元素平均值/地壳克拉克值; EF_3. 潮湿沼泽中微量元素平均值/地壳克拉克值; EF. 平朔煤中该微量元素的富集系数。

由表 10-10 可知,干燥沼泽中,EF_1/EF 的范围为 0.08～2.13,大部分微量元素的富集系数比平朔煤中有害微量元素平均值的富集系数小;低位沼泽中,EF_2/EF 的范围为 0.23～10.13,有 6 个微量元素的富集系数比煤中有害微量元素平均值的富集系数大;潮湿沼泽中,EF_3/EF 的范围为 0.12～7.62,有 5 个高于有害微量元素的平均系数。具体数据见表 10-11。

表 10-11　不同成煤沼泽中微量元素富集情况

泥炭沼泽类型	EF_N/EF<0.8	0.8≤EF_N/EF≤1.2	EF_N/EF>1.2
干燥沼泽	Cd、Be、Mn、Zn、Ag、Co、Ni、Cu、Ba、U		Cr、Pb
低位沼泽	Cd、Mn、Ni、Ba	Zn、Co、U	Cr、Pb、Be、Ag、Cu
潮湿沼泽	Mn、Zn、Co、Ni、Cu、Ba、U	Be	Cr、Pb、Cd、Ag

在干燥沼泽中,Cr 和 Pb 的富集系数与平朔煤中该微量元素平均值富集系数的比值

都大于1.2,说明在干燥沼泽中的物源是以陆源碎屑为主,而这些元素以陆源碎屑或被黏土矿物吸附的形式搬运到泥炭沼泽中沉积下来。

在潮湿沼泽、低位沼泽中,Cr、Pb、Be、Ag、Cu、U和Be的富集系数比平朔煤中该微量元素平均值富集系数的比值大,尤其是Ag的系数比很大,是平均系数的10.13倍。Cr、Ag和Cu主要赋存在黄铁矿中,Pb也与黄铁矿有关系,说明在强覆水的还原性条件下,很多有害微量元素容易赋存在黄铁矿中。

第十一章 高铝煤的成因

第一节 高铝煤成因

阴山南麓晚古生代高铝煤赋煤区中包括的主要煤层有 11、9、6、4、2 号煤,共 5 层。控制阴山南麓高铝煤赋煤区的因素,主要是受古构造和古环境等因素综合作用的结果。高铝煤赋煤区聚煤作用的强度取决于古构造和古环境的配合程度。此外,古气候也是控制高铝煤层聚积的重要因素。

一、古构造的控制作用

古构造的控制作用主要表现在两个方面:一是大地构造背景,它控制了陆源区和沉积区、海陆分布及海岸线位置等;二是盆地内次级隆起和凹陷控制富煤区的展布。

(1) 大地构造背景的控制作用。研究区北缘由于中亚-内蒙古古海槽的封闭,发生了阴山构造带的隆起,从而控制了体系域内的沉积格局,引起煤层由东向西、由南向北的迁移。

西部晚石炭世初期由于构造背景以碰撞裂谷作用为主,沉降速度快,小盆地常出现以补偿进积沉积为主,即使出现碎屑体系变浅、废弃和沼泽化,但持续很短时间就被水体淹没,导致羊虎沟组小层序较多且普遍含煤性较差;晚石炭世至早二叠世沉积盆地已由裂陷型转化为宽广凹陷型,沉积作用明显减弱,沉积体系的充填和迁移建造了稳定而又开阔的浅水平台,因而有利于泥炭沉积的持续发育;中二叠世开始,西部逐渐向隆起转化,中二叠世早期正是处于转化的过渡阶段,构造背景更趋稳定,高位体系域中的进积碎屑出现大面积废弃,形成了宽广的、有利于沼泽发育和泥炭堆积的平原,因而形成了厚而稳定的工业煤层。

从水平方向上看,构造活动性的差异明显地控制着含煤性的分区,主要表现在:①形成于前加里东并长期活动的青铜峡-固原断裂,控制着东部地台区和西部地槽区的含煤性。如中二叠世早期断裂西侧只有线驮石一带含具有工业价值的煤层,而断裂东侧则普遍含煤性较好。②桌子山东侧大断裂的继承性活动导致了盆地西缘凹陷带煤系厚度及含煤性明显比东部抵台区要好得多。

(2) 次级隆起和拗陷的控制作用。从太原组的沉积厚度、沉积特征的区域性差异可以看出,鄂尔多斯盆地内存在次级的相对隆起和凹陷。重要的是,晚石炭世及早二叠世继承了早期同沉积隆起和拗陷,虽然其活动性的差异明显减弱,但对聚煤作用及沉积体系的分带起着明显的控制作用。

二、古环境的控制作用

古环境实际上受区域地质构造作用的控制,主要表现在其受盆地的不同发展阶段及区域性海水进退等作用的影响,这些因素无不控制着层序内体系域及沉积体系的进积、退积和侧向迁移。因此,如果说古构造背景总体控制着聚煤盆地的形成、发展和层序地层的区域分布,那么,由它所制约的古环境则直接控制着煤层的形成、分布以及富煤区的空间展布。

三、古气候的控制作用

从垂向上看,山西组上部和下石盒子组与山西组下部,有着相似的沉积特征和大地构造背景,地层中含煤线和大量的植物化石,但没有形成具有工业价值的煤层,其中主要原因是由于古气候的影响。

各煤层的时空分布和各煤层富煤单元的分布反映本区晚古生代在不同地段其聚煤强度是不同的,聚煤作用受古构造、古环境等多因素的综合控制。

层序地层单元对煤层厚度变化的控制情况比较复杂,但存在一定的规律性。厚煤层带主要分布于海侵体系域、高位体系域的上倾方向,在水平方向呈垂直于沉积倾向的条带分布。此带以内的河流、三角洲体系和潮滩地带,均可形成厚煤层。

综上所述,整个华北地台区在早寒武世—中奥陶世沉积了一套以碳酸盐为主的岩系,中奥陶世以后,地台整体上升,经历了大约1.3亿年的长期风化剥蚀,因而地形相当平坦,虽然整体上的地形北高南低并且对沉积体系域的分布起着控制作用,但地形高差相当微弱,为石炭-二叠系的稳定沉积奠定了基础。

晚石炭世本溪期:由于吴兰格尔隆起的原因,鄂尔多斯盆地只在盆地西缘的乌海及东缘的准格尔的东部地区接受沉积,相对较高的中部地区基本为接受沉积。在东部的准格尔地区本溪组沉积具有"填平补齐"的特点,海浸来自东南方向华北陆表海,沉积了一套障壁海岸和局限台地的组合岩系,厚度为0~20m。下部以铁铝质泥岩为主,向北相变为铁质砂岩,上部由细粒砂岩、泥岩和灰岩组成。灰岩有由北向南厚度增大、层数增加的规律。沉积环境以潟潮环境为主,其间有水体相对较浅的潮坪-潟湖沉积,在煤田北部龙王沟一带发育障壁岛-潟湖潮坪沉积,在煤田南部发育碳酸盐台地-潟湖潮坪沉积,在北西高、南东低的古地势条件下,台地灰岩向北尖灭于潟湖相泥岩中。

晚石炭世—早二叠世太原期:海侵范围继续扩大,华北海与北祁连海互相沟通,形成统一的滨浅海,全区大范围内接受沉积,沉积了一套以河流三角洲沉积环境为主的含煤岩系。太原期早期,河流由北向南携带碎屑物质进入沉积区,粗碎屑物沿山前附近堆积,形成面积达百平方公里的冲积扇体,向南过渡为曲流河沉积,曲流河的主干河道发育在地形相对低凹地带,两侧为泛滥盆地亚环境,河流分叉过渡为三角洲环境,泥炭沼泽广泛发育。太原期晚期,发生了规模较大、范围较广的海侵,致使部分三角洲平原转变为淡水间湾或潟湖,沉积边界向北超覆,为三角洲的继续发育提供了碎屑物质堆积的场所,沉积具有北薄南厚、东西厚中间薄的变化趋势,黑岱沟一带沉积厚度较大。在河流三角洲体系中,泥炭沼泽发育的最佳部位为三角洲平原及三角洲前缘的分流间湾之上,这些地带聚积了巨厚的泥炭层并形成了全区广泛分布的6号巨厚煤层。

中二叠世山西期:由于西伯利亚板块向阴山褶皱带俯冲,使得阴山褶皱带不断上升,海水逐步向南退缩,河流携带的大量陆源碎屑充填于盆地,沉积了一套以河流体系为主的碎屑岩系。研究区山西期主要为河流冲积平原环境,河流活动比较活跃,由于河道的侧向迁移及改道形成的多个河流沉积旋回的叠加,导致聚煤条件较差,仅在局部废弃的河道以及两侧泛滥盆地,有薄而不稳定的煤层发育。

总的来说,研究区从晚石炭世本溪期开始,整体沉降至中二叠纪山西期水体浅化逐渐萎缩,总体沉积体系表现为:本溪期为局限台地和障壁海岸体系;太原期海侵范围扩大,为河流三角洲体系;中二叠世山西期为一套以海退沉积序列为主的河流体系。

第二节 高铝煤中无机物来源

许多学者对高铝煤的成因,特别是高铝煤中矿物的成因做过研究(Dai et al.,2006;石松林,2014;Chu et al.,2015)。准格尔盆地煤层中氧化铝含量较高,主要源于煤中富含富铝矿物,如高岭石和勃姆石(一水软铝石)。这些富铝矿物的形成主要取决于煤田泥炭堆积时期陆源碎屑物质输入、物质组成、搬运方式、沉积成岩作用及后期改造作用等,主要取决于区域地质演化、岩相古地理、古气候、古植物等(Wang et al.,2011)。可以通过岩石结构构造研究、矿物赋存状态研究、元素赋存状态探讨、元素活动行为等进行综合讨论探索。

物源分析指标中,δEu和稀土元素配分模式均为可靠的指示物源的指标。准格尔煤田煤中δEu为0.4~0.96,平均为0.63,夹矸中δEu为0.36~1.08,平均为0.70(石松林,2014)。煤中和夹矸中稀土元素均呈现中等Eu负异常,可推断其物质主要来自于准格尔煤田北部阴山古陆的酸性岩浆岩或具有Eu负异常的年代较老的沉积岩(铝土矿)。稀土元素配分模式分析表明阴山古陆的加里东海西期的酸性岩浆岩(斜长花岗岩、二长花岗岩、钾长花岗岩、细晶花岗岩)以及早期形成的本溪组铝土矿的稀土配分模式与煤及夹矸一致,这进一步确定了准格尔煤田物源的多源性,既有铝土矿来源,也有酸性花岗岩来源。

内蒙古洋壳的消减和俯冲作用使得华北板块北部隆升形成阴山古陆,成为华北盆地的主要物源区。晚石炭世晚期这种隆升作用不断加强,使得整个华北板块发生跷跷板式的升降移位,由南隆北倾机制转变为南倾北隆机制。此次重大地质事件的发生使阴山古陆铝硅酸盐岩(尤其是酸性岩浆岩)中富铝物质迁移到准格尔煤田中成为可能。王双明(1996)研究表明,准格尔煤田距离风化壳的距离较近,仅为50km左右,也有利于富铝物质的迁移就位。

若使阴山古陆的铝硅酸盐岩及早期形成的铝土矿中富铝物质迁移到准格尔煤田中,不仅需要有利的成矿母岩、有缓坡的古地形、距物源合适的距离等条件,成矿时还必须处于低纬度地区,具有湿热的古气候,湿热的古气候是物源区母岩风化必不可少的条件。

根据林万智等(1984)和程东等(2001)对石炭系古地磁研究,准格尔煤田晚石炭世的古纬度应在14°左右,距离赤道较近,气候湿热。根据石炭纪石灰岩中氧、碳同位素值及其环境意义,石炭纪灰岩是在正常海相环境中形成的,太原组形成时期古水温平均为29~32℃,也说明当时该地区气候炎热(代世峰等,2006c)。

1. 硅酸盐风化作用阶段

阴山古陆的铝硅酸盐的风化作用对高铝煤中无机物富集特别重要。在热带和亚热带气候条件下,大气降水(与大气平衡的含 CO_2 的雨水)经土壤、植被,pH 一般降至 4~6,呈弱酸性(陈履安,1991)。陈履安(1991)对铝土矿形成过程中元素的分异机理研究指出,在中性偏酸性的水体系中,SiO_2 的溶解度大大高于 Al_2O_3 的溶解度。在中性偏酸性的水介质条件下,长期淋滤铝硅酸盐矿物,由于硅、铝具有显著不同的溶解迁移特性,固相中硅质不断地淋失贫化,而铝质相对富集,其发生的化学反应为

$$Al_2Si_2O_5(OH)_4 + 3H_2O \rightleftharpoons Al_2O_3 \cdot 3H_2O + 2SiO_2 \cdot H_2O \quad (11\text{-}1)$$

式中,$SiO_2 \cdot H_2O$ 可呈胶体溶液缓慢迁移,在偏酸性体系中其大部分可呈 $Si(OH)_4$ 溶液,转变为 $Si(OH)_3^+$、$Si(OH)_2^{2+}$ 等离子形式,以真溶液运移流失。虽然上述反应无氢离子参加,但其中的 $SiO_2 \cdot H_2O$ 实际存在如下平衡反应:

$$2SiO_2 \cdot H_2O \longrightarrow Si(OH)_4 \rightleftharpoons Si(OH)_3^+ + OH^{-1} = \cdots\cdots = Si^{4+} + 4OH^-$$
$$\longrightarrow Si(OH)_3^+ + H_2O$$
$$\longrightarrow Si(OH)_2^{2+} + H_2O \quad (11\text{-}2)$$

而在中偏酸性下,体系 H^+ 浓度较高,有利于促使上一反应向右进行。说明较低 pH 体系有利于铝硅酸盐矿物的风化脱硅作用。

由于风化过程中,湿热地区植物繁茂,雨水流经土壤或其他沉积环境,必然伴随着动植物的死亡,在细菌作用下腐烂分解,产生有机酸,由于这些有机酸的酸性、络合能力和还原特性等有利于铁、硅溶解迁移而与铝质相分异,因此这些有机酸对富铝矿物母质的分解作用是不能低估的。

各种铝硅酸盐矿物在风化作用过程中,最终可变为三水铝石,所发生的一系列变换的演变顺序如下:①辉石-角闪石-绿泥石-蒙脱石-高岭石-三水铝石;②黑云母-蛭石-蒙脱石-高岭石-三水铝石;③长石-绢云母-水云母-高岭石-三水铝石。当然,铝矿物的形成途径不是唯一的,各种铝矿物之间在不同环境下也会发生相互转化,现实情况也可能是多种变化同时进行的:橄榄石和黑云母-高岭石-一水硬铝石(一水软铝石);长石和云母-一水软铝石;三水铝石-一水软铝石;长石和辉石-三水铝石;铝溶液-三水铝石和-水铝石。这些铝硅酸盐矿物风化所形成的富铝矿物为后来准格尔煤田中勃姆石的富集提供丰富的物质基础。

2. 搬运过程阶段

这些风化产物主要以胶体的形式和陆源碎屑的形式搬运到泥炭沼泽中的,其中胶体搬运占主导地位。在煤层中和夹矸中勃姆石主要以团块状分布于基质镜质体中,也有的充填在成煤植物的胞腔中,镜下可见丝质体或半丝质体充填勃姆石或其他黏土矿物,矿物的赋存状态指示它们主要是胶体成因的。以胶体形式搬运的风化产物不仅包括三水铝石("外胶体",陆源形成的),其他陆源黏土质等超细碎屑也可能以胶体形式("内胶体",区别"外胶体")运移到泥炭沼泽中,这些细粒物质长期呈悬浮状进入沉积盆地中,而这种水体在自然界中富集有机酸,其 pH 可以为 4 以下,使黏土等铝硅酸盐矿物溶解。那些粒度较大的风化产物或风化残余物质则在一定水动力条件下以陆源碎屑形式搬运到泥炭沼泽中。

3. 沉积成岩作用阶段

首先，大量三水铝石及少量黏土矿物在水流作用下以胶体形式被短距离搬运到泥炭沼泽中后，在上覆沉积物的压实作用下，发生脱水形成勃姆石。准格尔煤田煤中富含勃姆石，而硬水铝石十分罕见，这主要是因为准格尔煤田6号煤（长焰煤）变质程度较低，煤层所受压力和温度不足以使煤及夹矸中已形成的大量勃姆石再次发生脱水作用形成硬水铝石。

其次，煤层及夹矸中的高岭石物质也可以经过脱硅作用蚀变为勃姆石，这种现象主要见于煤层夹矸中，但在煤层也可能发生，因为煤层中富含有机质，存在大量的腐殖酸，这种酸性环境有利于高岭石脱硅作用的进行，由于存在于准格尔6号煤层中的高岭石多为隐晶质，不易观察煤层中勃姆石交代高岭石的现象。但在夹矸中勃姆石交代高岭石现象十分明显。高岭石脱硅形成铝的氢氧化物矿物的过程可用下列反应式来概况。

高岭石溶解：

$$Al_2Si_2O_5(OH)_4 + 6H^+ \longrightarrow 2Al^{3+} + 2H_4SiO_4 + 2H_2O \tag{11-3}$$

硅的淋滤：

$$H_4SiO_4 \longrightarrow SiO_2 + 2H_2O \longrightarrow Si(OH)_4 \longrightarrow Si(OH)_3^+ + OH^- \longrightarrow \cdots\cdots \longrightarrow \tag{11-4}$$

$$Si^{4+} + 4OH^- \longrightarrow Si(OH)_3^+ + H_2O \longrightarrow Si(OH)_2^{2+} + H_2O$$

$$H_2O \longrightarrow H^+ + OH^- \tag{11-5}$$

三水铝石的形成：

$$Al^{3+} + 3H_2O \longrightarrow Al(OH)_3 + 3H^+ \tag{11-6}$$

铝的氢氧化物的脱水作用：

$$Al(OH)_3 \cdot nH_2O \longrightarrow AlOOH + (n+1)H_2O \tag{11-7}$$

或

$$Al(OH)_3 \longrightarrow AlOOH + H_2O \tag{11-8}$$

4. 生物和有机质的重要成矿作用

对于铝硅酸盐矿物风化作用来说，生物风化作用也是十分重要的。尤其在赤道附近的古热带地区，气候很湿热，生物繁茂，微生物的活动及有机质的分解而产生极多的CO_2、H_2S和有机酸，使水介质的pH和Eh受到很大的变动，从而使铝硅酸盐矿物遭受强烈的风化。生物风化不是把成矿元素集中到自己的体内或其周围，而是把铝硅酸盐矿物中的与成矿元素共生的非成矿元素溶蚀淋滤掉，最后仅难溶的Al_2O_3以各种富铝矿物形式残留下来，为准格尔煤田煤中富铝矿物的富集提供充足的物质来源。不仅如此，富铝矿物的搬运、沉积、成岩、后生、表生、后期风化阶段也不同程度地受到生物和衍生有机质的作用。因此，其生物和有机质的成矿作用是非常重要的。

总之，准格尔煤田晚古生代煤中勃姆石的富集不是一个简单、孤立的地质事件，它与该区域的构造演化、成煤期的古地理环境和古气候等具有不可分割的联系。因此认为勃姆石的富集具有成因多样性和物质多源性的特点。煤层中富集的勃姆石既有来自阴山古陆富铝胶体经压实脱水形成的，也有高岭石在酸性条件下脱硅蚀变而来的，高岭石蚀变勃姆石的现象多见于煤层夹矸中。来自阴山古陆的富铝胶体的原始物质是多源的，既可以由早期形成的本溪组铝土矿风化而来的，也可以是阴山古陆铝硅酸盐岩（加里东海西期的斜长花岗岩、二长花岗岩、钾长花岗岩、细晶花岗岩等酸性花岗岩）经风化作用转变而来的。

在准格尔煤田 6 号煤形成初期，准格尔煤田北偏西方向的地势高，南偏东方向的地势低，陆源碎屑物质主要来自北西方向的阴山古陆加里东海西期的斜长花岗岩、二长花岗岩、钾长花岗岩、细晶花岗岩。在煤层形成中期，煤田的北东部开始隆起，本溪组铝土矿开始出露，并逐渐成为煤田主要的物源区，本溪组铝土矿在晚石炭世热带湿热气候作用下容易风化形成三水铝石，由于准格尔煤田离物源区较近，所形成的三水铝石及少量黏土矿物在水流作用下以胶体形式被搬运到准格尔煤田泥炭沼泽中，这也是 6 号煤中部层位中富集勃姆石的原因所在。在煤层形成晚期，本溪组隆起下降，陆源碎屑的供给又转为北偏西方向的阴山古陆加里东海西期的斜长花岗岩、二长花岗岩、钾长花岗岩、细晶花岗岩。

煤层中的勃姆石主要是成岩过程中聚积在泥炭中的大量三水铝石在上覆岩层的压力下发生脱水作用而形成的，少量可能是高岭石脱硅蚀变形成的。而夹矸中的勃姆石除了部分源自三水铝石胶体之外，常见勃姆石交代高岭石的现象。煤层夹矸与煤层几乎同时形成，在泥炭化和煤化作用过程中都会有腐殖酸的形成，大量的腐殖酸的存在，使得煤层夹矸在形成过程中长期处于酸性环境，在酸性环境中晶粒高岭石容易脱硅析出 $AlOOH \cdot nH_2O$，而后在成岩作用下经脱水压实形成勃姆石（张帅等，2014）。

其他煤田的高铝煤与准格尔煤田有相似的成因。

第十二章 开发利用现状与前景展望

自然界的矿产往往以共生、伴生产出。共生矿床是指同一矿区(矿床)存在两种以上符合工业指标、具有一定规模的矿产;伴生矿产则指在矿床中与主要矿产一道产出或无单独开采价值,但在采掘、加工主要矿产时,可以同时被采出、提取和利用的矿产。国外非常重视资源的综合勘探和综合开发,注重各种矿产综合勘探与开发利用效率。长期以来,由于我国实行的是行业(纵向)条块式管理,对同一地区、同一岩系中不同矿产往往分别勘探、各自开发,造成极大的人力、物力和财力浪费。随着管理体制的改革、经营方式的转变以及资源勘探开发模式与国际接轨,综合勘探与综合开发是今后矿产资源开发利用的必由之路。

煤是一种特殊的具有还原障和吸附障性能的矿产,资源量和产量巨大,且分布面积十分广阔,在特定的地质条件下,可以富集如锗、镓、钒、铀、稀土元素等金属元素,另外贵金属元素如铂族元素(PGEs)、金、银、铌、铯、钪、铷和锑等也在煤中富集,并达到可利用的程度和规模(朱士飞和秦云虎,2013)。

据有关专家统计,我国对共生、伴生矿产进行综合开发的仅占其总数的 1/3,综合利用率只有 20%;而对含煤地层中共生、伴生的 20 多种矿产,绝大多数尚未开发利用(王春秋,2005;刘刚,2008;朱士飞和秦云虎,2013)。

第一节 开发利用现状

一、国外煤中伴生矿产研究进展

近年来,在国际油气资源较为紧缺的条件下,各国对煤炭资源的综合开发和洁净化利用越来越重视。俄罗斯学者 Arbuzov 等(2011)对煤和含煤岩系中有用伴生元素、共生矿产的研究值得关注。早在 1989 年,Юдович 就出版了《一克的价值高于几吨煤》一书介绍了世界各国煤中可能利用的异常高含量的微量元素及其潜在价值。Середин、Повренных、Магазина 和 Шлирт 对远东地区和西伯利亚地区煤中和含煤岩系中有工业价值的 Au 和铂族元素的矿物学,以及 Sb、Nb 和稀土异常富集、煤-锗矿床的成因等地质和地球化学进行了详细的研究。Арбузов 等在《库兹涅茨煤田煤中稀有元素》一书中,论述了煤中伴生稀有微量元素的综合利用价值和可能性,并探讨了库兹涅茨煤田煤中稀有元素综合利用的前景。近几年,俄罗斯对远东地区煤中的 Ge 和稀土元素进行了开发利用。

二、国内煤中伴生矿产研究进展

20 世纪 50~70 年代,我国煤炭和地矿部门在地质勘探中,对煤中 U、Ge 和 Ga 等有用伴生元素进行了研究,初步确定了 Ga 和 Ge 等元素在一些矿区的煤层中富集的工业品位和综合利用品位。张淑苓等(1988)、胡瑞忠等(2000)、戚华文等(2003)从不同的角度对云南临沧帮卖大型煤伴生 Ge 矿床中 Ge 的赋存状态、矿化作用和成因机制进行了详细的研究;杜刚(2003)、黄文辉等(2007)、Dai 等(2015c)对内蒙古胜利煤田乌兰图嘎煤-锗矿床的分布规律和元素地球化学性质进行了分析。周义平和任友谅(1982)对西南晚二叠世煤田中 Ga 的分布及地球化学特征进行了研究;代世峰等(2006c)在内蒙古准格尔煤田发现了超大型煤伴生 Ga 矿床,并研究了其富集的机理;Zhao 等(2009)在邢台煤田中发现了一中型的煤伴生 Ga 矿床。Sun 等(2012a,2012b,2012c)指出准格尔煤田官板乌素煤矿煤中 Li 的含量达到了 266μg/g,可以作为伴生矿产开发。代世峰等(2006c)指出准格尔煤田官板乌素煤矿中稀土的含量达到 154μg/g,黑岱沟煤矿最高达到 255μg/g,可以综合回收利用。

总之,出于煤炭综合开发利用和环境保护的目的,中国学者关于煤中微量元素的研究成果颇丰。但是,仍然存在几个突出问题:第一,虽然一些学者报道煤中发现伴生金属元素富集,但是除了 Ge 矿以外,多数发现并没有被有关部门和大多数学者认可。主要原因是这些发现源自于几十个样品或一两个剖面,没有进行深入研究,而矿床的认定需要一定量的采样点、采样线数据。第二,只有在现有条件下可以开采和利用的矿物才称为矿床,因此,煤伴生金属元素的提炼工艺、是否经济合算就成为认定煤伴生矿床的关键问题。经过近几年的努力,这两个方面目前已经取得重要进展。例如,通过在山西平朔矿区采取 800 块样品的数据证明山西平朔矿区锂的含量超过综合回收利用品位,并有省煤炭行业协会组织专家认定为煤伴生锂矿,经过国内外资料联网查新,证明煤伴生锂矿属于新型成矿类型。特别是随着大量煤伴生金属的发现,其提取技术也已经进入工业利用阶段。

近年来,煤中伴生矿产的研究进展引起广大学者、学术团体、政府和企业的关注。Seredin 等(2012)认为煤田是稀有金属有希望的资源。Ketris 和 Yudovich(2009)、孙玉壮等(2014)提出了部分煤伴生金属元素的综合利用指标。煤中伴生矿产研究成果被国际有机岩石学会(TSOP)在 2013 年第 6 期新闻通报中报道、美国地质科学研究院(AGI)2014 年第 1 期地学展望中报道。2013 年 4 月中国国土资源部发布"2012 中国国土资源公报",在山西平朔和内蒙古准格尔煤田发现伴生锂资源。神华集团准格尔煤矿于 2011 年建成从煤灰中提取 Al_2O_3 和镓的工厂;中煤平朔煤业有限责任公司于 2011 年建成从煤灰中提取 Al_2O_3 的工厂,一期工程年处理煤灰 $20×10^4$ t。特别是中煤平朔煤业有限责任公司针对煤灰中铝硅比小于 1 的特点,开发出了先提取白炭黑,再提取氧化铝的工艺(孙玉壮等,2014)。美国一公司于 2003 年就开发出用粉煤灰提取碳酸锂的工艺(陈冀渝,2003)。因此,煤伴生金属矿产成矿机理、提取工艺技术和综合勘探与综合开发利用的研究具有广泛前景。但是,有关研究仍然存在一些突出问题。

第二节 开发利用中存在的主要问题

煤中伴生矿产具有重要的资源优势,但是,欲把这些资源转变为经济效益,必须加强对伴生矿产的研究。鉴于其种类多、应用领域广,近年来,煤炭、地矿、建材、化石、石油等多个部门均对此愈加重视,并结合各自的生产和业务的需要对煤中伴生矿产开展了有关工作(程守田和黄焱球,1994)。对于煤炭部门及煤田地质工作者来说,煤中伴生矿产的研究一直是所关心和注意的问题,并且已取得了不少成果和进展。

数十年煤田找矿勘探和煤矿山开采及其研究所积累的极为丰富的煤中地质资料和成果;作过一定程度评价的某些伴生矿产的信息和认识;大批生产矿井和露天矿所提供的矿山及其物质条件;煤中伴生矿产研究已取得科研基础和经验;等等,这些都为煤中伴生矿产研究提供了便利。

煤中伴生矿产的研究是多方面的,既包括资源地质,又包括开发利用。以下几点需要予以重视:①彻底改变单一的找矿模式,加强煤中资源的综合找矿和综合评价;②加强现有煤矿山对伴生矿产的综合开采和综合利用;③加强已知的有价值的伴生矿产的应用研究,提高矿产品的市场竞争力;④加强煤的综合利用及其开发过程中的环境保护研究;⑤在资源地质方面,加强煤中伴生矿产的分布规律、共生组合关系以及成矿系列和成矿规律的研究和总结。

煤中伴生矿产的研究和利用需要有关部门加强领导,制定政策、提出规划。对重点目标和方向可进行科研立项,有利于提高煤田勘探、科研、教学等部门的积极性,加强我国煤系伴生矿产这一研究领域的发展(程守田和黄焱球,1994)。

其中开发利用中存在的主要问题体现在以下几个方面。

第一,煤中某些金属元素的局部富集并不一定形成伴生矿产。只有按照勘探规范中要求的点和线,通过大量样品数据,才能确定是否形成伴生矿产。例如,在山东、河北、河南和新疆的某些煤田都有镓局部富集的报道,但进一步的工作证明都没有达到伴生矿产的要求。

第二,由于没有提出对煤炭进行多种伴生金属矿产综合勘探的要求,在煤炭勘探时没有对多种伴生金属元素含量进行化验,也没有保存有关煤样。一旦煤炭勘探结束,没有人再投入巨大资金进行煤伴生金属矿产勘探。

第三,没有煤伴生金属矿产评价指标体系。由于煤伴生金属元素的巨大潜在价值和综合开发利用的社会意义还没有得到政府与企业的认可,大部分煤伴生金属矿产的评价指标体系没有制定,仅有一些国家提出了锗和镓的评价指标。没有煤伴生金属矿产评价指标体系也是没有对煤炭进行多种伴生金属矿产综合勘探的重要原因。

第四,大部分煤中伴生金属元素的提取工艺技术还不成熟。虽然建立了一些从煤中提取锗、镓、稀土元素等的工厂,发明了一些专利,甚至建立了一些中试车间,但与工业化生产还有距离,需要进一步加强有关研究。

第三节 伴生矿产工业品位探讨

一、确定煤中伴生矿产综合回收利用的工业品位,实行综合勘探

由于微量元素的应用越来越广,需求量越来越大,从煤灰中提取伴生金属元素在一些矿区开始进入生产阶段。我国云南滇西褐煤矿中,现已发现开采锗资源有工业价值的矿

区有四个,包括帮卖(大寨和中寨)矿区、腊东(白塔)矿区、芒回矿区、等嘎矿区。根据煤田勘探估算锗储量共计 2177t,其中最大的锗矿是位于帮卖的大寨和中寨,储量约 1620t,前三个矿区锗储量为 1990t,等嘎矿区已开采 30 余年(敖卫华等,2007)。神华集团准格尔煤矿于 2011 年建成从煤灰中提取 Al_2O_3 和 Ga 的工厂(Seredin et al., 2012; Seredin et al., 2013);中煤平朔煤业有限责任公司于 2011 年建成从煤灰中提取 Al_2O_3 的工厂,一期工程年处理煤灰 20 万 t。

然而,由于从煤灰中提取金属的工艺和技术还不成熟,能够综合开发利用的煤矿不多。因此,没有确定煤中大部分伴生元素综合回收利用的工业品位和边界品位。随着煤炭综合开发利用的增加,急需确定煤中大部分伴生元素综合回收利用的工业品位和边界品位,以便实行综合勘探。本书参照《矿产工业要求参考手册》中各类元素的工业品位和边界品位,通过从粉煤灰反推至原煤,同时考虑已有的伴生稀有元素(Ge 和 Ga)工业品位大约为世界煤中平均值 5 倍的例子,以及根据国家各项技术经济政策和市场要求,综合考虑给出原煤中部分伴生微量元素(锂、铀、钍和稀土元素)综合回收利用的工业品位和边界品位。

二、煤中伴生微量元素品位探讨

(一)煤中锂

1. 煤中锂

代世峰等(2008)在哈尔乌素煤矿 6 号煤层中发现高锂含量煤,异常高值达 566mg/kg。Sun 等(2010a)在安太堡煤矿中发现高锂含量煤,异常高值达 657mg/kg。孙玉壮计算中国煤中锂的平均值为 28.94mg/kg,Dai 等(2012b)等计算中国煤中锂的平均值为 31.8mg/kg。由于煤中高锂含量到目前才发现,所以尚没有煤中锂的工业品位和边界品位。

2. 锂矿床品位

锂主要赋存于花岗伟晶岩矿床、碱性长石花岗岩类矿床和盐湖矿床。依据《稀有金属矿产地质勘查规范》(DZ/T 0203—2002),伴生氧化锂(Li_2O)的综合回收参考性工业指标为不小于 0.2%(Li_2O),如果将其作为粉煤灰中锂回收利用的工业指标,即粉煤灰中锂回收利用的工业指标为不小于 0.2%(Li_2O),按照原煤灰分含量 15% 作为计算值,孙玉壮等(2012a)推算出原煤中锂回收利用的工业指标应为 135mg/kg。

Ketris 和 Yudovich(2009)估算世界褐煤中锂的平均值为 10mg/kg±1mg/kg,世界硬煤中锂的平均值为 14mg/kg±1mg/kg,世界煤中锂的平均值为 12mg/kg。如果考虑已有的伴生稀有元素(Ge 和 Ga)工业品位大约为世界煤中平均值 5 倍的原则,应该采用世界煤中锂的平均值 30mg/kg 的 5 倍值 150mg/kg 作为中国煤中锂回收利用的工业指标参考数据。同时考虑到从粉煤灰中提取,节省了勘探开采成本,回收利用的工业指标应该低于 150mg/kg(Li)。考虑到盐湖中锂的巨大含量和其价格远低于锗和镓的现状,参考俄罗斯学者 Yudovich 和 Ketris(2006)建议煤中锂回收利用的最低工业指标 100mg/kg,本书建议原煤中锂回收利用的工业指标应为 120mg/kg(Li)。

3. 锂矿床规模

《稀有金属矿产地质勘查规范》(DZ/T 0203—2002)中规定锂矿床划分标准(以 Li_2O 计,万 t):大型:≥10;中型:1~10;小型:≤1。

在本次工作中,直接采用此标准是可行的,主要是考虑到以下原因:一方面,煤系沉积型矿产资源,储量规模往往巨大,那么其伴生的金属矿床的规模也往往较大;另一方面,把金属矿床作为伴生矿床,共同开发利用,其规模应该小于独立矿床的储量要求。综合考虑,直接采用这一标准较为合适。

(二) 煤中铀

1. 煤中铀含量

铀的矿床类型包括花岗岩型铀矿、火山岩型铀矿、碳硅泥型铀矿等(夏同庆,1999)。依据《矿产工业要求参考手册》,铀的边界品位为0.03%,工业品位为0.05%,将其作为粉煤灰中铀回收利用的工业指标,以原煤灰分15%作为计算值,可推算出原煤中铀的边界品位为45mg/kg,工业品位为75mg/kg。

任德贻等计算出中国煤炭总资源量中铀含量的算术均值为2.41mg/kg,分布范围为0.03~178mg/kg。Swaine(1990)认为世界大多数煤中铀的含量范围为0.5~10mg/kg,平均值为2mg/kg。Bouška and Pešek(1999)统计了世界上2644个褐煤的铀含量,其算术平均值为6.08mg/kg,含量最高的达176mg/kg。按此数值推算,应将世界煤中铀含量平均值2mg/kg的5倍值10mg/kg作为中国煤中铀工业品位制定的参考数据。考虑到从粉煤灰中提取铀节省了勘探开采成本,同时考虑到砂岩型铀矿的开采大大降低了铀的开发成本,建议原煤中铀的含量40mg/kg作为回收利用的工业指标。

2. 铀矿床规模

《铀矿地质勘查规范》(DZ/T 0199—2002)中规定,按铀矿查明的资源/储量(金属量)分为以下三类:大型矿床:≥3000t;中型矿床:1000~3000t;小型矿床:100~1000t。

考虑到我国是一个贫铀的国家,以及铀的重要战略意义。作为与煤伴生的铀矿床的规模可以适当降低,参考上面提到的原煤中铀的含量40mg/kg作为回收利用的工业指标与《铀矿地质勘查规范》中规定工业品位为50mg/kg的比例关系,提出以下标准:大型矿床:≥2400t;中型矿床:800~2400t;小型矿床:80~800t。

(三) 煤中钍

1. 煤中钍

赵继尧等(2002)根据442个煤样数据,计算出中国煤中钍含量算术均值为6mg/kg。白向飞(2003)根据"中国煤中资源数据库"统计中国1018个样品中钍算术均值为7.01mg/kg。任德贻等(2006)计算出中国煤炭总资源量中钍含量的算术均值为5.8mg/kg,分布范围为0.09~55.8mg/kg。

依据《矿产工业要求参考手册》,方钍石、钍石矿床中钍的工业品位为0.1%(ThO_2),将其作为粉煤灰中钍回收利用的工业品位,以原煤灰分15%作为计算值,可推算出原煤中钍(Th)的工业品位为132mg/kg。

Swaine(1990)认为世界大多数煤中钍的含量范围为 0.5～10μg/g。Bouška 和 Pešek(1999)统计了世界上 1958 个褐煤的钍含量,其算术平均值为 3.38mg/kg,几何平均值为 2.06mg/kg,最高值为 54mg/kg。如果按照世界褐煤中钍含量算术平均值 3.38mg/kg 的 5 倍值推算,中国煤中钍回收利用的工业指标应为 16.9mg/kg。考虑到从粉煤灰中提取钍节省了勘探开采成本,同时考虑到钍的市场价格较低,建议原煤中钍的含量 120mg/kg 作为回收利用的工业指标。

2. 钍矿床规模

现存规范没有关于钍矿床规模划分的规定。参考钍和铀都是放射性元素,二者通常被放在一起考虑,故钍矿床的规模划分参照铀的划分。原煤钍的工业指标为 120mg/kg,为铀的三倍,提出以下划分标准:大型矿床:≥7200t;中型矿床:2400～7200t;小型矿床:240～2400t。

(四)煤中稀土金属

1. 煤中稀土元素含量

稀土元素在自然界中分布比较广泛,常能形成一些重要的工业矿床。稀土元素常共生在一起,分离困难,可按稀土元素总量计算储量。依据《矿产工业要求参考手册》中风化壳离子吸附型稀土矿:边界品位:TR$_2$O$_3$ 重稀土 0.05%,轻稀土 0.07%;工业品位:TR$_2$O$_3$ 重稀土 0.08%,轻稀土 0.1%。

虽然煤中稀土元素含量偏低,难以直接利用,但煤灰中 REE 可以相当富集,并可望得以综合利用(Finkelman,1993)。Valkovic(1983)计算的世界煤的稀土元素含量为 62.1mg/kg,Ren 等(1999)提供的中国煤中稀土元素的数值是 105.57mg/kg。如果按照世界煤中稀土元素含量算术平均值 62mg/kg 的 5 倍值推算,中国煤中稀土回收利用的工业指标应为 310mg/kg。参考俄罗斯学者 Yudovich 和 Ketris(2006)建议煤中稀土回收利用的最低工业指标为 300mg/kg,考虑到从粉煤灰中提取节省了勘探开采成本,并且几种元素综合提取时,其品位要求更低,本书建议我国原煤中稀土回收利用的工业指标应为 300mg/kg。

2. 矿床规模

《稀土矿产地质勘查规范》(DZ/T 0204—2002)中对风化壳离子吸附型稀土元素矿床的规模做出了规定:铈族稀土氧化物总量(万 t):大型≥10,中型 1～10,小型<1;钇族稀土氧化物总量(万 t):大型≥5,中型 0.5～5,小型<0.5。本书研究工作采用这一标准。

三、建议工业品位

根据煤中锂、铀、钍和稀土元素等微量元素平均含量和其在岩石中的工业品位,参考市场价值,给出了这些元素综合回收利用的工业指标(表 12-1)。同时,结合我国矿产资源的实际情况,对这些与煤伴生金属矿床的矿产资源/储量规模做了初步的划分(表 12-2)。

表 12-1　与煤伴生锂、铀、钍和稀土元素综合回收利用的工业指标

元素	工业指标/(mg/kg)
锂	120
铀	40
钍	120
稀土元素	300

表 12-2　与煤伴生锂、铀、钍和稀土元素矿床矿产资源/储量规模划分

矿床名称	储量单位	矿床规模 大型	中型	小型
锂矿床	Li$_2$O,万 t	≥10	1～10	<1
铀矿床	U 金属,t	≥2400	800～2400	80～800
钍矿床	Th 金属,t	≥7200	2400～7200	240～2400
稀土元素矿床	铈族稀土氧化物总和,万 t	≥10	1～10	<1
	钇族稀土氧化物总和,万 t	≥5	0.5～5	<0.5

第四节　煤中伴生矿产开发利用前景展望

一、煤中伴生矿产研究意义

(一)煤中伴生矿产具有重要的资源意义

目前,我国工业及其相关产业,尤其是非金属矿工业的快速发展,对矿产及其产品的需求量急剧增长,对种类和质量的要求不断提高。同时,随着矿产加工技术的改善和革新,有些原暂不能利用的矿物和岩石可能成为颇具经济价值的资源。工业和市场要求提供更多、更好的矿产品以适应和满足其需求。而含煤岩系对此潜力很大,加强对其伴生矿产研究和开发,可有利于煤中资源的充分利用,同时,资源的需求也为煤中伴生矿产及其研究带来了机会和广阔的前景。

(二)煤中伴生矿产的开发具有显著的经济效益

较早主要由国家开发的,如铝土矿、耐火黏土、铁矿和油页岩等煤中伴生矿产已显示了巨大的经济价值,在社会主义建设中发挥了显著作用和社会效益。近年来,随着多个部门对煤中伴生矿产的越来越重视,大量的伴生矿产,如高岭土、硅藻土、膨润土等得以不同形式的开发并应用于多个工业领域,产生了更为明显的经济效益,同时也显示了其经济潜力。仅以平朔矿区为例,平朔矿区煤中锂、镓和铝的含量均已达到开采利用的价值,尤其锂的含量已经超过《稀有金属矿产地质勘查规范》(DZ/T 0203—2002)关于伴生锂矿的工业品位,平朔矿区煤中锂的远景储量上百万吨,具有很大的潜在经济价值。如果将整个平朔矿区煤中的锂、镓和铝等共(伴)生资源提炼和加工利用,其潜在经济价值超过万亿元。

（三）煤中伴生矿产的加工利用研究不仅对提高资源的利用率和经济价值，而且对环境及保护有着特殊意义

目前，煤中伴生矿产，主要是一些非金属矿产品质量不高，急需加强选矿及深加工研究，以提高产品的档次，将能大幅度提高矿产品的经济价值。另外，煤中资源的综合利用与环境保护工作关系密切，煤炭开发与利用过程中带来的环境问题严重，如我国煤矸石堆积量已超过15亿t，占地86km² 以上；煤燃烧时，硫化物、苯并芘、氟化物以及汞、砷、钒、铅等有毒物质随烟尘排入大气造成对大气层破坏和空气污染；煤矿瓦斯的涌出和突出对矿井安全生产带来危害；等等。综合开发利用煤中的伴生矿产资源，有利于提高矿产资源的开发和综合利用，也有利于实现经济良性循环发展。同时，从粉煤灰中提取锂、镓、铝的矿产资源，实现废弃物资源化，节约资源，而且还可以保护环境，减少土地占用，具有十分重要的应用推广价值。这种低消耗、低排放、高效率的循环经济模式，符合可持续发展理念的先进经济发展模式。

（四）煤中伴生矿产的资源地质及开发应用具有重要的地质意义

煤中矿产是聚煤盆地及其建造在地质演化过程中形成的，每种矿产的物质成分、矿体赋存方式和有用组分在矿石中的赋存形式以及不同矿产的共伴生组合关系等特征都反映了含煤岩系的地质条件和成矿作用以及成因地质联系。因此，通过煤中伴生矿产的多方面的综合研究，不仅可查明煤中资源分布、矿床特征及类型、矿石质量和选矿加工工艺以及产品的利用方向，为矿产开发提供依据，而且，可获得沉积、构造、古气候、成岩-变质作用、岩浆活动和地球化学等方面的大量地质数据和信息。这将有助于分析和认识聚煤盆地的沉积、构造、成矿及其区域大地构造演化和背景等许多地质问题。

二、煤中伴生矿产前景展望

在我国与煤共生、伴生的矿产种类多、分布广、资源相对丰富。然而，据有关专家统计，我国对共生、伴生矿产进行综合开发的仅占其总数的1/3，综合利用率只有20%；而对含煤地层中共生、伴生的20多种矿产，绝大多数尚未开发利用（葛振华，2003）。

我国煤中伴生矿产不仅种类繁多，而且资源量雄厚，并不乏许多大型矿床。在伴生矿产方面，以锂为例，现在每年全国的金属锂用量已经超过500t，并且保持着20%的年均递增速度，国内产能不足，依靠进口。而通过煤中伴生矿产锂的提取，不仅减少了锂的进口，而且为煤炭资源领域循环经济发展提供了模式，为未来的核聚变反应电站提供重要的后备原料。

目前镓主要作为氧化铝工业的副产品而获得，其次来源于锌冶炼的残渣（蔡江松等，2002）。另外，只有少数国家成功从粉煤灰中提取了镓。同样煤中伴生镓的提取开展，对我国开发利用这些极为重要的战略资源抢占国际领先地位具有重要意义（蔡序珩等，2003）。以山西平朔矿区为例，通过在山西平朔矿区采取800块样品的数据证明山西平朔矿区锂的含量超过综合回收利用品位，并有省煤炭行业协会组织专家认定为煤伴生锂矿，经过国内外资料联网查新，证明煤伴生锂矿属于新型成矿类型。特别是随着大量煤伴生

金属的发现,其提取技术已经进入工业利用阶段。

2013年,中煤平朔集团有限公司委托本书作者研究开发"平朔矿区粉煤灰中锂镓的综合提取工艺技术研究"项目,重点查明平朔矿区煤灰中锂和镓的含量及赋存状态;查清在煤炭燃烧过程中锂和镓的演化规律;提出并优化从煤灰中综合提取铝、锂和镓的完整工艺技术流程。项目处于中试阶段,取得的成果将对全国煤中伴生矿产的开发利用具有重要指导意义。

参 考 文 献

敖卫华,黄文辉,马延英,等.2007.中国煤中锗资源特征及利用现状.资源与产业,9(5):16-18
白向飞.2003.中国煤中微量元素分布赋存特征及其迁移规律试验研究.北京:煤炭科学研究总院博士学位论文
白向飞.2007.中国煤中微量元素分布基本特征.煤质技术,(1):1-4
白英彬.1999.ICP-AES 法测定煤飞灰中的主要元素与微量元素.太原理工大学学报,30(5):511-516
白勇.2012.鄂尔多斯西南缘中新生代构造特征研究.西安:西北大学硕士论文
蔡江松,杨永斌,张亚平,等.2002.从浸锌渣中回收镓和锗的研究及实践.矿产保护与利用,(5):34-37
蔡序珩,杨刚宾,李尉卿.2003.粉煤灰中镓的赋存状况研究.粉煤灰综合利用,(6):15-16
曹代勇,李小明,邓觉梅.2009.煤化作用与构造-热事件的耦合效应研究——盆地动力学过程的地质记录.地学前缘,16(4):52-60
曹永丹,孙俊民,杨志杰,等.2013.固体废物协同作用生产硅钙板的工业试验研究.有色金属,(S1)272-274
曹志德.2006.安洛勘探区煤中常量元素赋存特征分析.贵州地质,33(1):62-65
常青.1985.大同煤田石炭-二叠系中高岭岩物质组分和形成条件的初步研究.地质评论,(5):437-445
陈冰如,钱琴芳,杨亦男,等.1985a.我国107个煤矿样中微量元素浓度分布.科学通报,(1):27-29
陈冰如,钱琴芳,杨亦男,等.1985b.我国110个煤矿样中微量元素的浓度分布.核技术,(6):43-44
陈冰如,杨绍晋,钱琴芳.1989.中国煤矿样品中砷、硒、铬、铀、钍元素含量分布.环境科学,10(6):23-26
陈冀渝.2003.用粉煤灰提取碳酸锂.粉煤灰,(6):42
陈履安.1991.铝土矿形成过程中元素分异的实验研究.沉积学报,9(4):87-95
陈鹏.2007.中国煤炭性质、分类和利用.北京:化学工业出版社
陈平,柴东浩.1998.山西铝土矿地质学研究.山西:山西科学技术出版社
陈萍,姜冬冬.2012.淮南煤中矿物特征与成因分析.安徽理工大学学报(自然科学版),32(3):1-5
陈全红,李可永,张道锋,等.2010.鄂尔多斯盆地本溪组—太原组扇三角洲沉积与油气聚集的关系.中国地质,37(2):421-429
陈儒庆,曹长春,阮贵华.1997.广西煤的常量元素地球化学特征.中国煤田地质,9(2):40 44
陈儒庆,龙斌,曹庆春.1996.广西煤的稀土元素分布模式.广西科学,3(2):32-36
陈扬杰.1988.煤系地层中高岭土矿床的主要成因类型及特征.西安矿业学院学报,(2):21-29
程顶胜.1998.烃源岩有机质成熟度评价方法综述.新疆石油地质,19(5):428-432
程东,沈芳,柴东浩.2001.山西铝土矿的成因属性及地质意义.太原理工大学学报,32(6):576-579
程守田,黄焱球.1994.加强含煤岩伴生矿产资源的综合研究——煤田地质工作拓宽领域之一.中国煤田地质,5(2):35-38
褚开智.2008.准格尔煤田含煤岩系沉积特征及沉积环境.内蒙古科技与经济,195(5):13-16
春乃芽.2007.利用EXCEL实现R型聚类分析.物探与化探,31(4):376
崔毅琦,童雄,周庆华,等.2005.我国伴生稀散金属锗的选矿回收研究概况.中国工程科学,(7):161-165
代世峰.2002.煤中伴生元素的地质地球化学习性与富集模式.北京:中国矿业大学博士学位论文
代世峰,任德贻,李丹,等.2006a.贵州大方煤田主采煤层的矿物学异常及其对元素地球化学的影响.地质学报,80(4):589-597
代世峰,任德贻,李生盛.2006b.内蒙古准格尔超大型镓矿床的发现.科学通报,51(2):177-185
代世峰,任德贻,李生盛.2006c.鄂尔多斯盆地东北缘准格尔煤田中超常勃姆石的发现.地质学报,80(2):294-300
代世峰,任德贻,李生盛,等.2007.内蒙古准格尔黑岱沟主采煤层的煤相演替特征.中国科学(D辑:地球科学)37(增刊Ⅰ):119-126
代世峰,任德贻,李生盛.2002.煤及顶板中微量元素赋存状态及逐级化学提取.中国矿业大学学报,31(5):349-353

代世峰,任德贻,孙玉壮,等.2004.鄂尔多斯盆地晚古生代煤中铀和钍的含量与逐级化学提取.煤炭学报,29(B10):56-60

代世峰,任德贻,唐跃刚.2005a.煤中常量元素的赋存特征与研究意义.煤田地质与勘探,33(2):1-5

代世峰,任德贻,唐跃刚,等.1998.乌达矿区主采煤层泥炭沼演化及其特征.煤炭学报,23(1):7-11

代世峰,任德贻,周义平,等.2008.煤中微量元素和矿物富集的同沉积火山灰与海底喷流复合成因.科学通报,53(24):3120-3126

代世峰,孙玉壮,丁述理,等.2005b.中国煤中有害微量元素和伴生有益矿产研究.邯郸:河北省资源勘测研究室(河北工程学院)(未发表的研究报告)

邓平.1993.微量元素在油气勘探中的作用.石油勘探与开发,20(1):27-32

邓胜徽,厉大亮.1998.宁夏六盘山盆地三叠系新知及其意义.科学通报,43(4):425-431

丁振华,Finkelman R B,Belkin H E,等.2002.煤中发现镉矿物.地质地球化学,30(2):95-96

丁振华,郑宝山,张杰,等.1999.黔西高砷煤中砷的存在形式的初步研究.中国科学(D辑),29(3):421-425

杜刚,汤达祯,武文,等.2003.内蒙古胜利煤田共生锗矿的成因地球化学初探.现代地质,17(4):453-458

段飘飘,李彦恒,石志祥,等.2014.准格尔煤田串草圪旦煤矿4#煤煤相研究.河北工程大学学报(自然科学版)31(3):86-89

樊金串,樊民强.2000.煤中微量元素间依存关系的聚类分析.燃料化学学报,28(2):157-161

樊金串,张振桴.1995.煤中微量元素在燃烧过程的动态.煤炭加工与综合利用,(4):12-14

范善发,徐芬芳.1986.沉积岩与原油中C_{15}-C_{20}类异戊二烯烃的分布与成熟度关系.有机地球化学论文集,北京:科学出版社

冯宝华.1986.鲁西石炭-二叠纪煤层中的高岭岩.煤田地质与勘探,(6):8-12

冯宝华.1989.我国北方石炭-二叠纪火山灰沉积水解改造而成的高岭岩.沉积学报,(1):101-108

冯立品.2009.煤中汞的赋存状态和选煤过程中的迁移规律研究.徐州:中国矿业大学(北京)博士学位论文

冯新斌,洪业汤,洪冰,等.2001.煤中汞的赋存状态研究.矿物岩石地球化学通报,20(2):71-77

傅家谟.1990.煤成烃地球化学.北京:科学出版社

高选政.1995.鄂尔多斯盆地早侏罗世岩相古地理.煤田地质与勘探,24(3):1-5

葛振华.2003.我国矿产资源综合利用的思考.中国矿业

郭殿勇.2002.准格尔煤田的成煤植物群落及其环境变迁.内蒙古文化考古,26(1):1-5

郭婷,韩剑宏,刘派,等.2013.硅酸钙微粉吸附预处理焦化废水中COD和NH_3—N的实验研究.环境污染与防治,35(4):57-61

郭英海,刘焕杰,权彪,等.1998.鄂尔多斯地区晚古生代沉积体系及古地理演化.沉积学报,16(3):44-51

何仕.2006.山西宁武煤田平朔矿区煤层赋存规律.山西煤炭管理干部学院学报,3:123-124

何锡麟,张玉谨,朱梅丽,等.1990.内蒙准格尔旗晚古生代含煤地层与生物群.徐州:中国矿业大学出版社

胡红玲,付利俊,金蝶翔.2004.利用煤岩参数指导合理配煤.内蒙占科技与经济,24:56-58

胡瑞忠,苏文超,戚华文,等.2000.锗的地球化学、赋存状态和成矿作用.矿物岩石地球化学通报,19(4):215-217

黄操明,周绮峰.1987.霍西煤田霍县矿区沉积环境对煤层厚度及分布的控制.煤炭学报,(3):73-83

黄超,田继军.2013.我国煤中砷赋存状态的研究进展.西部探矿工程,(7):100-103

黄文辉,孙磊,马延英,等.2007.内蒙古自治区胜利煤田锗矿地质及分布规律.煤炭学报,32(11):1147-1150

黄文辉,唐修义.2002.中国煤中的铀、钍和放射性核素.中国煤田地质,14(增刊):55-60

黄文辉,杨起,汤达祯,等.1999.华北晚古生代煤的稀土元素地球化学特征.地质学报,73(4):360-369

黄文辉,赵继尧.2002.中国煤中的锗和镓.中国煤田地质,14(增刊):64-69

黄振华,易玉萍.1992.粉煤灰样品的溶解及微量有害元素的测定.电力环境保护,(8):21-25

姜尧发.1994.浅析GI和TPI与泥炭沼泽类型的关系.中国煤田地质,6(4):36-38

蒋国豪,胡瑞忠,方维萱.2001.镜质体反射率(R_o)推算占地温研究进展.地质地球化学,29(4):40-45

金肇岩.2011.煤中砷、汞的淋滤迁移规律研究.成都:成都理工大学硕士学位论文

李宝春,艾天杰,侯慧敏,等.2001.潮控与河控三角洲平原成煤的煤岩学特征极其对可选性的控制.选煤技术,2:

19-21

李斌. 2006. 鄂尔多斯盆地西缘前陆盆地构造特征和油气成藏研究. 广州:中国科学院研究生院(广州地球化学研究所) 博士学位论文

李炳林,王美雁,陆柏龄,等. 1983. 火花源质谱法定量测定煤中36种微量元素. 质谱学杂志,(3):19-25

李河名,费淑英,王素娟,等. 1993. 鄂尔多斯中侏罗世含煤岩系煤的无机地球化学研究. 北京:地质出版社

李宏建,王丽芳,柴峰,等. 2002. 山西铝稀综合矿产的成矿机理及规律. 轻金属,10:7-10

李启津,候正洪,吴成柳. 1983. 我国一水硬铝石型铝土矿——水硬铝石成因矿物学的研究. 矿物岩石,2:23-32

李庆远,卢衍豪. 1947. 陇东煤田. 地质论评,(5):431-438

李生盛. 2006. 中国煤中有害微量元素研究中的问题及对策. 煤炭科学技术,34(1):28-31

李守军. 1999. 正烷烃、姥鲛烷与植烷对沉积环境的指示意义. 石油大学学报(自然科学版),23(5):14-23

李思田. 1992. 鄂尔多斯盆地东北部层序地层及沉积体系分析. 北京:地质出版社

李文飞,杨娜,刘军海. 2011. 从粉煤灰中提取氧化铝工艺的研究进展. 粉煤灰,(1):18-20

李晓,崔凤军. 2007. 950℃锻烧高铝煤矸石对硅酸盐水泥抗压强度的影响. 中国水泥,2:49-52

李扬. 2011. 煤气化过程中微量元素的迁移转化及高温脱除的实验研究. 武汉:华中科技大学博士学位论文

李英俊,唐开杰. 2006. 哈尔乌素露天煤矿开采工艺简析. 露天开采技术,(3):29-30

李增学,王明镇,余继峰,等. 2006. 鄂尔多斯盆地晚古生代含煤地层层序地层与海侵成煤特点. 沉积学报,24(6):834-840

李振涛,姚艳斌,周鸿璞,等. 2012. 煤岩显微组成对甲烷吸附能力的影响研究. 煤炭科学技术,40(8):125-128

梁斌,王全伟,阚泽忠,等. 2006. 四川珙县石碑恐龙化石埋藏地红层分子化石特征及其古环境意义. 中国地质,33(1):187-192

梁邵暹,任大伟,王水利等. 1997. 华北石炭—二叠纪煤系黏土岩夹矸中铝的氢氧化物矿物研究. 地质科学,32(4):478-485

梁绍暹,傅炳章,许永年,等. 1986. 铜川矿区太原组5煤层高岭石泥岩夹矸的成因及其在煤层对比中的意义. 煤田地质与勘探,(3):2-7

林万智,邵济安,赵章元. 1984. 中朝板块晚古生代的古地磁特征. 物探与化探,8(5):297-304

刘帮军. 2015. 鱼卡北山煤中稀有金属元素富集机理. 邯郸:河北工程大学硕士论文

刘长江,桑树勋,欧阳金宝. 2008. 淄博煤田煤的稀土元素地球化学特征. 沉积学报,26(6):1027-1034

刘长龄,时子祯. 1985. 山西、河南高铝粘土铝土矿矿床矿物学研究. 沉积学报,3(2):18-36

刘霏. 2013. 全球铌矿资源的勘探开发与投资研究. 中国矿业,22(7):135-137

刘刚. 2008. 面向可持续发展的煤炭矿区循环经济模式研究. 露天采矿技术,(1):65-67

刘桂建,杨萍玥,彭子成,等. 2003. 兖州矿区山西组3煤层中微量元素的特征分析. 地球化学,32(3):255-260

刘焕杰,张瑜瑾,王宏伟,等. 1991. 准格尔煤田含煤建造岩相古地理研究. 北京:地质出版社

刘培陶,崔龙鹏,沈卫星,等. 2008. 粉煤灰堆放场土壤环境微量元素分析与风险评价. 农业环境科学学报,27(1):207-211

刘平. 1995. 五论贵州之铝土矿-黔中-川南成矿带铝土矿成矿系. 贵州地质,12(3):185-203

刘钦甫,张鹏飞. 1997. 华北晚古生代煤系高岭岩物质组成和成矿机理研究. 北京:海洋出版社

刘钦甫,张鹏飞,杨晓杰. 1995. 淮南下石盒子组球粒状高岭岩结构及成因探讨. 地质科学,30(4):393-400

刘英俊,曹励明,李兆麟,等. 1984. 元素地球化学. 北京:科学出版社

刘瑛瑛,李来时,吴艳,等. 2006. 粉煤灰精细利用——提取氧化铝研究进展. 轻金属,(5):20-23

鲁百合. 1996. 我国煤层中氟和氯的赋存特征. 煤田地质与勘探,2(1):9-11

鲁静,邵龙义,孙斌,等. 2012. 鄂尔多斯盆地东缘石炭-二叠纪煤系层序古地理与聚煤作用. 煤炭学报,37(5):747-754

雒昆利,王五一,姚改焕,等. 2000. 渭北石炭二叠系煤中汞的含量及分布特征. 煤田地质与勘探,28(3):12-14

麻银娟. 2011. 煤中挥发性微量元素Hg、As、Pb燃烧固化的热力学模拟与实验研究. 焦作:河南理工大学硕士学位论文

马晶晶. 2008. 煤焦化过程有害微量元素的迁移规律研究. 武汉:武汉科技大学硕士学位论文

煤炭部(煤炭部煤炭科学院地质勘探分院).2002.中国平朔矿区含煤地层沉积环境[M].西安:陕西人民教育出版社
煤炭部煤炭科学院地质勘探分院,山西省煤田地质勘探公司.1978.中国平朔矿区含煤地层沉积环境.西安:陕西人民教育出版社
孟江辉,张敏,姚明君.2008.不同沉积环境原油的芳烃组成特征及其地质地球化学意义.石油天然气学报,30:228-231
内矿局(内蒙古自治区地质矿产局编).1991.内蒙古自治区区域地质志.北京:地质出版社
潘钟祥.1954.陕北老中生代地层时代的讨论.地质学报,34(2):209-216
戚华文,胡瑞忠,苏文超,等.2003.陆相热水沉积成因硅质岩与超大型锗矿床的成因——以临沧锗矿床为例.中国科学(D辑),33(3):236-246
齐立强,阎维平,原永涛,等.2006.高铝煤混燃飞灰电除尘特性的试验研究.动力工程,26(4):572-575
秦勇,王文峰,宋党育,等.2005.山西平朔矿区上石炭统太原组11号煤层沉积地球化学特征及成煤微环境.古地理学报,7(2):249-257
秦勇,王文峰,宋党育.2002.太西煤中有害元素在洗选过程中的迁移行为与机理.燃料化学学报,30(2):147-150
秦勇.1994.中国高级煤的显微岩石学特征及结构演化.徐州:中国矿业大学出版社
秦至刚,江志淦,汪宜龙.1980.煤矸石、石煤作水泥原料燃料的研究应用和展望.硅酸盐,(4):24-32
冉启贵,胡国艺,陈发景.1998.镜质体反射率的热史反演.石油勘探与开发.25:29-32
任德贻,许德伟,张军营,等.1999a.沈北煤田煤中伴生元素分布特征.中国矿业大学学报,28(1):5-8
任德贻,赵峰华,代世峰.2006.煤的微量元素地球化学.北京:科学出版社
任德贻,赵峰华,张军营,等.1999b.煤中有害微量元素富集的成因类型初探.地学前缘,6(增刊):17-22
沈永和.1959.有关高岭岩若干问题的讨论.地质论评,(11):515-517
沈忠民,魏金花,朱宏权,等.2009.川西坳陷煤系烃源岩成熟度特征及成熟度指标对比研究.矿物岩石,29(4):83-88
石松林,刘钦甫,孙俊民,等.2014a.准格尔煤田高铝煤层夹矸中稀土元素地球化学特征及意义.河北工程大学学报(自然科学版),31(1):61-65
石松林,刘钦甫,孙俊民,等.2014b.准格尔煤田高铝煤矸石中勃姆石富集特征及成因.煤炭工程,46(5):116-122
石松林.2014.内蒙古准格尔煤田晚古生代煤系富铝矿物特征及成因.北京:中国矿业大学(北京)博士学位论文
苏毅,李国斌,罗康碧.2003.金属镓提取研究进展.湿法冶金,22(1):9-10
孙蓓蕾,曾凡桂,刘超,等.2014.太原西山上古生界含煤地层最大沉积年龄的碎屑锆石U-Pb定年约束及地层意义.地质学报,88(2):185-197
孙健初.1942.祁连山一带地质史纲要.地质论评,(Z1):17-25
孙景信,Jervis R E.1986.煤中微量元素及其在燃烧过程中的分布特征.中国科学(A辑),(12):1287-1294
孙俊民,王秉军,张占军.2012.高铝粉煤灰资源化利用与循环经济.轻金属,(10):1-5
孙玉壮,赵存良,李彦恒,等.2014.煤中某些伴生金属元素的综合利用指标探讨.煤炭学报,39(4):744-748
汤锡元,郭忠铭,陈荷立,等.1992.陕甘宁盆地西缘逆冲推覆构造及油气勘探.西安:西北大学出版社
唐修义,黄文辉.2004.中国煤中微量元素.北京:商务印书馆
佟彦明,宋立军,曾少军,等.2005.利用镜质体反射率恢复地层剥蚀厚度的新方法.古地理学报,7(3):417-424
涂光炽,高振敏,胡瑞忠,等.2004.分散元素地球化学特征及找矿机制.北京:地质出版社.1-424
王程之.2013.高铝煤期待高价值.中国有色金属报,11(9):1-4
王传远,杜建国,段毅,等.2007a.芳香烃地球化学特征及地质意义.新疆石油地质.28(1):29-32
王传远,杜建国,段毅,等.2007b.岩石圈深部温压条件下芳烃的演化特征.中国科学(D辑:地球科学)37(5):644-648
王春秋.2005.关于矿产资源综合利用的思考.矿产与地质,19(3):242-245
王汾连,赵太平,陈伟,等.2012.铌钽矿研究进展和攀枝地区铌钽矿成因初探.矿床地质,31(2):393-308
王恭睦.1946.陕西邠县永寿油页岩区地质.地质论评,XI(5-6):329-345
王国富,王连登.1965.某区煤中锗存在状况的初步研究.地质学报,(1):55-71
王磊磊,陈卫,林涛.2012.颗粒物附着有机物的分布及其典型官能团的转化.重庆大学学报,35(9):143-151
王丽娜,李治钢.2010.对混燃高铝煤提高除尘效率的分析探讨.电力与能源,1:673-675

王起超,马如龙.1997.煤及其灰渣中的汞.中国环境科学,17(1):76-79

王起超,邵庆春,康淑莲,等.1996.煤中15种微量元素在燃烧产物中的分配.燃料化学报,24(2):137-142

王庆飞,邓军,刘学飞,等.2012.铝土矿地质与成因研究进展.地质与勘探,48(3):430-448

王双明.1996.鄂尔多斯盆地聚煤规律及煤炭资源评价.北京:煤炭业出版社

王双明.1996.鄂尔多斯盆地聚煤规律及煤炭资源评价.北京:煤炭工业出版社

王铁冠.1990.我国一些地区原油与生油岩中某些沉积环境生物标志化合物.北京:中国地质大学出版社

王文峰,秦勇,刘新花,等.2011.内蒙古准格尔煤田煤中镓的分布赋存与富集成因.中国科学(D辑:地球科学),14(2):181-196

王文峰,秦勇,宋党育.2003.燃煤电厂中微量元素迁移释放研究.环境科学学报,23(6):748-752

王显政.2014.煤炭主体能源地位突出以煤为基、多元发展是我国能源安全战略的必然选择.中国煤炭工业,4:24-25

王延斌.1996.中国主要聚煤期煤的煤岩特征.韩德馨,著.中国煤岩学.徐州:中国矿业大学出版社,108-111

王云鹤,李海滨,黄海涛,等.2007.重金属元素在煤热解过程中的分布迁移规律.煤炭转化,(7):37-42

王运泉.1994.煤及其燃烧产物中微量元素分布赋存特征研究.北京:中国矿业大学(北京)博士学位论文

王运泉,任德贻,雷加锦,等.1997.煤中微量元素分布特征初步研究.地质科学,32(1):66-72

王运泉,任德贻,李金双,等.1996a.煤及其产物中燃烧产物中微量元素的淋滤实验研究.环境科学,17(1):16-19

王运泉,任德贻,王隆国.1996b.煤中微量元素的赋存状态.煤田地质与勘探,(24):9-13

王中刚,于学元,赵振华.1989.稀土元素地球化学.北京:科学出版社

王竹泉,潘随贤,顾寿昌,等.1964.华北地台石炭纪岩相古地理.煤炭学报,3(1):1-20

吴波,陈恨水,朱光荣.2013.贵州金沙木孔煤矿可采煤层常量元素特征及沉积环境分析.贵州地质,30(4):266-270

吴程赞.2012.黔西南卡林型金矿床及伴生古油藏中的有机质—来源、演化及联系.北京:中国地质大学(北京)硕士学位论文

吴国代,王文峰,秦勇,等.2009.准格尔煤中镓的分布特征和富集机理分析.煤炭科学技术,37(4):117-120

吴江平.2006.淮南煤田东部煤中微量元素及其环境意义研究.淮南:安徽理工大学硕士学位论文

伍泽广,孙俊民,张战军,等.2013.准格尔煤田高铝煤炭资源特征初探.煤炭工程,(10):115-118

夏同庆.1999.铀矿床的工业成因类型.国外铀金地质,16(3):199-207

熊炳坤.2005a.稀有金属王国里的姐妹花锆和铪.稀有金属快报,25(1):41-42

熊炳坤.2005b.锆和铪——神奇的"稀有"孪生姐妹.中国有色金属报

熊炳昆,罗方承,田振业,等.2004.我国锆铪矿产资源利用可持续发展研究.综合评述,23(5):2-8

许德伟.1999.沈北煤田煤中铬、镍等有害元素的分布赋存机制及其环境影响[硕士学位论文].北京:中国矿业大学

许琪,韩德馨,金奎励,等.1990.煤中49种元素含量与煤岩组分和煤化程度的相关规律.中国矿业大学学报,19(3):48-57

杨慧.2011.原煤中砷、汞的燃烧迁移规律研究及高砷燃煤固砷剂的初探.成都:成都理工大学硕士学位论文

杨建业,狄永强,张卫国,等.2011.伊犁盆地ZK0161井褐煤中铀及其他元素的地球化学研究.煤炭学报,36(6):945-952

杨建业.2008.内蒙古准格尔黑岱沟6号煤层中微量元素的相分异作用.燃料化学学报,36(3):646-652

杨俊杰.1990.鄂尔多斯盆地西缘掩冲带构造与油气.兰州:甘肃科学技术出版社

杨明慧,刘池洋,兰朝利,等.2008.鄂尔多斯盆地东北缘晚古生代陆表海含煤岩系层序地层研究.沉积学报,26(6):1005-1013

杨亦男,陈冰如,钱琴芳,等.1984.我国一百个煤矿煤中微量元素的分布趋势及相关性.微量元素,(1):47-49

姚素平,金奎励.1995.用显微组分的双重属性研究沉积有机相.地质论评,41(6):525-532

叶道敏,罗俊文,肖文钊,等.1997.中国西南地区煤岩显微组分性质成因及其应用.北京:地质出版社

尹赞勋,陈庆宣,李璞,等.1958.祁连山区地质研究的新收获.科学通报,(4):113-114

袁复礼.1956.新疆天山北部山前拗陷带及准噶尔盆地陆台地质初步报告.地质学报,32(2):133-153

袁树来,郑水林,潘业才,等.2001.中国煤系高岭岩(土)及加工利用.北京:中国建材地质出版社

曾荣树,赵杰辉,庄新国.1998.贵州六盘水地区水城矿区晚二叠世煤的煤质特征及其控制因素.岩石学报,14(4):

549-558

曾荣树,庄新国,杨生科.2000.鲁西含煤区中部煤的煤质特征.中国煤田地质,12(2):10-15

曾勇.2007.内蒙古准格尔旗晚石炭世—早二叠世早期腕足类物种多样性与沉积环境.古地理学报,9(7):513-518

张复新,王立社.2009.内蒙古准格尔黑岱沟超大型煤型镓矿床的形成与物质来源.中国地质,36(2):417-423

张晶.2009.淮南煤热电利用过程中微量元素转化迁移行为研究.武汉:武汉科技大学硕士学位论文

张军,汉春利,徐益谦,等.1999c.煤中次要元素的赋存方式.煤炭转化,22(2):6-11

张军营.1999.煤中潜在毒害微量元素富集规律及其污染性抑制研究.北京:中国矿业大学博士学位论文

张军营,任德贻,许德伟,等.1999a.煤中汞及其对环境的影响.环境科学进展,7(3):100-104

张军营,任德贻,许德伟,等.1999b.黔西南煤层主要伴生矿物中汞的分布特征.地质评论,45(5):539-542

张抗.1989.鄂尔多斯断块构造和资源.西安:陕西科学技术出版社

张仁里.1982.铀-煤矿的特征及其处理.矿冶工程,8(7):53-63

张仁里.1984.铀-煤共生矿的成因及矿石加工类型划分的探讨.地质论评,30(1):73-76

张仁里,谢访友,张能成,等.1987.含铀煤燃烧过程中煤灰烧结现象的研究.核化学与放射化学,9(1):14-21

张淑苓,尹金双,王淑英.1988.云南帮卖盆地褐煤中锗存在形式的研究.沉积学报,6(3):29-40

张帅,刘钦甫,石松林,等.2014.准格尔煤田哈尔乌素矿区6号煤层夹矸中勃姆石的分布及成因.矿物学报,34(1):92-96

张文毓.2004.稀土磁致伸缩材料的应用.金属功能材料,11(4):42-46

张有河,王晓明,刘冬娜.2014.准格尔煤田西南部煤层夹矸及顶底板稀土元素地球化学特征及地质意义.中国煤炭地质,26(10):13-32

赵存良.2008.邯邢矿区煤中伴生矿产及微量元素研究.邯郸:河北工程大学硕士学位论文

赵存良. 2014.鄂尔多斯盆地与煤伴生多金属元素的分布规律和富集机理.北京:中国矿业大学(北京)博士学位论文

赵峰华.1997.煤中有害微量元素分布赋存机制及燃煤产物淋滤试验研究.北京:中国矿业大学(北京)博士学位论文

赵峰华.1998.煤中有害元素研究现状及其对环境保护的意义.煤矿环境保护,12(2):20-23

赵峰华,彭苏萍,唐跃刚,等. 2005.合山超高有机硫煤中Fe-Mn-Hg-Zn-Ni-Cr-V的赋存状态及意义.中国矿业大学学报,34(1):33-36

赵峰华,任德贻.1995.应用高分辨率透射电镜研究煤显微组分的结构.地质评论,41(6):564-570

赵峰华,任德贻,彭苏萍,等. 2003.煤中砷的赋存状态.地球科学进展,18(2):214-220

赵峰华,任德贻,许德伟,等.1999a.燃烧产物中砷的物相研究.中国矿业大学学报,28(4):365-367

赵峰华,任德贻,尹双金,等.1999b.煤中As赋存状态的逐级化学提取研究.环境科学,20(2):79-81

赵峰华,任德贻,张军营,等.1997.煤中有害元素的研究现状及其对环境保护的意义.煤矿环境保护,12(2):20-23

赵峰华,任德贻,张旺. 1999c.煤中氯的地球化学特征及逐级化学提取.中国矿业大学学报,28(1):61-64

赵红格.2003.鄂尔多斯盆地西部构造特征及演化.西安:西北大学博士学位论文

赵继尧,唐修义,黄文辉.2002.中国煤中微量元素的丰度.中国煤田地质,14(增刊):5-13

赵林茂,沈军,彭光,等.2014.以高铝煤炭为起点发展循环经济.循环经济,17(10):13-15

赵运发,亓小卫,王志勇,等.2004.山西铝土矿稀有稀土元素综合利用评价.世界有色金属,6:35-37

赵志根,冯仕安,唐修义.1998.微山湖地区石炭-二叠纪煤的稀土元素沉积地球化学.地质地球化学,26(4):64-67

赵志根.2002.含煤岩系稀土元素地球化学研究.北京:煤炭工业出版社

赵志根,唐修义,李宝芳.2000.淮北煤田煤的稀土元素地球化学.地球化学,29(6):578-583

赵志根,唐修义.2002.中国煤中的稀土元素.中国煤田地质,14(Supp):70-74

郑直,吕达人,史路.1986.我国北方煤系地层中高岭石粘土岩的岩石矿物学特征、形成条件及其经济意义.中国地质科学院院报,(3):47-58

中国煤田地质总局.1998.中国含煤盆地演化和聚煤规律.北京:煤炭工业出版社

中国煤田地质总局.1996.中国煤岩学图鉴.北京:中国矿业大学出版社

周伟,白中科,袁春等.2008.山西平朔露天煤矿区地形演变分析.金属矿山,382(4):80-83

周义平,Burger K.,汤大忠.1988.中国西南地区晚二叠世含煤岩系中粘土岩夹矸(TONSTEINS)研究的新进展.云南

地质,3:213-228

周义平. 1974. 试论锗在煤层中分布的两种类型. 地质科学,(2):182-188

周义平. 1980. 试谈含煤盆地煤中硫、铁分布与沉积环境的关系. 煤田地质与勘探,(1):11-17

周义平. 1983. 云南某些煤中砷的分布及控制因素. 煤田地质与勘探,11(3):2-8

周义平. 1985. 云南煤中某些微量元素的有毒元素的研究. 云南科技,(3-4):2-8

周义平. 1994. 老厂矿区煤中汞的成因类型和赋存状态. 煤田地质与勘探,22(3):17-21

周义平. 1998. 老厂矿区无烟煤中砷的分布类型及赋存状态. 煤田地质与勘探,26(4):8-13

周义平,任友谅. 1994. 滇东黔西晚二叠世煤系中火山灰蚀变粘土岩的元素地球化学特征. 沉积学报,12(2):123-132

周义平,任友谅. 1982. 西南晚二叠世煤田煤中镓的分布和煤层氧化带内镓的地球化学特征. 地质论评,28(1):47-59

朱丽,党洪艳. 2010. 川西坳陷烃源岩地球化学特征研究. 重庆科技学院学报(自然科学版),12(6):13-16

朱士飞,秦云虎. 2013. 煤中共(伴)生矿产资源的研究进展. 高校地质学报,19(增刊):605

朱夏. 1965. 我国陆相中新生界含油气盆地的大地构造特征及有关问题.〈大地构造问题〉,北京:科学出版社

朱雪莉. 2009. 煤中锗的成矿地质条件及分布规律. 科技情报开发与经济,19(32):153-154

庄汉平,刘金钟,傅家谟,等. 1997. 临沧超大型锗矿床有机质与锗矿化的地球化学特征. 地球化学,26(4):44-52

庄新国,龚家强,王占岐,等. 2001. 贵州六枝、水城煤田晚二叠世煤的微量元素特征. 地质科技情报,20(3):54-58

庄新国,杨生科,曾荣树,等. 1999. 中国几个主要煤产地微量元素特征. 地质科技情报,18(3):63-66

庄新国,曾荣树,徐文东. 1998. 山西平朔安太堡露天9煤层中的微量元素. 地球科学,23(6):553-558

Клер В Р,Волкова Г А,Гу рвиц ЕМ и др. 1987. Металло гения и Геохимия У леносных и Слану есодe рж анцех Толщ СССР-Геохимия Элементов. Изд. Наука:240

Ahmaruzzaman M. 2010. A reviewon the utilization of fly ash. Progress Energy Combust,36:327-363

Almassy G,Szalay S. 1956. Analytical studies on vanadium and molybdenum content of Hungarian coals,Mag. Tud. Akad. Kern. Tud. Oszt. Kozl,8(1):39-45

Amijaya H,Littke R. 2005. Microfacies and depositional environment of Tertiary Tanjung Enim low rank coal,South Sumatra basin,Indonesia. International Journal of Coal Geology,61(3-4):197-221

Anton S,Jordan K. 2004. Petrography of the coal from the Oranovo-Simitli basin,Bulgaria and indices of the coal facies. International Journal Coal Geology,57:71-76

Arbuzov S I,Ershov V V,Potseluev A A, et al. 2000. Redkie elementy vuglyakh Kuznetskogo basseina (Rare Elements in Coals of the Kuznetsk Basin),Kemerov

Arbuzov S I,Mashen'kin V S. 2007. Oxidation zone of coalfields as a promising source of noble and rare metals: a case of a coalfield in central Asia. In:Problems and Outlook of Development of Mineral Resources and Fuel-Energetic Enterprises of Siberia. Tomsk:Tomsk Polytechnic University:26-31

Arbuzov S I,Volostnova A V,Rikhvanoa L P, et al. 2011. Geochemistry of radioactive elements (U,Th) in coal and peat of northern Asia (Siberia,Russian Far East,Kazakhstan and Mongolia). International Journal of Coal Geology,86(4):297-305

Basharkevich I L,Kostin,Yu P, et al. 1977. Average Contents of Minor Chemical Elements in Fossil Coals,Abstracts of Papers,8th Int. Congr. on Organic Geochemistry,Moscow:IGiRGI,104-105

Belkin H E,Zheng B,Zhou D, et al. 1997. Preliminary results on the geochemistry and mineralogy of arsenic in mineralized coals from endemic arsenosis areas in Guizhou Province,R R China. Proceedings of the 14th Annual International Pittsburgh Coal Conference(CD-ROM). Taiyuan,China,September:23-27

Berthoud E L. 1975. On the uranium,sliver,iron etc. in the teriary formation of Colorado territory. Proceeding of the National Academy of Sciences of the United States of America,(3):27

Birk D,White J C. 1991. Rare earth elements in bituminouns coals and underclays of the Sydney Basin,Nova Scotia:Element sites,distribution,mineralogy. International Journal of Coal Geology,19:219-251

Blissett R S,Rowson N A. 2012. A review of the multi-component utilisation of coal fly ash. Fuel,97:1-23

Bohor B,Trilehorn D. 1993. Volcanoclastic minerals of some Cze-choslovakian tonsteins and their alteration. Geological

Society of America

Bouška V,Dvořák Z. 1997. Minerals of the North Bohemian lignite Basin. Nakl. Dick,Praha:1-159.

Bouška V. 1981. Geochemistry of Coal. Praha:Elsevier, Amstedam and Academia

Bouška V, Pešek J. 1999. Distribution of elements in the world lignite average and its comparison with liginite seams of the North Bohemian and Sokolov Basins. Folia Musei Rerum Naturalium Bohemiae Occidentalias,Geologica,42:1-51

Bouška V, Pešek J, Sykorova I. 2000. Probable modes of occurrence of chemical elements in coal. Acta Montana, Ser B Fuel, Carbon Mineral Processing, Praha, 10(117): 53-90

BP. 2014. The Statistical Review of World Energy 2014. http://www.bp.com/statisticalreview

Breger I A, Deul M,Rubinstein S. 1955. Geochemistry of mineralogy of a uraniferious lignite. Economic Geology,50: 206-226

Brownfield M,Affolter R,Cathcart J, et al. 2005. Geologic setting and characterization of coals and the modes of occurrence of selected elements from the Franklin coal zone, Puget Group,John Henry No. 1 mine, King County, Washington,USA. International Journal of Coal Geology, 63: 247-275

Brownfield M E, Affolter R H, Cathcart J D, et al. 2005. Geology setting and characterization of coals and the modes of occurrence of selected elements from the Franklin coal zone,Puget Group,John Henry No. 1 mine,King County, Washington,USA. International Journal of Coal Geology,63(3-4):247-275

Brownfield M E, Affolter R H, Stricker G D, et al. 1995. High chromium contens in Tertiary coal deposits of northwestern Washington-A key to their depositional history. International Journal of Coal Geology,27:153-169

Brown H R,Swaine D J. 1964. Inorganic constituents of Australian coals. Journal of the Institude of Fuel,37:422-440

Burger K,Stadler G. 1971. Monographie des Kaolin-Kohlentonsteins Zollenverein 8 in den Eissener Schichten (Westfal B1) des niederrheinisch-westfalischen Steinkohlenreviers. I und II, Forschungsber. Nordrhein,Westfalen, Nr. 2125,Westdeutscher Verlag,Köln:1-96

Bustin R M. 1997. Late Glacial and Post-glacial Environmental Changes, Quaternary, Carboniferous-Permian and Proterozoic. in: Martini I P (ed). New York: Oxford University Press: 294-310

Calder J H,Gibbing M R,Mukhopadhay P K. 1991. Peat formation in a Westphalian B pidemont setting. Bulletin de la Societe Geologique,7(5):283-298

Cambel B, Jarkovsky J. 1967. Geochemie der Pyrite einiger Lagerstatten der tschechoslowakei. Vydavatel' skoSlovenskejAkadémie Vied

Cavender P F,Spears D A. 1995. Analysis of forms of sulfur within coal,and minor and trace element associations with pyrite by ICP analysis of extraction solutions. In:Pajares J A,Tascon J M D(eds). Coal Science,Vol II Coal Science Technology Amsterdam:Elsevier,24:1653-1656

Середин. Юдович Я Э, Кетрис М П. Ванадий в углях. Сыктывкар: Издательство Коми научного центра УрО Российской АН. (3):453-519

Chen J R, Minkin, Martin B, et al. 1981. Trace elemental analysis of bituminous coals using the Heidelberg proton microprobe. International Journal of Coal Geology,181:151-157

Chou C L. 1997. Abundances of sulfur,chlorine,and trace elements in Illinois Basincoals,USA. Proceedings of the 14th Annual International Pittsburgh Coal Conference & Workshop,Taiyuan,China,23-27(1):76-87

Chu G C, Xiao L, Jin Z, et al. 2015. The relationship between trace element concentrations and coal-forming environments in the No. 6 coal seam, Haerwusu Mine, China. Energy Exploration and Exploitation, 33(1): 72-79

Clarke L B, Sloss L L. 1992. Trace elements emission from combustion and gasification. London: IEA Coal Research Report:49

Coryell C G,Chase J W,Winchester J W. 1963. A procedure for geochemical intepratation of terristerial rare-earth abundance patterns. Journal of Geophysics Research,68: 559-566

Cox J A,Larson A E,Carlson R H. 1984. Estimation of the inorganic-to-organic chlorine ratio in coal. Fuel,63:1334-1335

参 考 文 献

Cressey B A, Cressey G. 1988. Preliminary mineralogical investigation of Leicestershire low-rank coal. International Journal of Coal Geology, 10: 177-191

Crosdale P J. 1993. Coal maceral ratios as indicators of environment of deposition: do they work for ombrogenous mires? An example from the Miocene of New Zealand. Organic Geochemistry, 20(6): 797-809

Crosdale P J. 1993. Coal maceral ratios as indicators of environment of deposition: do they work for ombrogenous mires? An example from the Miocene of New Zealand. Organic Geochemistry, 20(6): 797-809

Crossley H E. 1944. Fluorine in coal. Ⅲ. The manner of occurrence of fluorine in coals. Journal of the Society of Chemical Industry, London, 63: 289-92

Crowley S S, Stanton R W, Ryer T A. 1989. The effects of volcanic ash on the maceral and chemical composition of the coal bed, Emery Coal Field, Utah. Organic Geochemistry, 14: 315-331

Dai S F, Chou C L, Yue M, et al. 2005. Mineralogy and geochemistry of a Late Permian coal in the Dafang Colafield, Guizhou, China: influence from siliceous and iron-rich calcic hydrothermal fluids. International Journal of Coal Geology, 61: 241-258

Dai S F, Jiang Y F, Ward C R, et al. 2012a. Mineralogical and geochemical compositions of the coal in the Guanbanwusu Mine, Inner Mongolia, China: Further evidence for the existence of an Al(Ga and REE) ore deposit in the Jungar Coalfield. International Journal of Coal Geology, 98: 10-40

Dai S F, Li D, Chou C L, et al. 2008. Mineralogy and geochemistry of boehmite-rich coals: New insights from the Haerwusu Surface Mine, Jungar Coalfield, Inner Mongolia, China. International Journal of Coal Geology, 74: 185-202

Dai S F, Li D H, Ren D Y, et al. 2004. Geochemistry of the Late Permian No. 30 coal seam, Zhijin Coalfield of southwest China: influence of a siliceous low-temperature hydrothermal fluid. Applied Geochemistry, 19: 1315-1330

Dai S F, Liu J J, Ward C R, et al. 2015c. Petrological, geochemical and mineralogical compositions of the low-Ge coals from the Shengli Coalfield, China: A comparative study with Ge-rich coals and a formation model for coal-hosted Ge ore deposit. Ore Geology Reviews. doi: 10.1016/j.oregeorev.2015.06.013

Dai S F, Ren D Y, Chou C L, et al. 2012b. Geochemistry of trace elements in Chinese coals: A review of abundances, genetic types, impacts on human health, and industrial utilization. International Journal of Coal Geology, 93: 3-21

Dai S F, Ren D Y, Li S S. 2006. Discovery of the superlarge gallium ore deposit in Junger, Inner Mongolia, North China. Chinese Science Bulletin, 51: 2243-2252

Dai S F, Ren D Y, Chou C L, et al. 2006. Mineralogy and geochemistry of the No. 6 coal (Pennsylvanian) in the Junger Coalfield, Ordos Basin, China. International Journal of Coal Geology, 66: 253-270

Dai S F, Ren D Y. 2006. Fluorine concentration of coals in China-An estimation considering coal reserves. Fuel, 85: 929-935

Dai S F, Ren D Y, Hou X Q, et al. 2003. Geochemical and mineralogical anomalies of the Late Permian coal in the Zhijin coalfield of southwest China and their volcanic origin. International Journal of Coal Geology, 55: 117-138

Dai S F, Seredin V V, Ward C R, et al. 2015a. Enrichment of U-Se-Mo-Re-V in coals preserved within marinecarbonate successions: geochemical and mineralogical datafrom the Late Permian Guiding Coalfield, Guizhou, China. Miner Deposita, 50: 159-186

Dai S F, Yang J Y, Ward C R, et al. 2015b. Geochemical and mineralogical evidence for a coal-hosted uranium deposit in the Yili Basin, Xinjiang, northwestern China. Ore Geology Reviews, 70: 1-30

Dai S F, Zhao L, Peng S P, et al. 2010a. Abundances and distribution of minerals and elements in high-alumina coal fly ash from the Jungar Power Plant, Inner Mongolia, China. International Journal of Coal Geology, 81(4): 320-332

Dai S F, Zhou Y P, Zhang M Q, et al. 2010b. A new type of Nb(Ta)-Zr(Hf)-REE-Ga polymetallic deposit in the late Permian coal-bearing strata, eastern Yunnan, southwestern China: Possible economic significance and genetic implications. International Journal of Coal Geology, 83: 55-63

Dai S F, Zou J H, Jiang Y F, et al. 2012c. Mineralogical and geochemical compositions of the Pennsylvanian coal in the

Adaohai Mine, Daqingshan Coalfield, Inner Mongolia, China. International Journal of Coal Geology, 94: 250-270

Dale L, Lavrencic S. 1993. Trace elements in Australian export thermal coals. Australian Coal, (39):17-21

Davidson R M. 2000. Modes of occurrence of trace elements in coal. Report CCC/36 International Energy Agency Coal Research, London. 36, with appendices on CD-ROM

Deng X L, Sun Y Z. 2011. Coal petrological characteristics and coal facies of No. 11 seam from the Antaibao mine, Ningwu coalfield, China. Energy Exploration and Exploitation, 29(3): 313-324

Diessel C F K. 1982. An appraisal of coal facies based on maceral characterization. Aust. Coal Geol, 4(2):474-483

Diessel C F K. 1986. On the correlation between coal facies and depositional environment: advances in the study of the Sydeny Basin. Proceedings of 20th Symposium of University of Newcastle. Newcastle:19-22

Dill H G, Wehner H. 1999. The depositional environment and mineralogical and chemical compositions of high ash brown coal resting on early Tertiary saprock (Schirnding Coal Basin, SE Germany). International journal of coal geology, 39(4):301-328

Dimichele W A, Montñez I P, Poulsen C J, et al. 2009. Climate and vegetational regime shifts in the late Paleozoic ice age earth. Geology, 7: 200-266

Dreher G B, Finkelman R B. 1992. Selenium mobilization in a surface coal mine, Powder River basin, Wyoming, U S A. Environmental Geology Water Science, 19(3):155-167

Dvronikov A G, Tikhonenkova E G. 1973. Distribution of trace elements in iron sulphides of coals from different structures of central Donbas. Geochem, Intl. , 10(5):1168

DZ/T 0203—2002. 2002. 稀有金属矿产地质勘查规范. 北京: 中国标准出版社

Eskenazi G M. 1967. Adsorption of gallium on peat and humic acids. Fuel, 46:187-191

Eskenazi G M, Mincheva E. 1989. On the geochemistry of strontium in bulgarian coals. International Journal of Coal Geology, 74:265-276

Fahlquist H, Noreus D, Callear S, et al. 2011. Two new cluster ions, Ga[GaH3]45- with a neopentane structure in Rb8Ga5H15 and Ga with a polyethylene structure in Rbn(GaH2)n, represent a new class of compounds with direct Ga-Ga bonds mimicking common hydrocarbons. Journal of the American Chemical Society. , 133:14574-14577

Feng X, Hong Y. 1999. Modes of occurrence of mercury in coals from Guizhou, People's Republic of China. Fuel, 78(10):1181-1188

Filby R H, Shah K R, Sautter C A. 1977. A Study of Trace Element Distribution in the Solvent Refined Coal. J. Radioactiv. Anal. ,37(2): 693-704

Filippidis A, Geograkopoulos A, Kassoli-Fournarak A, et al. 1996. Trace element contents in composited samples of three lignite seams from the central part of the Drama lignite deposit, Macedonia, Greece. International Journal of Coal Geology, 29(4):219-234

Finkelman R B, Bostic N H, Du L, et al. 1998. Influence igneous intrusion on the inorganic geochemistry of bituminous coal from Pitki County, Colorado. International Journal of Coal Geology, 38: 223-241

Finkelman R B. 1978. Determination of trace element sites in the Waynesburg coal by SEM analysis of accessory minerals. Scanning Electron Microscopy, 1:143-148

Finkelman R B. 1994. Modes of occurrence of environmentally-sensitive traceelements in coal: levels of confidence. Fuel Processing Technology,39:21-34

Finkelman R B. 1995. Modes of occurrence of environmentally-sensitive trace elements of coal. In: Swaine D J, Goodarzi F(eds). Environmental Aspects of Trace Elements of Coal. Dordrecht: Kluwer Academic Publishers: 24-50

Finkelman R B. 1997. Modes of occurrence of trace elements in coal. Fuel Processing Teehnology, 39(l-3):21-34

Finkelman R B. 1980. Modes of Occurrence of Trace Elements in Coal. Ph. D. Dissertation. Dept. Chem. , Univ. Maryland, College Park

Finkelman R B. 1981. Modes of occurrence of trace elements in coal. U. S. Geological Survey Open-File Report, (81-99):322

参 考 文 献

Finkelman R B,Palmer C A,Krasnow M R, et al. 1990. Combustion and leaching behavior of elements in the Argonne premium coal samples. Energy Fuels,4:755-766

Finkelman R B. 1993. Trace and minor elements in coal. In: Engel M H, Macko S (eds). Organic Geochemistry. New York: Plenum Press:593-607

Finkelman R B. 1999. Trace elements in coal:environmental and health significance. Biological Trace Element Research,67:197-204

Fyfe W S,Kronberg B I,Brown J R. 1982. Variations in the inorganic chemistry of coal. American Chemical Society, Division of Petroleum Chemistry,37(1):116-123

GB/T 482—2008. 2008. 煤层煤样采取方法. 北京:中国标准出版社

GB/T 6948—1998. 1998. 煤的镜质体反射率显微镜测定方法. 北京:中国标准出版社

GB/T 8899—1998. 1998. 煤的显微组分组和矿物测定方法. 北京:中国标准出版社

GB/T 16773—2008. 2008. 煤岩分析样品制备方法. 北京:中国标准出版社

GB/T 15589—1995. 1995. 显微煤岩类型分类. 北京:中国标准出版社

GB 474—2008. 2008. 煤样的制备方法. 北京:中国标准出版社

Geptner A R, Alekseeva T A, Pikovskii Y I. 2002. Polycyclic aromatic hydrocarbons in Holocene sediments and tephraof Iceland (composition and distribution features). Lithology and Mineral Resources,37: 148-156

Gülbin G. 2011. Abundances and modes of occurrence of trace elements in the can coals(Miocene),canakkale-Turkey. International Journal of Coal Geology,87(2):157-173

Gluskoter H J,Ruch R R,Miller W G, et al. 1977. Trace elements in coal:occurrence and distribution. Geol. Surv. Circ. ,499:154

Godbeer W C,Swaine D J. 1979. Cadmium in coal and fly-ash. In:Hemphill D D(ed). Trace Substance in Environment Health-XIII,University of Missouri,254-261

Goldschmidt V M. 1944. The Occurrence of Rare Elements in Coal Ashes. Coal Research Scientific and Technol Reports of BCURA

Goodarize F. 2002. Mineralogy elemental composition and modes of occurrence of elements in Canadian feed-coals. Fuel, 81(9):1199-1213

Goodarzi F. 1987. Elemental concentrations in Canadian coals,Byron Creek Collieries,British Columbia. Fuel,66: 250-254

Goodarzi F,Foscolos A E,Cameron A R. 1985. Mineral matter and elemental concentrations in selected western Canadian coals. Fuel,64:1599-1605

Gordon G E, Zoller W H, Gladney E S. 1973. Abnormally enriched trace elements in the atmosphere. Trace Substances in Environmental Health, 7: 167

Hacquebard P A,Donaldson J R. 1969. Carboniferous coal deposition associated with flood-plain and limnic environments in Nova Scotia. In:Dapples E C, Hopkins M E (Eds.),Environments of Coal Deposition. Pap-Geology Society of America,114:143-191

Hansen L D, Silberman D,Fisher G L. 1981. Crystalline components of stsck-collectnd,sized-fractionated coal fly-ash. Environmental Science and Technology,15:1057-1062

Hatch J R,Avcin M J, van Dorpe P E. 1984. Element geochemistry of Cherokee Group coals(Middle Pennsylvanian) from south-central and southeastern Iowa. Iowa Geology Surveys Technology paper. 5:1-108

Ho T C,Lee H T. 1994. Metal capture by sorbents during fluidized bed combustion. Fuel Processing Technology,39(1-3):373-388

Hower J C,Robertson J D. 2003. Clausthalite in coal. Int. J. Coal Geol. 53, 219-225

Hower J C,Williams D A,Eble C F, et al. 2001. Brecciated and mineralized coals in Union County, Western Kentucky coal field. International Journal of Coal Geology,47:223-234

Hsieh K C,Wert C A. 1983. Examination of fine scale minerals in coal and coal products. Proc. Intern. Conf. Coal Sci,

357-360

Huang W,Wan H,Du G et al. 2008. Research on element geochemical characteristics of coal-Ge deposit in Shengli Coaleld,Inner Mongolia,China. Earth Science Frontiers,15:56-64

Huggins F E, Huffman G P. 1996. Modes of occurrence of trace elements in coal from XAFS spectroscopy. International Journal of Coal Geology,32(1-4):31-53

Hu J, Zheng B, Finkelman R B, et al. 2006. Concentration and distribution of sixty-one elements in coals from DPR Korea. Fuel, 85: 679-688

Hunt J W,Smyth M. 1989. Origin of inertinite-rich of Australia Cratonic basins. International Journal of Coal Geology, 11: 23-46

Jaskula B W. 2012. Galium. U. S. Geological Survey, Mineral Commodity Summaries. http://minerals.usgs.gov/minerals/pubs/commodity/gallium/mcs-2012-galli.pdf

Kalkreuth W,Marchioni D L,Calder J H, et al. 1991. The relationship between coal petrography and depositional environments from selected coal basins in Canada. International Journal of Coal Geology,19:21-76

Kara-Gulbay R, Korkmaz S. 2009. Trace element geochemistry of the Jurassic coals in the Feke and Kozan (Adana) Areas, Eastern Taurides, Turkey. Energy Sources, Part A, 31: 1315-1328

Karayigit A I, Bulut Y, Karayigit G. 2006. Mass balance of major and trace elements in a coal-fired power plant. Energy Sources, Part A, 28: 131-132

Karayigit A I,Gayer R A,Ortac F E,et al. 2001. Trace elements in the lower Pliocene Fossiliferous Kangal Lignites, Sivas,Turkey. International Journal of Coal Geology,47(2):73-89

Karayigit A I,Spears D A,Booth C A. 2000. Distribution of environmental sensitive trace elements in the Eocene Sorgun coals,Turkey. International Journal of Coal Geology,42:297-314

Ketris M P, Yudovich Y E. 2009. Estimations of Clarkes for Carbonaceous bioliths: world averages for trace element contents in black shales and coals. International Journal of Coal Geology, 78: 135-148

Khanchuk A I, Ivanov V V, Blokhin M G, et al. 2014. Coal deposits as promising sources of lithium. Geospectrum 2014 Winter: 10-12

Khanchuk A I, Ivanov V V, Blokhin M G, et al. 2013. Coal deposits as promising sources of lithium. The Society for Organic Petrology Newsletter, 30(4): 13-15

Kilka Z, Kolomaznik I. 2000. New concept for the calculation of the trace element in affinity in coal. Fuel, 79(6): 659-670

Kimura T. 1998. Relationships between inorganic elements and minerals in coals from the Ashibetsu district, Ishikari coal field, Japan. Fuel Processing Technology, 56(1):1-19

Kirsch H,Schirmer U,Schwartz G. 1980. The origin of the trace elements zinc, cadmium and vanadium in bituminous coals and their behaviour during combustion. VgB Kraftwerkstechnik,60:734-744

Kislyakov Ya M, Shchetochkin V N. 2000. Hydrogenic Ore Formation. Russian:Geoinformmark, Moscow

Kler V R, Nenakhova V F, Saprykin F Y, et al. 1987. Metallogeny and Geochemistry of Coal-and Shale-Bearing Sequences in the Soviet Union: Regularities in the Distribution of Elements and Methods for Their Study. Moscow: Nauka

Kortenski J. 1992. Carbonate minerals in Bulgarian coals with differnent degress of coalification. Internation Journal of Coal Geology,20:225-242

Laverov N P (Ed.). 1998. In-situ Leaching of Polyelemental Ores. Academy of Mining Sciences Publishing House, Moscow (in Russian)

Lessing R. 1934. Fluorine in coal. Nature,134:699-700

Lewińska-Preis L,Fabiańska M J,Ćmiel S, et al. 2009. Geochemical distribution of trace elements in Kaffioyra and Longyearbyen coals,Spitsbergen,Norway. International Journal of Coal Geology,80:211-223

Lin M Y, Bai G L, Duan P P, et al. 2013. Perspective of comprehensive exploitation of the valuable elements of the

Chinese coal . Energy Exploration and Exploitation, 31(4): 623-628

Lin M Y, Tian L. 2011. Petrographic characteristics and depositional environment of the No. 9 Coal (Pennsylvanian) from the Anjialing Mine, Ningwu Coalfield, China. Energy Exploration and Exploitation, 29(2):197-204

Liu C Y, Zhao H G, Sun Y Z. 2009. Tectonic background of Ordos Basin and its controlling role for basin evolution and energy mineral deposits. Energy Exploration and Exploitation, 27(1):15-27

Li Y H. 2011. Organic geochemical characteristics of the No. 9 Coal (Pennsylvanian) from the Anjialing Mine, Ningwu Coalfield, China. Energy Exploration and Exploitation, 29(3): 325-334

Li Z, Moore T A, Weaver S D, et al. 2001. Crocoite: an unusual mode of occurrence for lead in coal. International journal of coal geology, 45(4):289-293

Lucyna L P, Monika J F, Stanislaw C, et al. 2009. Geochemical distribution of trace elements in Kaffioyra and Longyearbyen coals, Spitsbergen, Norway. International Journal of Coal Geology, 80: 211-223

Lyons P C, Palmer C A, Bostick N H, et al. 1989. Chemistry and origin of minor and trace elements in vitrinite concentrations from a rank series from the Eastern United States, England and Australia. International Journal of Coal Geology, 13(1-4):484-527

Maksimova M F, Shmariovich E M. 1993. Bedded-infiltrational Ore Formation. Nedra, Moscow (in Russian)

Maoyuan Ya N, Gromov A V, Pavlov E G. 1994. Mineralogy of tonstein in Chungou coal basin (China). Geologiyai Razvedka, 2:47-54

Marchioni, D. L. 1980. Petrography and depositional environment of the liddell seam, upper hunter valley, New South Wales. International Journal of Coal Geology, 1(1), 35-61

Marchioni D, Kalkreuth W. 1991. Coal facies interpretions based on Lithotype and Maceral Variations in Lower Critaceous (Gates Formation) Coals of western Canada, International Journal of Coal Geology, 18:152-160

Martínez-Tarazona M R, Spears D A, Palacios J, et al. 1992. Mineral matter in coals of different rank from the Asturian Central basin. Fuel, 71(4):367-372

Mastalerz M, Drobniak A. 2012. Gallium and germanium in selected Indiana coals. International Journal of Coal Geology, 94: 302-313

Masuda A, Ikeuchi Y. 1979 Lanthanide tetrad effect observed in marine environment. Geochemical Journal, 13:19-22

Masuda A. 1962. Regularities in variation of relative abundances of lantha-nide elements and an attempt to analyse separation-index patterns of some minerals. Journal of Earth Science Nagoya University, 10:173-187

Mcintyre N S, Martin R R, Chauvin W J, et al. 1985. Studies of elemental distributions within discrete coal macerals: use of secondary ion mass spectrometry and X-ray photoelectron spectroscopy. Fuel, 64(12), 1705-1712

Mei M X, Ma Y S, Deng J, et al. 2005. From Cycles to Sequences: Sequence Stratigraphy and Relative Sea Level Change for the Late Cambrian of the North China Platform. Acta Geologica Sinica (English edition), 79(3)

Miller R N, Given P H. 1987a. The association of major, minor and trace inorganic elements with lignties. Ⅱ Minerals, and major and minor elements profiles, in four seams. Geochim et Cosmochim Acta, 51:1311-1322

Miller R N, Given P H. 1987b. The association of major, minor and trace inorganic elements with lignties: Ⅲ. Trace elements in four lignites and gengeal discussion of all date from this study. Geochim et Cosmochim Acta, 51: 1843-1853

Minkin J A, Chao E C. 1979. Distribution of elements in coal macerals and minerals: determination by electron microprobe. American Chemical Society, Division of Petroleum Chemistry, 24(1) :242-249

Moore T A, Shearer J C. 2003. Peatcoal type and depositional environment-are they related. International Journal of Coal Geology, 56(3-4):233-252

Moore T A, Shearer J C. 2003. Peat coal type and depositional environment-are they related. International Journal of Coal Geology, 56(3-4):233-252

Mukhopadhyay P K, Goodarzi F, Grandlemire A L, et al. 1998. Comparison of coal composition and elemental distribution in selected seams of the Sydney and Stellarton Basin, Nova Scotia, Eastern Canada. International Journal of Coal

Geology,37(1-2):113-141

Orem W H, FederGL, Finkemlan R B. 1999. A possible link between Balkan endemic nephropathy and the leaching of toxic organiccom pounds from Pliocen elignite by groundwater Prelim inaryinvestigation. International Journal of Coal Geology, 40(2-3):237-252

Palmer C A, Krasnow M R, Finkelman R B, et al. 1993. An evaluation of leaching to determine modes of occurrence of selected toxic elements in coal. Journal of Coal Quality,12(4):135-141

Palmer C A, Mroczkowski S J, Finkelman R B, et al. 1998. The use of sequential leaching to quantify the modes of occurrence of elements in coal. In: Proceedings of the 15th Annual International Pittsburgh Coal Conference & workshop. Sept 14-18, Pittsburgh, USA. CD-ROM

Patterson J H, Corcoran J F, Kinealy K M. 1994. Chemistry and mineralogy of carbonates in Australian bituminous and subbituminous coals. Fuel,73(11):1735-1745

Percy J. 1875. Metallurgy. London: Murray

Peters K E, Moldowan J M. 1991. Effects of source, thermal maturity, and biodegradation on the distribution and isomerization of homohopanes in petroleum. Organic Geochemistry,17:47-61

Peters K E, Moldowan J M. 1993. The biomarker guide: Interpreting molecular fossils in petroleum and ancient sediments. London: Prentice Hall

Philippi G T. 1965. Document On the depth, time and mechanism of petroleum generation. Geochimica et Cosmochimica Acta,29(9):1021-1049

Philippi GT. 1974. The influence of marine and terrestrial source material on the composition of petroleum. Geochimica et Cosmochimica Act,38:947-966

Pires M, Fideler H, Teixeira E C. 1997. Geochemical distribution of trace elements in coal : modeling and environmental aspects. Fuel ,76(14/15):1425-1437

Portzer J W, Albritton J R, Allen C C, et al. 2004. Devel-opment of novel sorbents for mercury control at elevatedtemperatures in coal-derived syngas: Results of initialscreening of candidate materials. Fuel Processing Technology, 85(6):621-630

Prachiti P K, Manikyamba C, Singh P K, et al. 2011. Geochemical systematics and precious metal content of the sedimentary horizons of Lower Gondwanas from the Sattupalli coal field, Godavari Valley, India. International Journal of Coal Geology, 86(2-3): 83-100

Puettmann W, Villar H. 1987. Occurrence and geochemical significance of 1,2,5,6-tetramethylnaphthalene. Geochimica et Cosmochimica Acta, 51: 3023-3029

Qi L Q, Yan W P, Yuan Y T, et al. 2006. Characteristics of electrical fly ash precipitation of blended coals with high aluminum content. Journal of Power Engineering, 4: 572-577

Qin S J, Zhao C L, L i Y H, Zhang Y. 2015. Review of coal as a promising source of lithium. International Journal of Oil, Gas and Coal Technology,9: 215-229

Querol X, Alastuey A, Lopez-Soler A, et al. 1999. Geological control on the quality of coals from the West Shandong mining district, Eastern China. International Journal of Coal Geology,42(1):63-68

Querol X, Chenery S. 1995. Determination of trace element affinities in coal by laser ablation microprobe-inductively coupled plasma mass spectrometry. In: European Coal Geology (eds. Whateley MKG and Spears DA). The Geological Society Special Publication,82:147-155

Querol X, Juan R, Lopez-Soler A, et al. 1996. Mobility of trace elements from coal and combustion wastes. Fuel, 75(7):821-838

Querol X, Klika Z, Weiss Z, et al. 2001. Determination of element affinities by density fractionation of bulk coal samples. Fuel, 80(1): 83-96

Querol X, Whateley M, Fernandez-Turiel J L, et al. 1997. Geological controls on the mineralogy and geochemistry of the Beypazari lignite, central Anatolia, Turkey. International Journal of Coal Geology,33(3):255-271

Raask E. 1985. Mineral impurities in coal combustion. Hemisphere Publishing Company, New York

Radke M, Rullkotter J, Vriend S P. 1994. Distribution of naph-thalenes in crude oils from Java Sea: source and maturationeffects. Geochimica et Cosmochimica Acta, 58 (17): 3675-3689

Radke M, Willsch H, Leythaeuser D, et al. 1982. Aromatic components of coal: Relation of distribution pattern to rank. Geochim. Cosmochim. Acta, 46: 1831-1848

Radke M, Willsch H, Leythaeuser D, et al. 1982. Aromatic components of coal: Relation of distribution pattern to rank. Geochimioal Cosmochimica, 46: 1831-1848

Rao P, Walsh D. 1999. Influence of environments of coal deposition on phosphorous accumulation in a high latitude, northern Alaska, coal seam. International Journal of Coal Geology, 38: 261-284

Reimann C, Caritat P. 1998. Chemical Elements in the Environment, Berlin

Ren D Y, Zhao F H, Wang Y Q. 1999. Distributions of minor and trace elements in Chinese coals. International Journal of Coal Geology, 40(2-3): 109-118

Riley K W, French D H, Farrell O P, et al. 2012. Modes of occurrence of trace and minor elements in some Australian coals. International Journal of Coal Geology, 94: 214-224

Rudnick R L, Gao S. 2003. Composition of the continental crust. In: Rudnick R L (ed.). The Crust Treatise on Geochemistry. Elsevier, Amsterdam, (3): 1-64

Ruppert L R, Minkin J A, McGee J J, et al. 1992. An unusal occurrence of arsenic-bearing pyrite in the Upper Freeport coal bed, Western-central Pennsylvania. Energy Fuel, 6: 120-125

Scalan R S, Smith J E. 1970. An improved measure of the odd-even predominance in the normal alkanes of sediment extracts and petroleum. Geochimica et Cosmochimica Acta, 34: 611-620

Schootbrugge B V, Quan T M, Lindström S, et al. 2009. Floral changes across the Triassic/Jurassic boundary linked to flood basalt volcanism. Nature Geoscience, 2: 589-594

Scott A C. 2002. Coal petrology and the origin of coal macerals: a way ahead. International Journal of Coal Geology, 50(1-4): 119-134

Scott A C, Glasspool I J. 2006. The diversification of Paleozoic fire systems and fluctuations in atmospheric oxygen concentration. Proceedings of the National Academy of Sciences, 103(29): 10861-10865

Seredin V V. 2003. Anomalous concentrations of trace elements in the Spetsugli Germanium deposits (Pavlovka Brown Coal Deposit, Southern Primorye): communication 2. Rubidium and Cesium. Lithology Miner. Resources+ 38: 233-241

Seredin V V, Dai S F, Chekryzhov I Y. 2012. Rare metal mineralization in tuffaceous strata of the Russian and Chinese coal basins. In: Yudovich Ya E (ed). Diagnostics of Volcanogenic Rocks in Sedimentary Strata. Russian: Geoprint, Syktyvkar: 165-167

Seredin V V, Dai S F. 2012. Coal deposits as potential alternative sources for lanthanides and yttrium. International Journal of Coal Geology, 94: 67-93

Seredin V V, Dai S F, Sun Y Z, et al. 2013. Coal deposits as promising sources of rare metals for alternative power and energy-efficient technologies. Applied Geochemistry, 31: 1-11

Seredin V V. 2007. Distribution and formation conditions of noble metal mineralization in coal-bearing basins. Geology Ore Deposits, 49: 3-36

Seredin V V, Finklman R B. 2008. Metalliferous coals: A review of the main genetic and geochemical types. International Journal of Coal Geology, 76: 253-289

Seredin V V. 1996. Rare earth element-bearing coals from the Russian Far East deposits. International Jouranal Coal Geolgy. 30: 101-129

Seredin V V, Shpirt M Y. 1995. Metalliferous coals a new potential source of valuable trace elements as byproducts. Coal Science and Technology, 24: 1649-1652

Shimko G A, Kuznetzov V A. 1978. Analytical methods of rocks and water during geochemical exploration. Geokhimija I geofizka AN BelSSR

Sia S G, Abdullah W H. 2011. Concentration and association of minor and trace elements in Mukah coal from Sarawak, Malaysia, with emphasis on the potentially hazardous trace elements. International Journal of Coal Geology, 86(4): 179-193

Simoneit B R T, Mazurek M A. 1982. Organic matter of the troposphere: II. Natural background of biogenic lipid matter in aerosols over the rural western United States. Atmospheric Environment, 16(9):2139-2159

Singh R, Khwaja A R, Gupta B, et al. 1999. Extraction and separation of nickel (II) using bis (2,4,4-trimethylpentyl) dithiophosphinic acid (Cyanex 301) and its recovery from spent catalyst and electroplating bath residue. Solvent Extraction and Ion Exchange, 17(2):367-390

Solari J A, Fiedler H, Schnerder C L. 1989. Modeling of the distribution of trace elements in coal. Fuel, 68: 536-539

Spears D A, Zheng Y. 1999. Geochemistry and origin of elements in some UK coals. International Journal of Coal Geology, 38:161-179

Sun R Y, Liu G J, Zheng L G, et al. 2010b. Geochemistry of trace elements in coals from the Zhuji Mine, Huainan Coalfield, Anhui, China. International Journal of Coal Geology, 81: 81-96

Sun Y Z, Chen J P, Liao W, et al. 2004. Formation and distribution of polycyclic aromatic sulfur compounds in the Kupferschiefer from Poland and Germany. World Journal of Engineering, 1(2):74-92

Sun Y Z, Chen J P, Lin M Y, et al. 2005. Influences of ore formation on biomarkers in the Kupferschiefer from the Lubin mine, Poland. Chinese Journal of Geochemistry, 24:101-107

Sun Y Z. 2015. China Geological Survey Proved the Existence of an Extra-large Coal-Associated Lithium Deposit. Acta Geologica Sinica (English Edition), 89(1): 311

Sun Y Z, Fan J S, Qin P, et al. 2009. Pollution extents of organic substances from a coal gangue dump of Jiulong Coal Mine, China. Environmental Geochemistry and Health, 31:81-89

Sun Y Z, Kalkreuth W. 2000. Explanation for peat-forming environments of Seams 2 and 9 based on the lithotype composition in the Xingtai Coalfield, China. Journal of China University of Mining and Technology, 10(1):17-21

Sun Y Z, Ling P, Li Y H, et al. 2014. Influences of coal mining water irrigation on the maize losses in the Xingdong Mine area, China. Environmental Geochemistry and Health, 36(1):99-106

Sun Y Z, Li Y H, Zhao C L. 2010a. Concentrations of lithium in Chinese coal. Energy Exploration and Exploitation, 28(2): 97-104

Sun Y Z, Puettmann W. 2001. Oxidation of organic matter in the transition zone of the Zechstein Kupferschiefer from the Sangerhausen Basin, Germany. Energy and Fuels, 15(4):817-829

Sun Y Z, Qin S J, Zhao C L, et al. 2010c. Experimental study of early formation processes of macerals and sulfides. Energy Fuels, 24(2):1124-1128

Sun Y Z, Wang B S, Lin M Y. 1998. Maceral and geochemical characteristics of coal seam 1 and oil shale 1 in fault-controlled Huangxian Basin, China. Organic Geochemistry, 8:583-591

Sun Y Z, Yang J J, Zhao C L. 2012a. Minimum mining grade of associated Li deposits in coal seams. Energy Exploration and Exploitation, 30(2): 167-170

Sun Y Z, Zhao C L, Li Y H, et al. 2013a. Further Information of the Associated Li Deposits in the No. 6 Coal Seam at Jungar Coalfield, Inner Mongolia, Northern China. Acta Geologica Sinica(English Edition), 87(4): 1097-1108

Sun Y Z, Zhao C L, Li Y H, et al. 2013b. Li distribution and mode of occurrences in Li-bearing Coal Seam 9 from Pingshuo Mining District, Ningwu Coalfield, northern China. Energy Education Science and Technology Part A: Energy Science and Research, 31(1): 47-58

Sun Y Z, Zhao C L, Li Y H, et al. 2012b. Li distribution and mode of occurrences in Li-bearing coal seam 6 from the Guanbanwusu Mine, Inner Mongolia, Northern China. Energy Exploration and Exploitation, 30(1): 109-130

Sun Y Z, Zhao C L, Li Y H, et al. 2012c. Relationship between lithium enrichment and organic matter in Coal Seam 6 from the Guanbanwusu Mine, Inner Mongolia, China. 29th Annual Meeting of the Society for Organic Petrology,

Program and Abstracts, 29: 114-116

Sun Y Z, Zhao C L, Qin S J, et al. 2016. Occurrence of Some Valuable Elements in the Unique 'High-Aluminium Coals' from the Jungar Coalfield, China. Ore Geology Review, 72: 659-668

Sun Y Z, Zhao C L, Wang J X. 2015. Anomalous Concentrations of Rare Metal Elements, Rare-scattered (Dispersed) Elements and Rare Earth Elements in the Coal from Iqe Coalfield, Qinghai Province, China. ACTA Geologica Sinica (English edition), 89(1): 229-241

Sun Y Z, Zhao C L, Zhang J Y, et al. 2013c. Concentrations of valuable elements of the coals from the Pingshuo Mining District, Ningwu Coalfield, northern China. Energy Exploration and Exploitation, 31(5): 727-744

Suárez-Ruiz I, Deolinda F, Graciano J et al. 2012. Review and update of the applications of organic petrology: Part 2, geological andmultidisciplinary applications. International Journal of Coal Geology, 99: 73-94

Suárez-Ruiz I, Flores D, Marques M M, et al. 2006. Geochemistry, mineralogy and technological properties of coals from Rio Major(Portugal) and Penarroya(Spain) basins. International Journal of Coal Geology, 67: 171-190

Swaine D J, Goodarzi F C. 1995. Environmental Aspects of Trace Elements of Coal. Dordrecht: Kluwer Academic Publishers

Swaine D J. 1986. Inorganic manganese in coal. Fuel, 65: 1622-1623

Swaine D J. 1990. Trace Elements in Coal. Addsion, Wesley: Butterworths

Swaine D J. 1977. Trace elements in fly ash. Department of Scientific Industrial Research Bull 218. New Zealand: New Zealand DSIR: 127-218

Swaine D J. 1989. Trace elements in the Permian coals. Bur. Miner. Resouce. Geol. Geophys Bull. , 231: 297-300

Swaine D J. 2000. Why trace elements are important. Fuel Processing Technology, 65(66): 21-23

Taylor S R. 1964. Abundance of chemical elements in the continental crust: a new table. Geochimica et Cosmochimica Acta, 28: 1273-1285

Taylor S R, McLennan S M. 1985. The Continental Crust: Its Composition and Evolution, An Examination of the Geochemical Record Preserved in Sedimentary Rocks. Oxford: Blackwell Scientific

Teichmüller M, Thomson P W. 1958. Vergleichende mikroskopische und chemische Untersuchungen der wichtigsten Fazies-Typen im Hauptflöz der niederrheinischen Braunkohle. Fortschr. Geol. Rheinl. Westfalen, 2: 573-598

Teichmüller M. 1952. Vergleichende mikroskopische Untersuchungen versteinerter Torfe des Ruhrkarbons und der daraus entstandenen Steinkohlen. In Proc 3rd Int. Congr. on Carboniferous Stratigraphy and Geology, 2: 607-613

Teichmüller M. 1950. Zum petrographischen Aufbau und Werdegang der Weichbraunkohle. Geol. Jb, 64: 429-488

Tewalt S J, Belkin H E, SanFilipo J R, et al. 2010. Chemical analyses in the World Coal Quality Inventory, version 1. U. S. Geological Survey Open-File Report: 2010-1196

Tomschey O. 1991. Distribution of trace elements in coal and their host phases in a lower Eocene coal seam of Hungary. Bulletin de la Société Géologique de France, 162(2): 267-270

Tomschey O, Harman M, Blasko D. 1986. Trace elements distribution in the Pukanec lignite deposit. Geologicky Zbornik, 37: 137-146

Tomschey O. 1995. Unusual enrichment of U, Mo and V in an Upper Cretaceous coal seam, Hungary. Geological Society, London, Special Publications, 82(1): 299-305

Tomschey O. 1995. Unusual enrichment of U, Mo and V in an Upper Cretaceous coal seam, Hungary, In: Whateley M K G, Spears P A(eds). European Coal Geology. Geological Society Special Publication, 82: 299-305

US(US National Committee for Geochemistry). 1980. Panel on the Trace ElementsGeochemistry of Coal Resource Development Related to Health. Trace Element Geochemistry of Coal Resource Development Related to Environmental Qualityand Health. Washington: National Academy Press, 10-68

Valkovic V. 1983. Trace Element in Coal. Florida: CRC Press

Vassilev S V, Vassileva C G. 1998. Comparative chemical and mineral characterization of some Bulgarian coals. Fuel processing technology,55(1):55-69

Vulcan T. 2009. Gallium:A Slippery Metal. http://www.hardassetsinvestor.com/features-and-interviews/

Wagner N J,Hlatshwayo B. 2005. The occurrence of potentially hazardous trace elements in five Highveld Coals,South Africa. International Journal of Coal Geology,63(3-4):228-246

Wagner N J, Tlotleng M T. 2012. Distribution of selected trace elements in density fractionated Waterberg coals from South Africa. International Journal of Coal Geology, 94: 225-237

Wang J, Pfefferkorn H W. 2013. The Carbiniferous-Permian transition on the North China microcontinent-Ocean climate in the tropics. International Journal of Coal Geology, 119: 106-113

Wang J X, Deng X L, Kalkreuth W. 2011. The distribution of trace elements in various peat swamps of the No. 11 coal seam from the Antaibao Mine, Ningwu coalfield, China. Energy Exploration and Exploitation, 29(4): 517-523

Wang W F. 2004. Partitioning of minerals and elements during PreParation of Taixi coal,China. Fuel,85(1):57-67

Wang W F,Sang S X,Wei D H, et al. 2015. A cut-off grade for gold and gallium in coal. Fuel, 147:62-66

Ward C R. 2002. Analysis and significance of mineral matter in coal seam. International Jouranal Coal Geolgy, 50: 135-168

Ward C R. 1984. Coal Geology and Coal Technology. Blackwell,Oxford,345

Ward C R,Gurba L W. 1999. Chemical composition of minerals in bituminous coals of the Gunnedah Basin,Australia, using eleetron mieroprobe analysis techniques. International Journal of Coal Geology,39:279-300

Ward C R. 1978. Mineral matter in Australian bituminous coals. Australasian Institute of Mining and Metallurgy,267: 7-25

Ward C R. 1997. Mineral matter in the Harrisburg-Springfield (No. 5) Coal Member of the Carbondale Formation, Illinois Basin. Illinois State Geological Survey. Circular,498:35

Weiss Z, Baronnet A, Chmielova M. 1992. Volcanoclastic minerals of some Cze-choslovakian tonsteins and their alteration. Clay Minerals,(27):269-282

White R N,Smith J V,Speras D A, et al. 1989. Analysis of iron sulfides from UK coal by synchrotron radiation X-ray fluorescence. Fuel,68:1480-1486

Xu J, Sun Y Z, Kalkreuth W. 2011. Characteristics of trace elements of the No. 6 Coal in the Guanbanwusu Mine, Junger Coalfield, Inner Mongolia. Energy Exploration and Exploitation, 29(6): 827-842

Xu M H. 2003. Status of trace element emission in a coal combustion process: a review. Fuel Processing Technology, 85: 215-237

Yamada T,Kiga T, Miyamae S,et al. 2000. Experimental studies on the capture of CO_2, NOx and SO_2 in the oxygen-recycled flue gas coal combustion system. React Eng Pollut Prev

Yamamoto Kazutomo,Uematsu Toshikatsu. 2000. Recovery of Gallium from Semiconductor Scraps. Jpn Kokai Tokkyo Koho,JP 200044237

Yang M, Liu G J, Sun R Y, et al. 2012. Characterization of intrusive rocks and REE geochemistry of coals from the Zhuji Coal Mine, Huainan Coalfield, Anhui, China. International Journal of Coal Geology, 94: 283-295

Yudovich Ya E,Ketris M P. 2005. Toxic Trace Elements in Coal. UrB RAS,Ekaterinburg (in Russian)

Yudovich Y E,Ketris M P,Merts A V. 1985. Trace Elements in Fossil Coals. Leningrad:Nauka

Yudovich Y E, Ketris M P. 2006. Valuable Trace Elements in Coal. Russian:UrB RAS, Ekaterinburg

Zhang L, Stato A, Ninomiya Y. 2002. CCSEM analysis of ash from combustion of coal added withlimestone. Fuel, 81(11):1499-1508

Zhao C L, Qin S J, Yang Y C, et al. 2009. Concentration of gallium in the Permo- Carboniferous coals of China. Energy Exploration and Exploitation, 27(5): 333-343

Zhao J S, Tang X Y, Tang W H. 2002. Modes of occurrence of trace elements incoals. Coal Geology of China, 14(Supp): 5-17

Zheng B S, Ding Z H, Huang R G, et al. 1999. Issues of health and disease relating to coal use in southwestern China. International Journal of Coal Geology, 40(2-3):119-132

Zhuang X G, Gong J Q, Wang Z Q, et al. 2001. Characteristics of trace elements of Late Permian coal from Liuzhi and Shuicheng coalfields, Geological Sciences of Techniques Informations, 20:54-58

Zhuang X G, Su S C, Xiao M G, et al. 2012. Mineralogy and geochemistry of the Late Permian coals in the Huayingshan 2 coal-bearing area, Sichuan Province, China. International Journal of Coal Geology, 94: 271-282